Mathématiques et Philosophie chez Leibniz

Au fil de l'analyse des notions et des vérités

LEIBNIZ DANS LA MÊME COLLECTION

LEIBNIZ G. W., *La naissance du calcul différentiel*, introduction, traduction et notes M. Parmentier, préface de M. Serres, 500 pages, 1989.

LEIBNIZ G. W., *La Réforme de la dynamique :"De corporum concursu" (1678) et autres textes inédits*, édition, présentation, traductions et commentaires par Michel Fichant, 448 pages, 1994.

LEIBNIZ G. W., *La Caractéristique géométrique*, texte établi, introduit et annoté par Javier Echeverría, traduit, annoté et postfacé par M. Parmentier, 368 pages, 1995.

LEIBNIZ G. W., *L'estime des apparences*, introduction, traduction et notes M. Parmentier, 474 pages, 1995.

LEIBNIZ G. W., *La Quadrature arithmétique du cercle, de l'ellipse et de l'hyperbole*, introduction, traduction et notes M. Parmentier, texte latin E. Knobloch, 370 pages, 2004.

LEIBNIZ G. W., *Mathesis universalis. Écrits sur la mathématique universelle*, textes traduits, présentés et annotés sous la direction de David Rabouin, Paris, Vrin, 2018.

DUCHESNEAU F., *La dynamique de Leibniz*, 368 pages, 1994.

DUCHESNEAU F., *Leibniz, le vivant et l'organisme*, 352 pages, 2010.

DUCHESNEAU F., *Leibniz et la méthode de la science*, 386 pages, 2022.

MATHESIS

Directrice : Hourya BENIS SINACEUR

David RABOUIN

Mathématiques et Philosophie chez Leibniz

Au fil de l'analyse des notions et des vérités

PARIS

LIBRAIRIE PHILOSOPHIQUE J. VRIN

6, Place de la Sorbonne, V^e^

2025

Imprimé en France
ISSN 1147-4920
ISBN 978-2-7116-3208-4

www.vrin.fr

De toutes les pertes que nous faisons, celle du temps et des occasions est la plus inestimable. Cependant nous ne nous en appercevons gueres que lorsqu'il n'est plus temps, et que les regrets sont superflus.

Essais sur un Nouveau plan d'une science certaine sur lequel on demande les avis des plus intelligens

Index des abréviations

A : *Sämtliche Schriften und Briefe*, herausgegeben von der Berlin-Brandenburgischen Akademie der Wissenschaften und der Akademie der Wissenschaften zu Göttingen, Reihe 1-8, Darmstadt, Leipzig, Berlin, 1923- [suivi du numéro de série, de tome et de page]

AT : *Œuvres de Descartes*, publiées par C. Adam et P. Tannery, 11 vol., nouvelle présentation en coédition avec le CNRS, Paris, Vrin, 1964-1974. [suivi du numéro de tome et de page]

C : *Opuscules et fragments inédits de Leibniz, extraits des manuscrits de la Bibliothèque de Hanovre*, textes édités par Louis Couturat, Paris, Alcan, 1903.

CG : *La Caractéristique géométrique*, texte établi, introduit et annoté par Javier Echeverría, traduit, annoté et postfacé par M. Parmentier, Paris, Vrin, 1995.

GM : *Leibnizens Mathematische Schriften*, éd. C. Gerhardt, Halle, 1849–1853, rééd. Hildesheim, New-York, Olms, 1962. [suivi du numéro de tome et de page]

GP : *Leibniz. Die philosophischen Schriften*, éd. C. Gerhardt, Halle, 1875–1889, rééd. Hildesheim, New-York, Olms, 1978. [suivi du numéro de tome et de page]

MU : *G.W. Leibniz.* Mathesis universalis. *Écrits sur la mathématique universelle*, textes traduits, présentés et annotés sous la direction de David Rabouin, Paris, Vrin, 2018.

NEEH : *Nouveaux essais sur l'entendement humain* (1704).

R : *Recherches générales sur l'analyse des notions et des vérités*, édition sous la direction de Jean-Baptiste Rauzy, coll. « Épiméthée », Paris, Presses Universitaires de France, 1998.

Schrecker : *Opuscules philosophiques choisis*, trad. Paul Schrecker, Paris, Vrin, 2001.

INTRODUCTION

Il est assez plaisant de voir que tout le monde parle de l'Analyse et qu'il y en a de si peu qui sachent ce que c'est que l'analyse en général

À Mariotte, juillet 1676 (A II, 1^2, 424).

Il existe bien des gloses, plus ou moins savantes, sur les rapports entre mathématiques et philosophie chez Leibniz. Comme le faisait remarquer naguère Gilles Gaston Granger, peut-être n'y a-t-il pas de meilleur exemple de pensée où ces deux domaines aient pu entrer dans un dialogue aussi intime et aussi fécond [1]. Nulle surprise, donc, à constater que cette interaction ait fasciné des générations de lecteurs avides d'en comprendre les ressorts. Pourtant, la lecture de ces interprétations n'a produit en moi au fil des ans qu'un sentiment grandissant de confusion. Ce livre est né de cette insatisfaction dont j'espère, peut-être naïvement, qu'elle n'est pas seulement mienne et dont je commencerai par exposer les motifs.

1. « Assigner un rôle effectif aux concepts et aux thèses proprement philosophiques dans le progrès de la science est une entreprise hasardeuse. (…) C'est d'ordinaire, en effet, dans le sens opposé qu'elle a lieu pour l'essentiel (…). Or il en va tout autrement chez Leibniz, qui nous présente, semble-t-il, l'un des très rares exemples d'une création mathématique qui, authentiquement novatrice sur bien des points, est associée dès son origine et tout au long de son histoire à des vues logiques et métaphysiques où elle trouve son impulsion initiale et l'orientation de son mouvement » (G. G. Granger, « Philosophie et mathématique leibniziennes », *Revue de Métaphysique et de Morale*, vol. 86, 1981, p. 199-200).

Son ressort premier en est, me semble-t-il, assez obvie. Jusqu'à une époque récente, l'approche privilégiée dans l'étude de Leibniz était généralement reconstructive. On prélevait de-ci de-là des informations censées nous renseigner sur une doctrine sous-jacente supposée stable et cohérente. On cherchait à discerner dans le dédale des manuscrits inédits, des brouillons, des projets, le fantôme d'un système. On jouait des résonances pour tisser l'accord supposé des mathématiques à la philosophie. Et le résultat fut, sans grande surprise, d'avoir autant de systèmes à disposition que de reconstructeurs aux commandes.

Du côté de la philosophie des mathématiques, Leibniz a ainsi été considéré tour à tour, selon la ligne d'interprétation choisie, comme un « logiciste », un « formaliste », un « structuraliste », quand il n'est pas présenté comme l'ancêtre d'une philosophie de la nature accompagnant le développement de la micro-physique moderne et la fin des absolus newtoniens. On ne peut certes pas en faire reproche aux premiers commentateurs qui devaient pallier le manque d'accès aux sources et circuler tant bien que mal parmi une multitude de fragments dont ils ne connaissaient souvent ni l'origine, ni la date, ni le contexte. Mais on reste étonné que cette pratique ait survécu si longtemps dans l'étude des rapports entre philosophie et mathématiques, alors qu'elle s'éteignait tranquillement ailleurs.

Dans le portrait qu'il a dressé de l'état de la recherche leibnizienne en 1989, Albert Heinekamp a distingué trois étapes censées marquer la tendance générale du commentaire au siècle dernier. Leurs désignations parlent d'elles-mêmes : « à la recherche du vrai système leibnizien » ; « les interprétations structuralistes » (et, en fait, « génétiques »), pour s'achever dans un net « refus du caractère systématique de la philosophie leibnizienne » [1]. Or force est de constater que ce schéma s'applique mal dès qu'on se tourne vers l'étude des rapports entre philosophie et mathématiques. Dans ce domaine, l'idée qu'il puisse y avoir dans la pensée de Leibniz des changements importants, voire des tensions entre différentes orientations, est encore loin d'être acquise. Le spectre du « système » accompagnant « une » philosophie des mathématiques, reste encore très présent [2]. Aussi

1. A. Heinekamp, « L'état actuel de la recherche leibnizienne », *Les Études philosophiques*, n° 2, 1989.

2. Pensons simplement, en langue française, au titre du livre de M. Serres, *Le Système de Leibniz et ses modèles mathématiques*, Paris, Puf, 1968. Peu de temps auparavant, Yvon Belaval avait proposé de voir dans le philosophe de Hanovre un « formaliste » opposé à « l'intuitionnisme » cartésien (Y. Belaval, *Leibniz critique de Descartes*, Paris, Gallimard, 1960).

ne s'étonnera-t-on pas d'entendre Enrico Pasini en appeler encore, au début du XXIe siècle à l'exploration, d'un certain nombre de « lignes d'investigation » – comme si cette étude n'avait pas encore commencé [1]. On pourra d'ailleurs en rappeler la mise en garde significative : « Les ingrédients d'une philosophie des mathématiques sont différents à différentes époques, et l'on doit admettre l'inexistence, en général, d'une philosophie accomplie des mathématiques, au sens d'aujourd'hui, chez Leibniz » [2] – comme si le « refus du caractère systématique de la philosophie leibnizienne » pouvait enfin commencer ici à se faire entendre.

Cet ouvrage se veut l'écho d'un tel appel. Le temps semble venu de passer de simples « lignes d'investigation » à une étude d'ensemble des rapports entre mathématiques et philosophie qui ait fait le deuil de la « recherche du vrai système ». Pourtant, comme j'essayerai de le montrer, il ne semble pas qu'il faille en conclure à l'inexistence d'une philosophie des mathématiques leibnizienne accomplie. Tracer certaines lignes de force de cette philosophie est un des objectifs que je me suis fixé dans cet ouvrage.

Première position du problème : la question des principes des mathématiques

Si l'approche « systématisante » a conduit à une confusion grandissante, là où on aurait pu attendre des commentaires qu'ils produisent au contraire des effets de clarifications progressives, ce n'est pas seulement du fait que chacun essayait de tirer Leibniz dans des directions opposées. C'est surtout qu'il n'est guère difficile de prélever chez Leibniz des déclarations qui, prises isolément, vont en sens contraires. Donnons-en dès à présent quelques exemples bien connus, qui indiqueront l'étendue de la perplexité dans laquelle peut rapidement se trouver pris un lecteur non averti.

Ainsi un passage célèbre de la correspondance avec Clarke, qui va être au cœur de cette étude, avance-t-il que les mathématiques relèvent tout entière du principe de non-contradiction « ou de l'Identité » [3]. Bien plus,

1. E. Pasini, « La philosophie des mathématiques de Leibniz. Lignes d'investigation », dans *Nihil sine ratione. Mensch, Natur und Technik im Wirken von G. W. Leibniz, Akten des VII. Internationaler Leibniz-Kongreß*, t. 2, Hannover, G.W. Leibniz-Gesellschaft, 2001.

2. *ibid.*, p. 956. Je corrige une petite maladresse de langue : « une philosophie accomplie », là où E. Pasini écrit une « accomplie philosophie ».

3. Comme l'indique le texte, Leibniz ne fait pas de différence entre ces deux principes parce qu'il considère que le principe d'identité $A = A$ revient à ce que deux résolutions équivalentes (ou, dans son vocabulaire, « équipollentes ») de A ne puissent inclure deux

il est possible, nous dit Leibniz, de démontrer à partir de ce seul principe rien moins que « toute l'arithmétique et toute la géométrie » :

> Le grand fondement des Mathematiques est le *Principe de la Contradiction, ou de l'Identité*, c'est à dire, qu'une Enontiation ne sauroit etre vraye et fausse en même temps, et qu'ainsi *A est A, et ne sauroit etre non A*. Et ce seul principe suffit pour demonstrer toute l'Arithmetique et toute la Geometrie, c'est à dire tous les Principes Mathematiques. Mais pour passer de la Mathematique à la Physique, il faut encor un autre Principe, comme j'ay remarqué dans ma Theodicée, c'est le *Principe du besoin d'une Raison suffisante* ; c'est que rien n'arrive, sans qu'il y ait une raison pourquoy cela soit ainsi plustost qu'autrement [1].

C'est là le point de départ de la lecture « logiciste » qui fait dériver toutes les vérités mathématiques de la logique où nous n'avons affaire qu'à des tautologies (et ultimement à la tautologie primitive du $A = A$).

Pourtant la *Théodicée*, à laquelle nous sommes renvoyés ici, donne une version sensiblement différente. Les deux principes, opposés dans l'échange avec Clarke, y sont censés agir de concert dans la connaissance des vérités nécessaires (donc des mathématiques) et des vérités contingentes :

> J'ay déja donné ailleurs cette remarque, qui est une des plus importantes de la philosophie, en faisant considerer qu'il y a deux Grands Principes : savoir celuy des Identiques ou de la contradiction, qui porte que de deux enonciations contradictoires, l'une est vraye, et l'autre fausse ; et celuy de la Raison suffisante, qui porte qu'il n'y a point d'enonciation veritable

prédicats incompatibles, ce qui reviendrait à asserter X et non-X. Voir infra le texte des *Generales Inquisitiones* chap. III, p. 167

1. § 1, 1715, in G. W. Leibniz, *Correspondance Leibniz-Clarke*, éd. Robinet, Puf, 1991, p. 35–36 ; GP VII, 355–356. Dans la suite, Leibniz précise : « Or par ce principe seul, savoir : qu'il faut qu'il y ait une raison suffisante, pourquoy les choses sont plustost ainsi qu'autrement, se demonstre la Divinité, et tout le reste de la Metaphysique ou de la Theologie Naturelle, et même en quelque façon les Principes Physiques independans de la Mathematique, c'est à dire les Principes Dynamiques ou de la Force ». L'idée qu'il y a deux grands principes des démonstrations n'est pas une thèse tardive et apparaît dès la *Confessio philosophi* (où le principe des mathématiques est *Totum esse majus parte* (A VI, 3, 118, fin 1672-1673)). Voir également le *De arte characteristica ad perficiendas scientias ratione nitentes* (1688, A VI, 4, 911 ; trad. fr. R 161). L'idée que le principe d'identité est corrélé à la nécessité mathématique, tandis que le principe de raison est corrélé aux vérités non-mathématiques se trouve également dans le *De Principiis praecipue contradictionis et rationis sufficientis* de 1686/87 (A VI, 4, 803) et le *Specimen inventorum de admirandis naturae Generalis arcanis* de la même époque (A VI, 4, 1616).

> dont celuy qui auroit toute la connoissance necessaire pour l'entendre parfaitement, ne pourroit voir la raison. *L'un et l'autre Principe doit avoir lieu non seulement dans les verités necessaires, mais encor dans les contingentes* (...) [1].

Il est certes possible d'alléger cette première tension. On peut notamment faire valoir, ainsi que l'avait proposé Couturat, que, dans le cas particulier des mathématiques, le principe de raison se *réduit* au principe d'identité en suivant la raison de l'inclusion du prédicat dans le sujet [2]. C'est ce que semble avancer le *De Veritatibus primis* [3] et surtout le fragment *Sur la contingence* :

> Les vérités nécessaires sont celles qui peuvent être démontrées par l'analyse des termes, de sorte qu'elles aboutissent enfin à des propositions identiques, tout comme en algèbre une équation identique apparaît une fois opérée la substitution des valeurs. En d'autres termes, les vérités nécessaires dépendent du principe de contradiction. Les vérités contingentes ne peuvent être ramenée au principe de contradiction ; autrement tout serait nécessaire, et il n'y aurait pas d'autres possibles que ceux qui parviennent à l'existence en acte. Toutefois, comme nous disons que Dieu tout autant que les créatures existent, et que nous disons que les propositions nécessaires non moins que les propositions contingentes sont vraies, il faut qu'il y ait quelque notion commune à l'existence contingente et à la vérité essentielle. Ma thèse est qu'il est commun à toute vérité qu'on puisse toujours rendre raison d'une proposition non identique, que cette raison est nécessitante pour les propositions nécessaires et inclinantes pour les propositions contingentes (A VI, 4, 1649 ; trad. fr. R 326).

1. *Théodicée, Appendice : Remarques sur le Livre de l'origine du mal, publié depuis peu en Angleterre* (GP VI, 414). Je souligne. Voir également l'*Introductio ad enclyclopediam arcanam* (1683-1685 ?), où le principe de raison est présenté comme fonctionnant de concert avec le principe d'identité dans la constitution de toute vérité non primitive, y compris en mathématiques (A VI, 4, 529-530).

2. C'est d'ailleurs ce que semble indiquer aussi bien la citation de la note précédente que la suite du passage mentionné de la *Théodicée* : « Car l'on peut dire en quelque façon, que ces deux principes sont renfermés dans la definition du Vray et du Faux. Cependant, lors qu'en faisant l'analyse de la verité proposée, on la voit dependre des verités dont le contraire implique contradiction, on peut dire qu'elle est absolument necessaire. Mais lors que poussant l'analyse tant qu'il vous plaira, on ne sauroit jamais parvenir à de tels elemens de la verité donnée, il faut dire qu'elle est contingente, et qu'elle a son origine d'une raison prevalante qui incline sans necessité ». Sur cette interprétation, voir L. Couturat, *La Logique de Leibniz*, Paris, Alcan, 1901, p. X-XI.

3. A VI, 4, 1443 ; trad. fr. 448 (1680).

Ainsi « rendre raison » en mathématiques n'est rien d'autre qu'analyser jusqu'aux « identiques » – une procédure qui aboutit, pour nous autres êtres finis, uniquement dans le cas des vérités nécessaires (puisqu'elle relèverait, pour les vérités contingentes, d'une analyse infinie). Reste que si les principes agissent de concert, on comprend mal pourquoi la lettre à Clarke affirmerait que le principe d'identité suffirait « seul » à démontrer « *toute* l'Arithmetique et *toute* la Geometrie » (tandis que du second principe « seul » se démontrerait « la divinité et *tout le reste* de la Métaphysique »).

Nous verrons sur quelques exemples précis que cette question réserve plus de difficultés qu'il n'y paraît. Pour en donner tout de suite un avant-goût, on peut relever avec Vincenzo de Risi que lorsque Leibniz tente (en vain) de fournir en géométrie une démonstration du postulat des parallèles, il finit par se ranger à l'idée qu'il faut en appeler à un principe « supérieur » qui n'est rien d'autre que « le principe de raison déterminante » [1]. Or cette déclaration n'aurait guère de sens si le principe de raison n'avait rien de « supérieur » et n'était qu'une version déguisée du principe d'identité. Lorsqu'on regarde le détail du travail de Leibniz sur cette question, et sur d'autres, il ne fait pas de doute qu'il avait d'abord rêvé de parvenir à dériver le postulat par simple analyse logique des notions (réduction aux identiques) et que son aveu repose sur l'échec d'une telle entreprise.

Mais même à supposer qu'on parvienne à alléger ces premières tensions, on n'aurait touché qu'à *une* des tensions qui traversent, en première apparence, la question des « principes ». En d'autres occasions, par exemple, Leibniz nous rappelle que « *tout* se fait dans la géométrie » selon la loi de continuité [2]. Dès son introduction, dans l'article des *Nouvelles de la République des Lettres* publié en 1687, il écrivait de son principe d'ordre général : « il a son origine de l'infini, *il est absolument necessaire dans la geometrie*, mais il reussit encor dans la physique » [3]. Or cette loi, non seulement se rapproche du principe de raison plutôt que du principe de l'identité, mais n'est vraie, aux dires du philosophe, que « par tolérance » [4]. Par ailleurs, elle dépend d'un principe plus général dont Leibniz dit qu'il

1. *In Euclidis Prôta*, 1712 (GM V, 202–203), *cf.* V. De Risi, *Leibniz on the parallel postulate and the foundations of geometry*, Basel, Birkhäuser, 2016. Une situation comparable, et liée, apparaît dans la difficulté à définir proprement le concept de ligne droite. Le principe de raison est mobilisé dans ce contexte dès le milieu des années 1680 (CG 311 et 323).

2. Leibniz à Varignon, 2 février 1702 (GM IV, 93-94)

3. GP III, 52. C'est moi souligne.

4. Leibniz à Wolff, 1713 (GM V, 385).

vaut « dans l'ordre du nécessaire comme dans celui du contingent »[1]. On ferait le même constat en se tournant vers les principes « d'harmonie »[2], « du meilleur »[3] ou « de justice »[4] que Leibniz réfère tantôt à des déterminations « architectoniques », explicitement opposées aux déterminations « géométriques », tantôt, et parfois dans les mêmes textes, à une effectivité interne aux mathématiques elles-mêmes.

Ainsi un texte célèbre du *Tentamen anagogicum* avance-t-il :

> Ce principe de la nature d'agir par les voies les plus déterminées que nous venons d'employer, n'est qu'architectonique en effet, cependant elle ne manque jamais de l'observer. Supposons le cas que la nature fut obligée généralement de construire un triangle, et que pour cet effet la seule périphérie ou somme des côtés fut donnée et rien de plus, elle construirait un triangle équilatéral. On voit par cet exemple la différence qu'il y a entre les déterminations Architectoniques et les Géométriques. Les déterminations Géométriques importent une nécessité absolue, dont le contraire implique contradiction, mais les Architectoniques n'emportent qu'une nécessité de choix, dont le contraire importe imperfection. (*Tentamen anagogicum. Essay Anagogique dans la recherche des causes*, 1695, GP VII, 278)

Outre que l'exemple choisi pour le principe architectonique est ici mathématique, un autre passage du même texte propose une comparaison où

1. « Il est vrai que, comme pour les asymptotes et les nombres incommensurables, nous pouvons avoir beaucoup de connaissances certaines à propos des vérités contingentes, sur la base du principe selon lequel toute vérité doit pouvoir être prouvée et que par suite si, dans les hypothèses, tous les termes se comportent de la même manière de part et d'autre, il ne peut y avoir de différence dans les conclusions. *Et il existe d'autres vérités de ce genre qui valent aussi bien dans l'ordre du nécessaire que dans celui du contingent dans la mesure où elles sont réflexives.* Pourtant nous ne pouvons pas plus rendre pleinement raison des propositions contingentes que prolonger perpétuellement des asymptotes et parcourir de bout en bout des progressions numériques infinies » (*Generales Inquisitiones de Analysi Notionum et Veritatum* [désormais : *Generales Inquisitiones*] § 136, A VI, 4, 776; trad. fr. R 279. Je souligne).

2. Par exemple tel qu'il est mobilisé dans la « Méthode de l'universalité », voir ci-dessous chap. 2, p. 127.

3. Sur le fait que Leibniz dit même avoir introduit la considération du meilleur dans la géométrie, voir le *Tentamen Anagogicum* : C'est « la Méthode *de Formis Optimis*, c'est-à-dire *maximum aut minimum praestantibus*, que nous avons introduite dans la Géométrie au-delà de l'ancienne méthode *de maximis et minimis quantitatibus* » (GP VII, 272).

4. Sur le lien explicite de la loi de justice à la loi de continuité, sous sa forme la plus générale *datis ordinate procedentibus etiam quaesita procedere ordinate*, voir les *Initia rerum mathematicarum metaphysica* (GM VII, 24-25), cités ci-dessous, p. 14.

des déterminations architectoniques semblent clairement à l'œuvre *à l'intérieur des mathématiques elles-mêmes* : « comme il y a même dans le calcul d'Algèbre ce que j'appelle la Loi de la justice, qui aide beaucoup à trouver les bonnes voies » (GP VII, 278–279). Dans le *De originatione*, Leibniz donne également comme exemple de son « principe de détermination », les trajectoires les plus courtes (ce que nous appelons aujourd'hui les « géodésiques ») [1]. À nouveau, c'est de l'intérieur de la géométrie que le principe de détermination semble œuvrer, et cela de manière constitutive (pour assurer l'unicité des géodésiques).

Et que dire du fait qu'un des derniers textes consacré à ces questions, et non des moins célèbres, traite des « commencements *métaphysiques* des mathématiques » [2] – surtout, si l'on garde en mémoire que la métaphysique est censée pouvoir se tirer du « seul » principe de raison suffisante ? N'en découle-t-il pas que les mathématiques aussi si leurs « commencements » sont « métaphysiques » ? Dans ce cadre, Leibniz rappelle que la doctrine algébrique des quantités dérive des lois générales des formes, objet de l'art combinatoire ou caractéristique universelle qui, en tant que doctrine abstraite des Formes, *relève de la Métaphysique* [3]. Il en déduit d'ailleurs l'effectivité en mathématiques des différentes lois que nous venons de rappeler : homogénéité, justice, détermination ou ordre, et finalement principe de continuité [4].

On voit le labyrinthe dans lequel on s'engage à vouloir traiter ces différentes déclarations de manière synchronique et comme des entités prises dans l'ombre d'un prétendu « système » censé leur donner cohérence. Ceci

1. « Supposé qu'il faille aller d'un point à un autre, sans que le chemin à prendre soit plus particulièrement déterminé, on choisira la voie la plus aisée, c'est-à-dire la plus courte. » (GP VII, 303–304 ; trad. fr. « De la production originale des choses prise à sa racine », dans G. W. Leibniz, *Opuscules philosophiques choisis*, trad. P. Schrecker, Paris, Vrin, 2001, p. 85-86 [désormais Schrecker]. Dans le *In Euclidis Prôta* de 1712 (GM V, 202-203), Leibniz conclut de ses réflexions sur le postulat des parallèles : « Il me semble que la chose tout entière peut être déduite d'un principe supérieur, à savoir le principe de raison déterminante » (lorsque je ne mentionne pas de source, c'est que les traductions sont miennes).

2. GM VII, 17-29. On prendra garde, comme l'indique les paginations que je signale que cette découpe ne correspond pas à celle opérée par Gerhardt, qui, comme s'en est aperçu Vincenzo de Risi, a collé bout à bout deux textes de nature différente (d'où des effets de répétition curieux dans la version reproduite dans les *Mathematische Schriften*).

3. *Initia rerum mathematicarum metaphysica* : l'algèbre y est présentée comme « application aux quantités de l'art combinatoire, ou doctrine abstraite des formes, qui est la Caractéristique Universelle et relève de la Métaphysique » (GM VII, 24).

4. GM VII, 24-25.

explique d'ailleurs pourquoi certains interprètes se sont trouvés conduits à mettre l'accent sur la seule composante « logique » de la perspective fondationnelle leibnizienne et à y arraisonner l'ensemble du système, *y compris dans sa partie métaphysique*, tandis que d'autres ont tenté, au contraire, de tempérer le « logicisme » apparent de l'auteur en rappelant que le principe d'identité côtoie, *y compris en mathématiques*, ces nombreuses autres déterminations plus « métaphysiques» (principe de raison suffisante, de continuité, d'harmonie, du meilleur, etc.) [1]. Chacun, en un sens, proposait un « fil d'Ariane », pour reprendre une métaphore chère à Leibniz. Mais aucun ne semblait avoir conscience du fait que le labyrinthe dont ils cherchaient à s'extirper provenait de leur méthode d'approche bien plus que ce qu'on peut trouver dans les textes – dès lors, tout du moins, qu'on s'attache à en restituer les nuances et les évolutions.

Un des buts de cette étude sera de restituer ces nuances et ces évolutions. Sa méthode sera donc résolument généalogique. On y verra notamment progressivement se dessiner chez Leibniz une approche des mathématiques qui permet la conciliation des différents points de vue que nous venons de croiser. Son principal ressort sera une réinterprétation de la « réduction aux identiques » et donc de la dépendance des énoncés mathématiques au principe de l'identité. J'essayerai de montrer, en effet, qu'elle correspond à une certaine *pratique* mathématique, mais aussi qu'elle s'appuie fondamentalement non pas sur la seule tautologie logique du *A est A*, mais sur une *pluralité* de « relations identiques » auxquelles Leibniz parvient par une approche résolument conceptuelle des mathématiques [2].

1. Jusqu'à, parfois, fleurter avec ce qu'on a pu appeler *cum grano salis* un « irrationalisme » leibnizien en mathématiques : « the combinatorial game may appear to run counter not only to habitual practices, but also, in a way, to rationality itself », M. Serfati, « Symbolic Inventiveness and "Irrationalist" Practices in Leibniz's Mathematics », dans *Leibniz : What Kind of Rationalist ?*, Dordrecht, Springer, 2008, p. 134.

2. Leibniz parle généralement de propositions, d'axiomes ou d'énoncés identiques, voire d'« identiques » tout court. On verra néanmoins que les exemples qu'il propose ne se limitent pas au sempiternel *A est A*, mais incluent également le fait d'être égal, congruent, coïncident ou semblable à soi-même. Ces relations sont toutes caractérisées par la propriété de réflexivité et Leibniz est capable de démontrer alors, grâce aux substitutions que permettent de telles identités, que ces relations sont également symétriques et transitives. Il s'agit donc de relations que nous qualifierons aujourd'hui « d'équivalence ». Pour éviter certains anachronismes liés à cette appellation, je conserverai cependant par la suite la dénomination de relations « identiques ».

C'est seulement sur cette base, me semble-t-il, que l'on peut ensuite comprendre quel rôle les autres principes peuvent venir jouer dans l'organisation des notions primitives mathématiques. Lorsque Leibniz dit que l'on peut dériver toutes les mathématiques du seul principe d'identité, ce qu'il a à l'esprit, comme il l'a toujours répété, est que la non-contradiction suffit à la démonstration des propositions *à partir des définitions*. Mais c'est le choix et l'irréductibilité de ces définitions qui conduisent à l'intervention des autres principes. Pour le comprendre, encore faut-il saisir comment les définitions des notions primitives s'associent au principe d'identité non seulement au niveau propositionnel, mais au niveau des axiomes que Leibniz nomme précisément « identiques ». Un point crucial sera alors de bien voir que même si les relations gouvernées par ces axiomes entretiennent entre elles des rapports complexes, ces rapports ne s'écrasent jamais dans le système clos d'une hiérarchie achevée, et encore moins, comme on l'a trop souvent supposé, dans une dérivation simple où l'identité logique tiendrait la première place.

Autre position du problème : la question des objets mathématiques

Laissons là, pour l'instant, la question des principes et tournons-nous brièvement vers une autre question traditionnelle de philosophie des mathématiques, celle qui porte sur la nature des objets mathématiques et sur la connaissance qui s'y rapporte. Ici aussi, on exhibera sans peine des orientations apparemment divergentes, sinon contradictoires. Ainsi Leibniz reprend-il souvent une détermination avancée par Descartes selon laquelle « les connoissances des figures non plus que celles des nombres ne dependent pas de l'imagination, quoyqu'elle y serve »[1]. Comme il le rappelle à Lady Masham, les mathématiques nous fournissent d'ailleurs

1. « Cet exemple fait voir qu'on confond icy l'idée avec l'image. Si quelqu'un me propose un polygone regulier, la vue et l'imagination ne me sauroient point faire comprendre le millenaire qui y est ; je n'ay qu'une idée confuse et de la figure et de son nombre, jusqu'à ce que je distingue le nombre en comptant. Mais l'ayant trouvé, je connois très bien la nature et les proprietés du polygone proposé, en tant qu'elles sont celles du chiliogone, et par consequent j'en ay cette idée, mais je ne saurois avoir l'image d'un chiliogone, et il faudroit qu'on eût les sens et l'imagination plus exquis et plus exercés pour le distinguer par là d'un polygone qui eût un costé de moins. *Mais les connoissances des figures non plus que celles des nombres ne dependent pas de l'imagination, quoyqu'elle y serve.* » (NEEH II, 29 ; A VI, 6, 261. Je souligne).

« une infinité de choses qu'on ne sauroit imaginer » [1]. Le philosophe ne cesse d'ailleurs d'insister sur le fait que les différents calculs qu'il élabore permettent justement de ne plus faire dépendre tel ou tel domaine des mathématiques (à commencer par celui que conquiert son calcul différentiel) de l'imagination [2].

Mais on trouverait autant de textes où Leibniz déclare que les mathématiques sont pourtant la science des *imaginables* [3]. À la même époque où il écrit les *Nouveaux essais*, Leibniz avance ainsi :

> Comme donc notre âme compare (par exemple) les nombres et les figures qui sont avec les couleurs, avec les nombres et les figures qui se trouvent par attouchement, il faut bien qu'il y ait un sens interne, où les perceptions de ces différents sens externes se trouvent réunies. C'est ce que l'on appelle l'imagination, laquelle comprend à la fois les notions des sens particuliers, qui sont claires mais confuses, et les notions du sens commun, qui sont claires et distinctes. *Et ces idées claires et distinctes qui sont sujettes à l'imagination, sont les objets des sciences mathématiques* [4].

On voit qu'il serait aisé de jouer le même jeu qu'avec les principes. Ici aussi, on pourra insister – et on a insisté – aussi bien sur la composante purement conceptuelle, et son affinité naturelle avec un fondement « logique » des mathématiques ou, au contraire, sur la manière dont l'imagination garde une forme de prégnance irréductible dans le déploiement des vérités mathématiques [5]. Ici aussi, on pourra insister sur le fait que

1. Lettre à Lady Masham de 1704 (GP III, 357).

2. Voir, par exemple, la lettre à Huygens du 11/21 septembre 1691, A III, 5, 172.

3. « La logique est la science générale. La *mathesis* est la science des choses imaginables. La métaphysique la science des choses intelligibles. La morale la science des affects » (*De artis combinatoriae usu in scientia generalis*, 1683 ? ; A VI, 4, 511 ; C 556).

4. Leibniz à Sophie-Charlotte 1702 (GP VI, 501). Je souligne.

5. Il n'est d'ailleurs pas acquis que Leibniz ait accepté l'idée même de « purement conceptuel » : « Je demeure d'accord que nos ames pensent, et que nostre corps a de l'extension. J'accorde aussi que, lorsque deux choses ont des attributs tellement divers qu'on peut comprendre parfaitement l'un sans songer à l'autre, alors les choses mesmes sont de differente nature. Mais si la pensée se peut comprendre, sans songer à l'étendue, c'est de quoy il y a lieu de douter » (à Sophie, 1700, GP VII, 555). La suite mérite d'ailleurs d'être citée, car elle donne son vrai sens à la reprise de l'exemple du chiliogone : « Je demeure aussi d'accord qu'il y a des pensees dont on n'a point d'images ny figures dans l'esprit, et que quelques unes de ces pensees sont distinctes. Mais je ne conviens point de tous les exemples que les Cartesiens apportent ; car une figure de mille angles alleguee icy n'est pas entendue distinctement non plus que l'idee de quelque grand nombre : c'est une pensée sourde, comme dans l'Algebre où

Leibniz ne cesse de vanter la capacité de ses calculs (celui de l'*analysis situs*, celui du calcul différentiel, celui de la « méthode de l'universalité » [1]) à court-circuiter le travail de l'imagination ou, au contraire, sur le fait que tout calcul repose sur une « caractéristique » bien choisie qui implique nécessairement un rôle constitutif des représentations sensibles.

On pourra également faire valoir que, même dans ses réflexions fondationnelles sur les nombres entiers, et jusqu'aux derniers moments de l'œuvre, les représentations spatiales gardent une place prépondérante [2]. La tension serait la même entre des entités qu'on peut engendrer directement à partir du seul principe d'identité (les nombres au premier rang et, à partir d'eux, les grandeurs, puis les différentes opérations qui permettent de manipuler les uns et les autres à un niveau purement symbolique) et celles qui semblent relever d'autres principes (on a déjà croisé, par exemple, l'exemple de la ligne droite comme géodésique, qui fait intervenir dans sa définition un principe de « détermination », mais on en dirait autant des « harmonies » qui règlent pour Leibniz les formes algébriques fondamentales).

Pour ne pas lasser le lecteur avec une mise en scène qui serait *grosso modo* la même que pour les principes, je me contenterai donc d'esquisser ces tensions pour mieux y revenir et essayer de les dépasser. De même que cette étude cherchera à mettre en avant l'importance qu'il y a à concevoir la pluralité que porte la réduction *aux* identiques, de même insistera-t-elle – et les deux orientations sont intimement liées – sur la complémentarité de la logique et de l'imagination ou, pour reprendre une expression qui me servira d'horizon, sur la possibilité d'une « logique de l'imagination ».

Entre mathématique (universelle) et métaphysique (de l'individuation)

Les indications qui précèdent devraient suffire à rappeler qu'il n'est guère difficile de prélever chez Leibniz des passages tirant le lecteur en

l'on pense aux symboles à la place des choses. Ainsi souvent, pour abreger, on employe les mots en pensant sans en faire l'analyse, parce qu'elle n'est point alors necessaire. » (*ibid.*).

1. Sur cette méthode, voir chapitre 2, p. 127. Leibniz y insiste sur le fait qu'il se démarque de l'approche de Desargues et Pascal qui est « extremement embarassante, par ce qu'il faut tousjours demeurer dans le solide, et bander l'esprit par une forte imagination du cone (...). Au lieu qu'il n'y a rien qui puisse echapper à nostre methode, qui a cela de commun avec les autres parties de l'analyse, qu'elle épargne l'esprit et l'imagination dont il faut sur tout ménager l'usage. » (A VII, 7, 77).

2. E. Grosholz et E. Yakira, *Leibniz's Science of the Rational*, Studia Leibnitiana Sonderheft 26, Stuttgart, Steiner, 1998.

sens contraires. Rien d'étonnant chez un auteur qui a vécu si longtemps et qui gardait ses moindres brouillons ! La scène fut, comme on le sait, plantée dès les premiers moments de la seconde *Leibniz-Renaissance*, au début du siècle dernier. Pour les uns, le cœur du « système » leibnizien devait être trouvé dans son un noyau logique, qu'on redécouvrait alors grâce au travail éditorial de Gerhardt [1] et qui semblait reconduire, en dernière instance, toutes les vérités mathématiques au seul principe d'identité logique ($A = A$) ; pour les autres, en revanche, c'était l'orientation géométrique, dynamique et différentielle de la mathématique leibnizienne, également mise au jour par l'édition des *Mathematische Schriften*, qui devait être mise au premier plan. Tandis que Russell encensait Couturat et ironisait sur le fait que Cassirer n'avait, pour sa part, rien compris à la « logique » de Leibniz – pour y avoir plaqué une conception archaïque, « kantienne », où elle n'est qu'un synonyme de théorie de la connaissance [2], Brunschvicg lui répondait non moins ironiquement que l'interprétation « panlogique » avait, pour sa part, simplement confondu les rêves de Leibniz avec la réalité [3].

On remarquera au passage que nous retrouvons dans ces oppositions l'écho de deux conceptions centrales de la métaphysique leibnizienne : d'un côté, la substance comme notion complète et la résolution « logique » du prédicat dans le sujet au titre du *praedicatum inest subjecto* ;

1. Rappelons que les *Mathematische Schriften* et les *Philosophische Schriften* parurent en 14 volumes à Halle entre 1850 et 1889.

2. B. Russell, « Recent Work on The Philosophy of Leibniz », *Mind*, vol. 12 (46), 1903 – dans un éloge symétrique de Couturat.

3. « Nous n'avons donc pas le droit de dire que la philosophie de Leibniz soit proprement, sans équivoque et sans arrière-pensée, un panlogisme ; car il faudrait que la relation du prédicat au sujet satisfît aux exigences de la démonstration achevée. En fait « les principes de la logique réelle, ou d'une certaine analyse générale indépendante de l'algèbre » dont Leibniz parlait à Malebranche, nous renvoient de la logique traditionnelle au calcul infinitésimal. Que d'ailleurs ce second terme de l'alternative ait jamais satisfait à l'ambition philosophique de Leibniz, que dans le calcul infinitésimal, comme Descartes dans sa Géométrie, Leibniz n'ait vu que l'« échantillon » le plus probant de sa méthode, et qu'il n'ait pas renoncé au système de logique universelle où la mathématique nouvelle rentrerait à titre de cas particulier, cela est hors de doute ; mais cela ne concerne, encore une fois, que le rêve du leibnizianisme par Leibniz, rêve destiné à se perdre dans les nuages d'une imagination inlassable, et que pendant deux siècles on a pu croire stérile », L. Brunschvicg, *Les Étapes de la philosophie mathématique*, Paris, Alcan, 1912, p. 204.

de l'autre côté, la substance comme force et sa « dynamique » expressive [1]. D'un côté, le principe d'identité comme pure tautologie vide du $A = A$, de l'autre l'identité comme repliement/dépliement des différences qui s'exprime dans l'équivalence du $A = A$ au $A - A = 0$, puis au $A - B + B - A$, $A - B + C - C + B - A$, etc. [2]. D'un côté, le principe de raison comme inclusion logique du prédicat dans le sujet, de l'autre comme réquisit explicatif de l'émergence des différences (ou *différentiation*).

Mais ces difficultés se redoublaient d'un problème plus profond encore. Bien que tous les auteurs mentionnés aient défendu, à leur manière, l'idée d'un lien intime et fécond entre mathématiques, logique et métaphysique, aucun ne semblait parvenir, à partir de l'étude des seules mathématiques, à atteindre les grandes questions métaphysiques qui avaient obsédé Leibniz sa vie durant et qui portent sur le problème de l'individuation, de la liberté, du péché, du mal, etc. Or, comme le firent remarquer les commentateurs plus attachés au développement historique des conceptions du philosophe, on peut montrer non seulement que nombre de ses idées ont pris leur source dans la Métaphysique [3], mais aussi que Leibniz a élaboré dès sa période parisienne, à un moment où sa mathématique n'a pas encore pris totalement forme [4], un projet métaphysique (*De Summa rerum*) qui a formé le cœur de ses réflexions futures [5] – un problème qui s'est d'ailleurs aggravé avec les progrès de l'édition et de la datation des textes.

Ce champ de bataille interprétatif, qui se poursuit jusqu'à nos jours et dont nous ne donnons ici qu'un aperçu, fut décrit dès l'époque par Dietrich Mahnke dans une thèse remarquable, à laquelle nous pouvons encore renvoyer [6]. Son titre dit à lui seul le défi qui émergeait alors de la profusion des

1. Sur l'évolution qui conduit d'une détermination à l'autre, voir M. Fichant, « L'invention métaphysique », préface à G. W. Leibniz, *Discours de métaphysique suivi de Monadologie et autres textes*, coll. « Folio », Paris, Gallimard, 2004, p. 7-140.

2. *Historia et origo calculi differentialis* (GM V, 396).

3. W. Kabitz, *Die Philosophie des Jungen Leibniz. Untersuchungen zur Entwicklungsgeschichte seines Systems*, Heidelberg, C. Winter, 1909.

4. Ni les premiers échantillons de « caractéristique géométrique », ni les premiers calculs logiques (« caractéristique numérique ») ne sont alors élaborés, tandis que l'algorithme différentiel ou les éléments d'algèbre linéaire soutenant l'usage des « nombres fictifs » n'en sont qu'à leurs premiers balbutiements.

5. I. Jagodinski, *Leibnitiana. Elementa philosophiae arcanae, de summa rerum*, Kazan 1913.

6. D. Mahnke, *Leibnizens Synthese von Universalmathematik und Individualmetaphysik*, Jahrbuch für Philosophie und Phänomenologische Forschungen, p. 305-612., Halle, Max Niemeyer, 1925.

interprétations nouvelles et dont nous héritons à notre tour : caractériser la « synthèse leibnizienne de la mathématique (universelle) et de la métaphysique (de l'individuation) ». Ordonnant les différentes interprétations alors en conflit, il proposa une ingénieuse séquence culminant dans les lectures qui mettaient au centre du système le concept de *représentation* (§ 21) [1]. Comme ce concept a, d'une part, une thématisation aussi bien mathématique que métaphysique et que, d'autre part, il sert de description pour l'activité de la substance aussi bien dans le cadre de la notion complète que dans celui de la force agissante, on avait là un point de rencontre rêvé pour nos différentes déterminations. À condition toutefois, s'empressait d'ajouter Mahnke, d'approfondir les déterminations mathématiques de la représentation (une proposition qui était déjà celle de Cassirer en contexte néokantien) en introduisant en leur cœur les aspects expressifs et « caractéristiques ». Ainsi pouvait-on étendre la portée des traits purement gnoséologiques à des déterminations quasi ontologiques en laissant toute sa place à ce que Husserl, le maître de Mahnke, avait exhibé comme fondement des processus représentationnels, soit l'intentionalité de la conscience [2].

Solution habile, assurément, mais qui laisse pourtant nos difficultés en l'état : d'un côté, en effet, ce qui fait l'unité des mathématiques (la « mathématique universelle ») est posé sans être spécifié et se trouve immédiatement reversé dans la *multiplicité* non seulement des interprétations, mais, derrière elles, des systèmes symboliques dans lesquels elle se donne *de facto* : calcul logique, calcul différentiel, *analysis situs*, algèbre, etc. La question reste donc ouverte de savoir ce qui fait l'unité de ces systèmes symboliques et, en particulier, de déterminer si une écriture universelle constituée en « science générale des formes et des formules » peut procurer la synthèse attendue – ou si, pour reprendre la critique de Brunschvicg, il ne faut voir là qu'un idéal dont les authentiques réalisations sont plutôt à trouver dans des formalismes *irréductiblement* distincts (comme en fournissent, en première apparence, l'algorithme différentiel ou la « caractéristique géométrique »). De l'autre côté, le dispositif métaphysique est

1. En particulier celle promue par Köhler, cf. P. Köhler, *Der Begriff der Représentation bei Leibniz. Ein Beitrag zur Entstehungsgeschichte seines Systems*, Bern, Rheinische Friedrich-Wilhelms-Universitat zu Bonn, 1913. Il s'agit de sa thèse.

2. C'est à Husserl, en effet, passé d'une étude des mathématiques à celle de la monadologie que l'on doit la formulation même du problème posé à Mahnke, *cf.* V. Gérard, « Mathématique universelle et métaphysique de l'individuation. L'élaboration de l'idée de *mathesis universalis* dans la phénoménologie de Husserl », Thèse de doctorat, Université Paris XII - Créteil, sous la directio de F. Dastur, 2001.

ramené à la nature représentative de la substance individuelle sans que la portée de son expression mathématique soit vraiment élucidée, ni même questionnée [1].

Or un des problèmes redoutables auquel doit s'affronter celui qui cherche à comprendre les rapports entre mathématiques et métaphysique chez Leibniz est précisément que la notion de substance individuelle s'élabore *par différence* avec le règne des objets mathématiques (qui ne sont jamais des individus au sens propre). Reconstituer la genèse de cette distinction sera un des motifs importants de notre étude. C'est précisément ce qui permettra d'ailleurs de comprendre l'affinité profonde des mathématiques et de l'imagination, les « imaginables » ayant la propriété fondamentale de n'être pas individués et les concepts qui leur correspondent étant déclarés « incomplets ». Notre solution au défi de Mahnke sera qu'il faut maintenir cette distinction essentielle et que la synthèse de la mathématique et de la métaphysique doit donc être conçue d'abord – pour reprendre en la détournant une belle expression de Deleuze – comme une synthèse *disjonctive*.

Car même une fois les mathématiques rendues à leur nature propre de « logique de l'imagination » [2], on ne s'en trouve pas moins démuni pour prolonger les modèles mathématiques jusqu'à l'activité substantielle elle-même, lieu par excellence des décisions métaphysiques. Au mieux peut-on situer l'effectivité mathématique au niveau de la représentation, comme le propose Mahnke, mais sans parvenir à atteindre, sinon par analogie et métaphore, le cœur ontologique de cette représentation comme activité propre de la substance percevante. L'activité de la substance n'est *a priori* pas du même type que ses expressions phénoménales et la structure mathématique

1. Ces deux défauts sont encore centraux dans l'interprétation de Michel Serres – à la différence importante près que Serres pouvait s'autoriser du modèle bourbachique pour penser l'unité des mathématiques *dans* la multiplicité des axiomatiques. Sur la difficulté qu'il y a à articuler approche mathématique et métaphysique de l'expression, voir l'étude de V. Debuiche, *Leibniz et l'expression*, Aix-en-Provence, Presses universitaires de Provence, 2021.

2. Cette expression, sur laquelle j'aurais l'occasion de revenir, est tirée des *Elementa nova matheseos universalis* : *Mathesis universalis tradere debet Methodum aliquid exacte determinandi per ea quae sub imaginationem cadunt, sive, ut ita dicam, Logicam imaginationis* (A VI, 4, 513).

de la seconde ne nous dit rien sur la structuration intime de la première [1]. L'unité conférée à la rationalité par l'idée d'une mathématique universelle se disperse alors dans l'échec à saisir l'objet proprement métaphysique et les tensions s'aggravent, plus qu'elles ne s'allègent, à vouloir en construire des « modèles » mathématiques [2].

Rien d'étonnant, donc, à ce que la bataille continue jusqu'à nos jours avec des mouvements de balancier entre ces différentes tendances et sans qu'on parvienne à faire émerger une solution consensuelle. Rien d'étonnant, non plus, à ce qu'une solution pragmatique, sinon « pragmatiste » [3] ait fini par émerger de ces hésitations incessantes. À défaut de l'unité d'un système, on se tourne alors naturellement vers la richesse foisonnante de la pratique pour en faire le cœur d'une mise en question des visions systématiques. Dans le cas des mathématiques, on entendra par là, au premier chef, une attention aux mathématiques orientée non par les déclarations de Leibniz *sur* cette discipline, mais par sa pratique *de* mathématicien [4].

1. Pour ne prendre qu'un exemple simple et qui fera saisir immédiatement l'étendue du problème, l'activité monadique ne semble pouvoir être dite « continue » que par métonymie avec son expression phénoménale (qui enveloppe une confusion, et donc une indétermination autorisant l'émergence du fait mathématique de la continuité). Sur cette difficulté et une tentative de résolution, voir R. T. W. Arthur, *Monads, Composition, and Force : Ariadnean Threads Through Leibniz's Labyrinth*, Oxford, Oxford University Press, 2018.

2. Sur les limites de l'approches de la métaphysique en termes de « modèles » mathématiques, voir les réflexions de V. Debuiche, « L'expression leibnizienne et ses modèles mathématiques », *Journal of the History of Philosophy*, vol. 51, n° 3, 2013.

3. Voir V. Peckhaus, « Leibniz' Pragmatismus », dans *Nihil sine ratione. Mensch, Natur und Technik im Wirken von G. W. Leibniz, Akten des VII. Internationaler Leibniz-Kongreß*, t. 2, Hannover, G. W. Leibniz-Gesellschaft, 2001.

4. Voyez par exemple le chapitre introduction du recueil que j'ai dirigé avec Norma Goethe et Philip Beeley : N. B. Goethe, P. Beeley et D. Rabouin, *G.W. Leibniz, Interrelations Between Mathematics and Philosophy*, Dordrecht, Springer Verlag, 2015. Les contributions de ce volume s'inscrivent dans un tel tournant « pratique » et suivent l'inspiration des travaux fondateurs de : E. Grosholz et E. Yakira, *Leibniz's Science of the Rational*, *op. cit.*, H. Breger, « The Art of Mathematical Rationality », dans *Leibniz : What Kind of Rationalist ?*, Dordrecht, Springer, 2008 ou E. Knobloch, « Leibniz between ars characteristica and ars inveniendi : Unknown news about Cajori's 'master-builder' of mathematical notations », dans *Philosophical Aspects of Symbolic Reasoning in Early Modern Mathematics*, London, College Publication, 2010. On lira également avec profit l'article de H. Sinaceur, « *Ars inveniendi* aujourd'hui », *Les Études Philosophiques*, vol. 2, 1989. L'auteure y montrait que la logique elle-même doit être considérée, aussi bien chez Leibniz que chez certains auteurs comme Robinson et Tarski, comme un véritable *ars inveniendi*.

Les difficultés d'une approche à partir de la seule pratique mathématique

Or force est de constater que cette approche « pragmatique », qui s'est très largement développée dans les dernières décennies, laisse à nouveau une partie des problèmes en l'état. On pourra, en effet, affiner autant qu'on veut l'étude de la pratique, cela ne témoignera jamais à soi seul pour une conception philosophique plutôt que pour une autre. Encore faudrait-il expliquer, en effet, comment cette pratique s'accorde ou non avec les vues théoriques exposées par l'auteur. Rien n'établit, sauf pétition de principe, que les deux aillent de concert [1]. On perçoit alors mieux la faiblesse propre à l'objection de Brunschvicg : que Leibniz n'ait jamais réalisé son rêve de fondation « logique » des mathématiques, soit, et qu'il ait développé une pratique bien éloignée de cet idéal, c'est l'évidence, mais qu'est-ce que cela nous dit sur les conceptions que le Leibniz-philosophe se faisait sur la place des mathématiques dans l'ensemble des vérités ? Qu'est-ce qui empêche, notamment, que ses conception soient hautement idéalisées et que sa pratique n'ait jamais réussi à se hisser à la hauteur de cet idéal ?

De fait, on aura beau rappeler les hésitations du praticien lorsqu'il élabore des mathématiques créatrices, ses sources d'inspiration variées, son heuristique, la richesse de ses formalismes, cela ne changera guère le fait que Leibniz ne parle *jamais* des mathématiques comme produisant des vérités *pratiques*, et encore moins, bien sûr, liées à la contingence de leur découverte. Les mathématiques sont toujours convoquées au titre des vérités nécessaires, donc dérivables en un nombre fini d'étapes à partir des « identiques ». Certes, j'y reviendrai, Leibniz insiste plus qu'on ne l'a considéré jusqu'à présent sur le rôle de l'expérience en mathématiques. Mais cela ne touche pas à une conception qui se revendique comme « platonicienne », où les vérités mathématiques relèvent, en dernière analyse, d'idéalités sises dans l'entendement divin [2] et non de connaissances créées

1. Pensons, parmi tant d'autres exemples, à Brouwer qui a laissé son nom à un célèbre théorème de point fixe... non constructif !, *cf.* J. Dubucs, « L. J. E. Brouwer : topologie et constructivisme », *Revue d'histoire des sciences*, 1988.

2. Voir notamment le passage du *De Originatione* où Leibniz avance que les essence et « ce que l'on appelle les vérités éternelles qui s'y rapportent, ne sont [pas] fictives, mais qu'elles existent, pour ainsi dire, dans une certaine région des idées, à savoir en Dieu lui-même qui est la source de toute essence et de l'existence de tous les autres êtres. » (*De la production originale des choses prise à sa racine*, 1697, G. W. Leibniz, *Opuscules philosophiques choisis*, *op. cit.*, p. 87 ; GP VII, 304-305). Voir également A VI, 4, 1618.

par des êtres de chair et d'os [1]. C'est précisément en ce point que la tension apparente entre leur nature d'« imaginables » et leur nature d'« idéalités » advient.

Avancer qu'il ne faut pas confondre l'idéal, le rêve, le programmatique, avec la « logique réelle » que dut déployer Leibniz pour faire des mathématiques ne nous avance donc guère. Au mieux, cela ne fait que documenter la tension entre la pratique du mathématicien au travail et la conception du philosophe sur les mathématiques. Mais, à vrai dire, cela augmente plutôt la confusion : car en quel sens pourrait-on tenir que la connaissance mathématique, produite par les êtres humains, parvient à des vérités *différentes* de celles qui se trouvent dans l'entendement divin – où elles sont *a priori* débarrassées de tous leurs aspects « pratiques » ? N'est-ce pas ce spectre, hérité de la thèse cartésienne de la création des vérités éternelles, que Leibniz n'a eu de cesse de conjurer en insistant sur le fait que la nécessité mathématique valait pour l'un comme pour l'autre de la même façon ? Il n'est que de répéter ici ses mots bien connus :

> Ces essences et ces verités éternelles ne dependent point de la volonté de Dieu, mais de son entendement. Par exemple les Essences ou les proprietés des nombres, sont eternelles, et immuables ; et neuf est un nombre quarré, non pas parce que Dieu l'a voulu, mais parce que sa definition le porte, car il est trois fois trois, et il provient ainsi par la multiplication d'un nombre par soy même. C'est l'entendement de Dieu, qui est la source des essences, comme sa volonté est la source des choses [2].

Mais dans ce cas, ne faudra-t-il pas accorder à la vision « logiciste » que peu nous chaut le « contexte de découverte » humain, contingent, variable et volatile, si nous sommes *assurés* que toute vérité découverte par les hommes va finalement venir se ranger dans un grand système de dérivations nécessaires à partir de définitions d'essence que Dieu même ne peut changer et qui constitue l'ordonnancement des vérités mathématiques dans

1. « Il a esté tousjours vray, que 3 fois 3 fait 9, et le sera tousjours. Pour toute l'eternité ces essences et ces verités éternelles ne dependent point de la volonté de Dieu, mais de son entendement.» (*Dialogue effectif sur la liberté de l'homme et l'origine du mal*, 1695, A II, 3, 13).

2. *ibid.*, A II, 3, 13. Voir également A II, 2, 341 : « Pour moy je croy que comme l'arithmetique et la geometrie de Dieu est la même que celle des hommes, excepté que celle de Dieu est infiniment plus etendue ; de meme aussi la jurisprudence naturelle et toute autre verité est la meme au ciel et dans la terre » (au landgrave Ernst Von Hessen-Rheinfles, 14 Septembre 1690). La seule différence entre notre savoir mathématique et celui de Dieu ne peut donc être de nature, mais d'étendue.

son entendement *sub specie aeternitatis* ? N'est-ce pas là le sens profond de la maxime selon laquelle toute la mathématiques est dérivable du seul principe d'identité, indépendamment des principes d'optimalité qui gouvernent la création du monde ? Cette grande résistance de l'interprétation « logiciste » motivera la nécessité de lui accorder un examen détaillé et d'exhiber ses faiblesses propres.

Remarquons dès à présent que ces difficultés dépassent largement Leibniz et concernent plus généralement la philosophie des mathématiques d'aujourd'hui, écartelée entre le constat d'une structuration « logico-déductive » des savoirs constitués et la réalité d'une histoire où les mathématiques se développent, non moins que les autres connaissances, par essais et erreurs, inventions folles et confiance aveugle dans la fécondité de la pratique [1]. C'est d'ailleurs un des lieux où l'étude de Leibniz s'avère la plus intéressante et la plus précieuse. Car à l'évidence, ces tensions qui opposent aujourd'hui différents abords des mathématiques, se retrouvent à l'intérieur de sa pensée et si nous étions capables de les alléger chez lui, peut-être serions-nous, par là même, capable de les alléger pour nous-mêmes.

Une voie de solution serait ici de proposer de loger le développement historique des connaissances au cœur même de la nécessité. C'est une telle piste que semblent ouvrir des philosophies des mathématiques comme celle de Jean Cavaillès qui interprète la nécessité mathématique comme mouvement du concept lui-même [2]. Mais ce n'est pas un hasard si les inspirations de Cavaillès allaient plutôt à Spinoza et Hegel qu'à Leibniz. Autant la *pratique* de Leibniz est orientée par le souci de donner toute sa place à l'art d'inventer, autant sa *conception* de la nécessité mathématique, froidement définie par l'impossibilité du contraire, laisse peu de place – au

1. Cet écart a été accru au XXe s. du fait de l'émergence d'autres géométries que la géométrie euclidienne, du développement sans précédent de la méthode axiomatique et des différentes crises qui ont affecté les fondements. Elle a suscité la réaction de certains philosophes, comme Imre Lakatos, qui ont fait valoir la difficulté à faire entrer dans les lectures qu'il qualifiait de « formalistes » les développements historiques. Dans la tradition française, une telle vue historicisante était déjà celle de L. Brunschvicg – elle-même héritant de l'orientation positiviste qui considérait l'histoire des sciences comme le seul terrain où pouvait s'édifier une théorie de la connaissance – et de ceux qui lui ont fait suite, souvent dans un rapport critique.

2. Parmi les commentateurs leibniziens, c'est Emily Grohsolz qui a défendu le plus clairement une telle rencontre entre la pensée de Cavaillès et celle de Leibniz. Voir par exemple, E. Grosholz, *Representation and Productive Ambiguity in Mathematics and the Sciences*, New-York, Oxford University Press, 2007, p. 47-52.

moins en première apparence – à une approche en termes de dynamique conceptuelle [1].

Cette situation est d'ailleurs aggravée par l'évolution de ses vues métaphysiques puisque le passage du modèle de la notion complète à celui de la substance comme puissance active opère en séparant encore plus nettement le domaine des vérités mathématiques (analysables en un nombre fini d'étapes et reconductibles en droit au principe d'identité) et celui des vérités contingentes (informant la dynamique propre de la série infinie des prédicats entrant dans la substance au titre de ses « perceptions »). S'il y a insistance sur la dynamique conceptuelle en mathématiques chez Leibniz, notamment dans l'attention portée aux origines des découvertes et à l'*ars inveniendi*, force est de constater que ces injonctions maintes fois répétées ne se retranscrivent *pas* dans des thèses sur la structuration des vérités mathématiques elles-mêmes, ou sur la nature de leurs objets – et certainement pas sur une éventuelle « dynamique » intrinsèque *des concepts eux-mêmes.* Ce serait transformer le Dieu de Leibniz, sage ordonnateur du meilleur des mondes possible, en celui de Spinoza, cause immanente de la productivité intrinsèque d'un réel sans dehors.

Mathématiques et philosophie : quel rapport ?

Cette première série de remarques nous permet de pointer vers une autre source de difficultés, de nature plus méthodologique : de quoi veut-on parler lorsqu'on cherche à élucider les rapports entre philosophie et mathématiques chez Leibniz ? S'agit-il de reconstituer la manière dont sa pratique mathématique a pu « influencer » sa philosophie ? Ou au contraire ses conceptions philosophiques « influencer » sa pratique mathématique ? Les interprétations abondent dans un sens comme dans l'autre, mais sans qu'on prenne la peine d'expliquer la nature de cette « influence ». Doit-on considérer qu'elle est du même type que celle qu'on exhiberait à montrer, par exemple, que son métier de juriste a « influencé » l'élaboration par

1. Ainsi Emily Groholz (*ibid.*) insiste-t-elle beaucoup sur les mécanismes de *création* conceptuelle et notre capacité d'augmenter ainsi le mobilier du monde à partir de notre capacité à créer de nouvelles représentations mathématiques. Mais cette position s'accorde mal avec l'idée que les vérités mathématiques sont antérieures à toute existence, sises dans l'entendement divin ou région des vérités éternelles (voir par exemple *Nouveaux essais sur l'entendement humain*, IV, xi, § 11, 1704, A VI, 6, 447).

Viète de l'algèbre spécieuse, même s'il n'en dit mot [1] ? Ou, pour reprendre une provocation célèbre, que la vie dans une petite cour allemande a « influencé » la résolution du problème de la construction du polygone à 17 côtés par Gauss [2] ? Où ira-t-on saisir de telles « influences » ? Selon quel protocole ?

Prenons garde que le mépris dont l'histoire dite « interne » des mathématiques couvre parfois l'histoire dite « externe » cache le fait que les difficultés sont ici *les mêmes de part et d'autre*. Car le problème n'est nullement de savoir si les facteurs qu'on va étudier sont de nature « interne » ou « externe », il est avant tout de savoir si les termes en présence, y compris les différentes « conceptions » de l'auteur (par exemple « mathématiques » et « philosophiques »), interagissent ou non, et si oui sous quelle forme. Un grand danger de l'histoire dite « conceptuelle » est précisément de préjuger du fait que tout ce qui relève des « concepts » est nécessairement homogène. Or force est de constater qu'un auteur peut développer des conceptions nourries sur sa pratique scientifique et *de tout autres vues* quand il s'agit de caractériser les objets qu'il étudie et la nature de la connaissance qui y atteint. Il peut également changer d'avis, se leurrer, y projeter ses croyances religieuses ou ses convictions politiques, ses expériences personnelles, sociales, culturelles, etc. etc. La bonne méthode ne peut donc être ici que de commencer par documenter historiquement d'éventuels liens de l'une à l'autre sans préjuger de leur nature, ni même d'ailleurs de leur existence.

Il faut surtout se garder de considérer que nous avons affaire à deux blocs bien identifiés, « les mathématiques » (entendues ici comme pratique mathématique) et « la philosophie » (entendue ici comme comprenant notamment les vues philosophiques sur les mathématiques, mais aussi les

1. Une hypothèse déjà présente chez Wallis, cf. J. Wallis, *A Treatise of Algebra, both historical and practical : shewing the original, progress, and advancement thereof*, London, John Playford for Richard Davis, 1685.

2. La boutade est de Jean Dieudonné : « Celui qui peut me dire en quoi le climat des petites cours allemandes au XIXe siècle explique Gauss, je lui offre une médaille en chocolat ! », « Mathématiques vides et mathématiques significatives » dans F. Guénard et G. Lelièvre. (éd.), *Penser les mathématiques. Séminaire de philosophie et mathématiques de l'École normale supérieure*, Paris, Seuil, 1982, p. 23 – et pour une tentative de réponse : J.-P. van Bendegem, « The Impact of the Philosophy of Mathematical Practice on the Philosophy of Mathematics », dans *Science after the practice turn in the philosophy, history, and social studies of science*. New-York, Routledge, 2014.

vues métaphysiques, éthiques, politiques, etc.)[1], qui nous seraient donnés tout faits et dont il s'agirait de décrire les rapports. Ceci est particulièrement important dès lors qu'on entreprend d'interpréter des expressions célèbres de Leibniz comme le fameux « Ma metaphysique est toute Mathematique pour dire ainsi, ou la pourroit devenir »[2], ou encore « Les Mathematiciens ont autant besoin d'estre philosophes, que les philosophes d'estre Mathematiciens »[3] – dont il est assez clair, à voir l'usage nourri et répété qu'en font les commentateurs, que le principal mérite est de pouvoir être interprété selon la conception de la métaphysique et des mathématiques que chacun se sera faite pour soi-même *en amont*. Dans tous ces cas, on suppose trop facilement que les termes en présence (« mathématiques » et « philosophie ») sont déjà déterminés avant leur rencontre quand ce qui nous intéresse – ou devrait nous intéresser – est précisément la manière dont les sens de l'un et de l'autre ont pu (ou non) s'entre-déterminer dans ses rencontres[4]. Cette dernière approche est celle que je privilégierai dans cet ouvrage en suivant le fil de « l'analyse des notions ». J'essayerai de montrer notamment qu'elle conduit à identifier une certaine pratique originale des mathématiques, qui n'a pas reçu jusqu'à présent l'attention qu'elle méritait et qui est très étroitement liée à la réduction aux « identiques ». On y verra également comment la métaphysique y constitue, par différence, son propre régime de notions.

Une conséquence immédiate de la méthode que je vais suivre est donc une méfiance naturelle pour ce qui a le plus nourri la littérature sur les rapports entre mathématiques et philosophie chez Leibniz, soit les différents « modèles », les comparaisons ou les analogies, explicites ou implicites, qui relient les unes à l'autre dans le discours leibnizien. Pour convaincre du danger des vues sur « l'influence » de la mathématique sur la philosophie – ou l'inverse – et commencer à préparer le terrain d'une interprétation libérée de ses œillères, nous pouvons d'ailleurs suivre certaines de ces

1. La remarque vaut dans le cas de la mauvaise histoire externaliste pour le recours à « la » société, « la » culture, etc. Voir les remarques incisives de Latour à ce sujet dans B. Latour, *Changer de société, refaire de la sociologie*, Paris, La Découverte, 2014.

2. À L'Hospital, 27 Décembre 1694 (A III, 6, 253).

3. À Nicolas Malebranche, 13/23 mars 1699 (A II, 3, 539).

4. Cette remarque est cruciale pour ne pas projeter sur son premier programme leibnizien, élaboré à l'époque du *De arte combinatoria* (1666), des pratiques, et notamment une conception du « calcul » qui n'a, en fait, de sens qu'après son apprentissage mathématique à Paris.

déclarations. Elles nous aideront, par différence, à préciser une méthode d'approche plus satisfaisante.

Soit donc l'exemple bien connu, et si souvent convoqué, de la comparaison entre monades et points (les monades sont des sortes de « points » métaphysiques). Ce rapprochement conduit naturellement à insister sur la prégnance d'un modèle géométrique et dynamique dans lequel le cœur de la pensée philosophique leibnizienne serait accroché à une métaphysique de la force (pour le coup difficilement reconductible à de purs principes « logiques »). Dans une lettre célèbre à la princesse Sophie, où Leibniz rappelle que ses méditations portent depuis leur commencement sur l'unité et l'infini [1], il propose de voir la monade comme le centre d'un cercle qui, bien qu'absolument simple en tant que point géométrique, garderait en lui l'impression de l'infinité des rayons qui en sont issus. Comme on peut rétracter continûment le disque sur son centre [2], cette vue paraît justifiée mathématiquement – si l'on garde en mémoire que la continuité préserve l'ordre des objets qu'elle relie. Comme le point mathématique est néanmoins indivisible, il est alors naturel d'y voir, comme en surimpression et grâce aux ressources procurées par le formalisme différentiel, un point physique conçu comme centre de forces et concentrant dans son apparente simplicité l'infinité des sollicitations (*conatus*) qui ordonneront son devenir.

C'est bien ce que semble alors avancer Leibniz :

> V. A. E. me demande ce que c'est qu'une Substance simple. Je réponds que sa nature est d'avoir de la perception et par consequent de representer les choses composées. On demandera comment le composé peut estre representé dans le simple, ou la multitude dans l'unité ? Je réponds que c'est à peu pres comme une infinité de rayons concourent et font des angles dans le centre, tout simple et indivisible qu'il est. Et ces rayons ne consistent pas seulement dans des lignes, mais encor dans des tendances ou efforts selon les lignes, qui se coupent sans se confondre comme le mouvement des fluides nous le fait comprendre. (GP VII, 566)

1. « Mes meditations fondamentales roulent sur deux choses, sçavoir sur l'unité et sur l'infini » (4 novembre 1696, GP VII, 542, A I, 13, 90).

2. Comme les Anciens, Leibniz considère le cercle comme comprenant l'infinité de ses rayons, ce qui correspond donc plutôt à ce que nous nommons disque. Pour expliquer le phénomène décrit, il recourt souvent à l'idée d'angle au centre et au fait que la multiplicité des angles doit être préservée quand on rétracte le disque sur son centre.

Point métaphysique, point physique et point mathématique se superposent alors pour former le cœur de l'ontologie leibnizienne d'où rayonneront, comme par une mise en abyme du « système », tous les points de vue qu'elle concentre [1].

Mais il est rare qu'on précise la portée et les limites de telles comparaisons. Or le philosophe s'est pourtant exprimé à ce sujet d'une manière à la fois claire et surprenante. Ainsi avance-t-il à Masson en 1716 : « Le Calcul infinitesimal est utile, quand il s'agit d'appliquer la Mathematique à la Physique, cependant ce n'est point par là que je pretends rendre compte de la nature des choses » [2]. Quand Fontenelle entreprit, croyant faire honneur à son maître, de livrer les fondements « métaphysiques » de son calcul, voici la remarque acerbe qu'il s'attira : « Entre nous je crois que Mons. de Fontenelle, qui a l'esprit galant et beau, en a voulu railler, lorsqu'il a dit qu'il vouloit faire des elemens metaphysiques de nostre calcul. Pour dire le vray, je ne suis pas trop persuadé moy même, qu'il faut considerer nos infinis et infiniment petits autrement que comme des choses ideales ou comme des fictions bien fondées » [3]. La superposition des points mathématiques, physiques et métaphysiques est donc d'abord le nom d'un problème. Car encore faut-il comprendre comment la « fiction » des infiniments petits pourrait accéder à une forme d'effectivité réelle dans le cadre de la physique ou de la métaphysique. Ceci implique donc d'abord de comprendre la mise en place de l'opposition de l'« idéal » et du « réel » qui nous occupera longuement par la suite.

1. Pour une interprétation poussant à l'extrême ses identifications, voir G. Châtelet, « L'enchantement du virtuel », *Chimère (Schizoanalyses)*, 1987.

2. À Masson, 1716, GP VI, 629. La suite indique la raison profonde d'un tel refus : « car je considere les quantités infinitesimales comme des fictions utiles ». Sur l'importance de distinguer la conceptualisation de l'infini en mathématiques et en métaphysique chez Leibniz, voir mon étude D. Rabouin, « Infini mathématique et infini métaphysique : d'un bon usage de Leibniz pour lire Cues (... et d'autres) », *Revue de Métaphysique et de Morale*, vol. 2, n° 2, 2011.

3. À Varignon, 20 juin 1702, GM IV, 110.

Mais il y a plus important : si Leibniz a pu recourir à une représentation où les unités réelles peuvent être qualifiées de « points » [1], il a lui-même indiqué que cette métaphore pouvait prêter à confusion parce qu'elle importait dans le domaine métaphysique des catégories d'espace et de quantité qui n'y ont plus de sens :

> Il y a bien des années, alors que ma philosophie n'était pas encore mûre, je localisais les Ames dans des points, et pensais ainsi pouvoir expliquer leur multiplication par la Traduction, puisqu'on peut obtenir plusieurs points à partir d'un seul (...). Mais je devins plus circonspect, et je m'aperçus que c'était s'enfoncer dans d'innombrables difficultés, et même qu'il y avait là si j'ose dire une sorte de *metabasis eis alo genos*. Car il ne faut attribuer aux Ames rien qui touche à l'étendue, ni penser leur unité ou multitude sous le prédicat de la quantité, mais sous celui de la substance ; c'est-à-dire non à partir de points, mais de la force primitive qui agit [2].

Ce genre de déclaration est typique. Certes Leibniz se contredit parfois – d'autant plus que nombre de textes que l'on mobilise sont des brouillons, des essais, des tentatives parfois avortées – et l'on a beau jeu de le tirer alors dans une direction ou une autre. Mais on manque souvent une étape entre ces prétendues contradictions où Leibniz l'aura perçue pleinement et l'aura qualifiée comme telle, en disant qu'il s'était trompé, qu'il n'avait pas été assez précis dans ses formulations ou, tout simplement, qu'il avait changé d'avis [3].

Pour celui qui étudie l'évolution des idées de Leibniz, les déclarations qui précèdent ne recèlent aucun mystère : outre le fait que le philosophe déploie très tôt des arguments contre la possibilité d'un nombre infini qui rejaillissent sur la possibilité d'obtenir d'authentiques quantités infiniment

1. « Il n'y a que les Atomes de substance, c'est à dire, les unités reelles et absolument destituées de parties, qui soyent les sources des actions, et les premiers principes absolus de la composition des choses, et comme les derniers elemens de l'analyse des choses substantielles. On les pourroit appeller points metaphysiques : ils ont quelque chose de vital et une espece de perception, et les points mathematiques sont leur points de veue, pour exprimer l'univers. » (*Système nouveau de la nature et de la communication des substances*, GP IV, 482-483).

2. GP II, 372 ; trad. fr. C. Frémont, *L'être et la relation, avec trente-cinq lettres de Leibniz au R.P. Des Bosses*, Paris, Vrin, 1981, Lettre XVI (1709), p. 131. Voir également GP III, 623 (à Rémond) : « Il ne faut pas concevoir non plus que les Monades comme des points dans un espace reel, se remuent, se poussent ou se touchent ; il suffit que les phenomenes le font ainsi paroitre, et cette apparence a de la verité en tant que ces phenomenes sont fondés, c'est à dire consentans ».

3. Pour un exemple saisissant, voir ci-dessous chapitre 2, p. 95.

petites [1], un simple coup d'œil à la chronologie suffit à montrer qu'il a mis au point son algorithme différentiel à une époque où sa métaphysique n'était pas centrée sur le concept de force. Si maintenant nous prêtons attention au contexte dans lequel Leibniz est amené à mettre au centre de sa pensée le concept d'action, nous constatons qu'il est lié à l'élaboration des *Dynamica* (1690), en particulier à l'exigence d'une démonstration *a priori* de la loi d'estime de la puissance, et non à des considérations internes aux mathématiques [2].

De tels constats sont caractéristiques de ce que permet une étude précise des rapports entre mathématiques et philosophie, une fois suspendue l'évidence de leur donation préalable et une fois reconstituée la chronologie de leurs interactions réelles : force est de constater que certaines rencontres, qu'on juge trop souvent évidentes, n'ont tout simplement *pas* eu lieu. Le calcul différentiel n'a pas *modelé* une conception des points métaphysiques comme centre de force, même s'il a pu lui servir *par la suite* de soutien – et ce fait n'est pas moins intéressant à constater que le contraire [3].

Prenons de même l'autre grande image de Leibniz, celle qui en fait le partisan d'un fondement « logique » des mathématiques et, plus généralement, de la métaphysique. Ici aussi, la chronologie pose immédiatement problème : nous savons, en effet, aujourd'hui que Leibniz élabore

1. Comme il le rappelle à Bernoulli en 1698 : « J'ai démontré de manière parfaitement vraie il y a déjà de nombreuses années qu'il ne saurait y avoir sans contradiction de nombre ou d'ensemble de tous les nombres qui forme un tout unifié. Il en va de même du nombre maximum, du nombre minimum ou de la fraction la plus petite [...]. Mais de même qu'il n'y a pas d'élément des nombres ou de partie minimale de l'unité, ou encore de minimum dans les nombres, de même il n'y a pas de ligne minima, ou d'élément linéaire ; la ligne, en effet, comme l'unité, peut toujours être coupée en parties ou fractions. » (A III, 7, 884).

2. À en croire Leibniz, c'est même l'échec d'une vue purement mathématique des phénomènes qui conduisit à l'élaboration de son système : « quand je cherchai les dernières raisons du mécanisme et les lois mêmes du mouvement, je fus tout surpris de voir qu'il était impossible de les trouver dans les mathématiques, et qu'il fallait retourner à la Métaphysique. C'est ce qui me ramena aux Entéléchies, et du matériel au formel, et me fit enfin comprendre, après plusieurs corrections et avancement de mes notions, que les Monades, ou les substances simples, sont les seules véritables substances, et que les choses matérielles ne sont que des phénomènes, mais bien fondés et bien liés » (à Rémond 10 janvier 1714, GP III, 606).

3. Par contraste, on pourra relire le début du livre célèbre de Child consacré à la genèse du calcul différentiel : « the main ideas of his philosophy are to be attributed to his mathematical work, and not vice versa » (J. M. Child, *The early mathematical manuscripts of Leibniz; tr. from the Latin texts published by Carl Immanuel Gerhardt with critical and historical notes*, Chicago - London, Open Court, 1920).

les grands calculs logiques qui ont fait sa gloire au milieu des années 1680 [1]. Or l'idée d'une approche logique des notions permettant de réduire les vérités en calcul est présentée dès le *De arte combinatoria*, vingt ans auparavant [2]. Même à supposer que, par une interprétation extrêmement charitable, on y voit le double « du terme assigné par Horace » pour la divulgation d'un résultat [3], force serait de constater que ce que nous voyons comme une très haute conquête ne donna nullement lieu à une césure fondatrice. Bien au contraire, l'étude fine de l'évolution des calculs logiques voit Leibniz, à la grande surprise de son lecteur, ne *pas* poursuivre dans la voie ouverte au milieu des années 1680 et revenir significativement à des études sur la syllogistique à partir de la décennie 1690.

Comme l'indique Wolgang Lenzen :

> Le grand but de Leibniz en logique était de construire un calcul général des concepts qui lui aurait permis de vérifier strictement la théorie traditionnelle du syllogisme. Il n'est pas aisé d'établir une chronologie de cette entreprise, mais on peut avancer avec un certain degré de certitude l'affirmation suivante : d'un côté, Leibniz s'est occupé de problèmes relevant de la théorie traditionnelle du syllogisme pratiquement tout au long de sa vie (d'adulte), c'est-à-dire de 1665, quand il compose la *Dissertatio* jusqu'en 1715, où furent écrit les *Schedae de novis formis et figuris syllogisticis* (C, 206-210). Les différents brouillons d'un calcul général, de l'autre côté, date d'une période beaucoup plus brève, entre 1680 et 1690 à peu près [4].

Ainsi ceux qui vont chercher dans les textes des décennies précédentes le projet de mettre l'ensemble de la connaissance sous l'égide d'un *calculus universalis* de nature logique mettent Leibniz sens dessus dessous.

1. Il s'agit principalement des *Recherches générales sur l'analyse des notions et des vérités* (A VI, 4, 739-788 ; trad. fr R 200-303) et des échantillons du calcul de l'« addition réelle », en particulier le *Non inelegans specimen demonstrandi in abstractis* (A VI, 4, 845-855 ; trad. fr R 424-434).

2. *Dissertatio de arte combinatoria , in qua, ex arithmeticae fundamentis, complicationum ac transpositionum doctrina novis praeceptis exstruitur et usus ambarum per universum scientiarum orbem ostenditur*, J. S. Fikium et J. P. Seaboldum, 1666

3. Leibniz fait souvent référence à cet adage, par exemple dans ses *Remarques sur les objections de M. Foucher sur le Système nouveau* : « C'est qu'avant que de publier le Systeme nouveau, on a observé la regle d'Horace : *nonumque prematur in annum.* » (GP IV, 490). Voir également G. W. Leibniz, *La naissance du calcul différentiel : 26 articles des Acta Eruditorum*, traduit et annoté par M. Parmentier, Paris, Vrin, 1989, p. 263 et 374.

4. W. Lenzen, « Leibniz's logic », dans, *Handbook of the History of Logic*, Amsterdam, Elsevier, 2004, p. 56. C'est moi qui traduis et qui souligne.

Bien plus, le fait est – aussi décevant soit-il à nouveau – que Leibniz n'a justement *pas* effectué cette dérivation, dont il parlait depuis longtemps, *au moment même où il nous semble enfin avoir les moyens de le faire.*

Certes, dans ce cas, il ne s'agira pas de jouer les déclarations du philosophe contre celles des interprètes. Indéniablement, Leibniz n'a cessé d'en appeler à une présentation « logique » non seulement des notions et des vérités, mais plus spécifiquement des mathématiques. Reste qu'on plaque alors sous ces injonctions une conception anachronique de ce qu'est la « logique » et du rôle que doit y tenir le « calcul », sans se préoccuper d'aller voir comment Leibniz mobilisait vraiment l'une et l'autre à telle ou telle époque [1]. Reste également qu'on prend pour constitué et stabilisé un « calcul logique » dont l'élaboration effective au milieu des années 1680 semble plutôt témoigner, comme dans notre exemple précédent, d'une rencontre *manquée* [2].

Ces quelques indications devraient suffire à marquer, par différence, ce que cette étude entend apporter et l'originalité de la méthode que je vais suivre. Je souhaiterais, en effet, comprendre la manière dont mathématiques et philosophie se sont rencontrées chez Leibniz en suivant d'aussi près que possible leurs évolutions respectives et leurs interactions effectives. Pour ce faire, je m'appuierai sur la manière dont Leibniz lui-même a thématisé ces rapports à différentes époques. Ceci impose notamment de mettre entre parenthèses des réalisations mathématiques certes de très grande importance, mais auxquelles Leibniz fait rarement référence dans ses écrits philosophiques – comme le calcul différentiel dont on vient même de voir qu'il n'était pas propre à ses yeux à « rendre compte de la nature des choses » [3]. Plus généralement, on trouvera peu d'indications

1. J'en ai donné un exemple sur le cas de la *logica mathematica* dans une étude publiée en collaboration avec Anne Michel-Pajus, cf.A. Michel-Pajus et D. Rabouin, « *Logica Mathematica* : Mathematics as Logic in Leibniz », dans *Leibniz and the Dialogue between Sciences, Philosophy and Engineering, 1646-2016. New Historical and Epistemological Insights*, London, The College's Publications, 2017.

2. « Manquée » tout du moins pour le point de vue téléologique et anachronique que nous cherchons ici à dénoncer.

3. Voir les remarques similaires faites par Vincenzo de Risi au moment d'engager son étude sur les rapports entre géométrie et philosophie chez Leibniz : « It is actually another cliché of philosophical criticism that studying Leibniz's mathematics will certainly help the understanding of Leibniz's philosophy. This piece of wisdom is however only followed by most interpreters in the narrow sense that confines Leibniz's mathematics to his most important and celebrated discovery, namely infinitesimal analysis – however, recently a

dans ce qui suit sur un aspect qui a particulièrement intéressé les commentateurs, soit les relations *analogiques* qui peuvent exister entre mathématiques et philosophie. Non que ces relations ne soient révélatrices de certains rapports, mais nous venons de voir qu'elles peuvent être trompeuses si on leur ôte leur caractère de comparaisons [1]. Cela exclut également un domaine où l'interaction a été indéniable, mais que Leibniz lui-même a peu thématisé explicitement avant ses dernières années, celui de sa conception de la spatialité en lien avec l'élaboration d'une caractéristique géométrique [2].

Parallèlement, il faudra redonner toute leur importance à certains résultats mathématiques d'apparence anodine, mais dont l'influence sur les conceptions de Leibniz a été, de son propre aveu, déterminante. Un exemple particulièrement important en est donné par la démonstration de l'impossibilité d'un « nombre infini » que Leibniz présente dès la fin de 1672 et à laquelle il ne cessera de se référer par la suite. Mon but, pour le

few studies on combinatorial analysis and probability theory have begun to appear. But the Calculus is certainly the least suitable domain to chose for studying the objective encounter between mathematics and philosophy in Leibniz » (V. De Risi, *Geometry and Monadology*, Basel, Birkhäuser, 2007, p. XII).

1. Leibniz les présente d'ailleurs régulièrement comme telles : « On ne doit point s'etonner que je tache d'eclaircir ces choses [scil. les irrégularités dans l'ordre de la nature] par des comparaisons prises des Mathematiques pures, où tout va dans l'ordre, et où il y a moyen de les demêler par une meditation exacte, qui nous fait jouir, pour ainsi dire, de la veue des idées de Dieu. » (Théodicée § 242, GP VI, 261-262.). On notera que la relation fonctionne à double sens et que la philosophie peut parfois servir à donner un sens métaphorique à certains gestes mathématiques. C'est notamment le cas de la généralisation de la différentielle à des ordres non entiers dont Leibniz écrit à Bernoulli qu'elle reviendrait à « je ne sais quelles différences (ou sommes) métaphysiques. » (28 février 1695, A III, 6, 313. Voir également la reprise par Bernoulli dans sa lettre à l'Hospital du 10 janvier 1696 : « Les différentielles qui ont pour exposant des nombres rompûs ne sont en effet que metaphysiques comme dit Mr. Leibnits. » (J. Bernoulli, *Der Briefwechsel von Johann Bernoulli*, Basel, Naturforschende Gesellschaft in Basel, Birkhäuser Verlag, 1955, p. 311).

2. Cette interaction est l'objet de l'étude de Vincenzo de Risi, mentionnée dans la note précédente et à laquelle je me contenterai de renvoyer. Mon projet peut être vu comme une manière de compléter cette enquête sur les rapports entre mathématiques et philosophie en y faisant intervenir un tour plus généaologique et en mobilisant les autres aspects des mathématiques. Le fait que Leibniz ait peu thématisé cette relation comme telle se manifeste notamment au fait que les réflexions sur l'espace étaient justement, jusqu'à une époque récente, traitées de manière relativement indépendante de ses élaborations mathématiques au titre de l'*Analysis situs*.

dire d'un mot, sera donc d'étudier les rapports entre philosophie et mathématiques leibniziennes comme *de l'intérieur*[1].

Une dernière mise en garde s'impose alors : si cette étude est aujourd'hui grandement facilitée par l'accès que nous avons aux textes, elle reste encore nécessairement partielle. Nous possédons, en effet, une vue très complète des écrits philosophiques et mathématiques jusqu'aux années 1680 – y compris en ce qui concerne la correspondance. Mais, malgré de très grands progrès, ce n'est pas encore le cas pour la période qui s'ouvre au début de la décennie 1690 pour la philosophie et dès le début des années 1680 pour les mathématiques. Mon travail sera donc concentré sur le premier corpus, dans l'idée d'en faire émerger des positions dont je montrerai qu'elles se retrouvent dans des textes plus tardifs.

Pour l'annoncer dès à présent, il me semble qu'une certaine entente de la « réduction aux identiques », cœur de cette étude et objet des chapitres 3 à 5, traverse toute l'œuvre de Leibniz. Reste qu'elle prend sens dans des versions possiblement différentes de la « synthèse de la mathématique universelle et de la métaphysique de l'individuation ». La fin des années 1680 voit, en effet, se mettre en place une première forme de synthèse, objet du chapitre 6, que les commentateurs ont eu tendance à prendre pour le dernier mot de la philosophie leibnizienne. Mais cela reste à démontrer. Force est notamment de constater que le voyage en Italie (1689-1690) constitue une période de grand bouleversement et que cette évolution n'est pas sans impact sur les rapports entre philosophie et mathématiques, tels qu'ils se déploient par la suite (ce sera l'objet du chapitre 7). Déterminer exactement pourquoi et comment une telle évolution a eu lieu paraît encore prématuré. Au moins peut-on noter que nombre de déclarations insistant sur l'ancrage métaphysique des mathématiques, à commencer bien sûr par les *Initia rerum mathematicarum metaphysica*, sont tardives et semblent découler de l'évolution apparue dans les années 1690. J'y reviendrai en conclusion de cette étude.

L'analyse des notions comme fil d'Ariane

À l'encontre des approches reconstructives « systématisantes », mais tout aussi bien des approches déconstructives « pragmatiques », je voudrais donc engager une démarche qui me semble à la fois plus facile à

1. Selon la méthode que j'ai déjà suivie pour Descartes. Pour une description de cette approche, voir D. Rabouin, « *Mathesis*, Méthode, Géométrie chez Descartes », dans *Lectures de Descartes*, Paris, Ellipses, 2015.

suivre et plus sûre : partir des déclarations de Leibniz lui-même sur les rapports entre philosophie et mathématiques – étant bien entendu qu'il n'y a aucune raison de considérer que ces déclarations ne sont pas prises dans des évolutions importantes ou qu'elles ne relèvent pas de considérations stratégiques qu'il faut savoir décrypter – dans l'idée de mieux comprendre une philosophie des mathématiques qui me semble à la fois originale et riche. Or, pour qui entend suivre cette piste, un fil directeur s'impose assez vite de lui-même, celui de l'analyse logique, entendue comme « analyse des notions et des vérités » (*analysis notionum et veritatum*) et conçue comme principal soutien de l'art d'inventer (*ars inveniendi*).

On connaît la déclaration célèbre faite à la Princesse Elisabeth en 1678 : « pour moy, je ne cherissois les Mathematiques, que par ce que j'y trouvois les traces de l'art d'inventer en général, et il me semble que je découvris à la fin que Monsieur des Cartes luy même n'avoit pas encor penetré le mystère de cette grande science » [1]. Ceci nous permet d'ailleurs de pointer au passage une des rares occasions où Leibniz a explicité un possible lien de la « logique » aux « mathématiques » et à la « métaphysique » : « Car j'ay reconnu que la Metaphysique n'est gueres differente de la vraye Logique, c'est-à-dire de l'art d'inventer en general » – phrase mainte fois citée, mais dont on omet généralement d'appuyer la dernière identification où la logique ne figure nullement comme calcul, mais comme art d'inventer [2].

Leibniz donne d'autres indications sur la manière dont l'analyse des notions mathématiques a pu servir de soutien à l'art d'inventer philosophique, en particulier dans un texte très intéressant de la seconde moitié des années 1680 [3] sur lequel il nous faudra revenir à plusieurs reprises :

1. A II, 1^2, 662. Cette lettre n'a pas d'indication de destinataire, mais la manière dont ses interlocuteurs s'y réfèrent ne semble pas laisser de doute sur le fait qu'il s'agit de la Princesse Elisabeth, voir présentation A II, 1^2, 660. Que les mathématiques nous offrent un des lieux privilégiés pour l'étude de l'*ars inveniendi* se retrouve également dans le « Discours touchant la méthode de la certitude et l'art d'inventer » de la fin des années 1680 : « Mais on voit sur tout, que l'art d'inventer est peu connu hors des Mathematiques, car les Topiques ne servent ordinairement que de lieux memoriaux pour ranger passablement nos pensées, et ne contenant qu'un catalogue des Termes vagues, et des maximes apparentes communement receues. » (A VI, 4, 962). Voir aussi A VI, 4, 963.

2. Sur cette conception large et méthodologique de la logique, voir F. Duchesneau, *Leibniz et la méthode de la science*, rééd. Vrin, 2022, Paris, Puf, 1993.

3. *De arte characteristica ad perficiendas scientias ratione nitentes*. Les indications données dans le texte nous assurent que le texte a été écrit après 1685-1686. Les éditeurs proposent de le dater de l'été 1688 (cf. A VI, 4, 909 pour les explications).

> Au lieu des axiomes et des théorèmes d'Euclide, qui traitent de la grandeur et de la proportion, j'en ai pour ma part trouvé d'autres, de plus grande portée et d'usage plus général, qui traitent de ce qui coïncide, de ce qui est congruent, semblable, déterminé, de la cause et de l'effet, c'est-à-dire de la puissance des relations de façon universelle, du contenant et du contenu, de ce qui arrive par soi et par accident, de la nature générale de la substance, ainsi que de la spontanéité parfaite et de l'impossibilité pour les substances d'être engendrées et corrompues et enfin de l'union des choses et de la façon dont les substances conspirent entre elles (A VI, 4, 911 ; trad. fr. R 161).

On est frappé de trouver ici une confirmation assez précise de ce qui n'était présenté qu'allusivement à Elisabeth. L'analyse des notions [1] aboutit à rien moins qu'une nouvelle structure axiomatique des mathématiques, différentes de celle d'Euclide, mais qui se déploie surtout dans une parfaite continuité aux thèses métaphysiques, notamment en ce qui concerne la « nature générale de la substance » [2]. Les mathématiques semblent bien ici avoir servi de soutien au déploiement d'un *ars inveniendi* qui touche à la logique aussi bien qu'à la métaphysique.

Couturat, comme on peut l'imaginer, faisait grand cas de cette déclaration, dont il tirait la conclusion suivante : « cet intéressant passage montre à quel point la Mathématique et la Métaphysique se pénètrent et se mêlent dans l'esprit de Leibniz : *on y voit pour ainsi dire toutes ses thèses métaphysiques découler de sa Logique ou de sa Mathématique universelle* » [3]. De fait, il s'agit là d'un des rares textes où soit posée explicitement une telle continuité, du moins avec autant de précision sur les thèmes engagés et les notions pertinentes [4].

1. Comme je l'expliquerai par la suite, les mathématiques ont ceci de particulier que « l'analyse des notions » et « l'analyse des vérités » s'y trouvent étroitement reliées – selon un rêve ancien de Leibniz – via les « identiques ». Expliquer la nature et l'édification de ce lien sera un des enjeux d'une grande partie de cette étude. Sous ce point de vue, je m'autoriserai souvent, pour abréger, à parler d'« analyse des notions », là où il faudrait écrire « analyse des notions et des vérités ». C'est typiquement le cas dès qu'on s'intéresse, comme ici, aux questions axiomatiques.

2. La suite précise : « À partir de là se fait jour le secret de l'union qui intervient entre l'âme et le corps, ainsi que la manière dont les substances agissent, le concours de Dieu, la cause du mal, la liberté conciliée avec la providence et avec la certitude, c'est-à-dire avec la vérité déterminée des choses contingentes, et la métamorphose envisagée par rapport à la métempsychose » (*ibid.*).

3. L. Couturat, *La Logique de Leibniz*, *op. cit.*, p 304-305. Je souligne.

4. On verra qu'il existe néanmoins d'autres déclarations qui vont dans le même sens. Notons dès à présent que cela confirme pleinement un élément important de notre approche :

Reste que ce lien opère ici comme un mystère : en quel sens doit-on considérer que l'art d'inventer en mathématiques a pu ouvrir à quelque avancée en philosophie ? Comment passe-t-on d'une extension des axiomes d'Euclide à un traitement de la spontanéité parfaite de la substance ou de la métempsychose ? Couturat considérait, sans autre examen, que cela provenait de la conception leibnizienne de la *mathesis universalis* qu'il décrivait comme une théorie abstraite des relations (issues des mathématiques, mais de nature fondamentalement logique) et qu'il reliait naturellement aux différents calculs logiques [1]. Pourtant, les calculs logiques leibniziens ne traitent nullement des relations – c'est même une de leur limite bien connue par rapport à d'autres approches algébriques initiées à la fin du XIXe siècle (chez Schröder et Peirce notamment).

Par ailleurs, si nous nous tournons vers le projet quasi-contemporain d'éléments nouveaux de « mathématique universelle » [2], nous y voyons Leibniz avancer clairement que cette dernière doit s'arrêter au seuil de la métaphysique. L'ouverture du texte précise en effet : « Ainsi seront ici exclues les [choses] Métaphysiques qui portent sur ce qui est purement intelligible, la pensée, l'action » [3]. Au moment de s'engager dans l'étude des relations fondamentales, il précise plus clairement cette ligne de démarcation :

> Diffèrent en nombre les choses qui ne peuvent pas même être discernées entre elles par comparaison, mais doivent être rapportées à des choses extérieures, à savoir le lieu et le temps. Et s'il est possible que dans la nature soient données des choses différant seulement par le nombre, et que

quand Leibniz mentionne explicitement la continuité notionnelle entre mathématiques et philosophie, il ne s'appuie nullement sur la logique au sens du *calculus ratiocinator* ou sur le calcul différentiel, mais sur des notions comme celle de congruence, de similitude, de détermination.

1. Sur la conception de la *mathesis universalis* par Couturat et ses limites, *cf.* D. Rabouin, « Interpretations of Leibniz's Mathesis Universalis at the Beginning of the XXth Century », dans *New Essays on Leibniz Reception 1800-2000*, Basel, Springer, 2012 et l'introduction de G. W. Leibniz, *Mathesis Universalis. Écrits sur la mathématique universelle*, introduction, traduction et notes sous la direction de David Rabouin, Paris, Vrin, 2018. D'une manière générale, la présente étude suppose les acquis de ces travaux antérieurs sur la *mathesis universalis* et en prend directement la suite.

2. *Elementa nova matheseos universalis*, A VI, 4, 513-524.

3. A VI, 4, 514. Une variante indique : « Ainsi la Métaphysique, soit la Méthode concernant le pur intelligible, n'a pas sa place ici ; il peut quand même y avoir des choses dans la *Mathesis* qui rivalisent en subtilité avec celles de la Métaphysique ».

> de cela seul découle qu'elles sont à la vérité non pas une mais plusieurs, *ce n'est pas ici le lieu d'en traiter, mais relève de la Métaphysique* [1].

On voit donc que ce que Couturat tenait pour une évidence est en fait un problème : Leibniz a certes établi à plusieurs reprises une continuité entre son approche « logique » des mathématiques (ce qu'il appelle parfois « logique mathématique » [2]) et la métaphysique, mais cette continuité ne permet nullement, comme Couturat le prétendait, de faire « découler » l'une de l'autre. Pis, la mathématique doit précisément s'arrêter au moment où se pose une des questions constitutives de la métaphysique, celle de l'individuation (existe-t-il des choses différant *solo numero* ?). C'est tout le ressort de l'interrogation de Mahnke à laquelle il faut savoir revenir : comment penser la *synthèse* de la « mathématique universelle » et de la « métaphysique de l'individuation » ?

Le mystère s'épaissit si nous revenons à la lettre à Elisabeth : en quel sens Leibniz peut-il déjà soutenir *en 1678* qu'il a trouvé dans les mathématiques les traces d'un art d'inventer qui le conduisirent à certaines positions métaphysiques ? À cette époque, rappelons-le, l'algorithme du calcul différentiel a certes été élaboré, mais il n'a pas encore été rendu public et nous sommes avant l'élaboration des grands échantillons en *analysis situs* ou en calcul logique qui marqueront la fin de l'année 1679. S'il mentionne à Elisabeth, pour indiquer les limitations de la méthode cartésienne, l'existence d'une analyse transcendante dont il a jeté les fondements, ceci apparaît d'ailleurs comme une conséquence du nouvel art d'inventer plutôt que comme sa source [3]. Mais, même à supposer qu'on s'appuie sur cet exemple, en quoi ces développements mathématiques pourraient-ils nous aider *en métaphysique* ? Nous sommes, en effet, à un moment où le modèle dynamique n'est pas mis en avant dans la conception de la substance.

De fait, ce n'est pas du tout dans ce domaine que le philosophe va puiser ses exemples lorsqu'il s'attaque au cœur de la discussion métaphysique et ce constat va jouer un rôle central dans l'appréciation du rôle de l'analyse que je vais proposer. Étant donné l'importance de ce passsage, qu'on me permette de le citer dans son long :

1. A VI, 4, 514. Je souligne. La suite précise à nouveau le lien au rôle de l'imagination : « il nous suffit que l'on puisse trouver des choses telles qu'elles ne puissent être discernées par l'imagination, c'est-à-dire par ce qui apparaît aux sens ».

2. Sur le sens de ce terme, qu'il faut se garder de confondre avec les calculs logiques puisque Leibniz les distingue nettement (GM VII, 55), voir A. Michel-Pajus et D. Rabouin, « *Logica Mathematica* : Mathematics as Logic in Leibniz », *op. cit.*

3. A II, 1^2, 662.

> il faut avouer aussi que la preuve de Mons. des Cartes qu'il apporte à fin d'establir l'idée de Dieu est imparfaite. Comment dira-il pourroit on parler de Dieu sans y penser, et pourroit on penser à Dieu sans en avoir l'idée. Ouy sans doute, on pense quelques fois à des choses impossibles, et mêmes on en fait des demonstrations. Par exemple Mons. des Cartes tient que la quadrature du cercle est impossible, et on ne laisse pas d'y penser, et de tirer des consequences de ce qui arriveroit si elle estoit donnée. (...) De même le plus grand de tous les Cercles, est une chose impossible, et le nombre de toutes les unités possibles ne l'est pas moins : il y en a demonstration. Et neantmoins nous pensons à tout cela. C'est pourquoy il y a lieu de douter asseurement, si l'idée du plus grand de tous les estres n'est pas sujette à caution ; et s'il n'enferme quelque contradiction. Car je comprends bien par exemple la nature du mouvement, et de la vistesse, et ce que c'est que le plus grand. Mais je ne comprends pas pour cela si tout cela est compatible, et s'il y a moyen de le joindre et d'en faire une idée de la plus grande vistesse dont le mouvement soit capable. De même quoyque je sçache ce que c'est que l'estre et ce que c'est que le plus grand et le plus parfait, neantmoins je ne sçay pas encor pour cela s'il n'y a une contradiction cachée à joindre tout cela ensemble, comme il y en a en effect dans les autres exemples susdits [1].

L'argument est bien connu et fonde la critique des raisonnements dits « aveugles » qui sera reprise dans les *Meditationes de cognitione, veritate et ideis* de 1684 [2]. Lorsque nous manipulons des notions comme celle de l'étant doté de la plus grande perfection, nous semblons assurés de comprendre ce dont nous parlons parce que les termes pris isolément paraissent compris et que nous semblons en former des idées « claires et distinctes ». Mais rien n'assure que la combinaison de telles idées produise une idée adéquate. Une idée claire et distincte [3] ne témoigne pas, à soi seul, de l'adéquation et il est fort possible que sa composition recèle des incompatibilités cachées entre les ingrédients – soit que les réquisits n'aient pas été eux-mêmes analysés en leurs éléments derniers, soit que la notion entre en composition avec d'autres notions dont les réquisits s'avèreront eux-mêmes, après analyse, incompatibles avec les siens.

Le point qui doit nous intéresser plus particulièrement ici est que les mathématiques fournissent alors un exemple privilégié de ces situations,

1. A II, 1^2, 664.

2. parues dans les *Acta Eruditorum*, Novembre 1684, p. 537-542 (A VI, 4, 585-592).

3. Pour Leibniz, rappelons le, une idée claire et distincte est une idée que l'on peut non seulement reconnaître (claire), mais dont on peut énumérer les réquisits (distincte).

précisément parce qu'elles sont un tel réservoir de notions « claires et distinctes » et qu'il est pourtant possible de montrer que certaines d'entre elles enveloppent des contradictions (le « nombre de toutes les unités »). C'est ce qui apparaît notamment quand nous faisons une démonstration « par l'absurde » ou que nous établissons une impossibilité mathématique. Il s'agit d'un second aspect essentiel de l'analyse des notions qu'il nous faudra suivre. Je montrerai notamment comment la découverte de ce phénomène, celui des contradictions cachées dans des notions pourtant « claires et distinctes », a bien pris son départ dans la pratique mathématique et comment il a agi en retour sur cette pratique, rejoignant naturellement une autre détermination que nous avons croisée, celle d'une élucidation des relations mathématiques fondamentales – et plus précisément des relations « identiques ».

Un exemple de l'analyse des notions et ses conséquences

Pour faite sentir dès à présent, sur un cas plus élémentaire que ceux que mentionne la lettre à Elisabeth, le rôle que peut jouer la pratique mathématique et indiquer la place centrale qu'y tient « l'analyse des notions », on pourra prendre un exemple mentionné plus tard par Leibniz et auquel je reviendrai régulièrement par la suite : celui du décaèdre régulier [1]. Ainsi, nous comprenons « clairement et distinctement » ce qu'est un polyèdre à dix faces, ou décaèdre, et non moins clairement ce qu'est un polyèdre

1. Leibniz le mentionne dans les *Nouveaux Essais* NEEH III, 3, § 15 (A VI, 6, 293). Le contexte est une discussion avec la proposition lockienne de distinguer essence réelle et nominale : « Il me semble que votre langage innove extrêmement dans les manières de s'exprimer. On a bien parlé jusqu'ici de définitions nominales et causales ou réelles, mais non pas que je sache d'essences autres que réelles, à moins que par essences nominales on n'ait entendu des essences fausses et impossibles, qui paraissent être des essences, mais n'en sont point, comme serait par exemple celle d'un décaèdre régulier, c'est-à-dire d'un corps régulier, compris sous dix plans ou hèdres. L'essence dans le fond n'est autre chose que la possibilité de ce qu'on propose. Ce qu'on suppose possible est exprimé par la définition ; mais cette définition n'est que nominale, quand elle n'exprime point en même temps la possibilité, car alors on peut douter si cette définition exprime quelque chose de réel, c'est-à-dire de possible, jusqu'à ce que l'expérience vienne à notre secours pour nous faire connaître cette réalité a posteriori, lorsque la chose se trouve effectivement dans le monde ; ce qui suffit au défaut de la raison, qui ferait connaître la réalité a priori en exposant la cause ou la génération possible de la chose définie. Il ne dépend donc pas de nous de joindre les idées comme bon nous semble, à moins que cette combinaison ne soit justifiée ou par la raison qui la montre possible, ou par l'expérience qui la montre actuelle, et par conséquent possible aussi. »

régulier, c'est-à-dire dont les faces sont toutes identiques entre elles. En joignant ces deux idées, nous obtenons une idée « claire et distincte » de décaèdre régulier (c'est-à-dire un polyèdre dont les dix faces sont identiques), ce qui veut dire que nous pouvons en former une définition (nominale) et le reconnaître à coup sûr à l'aide d'un certain nombre de critères (conditions nécessaires ou, dans le vocabulaire de Leibniz, « réquisits »). Nous pouvons également en tirer un certain nombre de propriétés essentielles, comme sa « caractéristique d'Euler » (le nombre obtenu en soustrayant au nombre de sommets le nombre d'arrêtes et en ajoutant le nombre de faces), la valeur des angles qui constituent les triangles sur chaque face, etc. De telles données sont aujourd'hui aisément disponibles à chacun du fait que la forme décaédrique est celle de certaines nano-particules (par exemple d'or)[1].

Pourtant une analyse plus poussée des réquisits portés par l'idée mathématique de polyèdre régulier nous fait prendre conscience que cette notion est mathématiquement *impossible*[2]. Il n'est pas possible, en effet, d'avoir dix faces identiques *et* un même nombre d'arrêtes à chaque sommet, autre réquisit porté par la notion mathématique de polyèdre régulier que nous avions omise dans notre première caractérisation. Voilà un cas très simple où nous pensions avoir analysé une notion en ces éléments derniers sans voir certaines incompatibilités auxquelles nous conduit le travail actuel d'analyse de la notion. Au cas où nous voudrions nous assurer de la conclusion, une démonstration nous assure, depuis Euclide, de l'impossibilité de polyèdres réguliers (convexes) autre que les célèbres « solides platoniciens »[3].

L'idée fondamentale de Leibniz est que nous comprenons parfaitement ce genre de raisonnement, alors même que, du point de vue des cartésiens, il ne peut pas reposer sur une « idée » (si nous n'avons d'idée que de ce qui est possible ou non-contradictoire). De manière très intéressante, il avance que Descartes lui-même a dû recourir à ce type de « notions » lorsqu'il a considéré que tel ou tel problème n'était pas résoluble parce

1. M. J. Yacamán, « Structure shape and stability of nanometric sized particles », *Journal of Vacuum Science & Technology B : Microelectronics and Nanometer Structures Processing, Measurement, and Phenomena*, vol. 19, n° 4, 2001.

2. Je précise « mathématiquement » car, comme on peut le voir dans la référence citée dans la note précédente, les physiciens ne semblent éprouver aucune difficulté à parler de « décaèdre régulier ».

3. Si la démonstration d'Euclide peut sembler insatisfaisante, Leibniz en connaît une, plus puissante, mise au point par Descartes dans ses *Progymnasmata de solidorum elementis*.

que reconductible à la « quadrature du cercle ». Il fallait bien, en effet, qu'il eût une certaine idée de ce qu'est la quadrature du cercle pour que ce rejet ne s'écrasât pas dans un simple *flatus vocis* – et même que cette idée soit distincte si l'on prétend y fonder une démarcation entre entités mathématiques acceptables ou non. Mais c'est donc qu'il y a des idées claires et distinctes, au sens de Descartes lui-même, qui ne sont pas adéquates (au sens où elles ne réfèrent pas à des entités possibles). Bien plus, l'exemple que nous avons suivi indique que cette possibilité est constitutive dans les recherches mathématiques dans la mesure où ne savons pas toujours déjà à l'avance quels cas sont possibles ou non. C'est là le coeur même de l'analyse mathématique.

Un de mes premiers objectifs dans ce qui suit sera d'essayer de comprendre pourquoi Leibniz avance que sa pratique mathématique a pu jouer un rôle décisif dans la genèse d'une telle conception, dont il fait le cœur de l'*ars inveniendi*. Une telle entreprise comprend plusieurs aspects : il faut d'abord identifier le rôle des mathématiques dans la critique de l'approche philosophique héritée de Descartes. Une des difficultés provient alors du fait que l'épistémologie « cartésienne » semble avoir d'abord *guidé* le premier projet de « caractéristique universelle » issu du *De arte combinatoria*. Ce sera l'objet du premier chapitre d'expliquer cet aspect, mais l'on peut rappeler dès maintenant que Leibniz présente encore son grand programme à Jean-Frédéric en 1671, cinq ans après le *De Arte*, comme « un moyen qui permet de faire en philosophie ce qu'ont fait Descartes et d'autres par l'algèbre et l'analyse en Arithmétique et en Géométrie »[1]. Il nous faudra donc comprendre à la fois comment ce premier programme a pu se trouver bouleversé lors de l'apprentissage de mathématiques plus avancées à Paris (chapitre 2) et pourtant survivre en partie à sa remise en cause (chapitre 3). Non seulement, en effet, Leibniz a répété du début à la fin de son œuvre, et en des termes quasi semblables, son grand dessein d'une *caracteristica universalis*, mais il a considéré que son travail d'analyse en mathématique l'avait plutôt *confirmé* qu'infirmé :

> Les plus vrais et les plus beaux abrégés de cette analytique des pensées humaines me furent montrés (*exhibuit*), lorsque j'ai étudié de manière

1. « *In Philosophia habe ich ein mittel funden, das jenige was Cartesius und andere per Algebram et Analysin in Arithmetica et Geometria gethan, in allen scientien zuwege zu bringen per Artem Combinatoriam, welche Lullius und P. Kircher zwar excolirt, bey weiten aber in solche deren intima nicht gesehen* » (A II, 1^2, 261. An Herzog Johann Friedrich, mi-octobre (?) 1671).

> plus approfondie l'analyse mathématique, à laquelle j'ai tant consacré de mes soins studieux que je ne sais si l'on trouve beaucoup de gens à y avoir mis plus de travail de nos jours [1].

Une tâche importante sera de parvenir à donner sens à cette affirmation, qui redouble celle faite à Elisabeth (ce sera l'objet du chapitre 4) : à quelle(s) analyse(s) mathématique(s) Leibniz se réfère-t-il lorsqu'il dit y avoir trouvé les plus beaux abrégés de l'*Analytica Generalissima Humanorum Cogitationum* ? Comme nous l'avons déjà indiqué, c'est seulement après avoir répondu à cette question – qui, à ma connaissance, n'a pas encore de réponse dans le commentaire – que nous devrions pouvoir comprendre le lien entre l'extension de l'axiomatique mathématique et l'élaboration de certaines thèses métaphysiques, telle qu'elle est présentée dans le *De arte characteristica ad perficiendas scientias ratione nitentes* [2].

Malgré une évolution de la pratique mathématique qui s'est sensiblement et ostensiblement détachée d'un premier modèle algébrique (encore compatible avec l'épistémologie cartésienne), Leibniz a donc *maintenu* son programme d'une « analytique des pensées humaines », précisément parce qu'il trouvait dans les mathématiques une confirmation de ses vues. Mais de quelle confirmation s'agit-il ? et en quoi cette pratique a-t-elle pu informer certaines vues métaphysiques ? Comment Leibniz peut-il tenir que la réflexion qu'il a menée alors sur les relations mathématiques, à l'écart du modèle euclidien ou cartésien (encore trop centré sur les rapports et proportions), l'a conduit à une réforme de la philosophie ? Ce sont là les questions qui devront nous guider et pour lesquelles je vais tenter d'apporter des réponses précises.

Mais pour pouvoir suivre ce fil plus avant, encore faut-il mettre également à distance une certaine image du rôle de l'analyse des notions qui s'impose immédiatement à l'esprit et qui a contribué à rendre ce thème inintelligible. Cette image dérive directement du texte des *Meditationes* que nous avons évoqué et s'appuie sur une interprétation très répandue que l'on peut qualifier – reprenant à dessein une terminologie dont l'enjeu sera précisément de se départir – de « logiciste » [3]. Dans ce qui suit, je vais donc reprendre avec plus de précision cette interprétation « logiciste » pour

1. *De arte characteristica ad perficiendas scientias ratione nitentes*, 1688, A VI, 4, 911, trad. fr. R 160-161 modifiée.

2. Voir la citation donnée ci-dessus p. 38.

3. On pourrait être tenté de la qualifier d'« analytique » et, de fait, c'est cet aspect que Frege chercha à réhabiliter contre Kant (§ 6 de ses *Grundlagen der Arithmetik* (1884), trad.

en indiquer les faiblesses propres. La lectrice pressée pourra se reporter directement à la dernière section de cette introduction et y revenir ensuite, si bon lui semble.

La lecture « logiciste » et ses limites

Position du problème. On sait que le spectre de la connaissance aveugle et le danger des contradictions cachées mentionné dans la lettre à Elisabeth reçoivent chez Leibniz une solution positive. Qui plus est, cette solution s'appuie, elle aussi, fortement sur les mathématiques : « quand tout ce qui entre dans une notion distincte est à son tour distinctement connu, ou bien quand l'analyse en est menée jusqu'au bout, la notion est *adéquate*. Je doute cependant que les hommes puissent en donner un seul exemple parfait; toutefois les notions des nombres s'en approchent beaucoup ».

Des lecteurs pressés [1] entendront ici l'écho d'une thèse forte sur la nature de la connaissance mathématique dont le caractère « symbolique » aurait ceci de singulier, par rapport à d'autres domaines de connaissance, qu'il pourrait se ramener, en dernière analyse, à des vérités primitives parfaitement analysées. Le prototype de telles vérités serait alors fourni par celles que procure l'arithmétique élémentaire, elle-même appuyée sur des principes purement logiques comme le principe de l'identité ($A = A$). L'algèbre symbolique n'aurait alors qu'à prendre le relais pour étendre un tel fonctionnement en un calcul certes « aveugle », mais toujours susceptible d'être évalué à l'aune de fondements à la fois logiques et intuitifs [2] – dès

fr. G. Frege, *Les Fondements de l'Arithmétique*, trad. fr. C. Imbert, Paris, Seuil, 1969, p. 129-132). Cela dit, le principe du *praedicatum inest subjecto* fait que *stricto sensu* toutes les vérités sont, pour Leibniz, analytiques et qu'il paraît donc plus correct de spécifier un type *particulier* de jugement analytique dans lequel le prédicat n'est pas seulement compris dans le concept du sujet, mais peut en être dérivé en un nombre fini d'étapes, en ne faisant intervenir que des définitions et des axiomes identiques. Dans ce cas, qui ne concerne que les « vérités de raison », la thèse interprétative serait donc que toute vérité mathématique peut se résorber dans une vérité logique parce qu'elle dépend, aux dires de Leibniz lui-même, du seul principe d'identité.

1. Il faut en effet passer vite sur un doute et une approximation qui ne sont pas sans importance et sur lesquels je vais revenir.

2. « intuitifs » au sens de Leibniz : « sans doute, lorsque la notion est très composée, nous ne pouvons embrasser à la fois par la pensée toutes les notions qu'elle enveloppe; mais quand cela peut se faire ou au moins dans la mesure où cela peut se faire, j'appelle cette connaissance *intuitive* » (A VI, 4, 588, trad. fr. Schrecker, p. 19).

lors du moins que nous avons pris garde de partir de notions parfaitement analysées. Tel semble être le soutien de l'affirmation selon laquelle les vérités mathématiques sont réductibles (en un nombre fini d'étapes) à des définitions et axiomes identiques, soit, dans la formulation ramassée donnée à Clarke, au seul principe de l'identité ou de la non-contradiction [1].

La *Monadologie* fournit, dans ses paragraphes 31 à 35, la version achevée de cette doctrine :

> 31. Nos raisonnements sont fondés sur deux grands principes, celui de la contradiction en vertu duquel nous jugeons faux ce qui en enveloppe, et vrai ce qui est opposé ou contradictoire au faux.
>
> 32. Et celui de la raison suffisante, en vertu duquel nous considérons qu'aucun fait ne saurait se trouver vrai, ou existant, aucune énonciation véritable, sans qu'il y ait une raison suffisante pourquoi il en soit ainsi et non pas autrement. Quoique ces raisons le plus souvent ne puissent point nous être connues
>
> 33. Il y a aussi deux sortes de vérités, celles de Raisonnement et celle de Fait. Les vérités de Raisonnement sont nécessaires et leur opposé est impossible, et celles de Fait sont contingentes et leur opposé est possible. Quand une vérité est nécessaire, on en peut trouver la raison par l'analyse, la résolvant en idées et en vérités plus simples, jusqu'à ce qu'on vienne aux primitives.
>
> 34. C'est ainsi que chez les Mathématiciens, les théorèmes de spéculation et les canons de pratique sont réduits par l'analyse aux Définitions, Axiomes et Demandes.
>
> 35. Et il y a enfin des idées simples dont on ne saurait donner la définition; il y a aussi des Axiomes et Demandes, ou en un mot, des principes primitifs, qui ne sauraient être prouvés et n'en ont point besoin aussi; et ce sont les Énonciations identiques, dont l'opposé contient une contradiction expresse.

Il ne fait pas de doute que le savoir mathématique sert ici de modèle pour la connaissance des vérités de raison et qu'elles ont, entre autres, le privilège de pouvoir être ramenées, en un nombre fini d'étapes, à des « idées simples », et en particulier à des axiomes et à des définitions. On

1. Pour Leibniz, en effet, les seuls vrais axiomes sont les axiomes identiques. Voir, parmi bien d'autres passages, la lettre à Mariotte de mai-juillet 1676 : « les veritez indemonstrables ne sont que les propositions identiques comme cellecy, une chose est elle même, est egale à elle même, est semblable à elle même; etc. Toutes les autres sont demonstrables, et dependantes, quoyqu'il ne soit pas tousjours necessaire de se mettre en peine de les demonstrer. » (A II, 1^2, 420-421.); voir également *De Synthesi*, A VI, 4, 543; trad. fr. R 139-140.

remarquera au passage que l'identité intervient donc deux fois : au niveau des principes qui règlent le déroulé des raisonnements et qui se ramènent à différents avatars du principe de non-contradiction, mais également au niveau des axiomes ou « principes primitifs » qui se ramènent à des « énonciations identiques » [1].

Leibniz ne donne pas d'exemples dans la *Monadologie*, mais le lien à l'arithmétique élémentaire et la nature de la réduction impliquée dans cette vue paraît rendue explicite dans le fameux échange avec Locke autour de la démonstration de « $2 + 2 = 4$ » dans les *Nouveaux essais*. On se souvient que Leibniz objecte qu'une telle connaissance peut s'obtenir par simple analyse des idées, à partir de la définition du nombre *deux* et d'un axiome identique [2]. Les connaissances mathématiques apparaissent ainsi, au moins en droit, comme dérivables de principes logiques primitifs dont le plus éminent, matrice de tous les autres, serait le principe de l'identité, $A = A$.

Or comment ne pas entendre ici l'écho du rêve qui anime Leibniz depuis ses jeunes années et qui tend à la constitution d'un « alphabet des notions humaines » à partir duquel toute vérité pourrait s'obtenir par simple combinaison – ce rêve auquel Leibniz donne le nom tantôt de caractéristique universelle, tantôt d'*ars combinatoria* – si bien que toutes les controverses pourraient se résoudre par le calcul (*calculemus*) [3] ? Le lien à l'analyse des notions est d'ailleurs rappelé à plusieurs reprises par Leibniz lui-même lorsqu'il retrace son parcours. L'idée de départ, très simple – « enfantine », dira-t-il parfois – est que si nous étions capables d'expliquer

1. Une partie de l'étude qui suit sera consacrée à expliciter les ressorts de cette ambivalence.

2. NEEH IV, chap. 7, § 10 ; A VI, 6, 413-414.

3. Parmi les très nombreuses versions de ce programme, citons celle présentée au Duc Ernst August (datée par les éditeurs de la période 1685-1687) : « Mais ce seroit le moindre des ses avantages, car cette même écriture seroit une espece d'Algebre generale et donneroit moyen de raisonner en calculant, de sorte qu'au lieu de disputer, on pourroit dire : comptons. Et il se trouveroit que les erreurs du raisonnement ne seroient que des erreurs de calcul qu'on decouvriroit par des epreuves comme dans l'Arithmetique. Les hommes trouveroient par là un juge des controverses veritablement infallible (…) » (A II, 1^2, 876). La suite indique clairement le lien à l'analyse des notions : « Pour arriver donc à cette Ecriture ou Caracteristique qui contient un calcul si surprenant, il faut chercher des definitions exactes des notions. Car les paroles que nous avons, estant assés obscures et ne nous donnant souvent que des notions confuses, on est obligé de substituer d'autres caracteres dont la notion soit precise et determinée, et les definitions ne sont qu'une expression distincte de l'idée de la chose. »

la structure des raisonnements à partir de la structure des propositions (par exemple au travers des relations d'inclusion conceptuelle qui gouvernent les dérivations syllogistiques) et si nous pouvions déterminer les grands types de prédications (les « prédicaments » ou « catégories ») comme structurant les rapports entre notions, alors il serait possible d'engendrer à partir d'un alphabet de notions primitives et par simple combinaison l'ensemble des vérités de n'importe quel domaine de connaissance.

Que les énoncés d'arithmétique élémentaire puissent servir de modèle se manifeste alors de ce que nous pouvons justement représenter la combinaison des notions en les codant par des nombres. Tel fut assurément le programme, dont on trouve déjà les prémices dans le *De arte combinatoria* (1666) et sur lequel Leibniz est revenu à de nombreuses reprises : « Quant à moi, alors que j'étais encore un enfant, n'étudiais que les préceptes de la logique commune et n'avais aucune connaissance de la *mathesis*, la pensée m'est venue, sous je ne sais quelle impulsion, que l'on pouvait inventer une analyse des notions, d'où par une certaine combinaison pourraient sortir des vérités que l'on pourrait évaluer comme par des nombres » [1].

Nous reviendrons longuement sur ces déterminations dans le premier chapitre de cette étude, car elles sont l'objet de nombreux fantasmes et malentendus ; mais on peut en noter dès à présent un aspect mystérieux et, à mon sens, peu étudié : comme Leibniz le rappelle dans ce passage, et comme le confirme l'étude des sources, ce programme s'est édifié *dans une relative ignorance des mathématiques*. Or dans la lecture téléologique que nous venons d'évoquer, les mathématiques sont censées tenir non seulement le rôle de *modèle*, mais même d'*unique* témoignage de la possibilité d'une connaissance complexe qui ne soit pas « aveugle ».

C'est en ce premier point qu'il faut tenir, au moins momentanément, l'image logiciste à distance en l'empêchant de régler trop vite une question qui insiste : quelle part les mathématiques sont-elles venues jouer *effectivement* dans ces évolutions ? A-t-on le droit de mettre bout à bout, comme nous venons de le faire, la réduction des idées claires et distinctes aux idées primitives, le modèle combinatoire d'une caractéristique universelle, le fait que les notions de nombres s'approchent beaucoup d'une analyse complète et la démonstration de « 2 + 2 = 4 » ? Doit-on considérer que

1. *Elementa rationis*, 1686, A VI, 4 727 ; trad. fr. R 156. Un tableau comparable est dressé dès 1679 dans le *De numeris characteristicis ad linguam universalem constituendam* (A VI, 4, 265 ; trad. fr. R 66).

les mathématiques offrent un des rares exemples où ces différentes orientations ont convergé si bien que l'arithmétique élémentaire, elle-même appuyée sur des principes purement logiques, serait le modèle de toute connaissance certaine que nous devons chercher à reproduire par l'élaboration de calculs logiques applicables à toutes les autres notions ? Est-ce à ce genre de dérivation que Leibniz songe quand il dit qu'il a obtenu dans les mathématiques les plus beaux échantillons de l'analyse des pensées humaines ?

La place des mathématiques dans le modèle de l'analyse des notions. Pour nombre d'interprètes, il a paru hors de doute que l'apprentissage mathématique était simplement venu confirmer la conviction initiale en ouvrant la possibilité d'une mise en calcul de la logique et en lui offrant son premier terrain de succès [1]. La déclaration des *Meditationes* viendrait alors témoigner du fait que Leibniz a trouvé dans les jugements de nombres un modèle de cette forme de connaissance et la démonstration de « $2 + 2 = 4$ » nous donnerait le prototype de dérivation analytique des vérités à partir des notions primitives. Le codage des énoncés et des raisonnements par des nombres, sur lequel s'appuient les premières réalisations d'un « calcul universel » à la fin des années 1670, serait alors l'ombre portée du caractère analytique des énoncés arithmétiques. On pourra d'ailleurs remarquer que c'est le contexte dans lequel apparaît les très rares mentions du terme « vérités analytiques » chez Leibniz [2].

Si une telle présentation peut être qualifiée de « logiciste », c'est parce que c'est celle qui fut clairement mise en avant par Frege au paragraphe

1. C'était la position de Couturat : « étant donné et suffisamment établi déjà que c'est les Mathématiques qui ont inspiré toute la Logique de Leibniz et lui ont servi de modèle » (L. Couturat, *La Logique de Leibniz*, *op. cit.*, p. 283).

2. « il n'est rien qui soit meilleur marché, ni d'un usage plus facile que précisément les nombres, rien qui soit davantage au pouvoir de l'intelligence humaine ; car bien que la science des nombres ait reçu un degré assez grand de perfection, et puisse recevoir davantage encore grâce à l'art combinatoire ou art spécieux général, dont l'application aux nombres a donné naissance à l'analyse des mathématiciens, cependant des confirmations d'une vérité analytique quelle qu'elle soit peuvent toujours être établies par des nombres ordinaires » (A VI, 4, 715 ; trad. fr. R 144). Voir également R 47 : « Car c'est bien en cela que consiste notre avantage : les nombres nous permettrons de juger sur-le-champ quelles sont, parmi les propositions auxquelles on a affaire, celles qui auront été prouvées, et nous donnerons sans peine, nous qui serons conduit par l'usage des caractères et par une méthode certaine et authentiquement analytique (*certa methodo, eaque vere analytica*), ce que les autres auront à peine pu obtenir au prix d'un immense effort de l'esprit et souvent grâce au hasard ».

6 de ses *Grundlagen der Arithmetick* en 1884 [1]. Il s'agissait à la fois de faire valoir, contre l'influence kantienne, que les jugements arithmétiques sont purement analytiques et qu'ils sont réductibles, via une définition adéquate du nombre, à des principes purement logiques. Frege, on le sait, estimait que Leibniz avait été très avant dans cette voie par l'introduction du principe d'identité comme substitution *salva veritate* (§65), mais qu'il n'était pas parvenu aux définitions ultimes du « zéro » et du « un » – point où il entendait compléter l'entreprise du philosophe de Hanovre en fournissant une caractérisation dérivable directement de la seule identité logique (§55).

Comme je l'ai déjà indiqué, cette représentation du rapport entre philosophie et mathématiques leibniziennes a été très largement critiquée dans le commentaire récent, car il est troublant de constater qu'elle ne correspond pas à la *pratique* du Leibniz mathématicien. Il n'est pas vrai, en particulier, que Leibniz ait mis les différents calculs mathématiques qu'il élabore sous la *dépendance* d'un calcul logique, même s'il annonce régulièrement qu'il *faudrait* le faire. Pas plus n'a-t-il cherché à mettre les énoncés arithmétiques en position de fondement des vérités mathématiques. *A minima*, on devrait donc au moins essayer d'expliquer pourquoi Leibniz n'a pas réalisé ce qu'il semblait avoir les moyens de faire. En l'attente d'un tel examen, on ne pourra pas exclure que c'est le sens de la dépendance au *calculemus !* qui était peut-être mal compris. De fait, les exemples mentionnés dans le *De arte characteristica ad perficiendas scientias ratione nitentes* nous enjoignaient plutôt à regarder *hors* du domaine ordinaire de l'égalité et de la quantité (et donc de l'arithmétique et du nombre).

Tel était le coeur de l'objection de Brunschvicg, qu'on retrouvera chez nombre de commentateurs par la suite : que l'on puisse prélever de-ci de-là quelques témoignages pourrait ne nous renseigner que sur un rêve que Leibniz a poursuivi toute sa vie sans parvenir à le réaliser et dont nous comprenons mal les contours. Pour la question qui nous occupe, cette objection est centrale parce qu'elle pointe vers le fait que ce rêve semble avoir été sans effet apparent sur la pratique : on ne voit pas que Leibniz ait pratiqué les mathématiques d'une manière « logiciste » et l'on est plutôt frappé de constater à quel point il *rechigne* à utiliser ses différents calculs logiques en mathématiques. Par ailleurs, Cassirer, Brunschvicg et leurs modernes épigones n'ont de cesse de rappeler que les mathématiques leibniziennes se donnent à nous dans une irréductible *diversité* de systèmes

1. G. Frege, *Les Fondements de l'Arithmétique*, *op. cit.*, p. 129-132.

symboliques et que c'est bien ce à quoi ouvre, en première approche, son insistance sur l'*ars inveniendi* et l'*ars caracteristica* [1].

On se demandera quel intérêt il peut alors y avoir à revenir sur un débat dont la scène a déjà été plantée au début du siècle dernier et sur laquelle tous les arguments semblent s'être échangés sans qu'on voit l'un des partis emporter clairement la mise. C'est qu'il me semble que la plupart des critiques portées contre l'image « logiciste » se sont précisement contentées d'emboîter le pas de Cassirer et de Brunschvicg en contrastant simplement le rêve et la réalité, le programmatique et l'effectif, la théorie et la pratique. Dans le meilleur des cas, on pourra analyser au plus près la dérivation de « 2 + 2 = 4 » pour montrer à quel point elle reste éloignées des exigences posées plus tard par Frege (ou des critiques portées par Poincaré) [2]. Mais c'est exactement ce que disait déjà Frege, qui ne cherchait nullement à cacher les insuffisances des raisonnements de son illustre prédécesseur. Bien plus, il ne s'agit là que d'opposer ce qui vaut de fait à ce qui vaut de droit si bien que l'image logiciste continue, pour des générations de lecteurs, à faire valoir sa puissance de fascination normative. Comme je l'ai déjà souligné, on pourra montrer autant qu'on veut que Leibniz n'a pas réalisé son propre programme, cela nous renseignera peu sur sa *conception* des mathématiques – qui, elle, peut bien rester très idéalisée – ni même d'ailleurs sur la *réalisabilité* d'un programme qu'on pourra toujours défendre au titre d'outils qu'il n'avait pas encore à disposition [3].

1. Voir par exemple E. Grosholz, *Representation and Productive Ambiguity in Mathematics and the Sciences, op. cit.*, p. 48-49) : « The admiration bestowed on Leibniz at the turn of the last century by Louis Couturat and Bertrand Russell, however, has obscured two important features of Leibniz's use of characteristics. Russell, as mentioned above, was committed to a program of logicism, which sought a unified language for logic and procedures for reducing all of mathematics to logic, via a reduction first of arithmetic to logic and then of geometry to arithmetic. Because Russell read Leibniz as a logicist, he missed Leibniz's emphasis on the multiplicity of formal languages. (…)

More to the point, Russell missed the significance of the broad range of modes of representation that recur throughout the thousands of pages of Leibniz's Nachlass, where his novel characteristics combine with a stunning variety of tables, sketches, and diagrams. »

2. Voyez M. Fichant, « Les axiomes de l'identité et la démonstration des formules arithmétiques : 2 + 2 = 4 », *Revue Internationale de Philosophie*, vol. 48, n° 188, 1994, E. Grosholz et E. Yakira, *Leibniz's Science of the Rational, op. cit.* et, plus récemment M. Brancato, « Erhard Weigel and His Influence on Leibniz's Philosophy of Mathematics », Thèse de doctorat, Università degli Studi di Milano, sous la dir. de G. Mormino, 2016.

3. Russell, par exemple, qui était plus lucide que Frege sur les limitations de la logique leibnizienne, considérait qu'il était le père d'un programme qui n'était devenu pleinement

Un des enjeux de cette étude sera précisément d'aller plus avant en indiquant que l'image dessinée ci-dessus n'est pas correcte *de droit*, c'est-à-dire que la conception que Leibniz se fait de l'analyse des notions et des vérités mathématiques ne s'y trouve pas correctement représentée et qu'il ne s'agit nullement d'un écart entre théorie et pratique. Bien plus, je voudrais montrer que l'originalité des conceptions leibniziennes a été grandement écrasée par ces débats si bien qu'on s'est empêché d'en saisir la puissance et la fécondité pour les réflexions actuelles de philosophie des mathématiques. Mais je voudrais dans le même temps résister à la tendance « pragmatique » qui tend à faire émerger la philosophie des mathématiques leibnizienne de sa seule pratique (en insistant sur le rôle des méthodes d'invention, sur son caractère exploratoire, etc.) sans se préoccuper de mettre ces déclarations en rapport avec la conception « platonicienne » que Leibniz se faisait des vérités mathématiques et sur l'indéniable rôle que tient chez lui l'analyse logique. Pour ce faire, ma proposition sera simple : il faut prendre au sérieux le programme d'une « réduction aux identiques » et ne pas se contenter de le minorer au motif qu'il porterait avec lui le programme « logiciste » d'une réduction de la mathématique à la logique. Mais il faut le prendre au sérieux *en tant que pratique*.

Quelques difficultés de la lecture logiciste. Pour motiver dès à présent cette orientation, je voudrais achever cette section en adressant quelques premières questions à la lecture « logiciste » qui me semblent assez différentes de celles soulevées par Brunschvicg et ses successeurs et qui devraient indiquer la voie à suivre.

La première chose à remarquer est que le développement historique qui est censé la soutenir ne correspond pas du tout à ce que Leibniz expose à Elisabeth lorsqu'il met en avant l'importance des mathématiques comme

réalisable qu'avec l'avènement de la logique moderne : « Le fait que toute la Mathématique soit Logique Symbolique est une des plus importantes découvertes de notre temps : et une fois ce fait établi, le reste des principes de la mathématique ne consiste que dans l'analyse de la Logique Symbolique elle-même. La doctrine générale qui veut que la mathématique ne soit que déduction par des principes logiques à partir de principes logiques avait déjà été défendue avec force par Leibniz, qui pressait constamment que l'on prouve les axiomes et que toutes les notions, sauf un petit nombre de notions fondamentales, soient définies. » (B. Russell, *The principles of mathematics*, Cambridge, Cambridge University Press, 1903, Préface. Ma traduction).

art d'inventer. L'exemple central de Leibniz, celui de la preuve de l'existence de Dieu, qu'il rapporte à des notions dont on peut démontrer l'impossibilité en mathématiques et en physique, va même en sens apparemment contraire au modèle « combinatoire » auquel les lectures logicistes restent très attachées. Il semble, en effet, indiquer qu'on peut partir de notions intuitives, clairement et distinctement comprises, et produire pourtant par combinaison des notions *contradictoires*. Ceci vaut justement des nombres entiers, qui sont tous exprimables comme sommes d'unités, mais dont la somme totale produirait une entité contradictoire (la somme de tous les nombres ou nombre le plus grand) – un exemple qui peut paraître trivial, mais que Leibniz mentionne souvent à ce titre pendant la période parisienne. Ainsi, le *De Synthesi* nous rappelle-t-il, juste après avoir mentionné le modèle issu du *De arte* que « toutes les notions dérivées proviennent de la combinaison de notions primitives, et les composées de la combinaison de notions composées. *Mais il faut prendre garde que la conjonction de notions incompatibles entre elles ne rende les combinaisons inutiles* »[1] – la suite se chargeant de rappeler la critique avancée contre la démonstration cartésienne de l'existence de Dieu qui forme le cœur de la lettre à Elisabeth. « Il n'est pas en notre pouvoir de faire des combinaisons à notre fantaisie », répètent les *Nouveaux essais*, « autrement on auroit droit de parler des *Decaedres reguliers* »[2]. Une telle mise en garde reflète la réelle position de la connaissance « symbolique » dans la théorie de la connaissance leibnizienne.

De fait, c'est bien là que se manifeste le plus clairement l'écart à un modèle « cartésien », où l'analyse en « idées claires et distinctes » semble garantir à elle seule, sous réserve de suivre ensuite l'ordre requis pour les compositions, le dépliement de toute connaissance vraie. Cet écart, profondément lié au danger inhérent à toute connaissance « aveugle », apparaît dans les années parisiennes et accompagne un soupçon à l'égard des « idées » (au moins des idées des composés) dont les *Meditationes* sont le point d'aboutissement. Comme Leibniz l'indique à Oldenburg dès 1675 : « Il paraît que nous pensons beaucoup de choses (confusément s'entend)[3], qui impliquent pourtant contradiction, comme par exemple :

1. A VI, 4, 540; trad. fr. R 137.
2. NEEH III, 6, § 28; A VI, 6, 321.
3. À cette époque, comme nous le verrons, Leibniz estime encore que ce type de notion est « confuse ». Il se rendra compte assez vite que le problème est plus grave de ce que de telles notions peuvent satisfaire les critères de « clarté » et de « distinction » que prônaient certains cartésiens.

le nombre de tous les nombres. D'où il ressort que nous devons considérer avec suspicion la notion d'infini, de minimum, de maximum, du plus parfait et de la Totalité elle-même » (A II, 1^2, 393). Or l'étude de la pratique mathématique leibnizienne dans ces années confirme pleinement que loin d'avoir uniquement conforté le programme du *De arte*, elle en a également signalé un premier échec (ce sera l'objet de notre second chapitre d'en expliquer la nature). Reste que cet échec fut pour Leibniz – comme cela arrive souvent dans son évolution – le ressort d'une poursuite, amendée, de son programme initial (notre troisième chapitre sera consacré à détailler ces points).

En parallèle, nous devons relire avec attention la déclaration des *Meditationes* de 1684 : Leibniz n'y dit pas qu'il a trouvé dans l'arithmétique élémentaire un modèle d'une connaissance symbolique qui se résorberait heureusement en une connaissance adéquate. De manière bien plus prudente, mais aussi bien plus surprenante quand on y songe, il dit qu'il *doute* que les hommes puissent fournir un seul exemple de connaissance adéquate. Au mieux pourra-t-on trouver quelque chose *d'approchant* dans les « notions de nombres ». Au cas où la chose ne serait pas claire, il le répète d'ailleurs au moment de décrire la connaissance par analyse complète :

> Or, toutes les fois que nous avons une connaissance adéquate, nous avons aussi une connaissance *a priori* de la possibilité ; car si l'on pousse l'analyse jusqu'à la fin et qu'il n'apparaisse aucune contradiction, la notion est certainement possible. Cependant je n'oserai pas encore décider, si les hommes pourront jamais instituer une analyse parfaite des notions. (A VI, 4, 590 : *An vero unquam ab hominibus perfecta institui possit analysis notionum (...) nunc quidem definire non ausim*).

Imagine-t-on Frege dire que la définition du nombre zéro « approche » d'une connaissance purement logique ou qu'« il ne saurait décider » si l'on pourra jamais instituer une analyse logique parfaite des notions mathématiques ? Certes, dans les *Nouveaux essais*, Leibniz semble s'avancer plus avant à propos des définitions des nombres en parlant – terme plutôt rare sous sa plume – de définition *adéquate* [1]. Par la suite, il répète : « Qu'un et un font deux, ce n'est pas une vérité proprement, mais la définition de deux.

1. Après avoir rappelé la définition des premiers nombres par l'ajout d'unité, il précise en effet : « Il est vray qu'il y a là dedans une enonciation cachée que j'ay déjà remarquée, savoir que ces idées sont possibles ; et cela se connoist icy *intuitivement*. De sorte qu'on peut dire, qu'une connoissance intuitive est comprise dans les definitions lors que leur possibilité paroist d'abord. Et de cette maniere toutes les definitions adéquates contiennent des vérités primitives de raison, et par consequent des connoissances intuitives. Enfin on peut dire

Quoiqu'il y ait cela de vrai et d'évident que c'est la définition d'une chose possible » [1]. Mais on remarquera que ces différentes déclarations ne disent pas exactement que la possibilité se donne à même la définition. Elles ne font qu'affirmer que la possibilité des notions définies est « évidente » ou découle d'une « énonciation cachée ». La chose est d'importance, car Leibniz insiste en d'autres occasions, et contre toute attente, sur le fait que la « méthode des géomètres » consiste précisément à ne *pas* analyser certaines notions en leurs éléments derniers et à s'appuyer sur des attestations de possibilité qui peuvent être données *par ailleurs* (typiquement dans des constructions) [2]. S'il est trop tôt pour trancher ces questions, on se gardera donc au moins de les fermer trop vite.

On peut certes, avec Frege, tenter de compléter le raisonnement en supposant que l'analyse de « deux » à partir de l'idée d'« unité » et celle d'« addition » nous ramène à des idées *primitives*, mais force est de constater que ce n'est pas ce que fait le texte leibnizien (pourquoi ?). Bien plus, Leibniz a mené de telles analyses dans d'autres textes et elles ne confirment pas les intuitions de Frege [3]. En particulier, le philosophe est amené à donner une grande importance dans son analyse de l'addition à la question du *simul* (le « poser ensemble ») et à celle de la « répétition » des unités [4].

Deux points méritent ici une attention particulière : tout d'abord, le phénomène d'idempotence, découvert dans le cadre de l'axiomatisation

en general, que toutes les vérités primitives de raison sont immédiates d'une immediation d'idées » (NEEH IV, 2, 1 ; A VI, 6, 366-367).

1. NEEH IV, 7, 6 (A VI, 6, 409). Même remarque en GP IV, 403 (circa 1700) où Leibniz commente les *Méditations* : « on se trompe dans le fonds ici, en s'attribuant une notion claire et distincte, lorsqu'on ne la saurait vérifier par la marque qui lui est essentielle. L'exemple de la proposition *deux plus deux égal quatre* ne convient pas ici, puisqu'on peut la démontrer par des définitions *dont la possibilité est reconnue*. Voici cette démonstration... » (suit la démonstration de $2 + 2 = 4$).

2. Voir A VI, 4, 703-705, cité plus bas, p. 110.

3. C'est le motif premier de la critique développée par E. Grosholz, *cf.* E. Grosholz et E. Yakira, *Leibniz's Science of the Rational*, *op. cit.* Notre édition commentée complète cette première analyse en expliquant le contexte des textes sur les fondements de l'arithmétique (ca. 1700) et en en proposant une traduction française, *cf.* G. W. Leibniz, *Mathesis Universalis. Écrits sur la mathématique universelle*, *op. cit.*, texte 4.

4. Leibniz appelle *repetitio*, le fait qu'un terme puisse se répéter à l'identique et produire néanmoins une différence : cela s'oppose au cas particulier de l'addition (*adjectio* cette fois) qu'il nomme « réelle », dont les termes sont « irrépétables », *irrepetibilia cf.* le *De calculo irrepetibilium* de 1687, A VI, 4, 855-858. Nous dirions, dans notre vocabulaire actuel, que cette dernière opération est *idempotente*.

des calculs logiques au milieu des années 1680, semble avoir indiqué que l'analyse conceptuelle de l'addition et de l'unité ne conduit nullement, de manière *nécessaire* et par une définition qui pourrait être autre que nominale, au fait que « A + A », par exemple « 1 + 1 », produit quelque chose de *nouveau* dans le système. Certes, nous pouvons *stipuler* que « 1 » prend son sens dans une structure de succession infinie et définir l'addition sur cette base [1], mais ce n'est justement *pas* ce que fait Leibniz (contrairement à Dedekind, Peano et Frege qui, tous, définissent l'addition des entiers *à partir* de la succession). Leibniz, en effet, s'intéresse principalement à la définition des opérations élémentaires dans une structure qui est celle que nous dirions d'« anneau » et dans un cadre qui est celui du calcul des grandeurs (*calculus magnitudinum*). S'il identifie parfaitement l'importance de l'idée de successeur [2], il ne s'appuie nullement sur elle pour axiomatiser les opérations du calcul.

Il y a à cela une raison plus profonde qu'il n'y paraît : définir l'addition dans le seul contexte des entiers naturels nous fait perdre la *similitude* des deux opérations d'addition (dans le calcul des grandeurs et dans le calcul logique), qui se trouve ramenée à une forme d'équivocité (alors qu'elle est, pour Leibniz, un trait central dans la description des structures invoquées, qui ne diffère à son sens que par l'idempotence). Il faut alors la retrouver à partir d'un dispositif fondationnel, par exemple en construisant l'anneau des entiers relatifs et celui des anneaux booléens, puis en établissant entre ces structures des relations (notamment des homomorphismes d'anneaux – comme celui qui envoie l'unité de l'un sur l'unité de l'autre). On touche alors à la question de savoir quelle est la « bonne » structure pour penser les questions de nombres, entre celle des entiers naturels et celle des entiers relatifs. Le fait que l'on puisse construire les uns à partir des autres cache, en effet, et le fait que les structures ne sont pas les mêmes (semi-groupe ou anneau), et le fait que l'unité de l'anneau des entiers joue « le même rôle » que l'unité d'un autre anneau, en l'occurrence booléen [3]. Or pour Leibniz, il ne fait pas de doute que c'est ce dernier trait qui est fondamental.

1. Une définition, on le verra, que Leibniz est tout à fait capable de produire, mais qu'il ne poursuit pourtant pas dans sa définition des opérations élémentaires.

2. *Ubi sequens semper fit ex praecedente adjecto seu 1. Nempe praecedens sit p et sequens sit S, eritque generaliter p +1 idem quod S* (LH XXXV I, 9 fol. 7).

3. Cette dernière présentation n'est pas leibnizienne, comme nous le verrons, puisque Leibniz considère les deux opérations fondamentales du calcul, y compris logique, comme étant l'addition *et la soustraction* (et non la multiplication). Elle permet néanmoins de saisir

Bien plus, si nous voulons définir cette addition elle-même autrement que par une simple suite de stipulations – c'est ici que Leibniz n'est pas entièrement « structuraliste » puisqu'il pense que les seuls vrais axiomes sont « identiques » –, nous nous trouvons reconduits à des conditions générales sur le « poser ensemble » (avec ou sans répétition), qui elles-mêmes semblent nous ramener à des questions métaphysiques. Il est frappant, en effet, de constater que les notions primitives avancées dans les *Initia metaphysica* soient le *simul*, le *prius* et le *posterius* en liant avec la position primitive de l'espace et du temps. On se gardera d'ailleurs de croire qu'il s'agit là d'une sorte d'évolution tardive d'un Leibniz vieillissant et soudain prêt à accorder à la métaphysique des prérogatives nouvelles. Plusieurs textes des années 1680 sur lesquels nous reviendrons posent déjà le *simul* comme notion primitive des mathématiques [1].

Un point important de ces discussions est le fait que l'énoncé « 2 + 2 = 4 » n'est pas présenté par Leibniz comme ayant une portée *fondationnelle* (pas plus que ne l'est la mention de la « notion des nombres » dans les *Meditationes*). Autrement dit, rien n'indique que Leibniz ait alors à l'esprit non pas seulement le fait que tout jugement mathématique dépend, en dernière instance, du principe d'identité, mais que cette dépendance se fasse *par l'intermédiaire* des jugements d'arithmétique élémentaire, eux-mêmes dérivables directement de principes logiques – thèse qu'à ma connaissance on ne trouve nulle part formulée comme telle chez Leibniz. On remarquera, en particulier, que les *Meditationes* n'orientent nullement dans cette direction. De ce que les jugements élémentaire portant sur les nombres sont présentés comme ce qui « s'approche » le plus d'une connaissance adéquate, on ne peut même pas conclure que cela suffise à fonder l'arithmétique elle-même puisque cette dernière est justement convoquée au titre des connaissances « aveugles » à côté de l'algèbre [2]. Pour que l'image puisse tenir debout, il faut donc y suppléer tout un discours, totalement absent des textes leibniziens et typique de certaines approches de la fin du XIXe siècle, dans lequel la démonstration de « 2 + 2 = 4 » vaut pour

le problème qui l'intéresse et qui est liée à la similitude structurelle entre les « calculs » eux-mêmes. Une formulation plus exacte serait ici de ne s'intéresser qu'à la structure de groupe sous-jacente à l'anneau des entiers.

1. Voir ci-dessous, p. 278.

2. *Qualem cogitationem* caecam *vel etiam* symbolicam *appellare soleo, qua et in Algebra et in Arithmetica utimur* (A VI, 4, 587). Ceci est un trait ancien : les premières mentions de la connaissance aveugle renvoie à la saisie des très grands nombres, *cf.* A VI, 1, 170 et A VI, 2, 481.

témoignage d'une conception axiomatique des nombres entiers naturels, elle-même suffisante à *fonder* l'ensemble des mathématiques sur une base rigoureuse [1].

Or nous verrons que même si Leibniz a été un des premiers auteurs à se préoccuper d'expliciter l'axiomatique des opérations sur les nombres, cette vue ne s'est pas développée dans un cadre où la notion d'entier naturel aurait un rôle *fondationnel*. Tout au contraire, les textes sur la question insistent régulièrement sur leur dépendance au concept premier de *grandeur* (sans grande surprise pour qui connaît les mathématiques de l'époque, mais en parfaite opposition au courant dominant des approches fondationnelles de la fin du XIXe siècle).

La complexité inhérente à certains énoncés simples sur les nombres. À ce stade et en guise d'ouverture à l'étude qui va suivre, je me contenterai d'instiller un dernier doute dans l'esprit de ma lectrice en pointant vers un autre passage des *Nouveaux essais* qui indique pourquoi Leibniz pouvait rechigner à poser le nombre entier naturel comme un fondement assuré de nos connaissances, même arithmétiques, et pourquoi ceci ne relève pas seulement de préjugés liés au cadre dans lequel il fait des mathématiques.

De fait, Leibniz avait de bonnes raisons de considérer que la notion de nombre entier est *plus mystérieuse* (conceptuellement plus complexe et plus intrinquée) que celle de grandeur. Le passage que j'ai à l'esprit est celui où le philosophe explique à quel point nous sommes loin de comprendre ce qu'est un nombre parce que nous peinons à saisir la structure de cette notion très simple qu'est l'idée de nombre premier (avec des arguments qui, me semble-t-il, n'ont pas pris une ride) :

> C'est la multitude des considérations aussi qui fait que dans la science des nombres même il y a des difficultés très grandes, car on y cherche des abregés et on ne scait pas quelquesfois, si la nature en a dans ses replis pour le cas dont il s'agit. Par exemple, qu'y a t-il de plus simple en apparence que la notion du nombre primitif ? c'est à dire du nombre entier indivisible par tout autre excepté par l'unité et par luy même. Cependant on cherche encor une marque positive et facile pour les reconnoistre certainement sans essayer tous les diviseurs primitifs, moindres que la racine

1. On sait que telle n'était pas non plus la prétention de Frege ou de Russell qui l'un et l'autre réservaient une place à part au traitement des grandeurs géométriques (sous des formes différentes chez l'un et chez l'autre). Mais cette distinction même entre une partie « purement logique » et une autre suppose une approche fondationnelle qui apparaît absente chez Leibniz.

quarrée du primitif donné. Il y a quantité de marques qui font connoistre sans beaucoup de calcul, que tel nombre n'est point primitif, mais on en demande une qui soit facile et qui fasse connoistre certainement qu'il est primitif quand il l'est. (*Nouveaux Essais* IV, 17, § 9 ; A VI, 6, 487-488)

Ceci, pour Leibniz, est un signe que les notions primitives de l'arithmétique n'ont pas été proprement élucidées – alors même, je le rappelle, qu'il a tout à fait les outils qui aurait pu lui permettre une caractérisation axiomatique satisfaisante. Il s'en est expliqué de la manière la plus claire dans nombre de textes où il se lamente sur la difficulté qu'il peut y avoir à résoudre des problèmes de théorie des nombres ne faisant intervenir, en apparence, que des notions très simples :

> D'où il appert aussi combien l'Algèbre est restée jusqu'à présent dans un état d'imperfection : *en effet, aucun moyen d'exprimer ne serait-ce que les termes simples n'a été bien établi*, pour ne rien dire de tant d'autres nombreux défauts dans les Connotations auxquels on a ici remédié, ainsi que ceux auxquels il reste à remédier. De la même manière je montrerai aussi que les notations de l'Arithmétique, en ce qui concerne la Théorie, ont été jusqu'à présent mal établies, de sorte que, naturellement, ni la relation des nombres entre eux ni leur ordre n'apparaissent. C'est d'ailleurs pour cette raison qu'une grande partie de l'Arithmétique reste ignorée jusqu'à présent, ce qui dans une science très facile et très utile pourrait sembler étonnant [1].

L'exemple que Leibniz a alors à l'esprit et qu'il mentionne régulièrement est le cas des problèmes diophantiens, sur lesquels il a abondamment réfléchi. Le point central pour nous est que Leibniz ne considèrerait pas qu'on a donné un « fondement » satisfaisant à tel ou tel domaine des mathématiques si l'on n'est pas capable de répondre à certaines questions dans ce domaine dont la formulation est parfaitement élémentaire.

Qu'on me permette également de citer, toujours en guise de motivation à ne pas considérer comme allant de soi qu'une démonstration comme « 2 + 2 = 4 » repose nécessairement pour Leibniz sur des idées simples parfaitement analysées, un jugement qu'il formule à la même époque à propos d'une autre notion primitive, cette fois-ci prise de la géométrie. Il s'agit d'un passage d'une lettre à Lady Masham de septembre 1704 (finalement enlevé de l'envoi) :

> Et comme vous avés quelque notion de la substance et aussi d'un non-etendu (par exemple d'un point) vous avés malgré vostre trop grande

1. GM VII, 61 ; trad. fr. MU 138. Je souligne.

> humilité, une notion de la substance non-etendue. Il est vray qu'elle est imparfaite en nous, jusqu'à ce qu'on demonstre en resolvant ces notions si elles sont compatibles ou non. *Mais si nous n'avions point de conceptions que lors que nous en avons l'Analyse suffisante, bien des Geometres n'auroient pas même la conception de ligne droite.* (GP III, 362-363. Je souligne)

De cela, Leibniz a une longue expérience fondée dans sa propre pratique de l'analyse des notions : on ne trouve, en effet, guère de notions mathématiques sur laquelle il se soit plus attardé que celle de « ligne droite » [1]. Or la conclusion qu'il en tire dans la lettre à Lady Masham n'est pas seulement que telle ou telle définition est meilleure qu'une autre, mais que les géomètres qui n'ont pas suivi cette « bonne » définition n'en ont pas moins produit des mathématiques « vraies » et *qu'il n'est donc pas nécessaire d'avoir analysé les notions en leurs éléments derniers pour s'assurer de la vérité des jugements mathématiques*. Nous verrons (chapitre 2) que cette thèse est typique de la manière dont Leibniz reconfigure son programme initial à la fin des années parisiennes et qu'elle est alors formulée explicitement.

On pourra d'ailleurs remarquer au passage que la conclusion de Leibniz est celle que devrait porter toute philosophe (et toute mathématicienne) qui entend réformer les notions primitives des mathématiques : à partir du moment où nous considérons qu'une définition (comme celle de la ligne droite) est défectueuse ou qu'un concept (comme celui de nombre entier) n'est pas encore assez précis (que ce soit d'un point de vue fondationnel ou du point de vue d'une classe de problèmes qu'on peut leur adresser, comme les problèmes diophantiens), mais que nous ne sommes pourtant pas prêts à dire que les résultats obtenus jusqu'à présent sont *faux*, il nous faut concéder que le déploiement de la vérité mathématique est donc relativement *indépendant* de l'obtention d'une conception parfaitement adéquate des notions engagées dans ces raisonnements. Cette stratégie est comparable à celle que Leibniz déploie contre Descartes – au sens où elle retourne le projet fondationnel sur ses propres inconséquences. De même, que Descartes doit lui-même concéder qu'il a une idée de la « quadrature du cercle » qu'il déclare impossible, de même ceux qui critiquent les notions mathématiques antérieures, mais concèdent que le savoir produit est vrai, doivent admettre paradoxalement que le déploiement du vrai est *indépendant* des fondements qu'ils proposent pourtant comme seuls légitimes.

1. V. De Risi, *Geometry and Monadology*, *op. cit.*

Où l'on voit également à nouveau à quel point il est nécessaire de prendre en compte l'évolution (explicite, nous le verrons) des idées de Leibniz sur ces questions si l'on ne veut pas en faire une doctrine complètement insensée. Que le déploiement du vrai puisse se faire indépendamment d'une analyse des notions achevée est, en effet, *l'inverse* de ce dont Leibniz avait rêvé dans sa jeunesse. Comme nous allons le montrer dans l'étude qui suit, cet échec est précisément documenté – de même qu'est précisément documenté le fait que Leibniz déclare alors avoir *changé d'avis* sur ce point. C'est d'ailleurs un des lieux où le fait de s'intéresser aux interactions effectives entre mathématiques et philosophie paraît le plus fécond.

La philosophie des mathématiques de Leibniz : première approche

L'étude des rapports entre mathématiques et philosophie leibniziennes ne saurait avoir pour seul but de révéler la richesse d'une pratique, aussi originale soit-elle. Si elle paraît aujourd'hui d'intérêt, c'est avant tout parce qu'on trouvera peu d'auteurs dans l'histoire de la philosophie à avoir déployé autant d'énergie et d'ingéniosité à élucider les ressorts de sa propre pratique mathématique. Leibniz n'a cessé de réfléchir sur la nature des objets des mathématiques, sur leurs principes, sur leurs méthodes, avec une amplitude qui n'a pas d'équivalent avant l'émergence de la philosophie des mathématiques comme domaine spécialisé de la philosophie. Certes, comme le signalait Enrico Pasini en esquissant quelques « lignes d'investigation », il n'y a aucune raison de s'attendre à voir sortir de cette réflexion *une* philosophie des mathématiques cohérente et achevée. La conclusion la plus sage semble alors de tenir que Leibniz a rechigné à enserrer la pratique mathématique dans les rets d'une philosophie trop rigide et que le mieux qu'on puisse faire est de renseigner la souplesse et la fécondité d'un dialogue dont les facettes paraissent multiples. Ceci serait déjà intéressant dans la mesure où les options philosophiques actuelles qui se réclament de Leibniz, mais s'opposent entre elles, apparaîtraient alors, par contrecoup, comme autant de manières de manquer cette pratique mathématique.

Mais il me semble qu'on peut – et même qu'on doit – aller plus loin. De fait, Leibniz s'est prononcé à de nombreuses reprises sur le statut des entités mathématiques et sa position est à la fois claire et difficile à entendre aujourd'hui. Il s'agit, comme on l'a entrevu, de tenir que les objets mathématiques sont des « imaginables » et, *en même temps*, qu'ils sont des entités purement idéales, sises dans l'entendement divin et ordonnés selon des rapports de vérités immuables. Il s'agit de tenir que les vérités mathématiques sont des modes de structuration des phénomènes et, *en même temps*, des énoncés dérivables à partir du seul principe d'identité. Enfin, il s'agit de tenir que les mathématiques sont intégralement dérivables à partir des définitions et du principe de non-contradiction, et, *en même temps*, qu'y prévalent également des principes comme celui de raison suffisante, celui de continuité ou celui du meilleur. Dans ce qui suit, je voudrais montrer que ces apparentes tensions n'en sont pas et que ce constat permet de sortir par le haut de certaines impasses à la fois de l'exégèse leibnizienne, mais aussi de la philosophie des mathématiques actuelle.

Pour l'annoncer d'un mot, une des forces de Leibniz me semble être d'avoir posé la question du statut des objets mathématiques face à une autre question traditionnelle, qu'on lui adjoint rarement : celle de *l'individuation* (j'étudie plus spécifiquement ce nouage au chapitre 3). C'est ce lien que l'acuité de Mahnke a immédiatement saisi. Penser de concert l'édification d'une mathématique universelle *et* d'une métaphysique de l'individuation, alors que ces deux questions sont *a priori* très différentes, telle est la tâche que Leibniz s'est donné à accomplir et qu'il nous transmet. La conjonction de ces deux questionnements, apparemment sans lien direct, ne s'est pas faite immédiatement et ce sera un élément important de cette étude de retracer l'histoire de leur rencontre que Mahnke avait simplement tiré d'une tension du commentaire.

Comment Leibniz en est-il venu à se convaincre que la question de la connaissance mathématique était étroitement liée à celle de l'individuation ? Telle sera une de nos premières questions. Sur ce chemin, nous le verrons, il lui est apparu que les objets mathématiques avaient ceci de particulier qu'ils existent toujours en plusieurs exemplaires identiques et qu'on s'y réfère pourtant comme à des individus (à la différence d'autres entités « incomplètes » comme les prédicats par exemple)[1]. Ainsi lorsque j'énonce des propriétés d'un objet mathématique, je parle en apparence d'une entité (ou de plusieurs entités distinctes) : un cercle, des droites, un groupe abélien fini, un type d'homotopie, etc. Mais à cette entité peut toujours être substituée une autre, indiscernable d'elle (ce que je dis de *ce* cercle vaut toujours d'autres cercles). Même un résultat dit « d'unicité » (par exemple la démonstration de l'existence d'un maximum) se fait toujours « à identification près » (n'importe quel point qui prendra la place

1. Voir notamment A VI, 4, 559 : *Similiter Res Mathematicae, ut spatium, tempus, sphaera, Hora, tantum phaenomena, sunt, quae a nobis ad instar substantiarum concipiuntur. Et proinde nulla est Substantia Realis, quae non sit individua.*

de celui que j'ai identifié, par exemple si je change mon système de repérage, sera « le même » point). Bien plus, comme le fait remarquer Leibniz lui-même [1], c'est souvent ainsi qu'on démontre une telle « unicité » (on suppose une distinction et on conclut à une identité).

Ce régime d'individuation « à identification près » va être une clef importante pour la résolution d'une partie de nos dilemmes. Tout d'abord, il montre que dans le cas particulier des mathématiques, l'analyse des notions et l'analyse des vérités *peuvent* être réconciliées. Cette réconciliation repose sur le fait que l'on peut reconduire, au moins *de jure*, toutes les notions fondamentales à des classes d'indiscernables sous une certaine relation d'identification (ou encore d'in-différence) [2]. Ainsi les notions primitives étant elles-mêmes toujours fondées sur des identifications, la « réduction aux identiques » pourra y opérer *à la fois* au niveau des vérités et des notions – définitions primitives, axiomes identiques et principe de non-contradiction agissant en harmonie. Expliquer cette entente nouvelle de la « réduction aux identiques » et de la conciliation de « l'analyse des notions et des vérités », qui nous fournit le plus bel échantillon de la « caractéristique universelle », sera un des principaux objectifs de cette étude. Mais il faut bien saisir que ce succès ne peut advenir que sur fond de renoncement : il ne peut fonctionner qu'à nettement séparer le type de notions très particulières qui existent en mathématiques (« incomplètes ») de celles qui font l'objet propre de la métaphysique.

Un point crucial est de voir que le « principe d'identité » qui règle le fonctionnement des relations fondamentales et des substitutions n'a aucune raison de s'adosser alors à une identité « absolue », posée comme primitif du système. Bien plus, comme je le montrerai, on ne trouve pas chez Leibniz de tentative de réduire la pluralité des modes d'identification mathématiques à un unique fondement logique, et certainement pas à la tautologie $A = A$ – ou, derrière elle, à quelque notion logique d'identité comme celle qu'était censée livrer, d'après Frege, la définition de l'identité logique par la substitution *salva veritate*. Si la tautologie $A = A$ est régulièrement mentionnée par Leibniz, ce n'est nullement au titre d'une relation d'identité absolue, mais, comme on le verra, au titre de *description* d'une propriété formelle (qui vaut de toute relation « identique » et que nous appellerions aujourd'hui la « réflexivité »).

1. Voir ci-dessous p. 260.

2. J'évite à dessein de les désigner trop vite comme des « classes » et des « relations » d'équivalence.

On en perçoit immédiatement la raison dès lors qu'on prête attention à la question directrice de l'individuation. La seule relation d'identité « absolue » serait, en effet, celle qui se trouverait entre deux individus « absolument » indiscernables. Or c'est elle qui est précisément *interdite* par le principe dit « des indiscernables », qui stipule que deux entités de ce type violeraient et la bonté du choix divin (Dieu aurait pu choisir une autre solution, « identique », son choix ne pouvant plus être alors dit « le meilleur ») et le principe de raison suffisante (il aurait choisi une des alternatives sans raison). Hors de ce cas très particulier, et purement hypothétique, toute identité doit donc être relative à un certain point de vue – l'identité logique *ni plus ni moins que les autres* [1].

Comme je l'indiquerai par la suite, l'idée que l'on trouve également au fondement des calculs logiques une relation d'identité ou « coïncidence » définie par la substituabilité *salva veritate* est non pas un fondement, mais un *résultat* auquel Leibniz parvient dans le prolongement d'une certaine *pratique* mathématique. Percevoir cet ordre de dérivation est un des éléments clefs pour sortir de l'image « logiciste » de Leibniz tout en préservant ses thèses les plus célèbres sur la « réduction aux identiques ». Elle permet, en quelque sorte, de tracer une voie médiane entre approches logiciste et pragmatiste, soulageant une grande partie des tensions du commentaire tout en préservant leur part propre de vérité.

Par ailleurs, le fait que les objets mathématiques se donnent dans des formes d'identification (ou, dans le vocabulaire leibnizien, d'« indiscernabilité ») règle également les modalités de notre accès gnoséologique à eux. Comme Leibniz considère, pour les raisons métaphysiques évoquées ci-dessus, que les individus réels sont nécessairement discernables les uns des autres, cela signifie que les entités indiscernables ne peuvent advenir que dans notre *incapacité* à atteindre le réel dans son infinie variété et donc à faire certaines différences. C'est là le régime ordinaire de notre perception qui échoue structurellement à entrer dans certaines distinctions et c'est en ce sens que les objets mathématiques sont à la fois « idéaux » *et* « imaginables ». « Imaginables », ils le sont parce que leur existence

1. C'est ce qu'exprime de manière claire un passage célèbre des *Principia logico-metaphysica* (parfois désigné par son incipit *Primae veritates*) sur lequel je reviendrai au chapitre 3 : « Il ne peut y avoir dans la nature deux choses singulières qui ne diffèrent que numériquement (...). Par conséquent, la similitude parfaite n'a lieu que dans les notions incomplètes et abstraites, où les choses sont prises en compte non à tous égards, *mais selon une manière déterminée de les considérer* » (A VI, 4, 1645 ; trad. fr. R 460-461. Je souligne).

n'a de sens que dans un régime d'indistinction qui a pour nom général « perception », mais qui s'étend immédiatement au régime des *possibilia* par l'intervention de l'imagination (j'explique ce mécanisme et ses conséquences au chap. 5). « Idéaux », ils le sont au sens où de telles entités ne peuvent justement pas être « réelles » (puisqu'elles ne sont pas réellement individuées), mais constituent des structures stables du réel phénoménal (au sens des « phénomènes réels »). Ceci définit une forme d'abstraction tout à fait singulière, non-aristotélicienne, et dont je montrerai comment elle se met en place dans la pensée de Leibniz. On y verra notamment le rôle que tient pour Leibniz l'idée que les objets mathématiques sont des *fictions* – une catégorie qu'il faut entendre, j'y insisterai, de manière *relative* (c'est-à-dire qu'on acquiert le statut de « fiction » par rapport à certaines distinctions – ou encore qu'une fiction peut devenir une « réalité » par rapport à laquelle s'élabore une fiction de niveau supérieur [1]).

Pour autant, il ne s'agit alors nullement de faire des objets mathématiques des productions d'un accès subjectif au monde. Lorsque Dieu crée le monde, il ne crée pas des sujets indépendamment de leur activité et leurs perceptions diverses relèvent précisément de cette activité constitutive (elle en devient même, dans la *Monadologie*, le nom). Il en résulte que la structure de notre imagination (ou « logique de l'imagination ») est une structure *réelle* – même si elle échoue à atteindre de réelles substances et porte sur des entités *idéales* [2]. Leibniz n'aura de cesse d'insister sur ce point, où s'ouvre, à mon sens, une entente nouvelle de ce qu'est un objet abstrait.

1. Leibniz peut ainsi qualifier de « fictions » tous les objets mathématiques, puisqu'ils ne correspondent pas à des entités « réelles » ; mais il peut tout aussi bien discerner en mathématiques certaines entités, comme les infiniment petits, qui jouent le rôle de « fictions » aux regards des grandeurs géométriques « réelles » (l'adjectif est utilisé par Leibniz lui-même) – ces mêmes grandeurs qui avaient donc été déclarées « fictions » dans le raisonnement précédent, *cf.* D. Rabouin, « Can one be a fictionalist and a platonist at the same time ? Lessons from Leibniz », *Noesis*, 2022.

2. Il est facile de transformer tous les arguments de Leibniz en arguments transcendantaux – comme l'ont fait nombre de commentateurs – puisqu'il y est question, en dernière instance, de la structure de la perception et de ses prolongements imaginatifs. Ceux que la référence théologique gêne pourront effectuer partout cette transposition que je me garderai bien de faire pour ma part, ne serait-ce que pour ne pas projeter sur sa pensée une stratégie philosophique qui ne fut pas la sienne. Pour Leibniz, le fait que la structure perceptive est réelle n'a rien à voir avec la théorie de la connaissance, mais dépend de la thèse métaphysique selon laquelle la perception « exprime » nécessairement, quoique pour une part confusément, la structure globale de l'univers. En ce sens, on le remarquera, une lecture « réaliste », voire « naturaliste » de ces mécanismes est parfaitement possible.

Je laisserai volontairement à l'état d'esquisse ce premier portrait de la philosophie des mathématiques leibnizienne puisque l'essentiel de cette étude consistera à lui donner consistance. J'espère néanmoins avoir convaincu ma lectrice que le jeu en vaut la chandelle : il ne s'agit pas seulement d'être fidèle à la pensée de Leibniz – même s'il s'agit aussi de cela – mais de lui redonner sa réelle puissance. Cette puissance, en effet, est une clef pour intervenir dans nombre de débats contemporains où la référence à Leibniz se limite encore trop souvent à des invocations.

REMERCIEMENTS

Cet ouvrage est la réécriture d'une thèse d'habilitation soutenue le 3 juin 2019 à l'Université Paris Cité. Je remercie chaleureusement les membres de mon jury : Hourya Benis Sinaceur, Michel Fichant, Eberhard Knobloch, Paolo Mancosu, Marco Panza et Jean-Jacques Szczeciniarz (garant), pour leurs remarques et, plus généralement, pour tout ce qu'ils m'ont appris à des titres divers au fil des années. Ma reconnaissance va également à mes collègues leibniziens, en particulier au sein du groupe *Mathesis* à Paris et du *Leibniz Archiv* à Hanovre, pour d'innombrables discussions qui ont tant contribué à façonner le contenu de ce livre. Je remercie tout particulièrement Jimmy Degroote et Frédéric Patras pour leur relecture attentive du manuscrit et les corrections qu'ils y ont apportées. Durant la période d'écriture, j'ai bénéficié d'une bourse de l'European Research Council (ERC advanced grant n°101020985) dans le cadre du programme Horizon 2020.

CHAPITRE PREMIER

LE GRAND DESSEIN

Je diray seulement un mot de mon grand dessein (...). Je pretends de donner une langue ou écriture nouvelle et universelle qui fasse en toutes les matieres qui dependent ou autant qu'elles dependent du raisonnement, ce que les caracteres de nombres et d'algebre font en geometrie.

À Gallois, 21 juillet 1679 (A II, 1^2, 732).

L'alphabet des pensées humaines et ses avatars

Leibniz a raconté à maintes reprises, et toujours dans les mêmes termes, la naissance de son programme d'une « analytique générale des pensées humaines » appuyé sur un « alphabet des notions » et procédant de manière combinatoire : « Assidûment consacré à cette tâche [*scil.* le projet d'une réforme des catégories], il fallait nécessairement que je tombe sur cette considération admirable, à savoir que l'on peut élaborer un alphabet des pensées humaines et que la combinaison des lettres de cet alphabet, jointe à l'analyse des mots qu'on fait avec elle, permettent de trouver et de discerner toutes choses » [1].

1. A VI, 4, 265 (1679) ; trad. fr. R 66. Voir également A VI, 4, 911.

Dans le *De synthesi et analysi universali*, il rappelle que ce projet s'ancrait dans le souhait de réconcilier deux branches de la logique de son temps, « l'analyse des notions » et « l'analyse des vérités », la topique et l'art de démontrer – ce qui imposait de se mettre en quête des « vrais prédicaments des termes simples » :

> Dès l'enfance, alors que j'apprenais la logique, j'ai pris l'habitude de rechercher en profondeur les raisons de ce qu'on me proposait ; j'interrogeais déjà mes précepteurs : puisqu'on possédait les prédicaments des termes incomplexes, qui permettaient d'ordonner les notions, pourquoi n'aurait-on pas formé de la même manière les prédicaments des termes complexes, par lesquels on aurait ordonné les vérités ? J'ignorais que les géomètres ne font pas autre chose lorsqu'ils effectuent une démonstration et disposent les propositions selon qu'elles dépendent les unes des autres. Je pensais pour ma part que ceci serait universellement en notre pouvoir si l'on établissait d'abord les vrais prédicaments des termes simples en constituant à cette fin une sorte d'alphabet de la pensée ou de catalogue des genres les plus hauts (ou tenus pour les plus hauts) comme *a*, *b*, *c*, *d*, *e*, *f*, et si, à partir de là, on produisait les notions inférieures par combinaison [1].

Ce programme est censé fonder celui d'une « caractéristique universelle », dans son rapport étroit à un *calculus universalis* et à un *ars combinatoria* [2]. La fin du *De Synthesi* nous en offre d'ailleurs une des caractérisations les plus amples et les plus ambitieuses :

> je considère l'art combinatoire en particulier comme une science (que d'une manière générale on pourrait aussi appeler caractéristique ou spécieuse), qui traite des formes des choses ou des formules dans leur ensemble, c'est-à-dire de la qualité en général (le semblable et le dissemblable), selon que la combinaison de *a*, de *b*, de *c*, etc., qui peuvent représenter des quantités ou toute autre chose, donne naissance à telle ou telle formule. Et cette science doit être distinguée de l'algèbre où il s'agit

1. *De Synthesi et Analysi universali*, rédigé entre 1683 et 1686, A VI, 4, 538 ; trad. fr. R 135. Leibniz insiste encore sur la dépendance de la caractéristique universelle à « l'analyse des idées » dans ses commentaires à l'article *Rorarius* du dictionnaire de Bayle en 1702 : « M. Bayle a raison de dire avec les Anciens, que Dieu exerce la Géométrie, et que les Mathématiques font une partie du monde intellectuel, et sont les plus propres pour y donner entrée. Mais je crois moy même que son intérieur est quelque chose de plus. J'ay insinué ailleurs, qu'il y a un calcul plus important que ceux de l'Arithmétique et de la Géométrie, et qui dépend de l'Analyse des idées. Ce seroit une Caractéristique universelle dont la formation me paroist une des plus importantes choses qu'on pourroit entreprendre. » (GP IV, 571).

2. GP VII, 22.

d'appliquer les formules à la quantité, c'est-à-dire à l'égal et à l'inégal. C'est pourquoi l'algèbre est subordonnée à la combinatoire et utilise sans cesse des règles qui sont pourtant beaucoup plus générales [1].

On pourrait multiplier les citations en ce sens. Toutes renverraient immanquablement à la source que fut, de l'aveu de Leibniz, sa dissertation *Sur l'art combinatoire* [2]. De fait, on trouve dans cet ouvrage la première mention d'une écriture universelle (*scriptura universalis*), une réflexion sur la « division des propositions » et les catégories fondamentales, ainsi que la possibilité de concevoir l'activité rationnelle sur le modèle d'un calcul.

Mais, puisque nous étudions les rapports *effectifs* entre mathématiques et philosophie, nous devons prendre garde à deux éléments trop souvent négligés par le commentaire : tout d'abord, Leibniz insiste dans les nombreuses mentions de cette source sur le fait qu'il ne connaissait pas alors de mathématiques avancées [3] ; la nature du « calcul » impliqué dans ce projet demande donc à être précisée puisqu'à l'époque, de son propre aveu, Leibniz n'avait qu'une connaissance très lointaine de l'algèbre de son temps [4] ; ensuite, et en lien direct avec cette première remarque, force

1. A VI, 4, 545. Sur le lien à l'idée d'un « calcul universel », voir les premières lignes du *De artis combinatoriae usu in scientia generali* : « *Combinatoria agit de calculo in universum, seu de notis sive characteribus universalibus* » (A VI, 4, 511). Voir également A II, 1^2, 810 ou A II, 1^2, 876 : « Cette sorte de calcul general donneroit en même temps une espece d'ecriture universelle ». Leibniz ne semble pas avoir varié sur ce programme qu'il formule en des termes similaires jusqu'en 1716, *cf.* note 2, p. 73.

2. Ainsi se poursuit le passage que nous avons cité pour commencer : « Or devenu presque adulte et déjà âgé de vingt ans, je m'étais attelé à un exercice académique. Aussi écrivis-je la dissertation *Sur l'art combinatoire* sous forme d'un petit livre, et où je mettais publiquement en avant l'admirable invention dont j'ai parlé » (*De numeris characteristicis and linguam universalem constituendam*, A VI, 4, 266 ; trad. fr. R 66). Voir également A VI, 4, 7 ; A VI, 4, 539 ; A VI, 4, 728.

3. Voir par exemple : « Puisqu'il existait des prédicaments, c'est-à-dire des classes de notions simples, de même il devait exister un nouveau genre de prédicaments, où l'on aurait trouvé aussi les propositions, c'est-à-dire les termes complexes, disposées elles-mêmes selon un ordre naturel ; *c'est que, même en songe, je ne savais rien alors des démonstrations et j'ignorais que les géomètres, lorsqu'ils placent les propositions selon l'ordre qui permet de les démontrer les unes à partir des autres, font exactement ce que je désirais* » (R 65). Même développement, par exemple, dans les *Elementa rationis* de 1686 (A VI, 4, 727 ; trad. fr. R 157).

4. Voyez le post-scriptum de la lettre d'avril à 1703 que Leibniz destinait à Jacques Bernoulli (et qui ne fut pas envoyé) GM III, 71-72. Leibniz y fait le bilan de ses connaissances mathématiques à son arrivée à Paris et y avoue son ignorance quasi complète de Viète et de Descartes.

est de constater qu'il n'entreprend pas de donner dans le *De arte combinatoria* une formulation algébrique ou même calculatoire de son écriture universelle. Nous sommes donc encore loin du modèle où « caractéristique universelle » et « spécieuse générale » peuvent aller jusqu'à s'identifier sous l'égide d'un art combinatoire conçu comme « science des formes et des formules ».

Ces deux lignes de développement doivent, en fait, être soigneusement distinguées lorsque l'on prend en vue l'évolution de la pensée de Leibniz. Indéniablement, le philosophe a considéré très vite que l'algèbre symbolique, même s'il la connaissait mal, offrait un cadre naturel pour le développement d'une caractéristique qui ne se contentât pas d'abréger l'encyclopédie et pût servir d'authentique instrument de découverte. C'est le sens des arguments qu'il avance régulièrement contre les projets concurrents de langue universelle élaborés par ses contemporains, notamment ceux des Anglais [1]. Tel sera d'ailleurs le coeur du programme d'une « caractéristique numérique » en 1679 :

> Je ne sache pas cependant qu'aucun mortel soit parvenu à voir la vraie raison qui permettrait d'assigner à toute chose son nombre caractéristique propre. Car les plus grands savants, auxquels j'ai fait voir à l'occasion quelque découverte de ce genre, m'avouèrent ne rien entendre à mes paroles. Et même si l'on a vu récemment des hommes remarquables élaborer une sorte de langue ou de caractéristique universelle, capable de mettre toutes les notions et les matières en bon ordre et d'aider les nations étrangères à échanger leurs sentiments, de telle sorte qu'il soit possible à chaque homme de lire dans sa propre langue ce qu'un autre homme a écrit dans la sienne, nul ne s'est encore attaqué à la langue, à la caractéristique, qui enfermerait en même temps l'art d'inventer et de juger, c'est-à-dire dont les marques ou caractères auraient le même effet que les marques arithmétiques pour ce qui est des nombres, et les marques algébriques pour ce qui est des grandeurs considérées abstraitement [2].

1. « La vraie Caractéristique Réelle », avance-t-il dès 1673, « telle que je l'ai conçue, devrait être comptée au rang des instruments les plus adaptés à l'esprit humain : elle détiendra assurément un pouvoir invincible d'inventer, de retenir et de juger. Elle produira, en effet, en toute matière ce que les caractères de l'Arithmétique et de l'Algèbre produisent dans la Mathématique : eux dont la très grande force autant que l'usage admirable sont bien connus de ceux qui y sont exercés » (Notes sur Dalgarno, 1673, A VI, 3, 170) ; voir également la lettre à Oldenburg du 28 février 1675 (A, II, 1^2, 393) ou la lettre à Gallois de 1678 (GP VII, 23).

2. A VI, 4, 264 ; GP VII 184-185 ; trad. fr. R 64. Voir également J.-B. Rauzy, *La Doctrine leibnizienne de la vérité*, Paris, Vrin, 2001, p. 16 : « L'originalité de Leibniz aura été de

Le modèle du calcul algébrique prend ainsi une place prépondérante dans la description de la langue ou écriture universelle au point de conduire à l'identifier à une « algèbre universelle » [1]. On peut faire remonter cette prise de conscience au début des années 1670 au moins puisque Leibniz présente alors son grand programme au Duc Jean-Frédéric comme « un moyen qui permet de faire en philosophie ce qu'ont fait Descartes et d'autres par l'algèbre et l'analyse en Arithmétique et en Géométrie » [2].

Mais cette remarque ne fait d'abord qu'accroître la perplexité dans la mesure où ce modèle est celui d'un calcul *symbolique*. De fait, l'algèbre peut être considérée comme traitant des opérations sur des nombres laissés indéterminés et/ou comme un art permettant de trouver, sans les distinguer, les inconnues à l'aide des connus [3] : dans tous ces cas, la nature de « l'alphabet des notions » avec lequel on travaille semble changer de nature puisqu'il ne devrait plus contenir seulement des constantes, comme c'était

fusionner les traditions. Aux caractéristiques souvent fantaisistes de ceux qui cherchaient la "clé universelle", il a ajouté la rigueur méthodique des algébristes. Il en a tiré, sinon un objet tout fait, au moins un programme, qui ne pouvait être réalisé que par le retour à la syllogistique traditionnelle. S'il faut assigner un lieu textuel à cette fusion, il se trouve, sans aucun doute, dans les essais de caractéristique numérique que Leibniz composa en avril-mai 1679 ».

1. À Mariotte 1676 : A II, 1^2, 424. Leibniz, ayant rappelé le parallèle entre la définition et l'équation, conclut : « c'est pourquoi s'il y avait une langue ou au moins une écriture faite comme il faut : ce serait pour ainsi dire une algèbre universelle ». Voir aussi, à l'autre bout de l'œuvre, la lettre à Lange du 5 juin 1716 : *Tota Logicarum consequentiarum doctrina non minus demonstrativa est, quand Arithmetica aut Geometria ; idque juvenis olim multis modis sum expertus. Et in eo continetur, ut sic dicam,* Algebra universalis. *Nam vulgaris Algebra est doctrina de quantitate in genere seu de numero indefinito, sed vera Characteristica quandam, ut sic dicam, Analysin praebet, quae ad omnem rationem accuratam pertinet. Et fortasse, si Deus mihi vitam prorogat, aliquod ejus specimen aliquando dare licebit* (cité par L. Couturat, *La Logique de Leibniz, op. cit.*, p. 584 ; Dutens V, 404-405).

2. A II, 1^2, 261. Au Duc Johann Friedrich, mi-octobre (?) 1671.

3. C'est là une des définitions favorites de Leibniz, qu'il oppose régulièrement à ceux qui y voient une méthode universelle de résolution des problèmes : « Ils s'égarent aussi ceux qui promettent n'importe quoi, ont un sentiment immodéré de ses pouvoirs et la tiennent au premier rang pour l'art d'inventer, ainsi que pour l'analyse en général et la reine des sciences. Assurément, l'Algèbre, qu'elle soit Numéreuse ou Spécieuse, que certains cherchent à vendre comme un art extrêmement obscur, n'est en soi rien d'autre que la Science des Nombres indéterminés ou généraux. Elle a donc le même mode de fonctionnement que l'Arithmétique commune, si on y prend bien garde. Elle possède même un pouvoir plus grand, parce qu'elle traite, en effet, de la même façon les nombres indéterminés et les nombres déterminés, sans distinguer ceux qui sont donnés, c'est-à-dire connus, et ceux qui sont inconnus, c'est-à-dire recherchés. » (*De ortu, progressu et natura algebrae*, GM VII, 203, trad. fr. MU 225).

le cas dans le *De Arte combinatoria*, mais également des variables ou des indéterminées [1].

Pour reprendre un exemple simple que Leibniz lui-même mettra plus tard en avant, une équation formée dans le langage algébrique, comme celle qui exprime l'intersection d'une droite et d'un cercle dans le plan, peut n'avoir pas de solution (nous dirions « pas de solutions réelles »), si je ne prends garde à ce que la droite ne se trouve pas à l'extérieur du cercle. Or dans ce cas, cette impossibilité n'apparaît pas dans les lois de combinaison des symboles eux-mêmes. Si je n'ai pas précisé le paramètre fixant la distance de la droite au centre du cercle, l'équation générale recouvrira tous les cas, les possibles comme les impossibles. Bien plus, exclure l'apparition de certaines expressions au niveau des règles de constructions symboliques elles-mêmes (en l'occurrence prévenir l'apparition des racines de nombres négatifs ou « imaginaires ») obligerait à introduire des exceptions dans des lois de combinaison dont nous voulons, au contraire, préserver l'universalité (typiquement pour maintenir ce que nous appelons le théorème fondamental de l'algèbre, mais aussi pour préserver le cas où les racines réelles d'une équation cubique s'expriment selon les formules de Cardan avec des racines imaginaires) [2]. Leibniz est d'ailleurs particulièrement flottant dans ses comparaisons à ce sujet puisqu'il répète souvent qu'il s'agira de produire des caractères ayant le même pouvoir que ceux de l'arithmétique et de l'algèbre – comme si les caractères de la deuxième étaient du même type que ceux de la première [3].

On distinguera soigneusement cette première ligne de développement d'une autre qui lui est certes liée, mais ne s'en distingue pas moins – voire entre en tension avec elle. Elle touche à l'élargissement progressif des mathématiques leibniziennes et, par là-même, des modèles de « caractéristiques », *hors de l'algèbre*. De fait, l'apprentissage des mathématiques

1. Ainsi Leibniz n'hésitera pas à dire que les *définitions* de la Caractéristique Universelle sont la même chose que les *équations* en Algèbre (*Idem enim sunt definitiones in Characteristica illa Universali, quod aequationes in Algebra* (A II, 1^2, 354 ; fin 1672).

2. Sur cet exemple, voir les *Elementa nova matheseos universalis* (A VI, 4, 520 ; trad. fr. MU 107). Voir également *Matheseos universalis pars prior* (GM VII, 73-74 ; trad. fr. MU 153).

3. Outre le texte déjà cité, voir par exemple la *Recommandation pour instituer la science générale* (1686) : « Il est vray, que si cette Encyclopedie estoit faite comme je la souhaitte, on pourroit donner le moyen de trouver tousjours les consequences des verités fondamentales ou des faits donnés par une maniere de calcul aussi exact et aussi simple que celuy de l'Arithmetique et de l'Algebre » (A VI 4, 708).

pendant la période parisienne (1672-1676) va de pair avec la découverte des *limitations* de l'analyse algébrique, pourtant premier soutien, comme nous venons de le rappeler, du projet de caractéristique. Elle accompagne la mise en avant (et la création) d'autres formes d'analyses [1]. Ceci soutient le projet d'une écriture apte à rendre compte de certains aspects non quantitatifs des mathématiques et au-delà.

Ainsi un texte de 1674 réclame-t-il clairement l'élaboration d'analyses mathématiques dépassant le domaine trop étroit de la quantité :

> Restent d'autres Analyses ou Combinaisons totalement différentes : celles qui portent sur les Ordres de choses, sur les qualités, les actions, et une infinité d'autres choses qui peuvent être exprimées de manière tout à fait différente que les quantités (comme le permettent d'ailleurs les lettres et les autres signes simples). J'en vois un échantillon dans les lettres que j'ai utilisées pour exprimer les signes ambigus ; là, en effet, ce n'est pas la quantité qui est exprimée, mais une certaine relation ou ordre, à la manière des signes analytiques. Mais l'analyse universelle dépendra du caractère universel, même s'il faut, en attendant, employer les caractères généraux ou lettres alphabétiques à de longs calculs portant sur des caractères particuliers, comme on le fait en Géométrie. L'entreprise, en effet, est préparée par l'usage des [échantillons] particuliers [2].

Dans ce cadre, on le voit, le « caractère universel » ne repose plus sur l'algèbre, mais le sursume. Or cette extension du pouvoir du symbolique modifie très profondément le sens du modèle initial. Ainsi, un des premiers textes mathématiques que Leibniz destinait à être public et sur lequel nous reviendrons par la suite se donne pour tâche d'introduire à une « arithmétique » d'un type très particulier, celle dite « des infinis » (*Accessio ad arithmeticam infinitorum*, A II, 1^2, 342-356, fin 1672) [3]. Cette analyse, comme le rappelle son nom, ne repose plus sur un modèle où il s'agirait

1. Voir la série de textes de 1673 à 1675 dédiés à montrer l'imperfection de l'analyse reçue (*imperfectio analyseos, analysis desiderata, analysis ipsorum elementorum* : A VI, 3, 403-414).

2. *Analysis ad alias res quam quantitates applicata* (A VI, 3, 413). Comme l'indique Leibniz, ce programme est mis en place dès cette époque dans le projet d'une « méthode de l'universalité » fondée sur l'usage de « signes ambigus » (A VII, 7, 75-141) et plus bas, chap. 2, p. 127). Il accompagne le projet d'une géométrie qui rendrait compte des formes de construction (*De Constructione*, A VII, 7, 475-489.).

3. Plusieurs textes sur les limitations de l'analyse insistent sur ce rôle de l'arithmétique des infinis, voir notamment *De arithmetica infinitorum perficienda* de 1673 (A VI, 3, 407-409) ou le *Analysis ipsorum elementorum* (1674, A VI, 3, 411-412), où Leibniz avance : *Est enim duplex calculus, alius tantum Algebraicus, alius adhibita arithmetica infinitorum.*

de manipuler des lettres selon des règles de combinaisons finies. Il s'agit de faire droit à des opérations (typiquement des sommations) infinies et, avec elles, au risque accru de combinaisons *inconsistantes*[1]. « La somme des termes en progression géométrique partant de l'unité et de raison un » n'est pas une expression moins bien formée que « La somme des termes en progression géométrique partant de l'unité et de raison un demi ». Or la première est, pour Leibniz, impossible (*i. e.* elle désigne le *nombre infini* (*numerus infinitus*, *numerus maximus*), qui implique contradiction), tandis que la seconde est possible (elle désigne le nombre *deux*)[2]. Les deux seraient exprimées par une même formule si on s'en tient à un calcul purement symbolique : $x^0 + x^1 + x^2 + x^3 + x^4....$ (pour $x = 1$ et $x = \frac{1}{2}$ respectivement).

Il ne va donc pas de soi que l'apprentissage des mathématiques, et en particulier le développement de nouvelles analyses dans les années parisiennes (1672-1676)[3], soient simplement venu *confirmer* le projet initial. Même si l'on néglige le problème posé dès qu'on sort du cadre étroit des combinaisons finies pour se placer du seul point de vue de l'élaboration des différents « calculs » et d'une « spécieuse générale »[4], le simple fait qu'on ait affaire à *différents* systèmes symboliques rend le modèle original

1. Voir section suivante. Comme rappelé dans notre introduction avec l'exemple leibnizien du décaèdre régulier, on se gardera néanmoins d'en conclure que l'inconsistance n'apparaît que dans le cas des combinaisons infinies – sans quoi, d'ailleurs, elle serait plus facile à écarter (par une forme de « finitisme »).

2. Sur le fait que Leibniz dispose assez vite d'une manière de donner un sens rigoureux à l'égalité impliquée dans cette somme infinie, voir A VI, 3, 503, et plus bas, p. 116.

3. Leibniz, comme on l'a vu, travaille sur l'arithmétique de l'infini dès son arrivée à Paris. Il esquisse ses premiers projets d'une analyse purement géométrique dès 1674 au moins, comme en témoigne le *De Constructione* (A VII, 7, 475-489), en même temps qu'il élabore sa « méthode l'universalité » apte à intégrer certains aspects que nous dirions « projectifs » dans les équations algébriques (A VII, 7, 75-141). Vers la même époque (Hiver 1673), il a mis au point sa quadrature arithmétique du cercle qui donnera lieu, en 1675-1676, à un traité lançant la promotion de l'*Analysis transcendens* (*De Quadratura arithmetica circuli ellipseos et hyperbolae* A VII, 6, 566). À l'automne 1675, il élabore son algorithme différentiel – en particulier à partir du texte *Methodi tangentium inversae exempla* (A VII, 5, 321-331) de novembre 1675 dans lequel on le voit essayer différentes possibilités pour l'usage des symboles d et $\int$ pour la dérivation et l'intégration d'un produit.

4. À l'époque parisienne, le principal modèle est la « méthode de l'universalité », suivi par le calcul différentiel. En 1679, Leibniz élabore ses premiers calculs logiques proprement dit, en codant les notions par des nombres (« caractéristique numérique »), ainsi que les calculs appuyant sa « caractéristique géométrique ».

plus difficile à déterminer qu'il n'y paraît. Comme le rappelle Leibniz lui-même dans un texte plus tardif : « Puisque la Spécieuse générale n'est rien d'autre que la représentation et le traitement des combinaisons à l'aide de signes, *et qu'on peut inventer différentes lois de combinaisons*, de là vient qu'en résultent des modes de calcul différents » [1].

C'est là également ce qu'avance le texte de 1674 sur les « autres analyses » en rappelant que tout ce qui nous est donné de la « caractéristique universelle » est un certain nombre d'échantillons. Or si la caractéristique donne lieu à *différents* calculs, il n'est plus évident que l'on puisse s'appuyer sur un seul alphabet d'où dériverait par de simples combinaisons l'ensemble des vérités. C'est tout le problème de l'articulation d'une caractéristique universelle à une mathématique universelle – la seconde n'allant nullement de soi dès qu'on refuse l'identification proposée par les Cartésiens à la seule algèbre [2]. Même à supposer qu'on s'en tienne à un calcul symbolique général, encore faudra-t-il préciser les lois de combinaison valant dans tel ou tel domaine et ceci semble, à son tour, supposer une entente préalable des différents domaines d'intelligibilité – là où le modèle initial supposait de pouvoir *engendrer* les différentes classifications à partir d'un découpage catégorial taillé sur mesure pour répondre à l'analyse des notions (les « vrais prédicaments des termes simples ») [3].

Ces différents aspects nous occuperont longuement par la suite, car ils sont au principe de ce que je désignerai comme une « crise » du modèle initial, survenue lors du séjour parisien. J'essayerai d'indiquer surtout qu'on en trouve des éléments parfaitement *explicites* dans plusieurs textes de cette époque, notamment certains passages où Leibniz dit qu'il a changé d'avis, voire qu'il s'est trompé. Le point qu'il fallait mettre en lumière dès à présent est le suivant : il faut se garder de conclure de la persistance d'une formulation générale du programme qui court du *De arte* aux derniers écrits au fait que le *contenu* de ce programme reste inchangé [4]. L'idée trop

1. GP VII, 245. Je souligne.

2. G. W. Leibniz, *Mathesis Universalis. Écrits sur la mathématique universelle*, *op. cit.*

3. Le modèle platonicien de la découpe du réel selon ses articulations est repris régulièrement par Leibniz : « Il ne sert de rien aussi de dire, que pour diminuer la difficulté il faut la diviser en parties. Car les difficultés ont de certaines jonctures ou articles, et quand on ne les sçait point on fait mal l'écuyer tranchant, et on les dechire au lieu de [les] diviser. Ce qui est augmenter les difficultés, bien loin de les diminuer » (A VI, 4, 1485). Voir aussi dès 1678, le *De Arte Inveniendi in genere* (A VI, 4, 79) et la lettre à Gallois (non envoyée) de septembre 1677 (A II, 1^2, 570).

4. C'était là, on le sait, une des hypothèses de lecture de Couturat, suivi par de nombreux commentateurs postérieurs, qui y voyait les deux postulats fondamentaux de la logique de

simple selon laquelle l'évolution des mathématiques leibniziennes serait une simple *application* de ce « grand dessein », dirigé par l'attention porté aux aspects « caractéristiques » ou qu'elle aurait simplement *confirmé* les intuitions du *De arte combinatoria*, ne résiste pas à l'épreuve des textes. Parallèlement, il n'est pas clair que la diversité des calculs qui s'élaborent dans les années parisiennes offre un modèle unifié et stable pour soutenir le projet d'une écriture universelle. Cela n'exclut certes pas un tel soutien, mais cela ne l'établit pas non plus.

Tel est le premier terrain où l'interaction entre mathématiques et philosophie doit être appréciée *sur pièces*. Dans ce qui suit, je commencerai donc par rappeler rapidement le programme d'écriture universelle du *De arte combinatoria*. La lecture rétrospective, dont Leibniz est lui-même la source, a en effet conduit à en manquer les limitations flagrantes, ainsi que la place dans le traité. Puis j'indiquerai comment ce projet a intégré progressivement le modèle algébrique d'une manière compatible avec l'ouverture à d'autres types d'analyses mathématiques, mais aussi assez pauvre. Dans le chapitre suivant, je reviendrai alors sur la manière dont l'élaboration des nouvelles analyses a coïncidé avec une *remise en cause* parfaitement explicite du modèle initial.

Le projet d'une analyse des notions et d'une écriture universelle dans le De arte combinatoria

Lorsque Leibniz se retourne vers le *De arte combinatoria*, c'est toujours pour en marquer le caractère enfantin et pour y pointer simplement les prémices d'un renouvellement de l'*ars inveniendi* que pouvait porter le rêve d'une « écriture universelle » et, plus largement, d'une « analytique des pensées humaines »[1]. Ce regard rétrospectif a fini par empêcher l'accès

Leibniz : « 1. Toutes nos idées sont composées d'un très petit nombre d'idées simples, dont l'ensemble forme l'Alphabet des pensées humaines ; 2. Les idées complexes procèdent de ces idées simples par une combinaison uniforme et symétrique analogue à la multiplication arithmétique » (L. Couturat, *La Logique de Leibniz*, *op. cit.*, p. 431). Les deux difficultés auxquelles il nous faudra donner droit – et qui nourriront la section suivante, sont alors : le fait qu'on ne soit pas assuré de pouvoir ramener toutes nos notions à un « petit nombre » d'entre elles ; et le fait qu'il ne soit pas plus assuré qu'on puisse s'appuyer sur un procédé de combinaison « uniforme ».

1. Ce sont notamment les aspects que Leibniz met en avant lorsqu'il fait le compte-rendu aux *Acta Eruditorum* de la réédition faite en 1691 sans son consentement : « Bien qu'il ait été repéré par une louange peu commune par les érudits et qu'il contienne d'assez nombreuses

à un traité qui reste encore à ce jour méconnu dans son détail. On manque ainsi le fait que le thème d'une écriture universelle ne fait dans le traité qu'une rapide apparition, encore très incertaine, et que la comparaison de la pensée à un calcul n'y tient pas une place centrale. Symétriquement, le fait que Leibniz ait consacré des développements aux registres des orgues, à la versification latine, aux cas en jurisprudence, au nombre de convives autour d'une table, à la généalogie, à la composition des médicaments ou à la théorie des éléments physiques, parmi tant d'autres thèmes abordés par ce texte proliférant, reste négligé [1].

Certes, il ne faudrait pas non plus exagérer les distorsions. Les « usages » des deux premiers problèmes consacrés à la logique tiennent assurément une place importante, que ce soit pour l'élucidation des modes utiles du syllogisme (*usus* VI) ou pour la « division » des propositions (*usus* X). Leibniz peut donc avancer dès l'époque :

> Et nous avons visé, assurément, non pas tant à faire avancer l'Arithmétique – même si nous l'avons fait également – qu'à dévoiler les sources cachées de la Logique de l'invention, nous acquittant ainsi de l'office du héraut. Nous serons ainsi assez satisfaits si, de ce que Verulamus a produit dans le catalogue des sciences manquantes dans son *De Augmentis Scientiarum*, nous éveillons auprès des hommes le soupçon d'un tel art, qu'un autre poursuivra pour le plus grand bien du genre humain [2].

vues nouvelles qui ne doivent pas être condamnées, par lesquels sont semés les germes de l'art d'inventer – notamment, entre autres choses, cette idée remarquable d'une analyse des pensées humaines au moyen d'une espèce d'alphabet des notions primitives ; son très illustre auteur ne juge pourtant pas ce libelle suffisamment poli, ni qu'il corresponde en tout point à sa pensée actuelle et à sa personne » (A VI, 2, 549).

1. Pour une étude de la structure et du contenu du *De arte*, je me permets de renvoyer au mémoire de master d'Arilès Remaki effectué sous ma direction : « Le *De arte combinatoria*, un désordre fécond », Master Lophiss, Université Paris Diderot, ainsi qu'à l'introduction de A. Remaki, « l'Ars Combinatoria comme art d'inventer chez G. W. Leibniz sur la période 1672-1680 », Thèse de doctorat, Université Paris Cité, sous la directio de David Rabouin, 2021. Une traduction anglaise du *De arte* est parue en 2020 chez Oxford University Press aux bons soins de Martin Wilson et Han van Ruler, accompagnée d'un commentaire par Massimo Mugnai (G. W. Leibniz, *Leibniz : Dissertation on Combinatorial Art*, Oxford, Oxford University Press, 2020). On préfèrera cette traduction à celle, catastrophique, de Peyroux : G. W. Leibniz, *Oeuvre mathématique autre que le calcul infinitésimal (suivi de la) Dissertation sur l'art combinatoire*, trad. Jean Peyroux, Paris, A. Blanchard, 1986.

2. A VI, 1, 194 : *Ac nos profectò hæc non tam Arithmeticæ augendæ, et si et hoc fecimus, quàm Logicæ inventivæ recludendis fontibus destinavimus, fungentes præconis munere, et quod in catalogo desideratorum suis augmentis Scientíarum Verulamius fecit, satis habituri, si suspicionem tantae artis hominibus faciamus, quam cum incredibili fructu generis humani*

Par ailleurs, il est vrai que le projet d'une écriture universelle se constitue dans la continuité (*usus* XI) de l'étude de la « division des propositions » qui devait permettre d'appuyer la logique de l'invention sur une approche renouvelée des catégories [1]. Enfin, on voit bien apparaître dès le début de ce développement, en référence à Hobbes, le thème de l'assimilation de la pensée à un calcul [2]. Même une fois concédé que ces thèmes que Leibniz met en avant rétrospectivement ne tiennent pas une grande place dans le traité [3], il reste donc tentant, au vu de leur importance, de persister à y lire les germes d'un projet qu'il n'aurait eu qu'à développer. Mais une telle lecture suppose de reconstituer une cohérence qui n'apparaît nullement dans le texte. Aussi faut-il reprendre ces différents éléments un à un en indiquant les bornes très étroites dans lesquelles ils sont introduits.

Commençons par la dernière citation où Hobbes est censé assimiler les opérations logiques à des opérations algébriques représentant la copule et sa négation. Le premier problème auquel nous nous heurtons dans une telle représentation est qu'un énoncé comme « l'homme est un animal rationnel » attribue à un sujet un prédicat composé, mais dont la composition ne se résorbe nullement dans l'usage de la copule. Leibniz est parfaitement conscient de l'usage impropre qu'il fait de la copule ici (qu'il modalise en *quasi copula*) pour désigner une opération qui, chez Hobbes, est celle non de l'attribution, mais de la composition des notions. Il précise d'ailleurs immédiatement qu'il s'agit alors de désigner à proprement parler non le prédicat, mais une partie du prédicat (*In tali igitur sensu* τὸ *Ens non est propriè copula, sed pars predicati*). Le parallèle avec l'algèbre ne doit donc pas nous tromper. Au regard des tentatives de formalisations postérieures, le premier ingrédient manquant ici, le premier et principal

alius producat. Ce passage s'insère après la référence à Kircher dont l'*Ars Combinatoria* était alors attendu.

1. A VI, 1, 201 : *Ex his quæ de Arte complicatoria Scientiarum, seu Logica inventiva disseruimus, cujus quasi prædicamenta ejusmodi Terminorum tabula absolverentur, fluit velut Porisma, seu usus XI. : Scriptura Universalis, id est cuicunque legenti, cujuscunque linguæ perito intelligibilis*.

2. L'un de ceux qui ont scruté le plus profondément les principes de toutes choses, Thomas Hobbes, a posé fort justement que toute activité de notre esprit est un *calcul* (*computatio*), mais celle-ci est recueillie soit sous la forme d'une somme en ajoutant, soit sous la forme d'une différence en retranchant (*Elem. de Corp. p. 1.c. 1. art. 2.*). De même que les algébristes et les analystes ont donc deux signes fondamentaux : + et – ; de même les deux quasi copules : "est" et "n'est pas" ; par la première l'esprit compose, par la deuxième il divise. (A VI, 1, 194)

3. le projet d'écriture universelle tient sur deux paragraphes qui consistent essentiellement à évoquer des projets contemporains et concurrents au sien, *cf.* A VI, 1, 201.

dans une représentation du type mathématique de la structure logique des notions, est l'assimilation de la copule à une forme d'égalité ou d'inclusion entre termes (qu'on compose selon certaines opérations différentes de la copule elle-même) [1].

Un autre point qui doit éveiller notre attention, sinon notre soupçon, dans cette référence inaugurale est que Hobbes, présenté ici comme héraut du calcul, fut pourtant, sa vie durant, un farouche opposant aux méthodes de l'algèbre symbolique. Il leur reprochait notamment de se développer dans un aveuglement complet au contenu (en l'occurrence géométrique), qui en soutenait réellement les assertions [2]. De fait, le terme latin que rend le français « calcul » ici n'est pas *calculus* mais *computatio* et il faut bien prendre garde que la comparaison avec les signes des algébristes *est de Leibniz lui-même*. Hobbes, dans le passage cité du *De Corpore*, se garde bien de formaliser sa conception de la composition : il se contente de l'assimiler à une forme d'addition au sens où l'on compose des nombres ou des grandeurs. Il faudra y revenir puisque Leibniz lui-même mentionnera quelques années après le *De arte* le débat entre Hobbes et Wallis sur les ressources de l'algèbre symbolique pour y tracer sa propre voie [3]. Dans l'immédiat, contentons-nous de remarquer qu'il y a peu de chance pour que l'expression des notions par des nombres que Leibniz esquisse dans le *De arte* puisse se développer sous la forme d'un calcul *symbolique*.

Sans surprise, c'est bien ce que nous constatons en parcourant le traité. Après de longs développements consacrés aux problèmes proprement combinatoires posés par la « division des propositions » – où il s'agit notamment de trouver un terme à partir de la donnée de telle ou telle partie d'un énoncé (le sujet, le prédicat) –, le projet qui soutient la possibilité d'une écriture universelle n'aboutit, en effet, nullement à un calcul, ni même à un procédé de production de vérités nouvelles par combinaison à

1. Lorsque Leibniz reprendra l'usage du + et du – dans un sens proche de celui du *De arte*, il le fera d'ailleurs au titre de la qualité des jugements et à côté d'une composition indiquée par simple juxtaposition (voir par exemple le fragment traduit en R 55-63). Dans le *De arte*, comme on va voir, la composition que Leibniz a annoncé au titre du + et du – n'est pas du tout traitée de cette façon et se trouve symbolisée par des points entre nombres ou des déterminants du langage naturel.

2. D. Jesseph, *Squaring the Circle. The War between Hobbes and Wallis*, Chicago, The University of Chicago Press, 1999. Dans le *De corpore*, que cite ici Leibniz, cette critique apparaît au chapitre XX (troisième partie).

3. Il s'agit de la *Demonstratio propositionum primarum* de 1671 (A VI, 2, 479-486), que nous analysons plus loin.

partir des notions fondamentales. À vrai dire, il s'agit avant tout de coder un certain nombre de notions primitives, projet qui n'est pas sans évoquer la manière dont certains des prédécesseurs de Leibniz, comme Becher, avait simplement numéroté les termes du dictionnaires [1]. Certes, le projet leibnizien est plus ambitieux et l'on comprend qu'il se soit convaincu de son originalité : d'une part, on cherche à établir une liste exhaustive de notions fondamentales sans en mettre trop ni trop peu [2] ; d'autre part, il s'agit bien d'encoder les *relations* entre termes par des relations entre nombres. Mais ce codage n'est pas algébrique, ni même opératoire et, contre toute attente, il ne correspond même pas à la structure de composition des notions (au sens simple où il ne respecte pas la structure de compositionnalité). Ce que propose le jeune homme est simplement de représenter les rapports des notions par des fractions, le dénominateur désignant le degré de *complexité* de la notion (ou « classe »), tandis que le numérateur désigne un certain rang dans cette classe [3]. Un nombre comme $\frac{3}{4}$ signifiera donc simplement la troisième notion de la quatrième classe. La composition ne pourrait donc être représentée que si la complexité des énoncés reflétait celle des classes de notions et si le rang d'apparition avait lui-même une signification, ce qui n'est pas le cas.

Pour le saisir, suivons Leibniz qui propose de prendre comme exemple des notions qui ne sont pas primitives, ni totalement analysées [4], mais qui ont le mérite d'avoir fait déjà l'objet d'analyses conceptuelles nourries : celles de la géométrie élémentaire [5]. Il part du catalogue de notions simples suivant :

> Voici donc la Classe I dans laquelle on trouvera les termes premiers : 1. Point. 2. Espace. 3. Situé entre (*Intersitum*). 4. Situé à côté (*Adsitum*), ou

1. J. J. Becher, *Character, pro notitia linguarum universali*, Francfort, Johannis Wilh. Ammonii & Wilhelmi Serlini, 1661, cité par Leibniz en A VI, 1, 201.

2. Leibniz fait notamment reproche à Lulle et à ses successeurs de s'être contentés d'un répertoire trop limité et artificiel de notions fondamentales, cf. A VI, 1, 193 : *Verum in Terminis Lullianis multa desidero....*

3. Parmi les auteurs mentionnés au titre de projet d'écriture universelle, il s'agit donc d'une amélioration de celui de Digby (A VI, 1, 201).

4. Pour un résumé de cette partie du *De Arte*, voir la Note VI de L. Couturat, *La Logique de Leibniz*, *op. cit.*, p. 554-561.

5. *Commodissima Mathesis extemporaneo conatui visa est : hinc non à primis simpliciter terminis orsi sumus, sed à primis in Mathesi ; neque omnes posuimus, sed quos ad producendos complicatione sua terminos ortos propositos sufficere judicabamus. Potuissemus eadem methodo omnes definitiones ex Elementis Euclidis exponere, si tempus superfuisset.* (A VI, 1, 199).

contigu. 5. Situé à l'écart (*Dissitum*), ou Distant. 6. Borne, ou ce qui est distant. 7. Situé dans. 8. Inclus (v. g. le centre est situé dans le cercle, mais inclus dans la périphérie) [1]. 9. Partie. 10. Tout (*totum*). 11. Même. 12. Différent. 13. Un. 14. Nombre. 15. Plusieurs, v. g. 1, 2, 3, 4, 5, etc. 16. Distance. 17. Possible. 18. Tous les (*omnes*). 19. Donné. 20. Soit. 21. Région. 22. Dimension. 23. Longueur. 24. Largeur. 25. Profondeur. 26. Commun. 27. Progression, ou continué.

Cette liste, on le voit, contient les éléments fondamentaux, comme les points, et les relations de situation – ce qui n'est pas sans évoquer les futurs projets d'une analyse du *situs*. Mais elle contient également des opérateurs comme « tous les » (*omnes*), « donné » (*datum*) ou « soit » (*Fiat*). Les notions composées sont alors définies à partir des précédentes selon le codage indiqué. Ainsi les relations de *plus grand* et de *plus petit* de la quatrième classe peuvent-elles être caractérisées à partir de celles d'*égalité* et de *partie* de la manière suivante : « IV. 1. *Plus grand* est un A ayant la 9.$\frac{2}{3}$. à un B. 2. *Plus petit*, un B $\frac{2}{3}$ à une 9. de A » [2].

Le décodage nous invite alors à chercher le neuvième terme (sous entendu : de la première classe, soit le mot *partie*) et le second terme de la troisième classe (*égalité*), ce qui permet la transcription suivante : « IV. 1. *Plus grand* est un A ayant une partie égale à B. 2. *Plus petit*, un B égal à une partie de A. »

Outre le fait que plusieurs articulations logiques sont laissées exprimées en langage naturel [3] – point sur lequel avait insisté Couturat dans sa *Note VI*, on voit que le code $\frac{2}{3}$ ne nous fait pas saisir par lui-même que nous avons affaire à la relation d'égalité, alors même que cette notion est dérivée (elle est définie par le code 11 (*idem*).$\frac{1}{2}$. (*quantitas*) : [être] de même quantité). On ne peut donc pas se contenter de mémoriser la liste initiale des notions, à la manière d'un alphabet, pour produire les suivantes

1. *Inclusum* ne correspond pas au sens large d'inclusion que nous utilisons aujourd'hui, mais à l'idée de se tenir à l'intérieur d'une frontière.

2. Le latin ne disposant pas des déterminants nécessaires, Leibniz recourt ici aux termes grecs : IV. 1. *Majus* est A habens τὴν 9.$\frac{2}{3}$. τῷ B. 2. *Minus*, *B* $\frac{2}{3}$. τῇ 9. τοῦ A. Le français impose ici plutôt des articles indéfinis.

3. Leibniz est parfaitement conscient de cette limitation, dont il dit qu'elle pourrait être palliée si l'on entreprenait de donner une écriture partant vraiment des éléments premiers (A VI, 1, 199 : *Quoniam autem non à primis simpliciter terminis orsi sumus, hinc necessarium erat signa adhibere, quibus casus vocabulorum aliaque ad sermonem complendum necessaria intelligentur*). On remarquera néanmoins que le *De arte* ne fournit pas d'éléments en ce sens.

par combinaisons – contrairement au modèle de « characteristique universelle » que Leibniz avancera ensuite comme ayant son germe dans le *De arte* [1]. Rien ne relie, en effet, le code d'une notion composée comme on l'a vu avec les inégalités ($\frac{1}{4}$ et $\frac{2}{4}$) et celui des notions entrant dans leur définition (9 et $\frac{2}{3}$) – sinon que les rangs de complexité s'additionnent, mais cette information ne nous est d'aucune utilité. Enfin, mais tous ces problèmes sont liés, des expressions synonymes vont relever de codes différents sans que leur équivalence soit apparente : ainsi $9.\frac{2}{3}$. est, par définition, logiquement équivalent à $9.11.\frac{1}{2}$. sans que l'on n'ait aucun moyen de dériver cette équivalence par une égalité dans le code. Tous ces points sont essentiels à noter pour bien mesurer les progrès que Leibniz fera dans les années suivantes en isolant la question de l'équivalence par substitution comme l'élément central de tout calcul (et même, plus profondément, de tout raisonnement) [2].

Outre ces défauts structuraux, le caractère artificiel du code apparaît très vite dès qu'on entreprend d'exprimer des notions un peu plus composées comme celle d'angle de contact : *quem faciunt* $\frac{3}{4}$.(2).4.$\frac{2}{6}$. *non* $\frac{4}{5}$.27 *modô* 17, soit « celui que font deux lignes contigues divergentes qui ne se recoupent pas [lorsque] continuées autant que possible » [3]. On peut se demander ce qu'on a gagné à construire un « alphabet des pensées humaines » sur ce modèle et quel gain on pourra espérer en tirer pour l'avancement des sciences ! Si l'on comprend mieux alors l'insistance de Leibniz à qualifier ses premières tentatives d'« enfantines », on reste supris de voir à quel point nombre de lecteurs leur accordent, faute d'y aller voir, des promesses qu'elles ne sauraient tenir [4].

1. Par exemple dans la lettre à Elisabeth : « Mais pour determiner cette forme qui ne feroit pas moins en metaphysique, en physique et en morale, que le calcul ne fait en Mathematiques, et qui monstreroit même les degrés de probabilité, lors qu'on ne peut raisonner que vraisemblablement, il faudroit rapporter icy les meditations que j'ay sur une nouvelle characteristique ce qui seroit trop long. Je diray neantmoins en peu de mots, que cette characteristique representeroit nos pensées veritablement et distinctement et *quand une pensée est composée de quelques autres plus simples, son caractere le seroit aussi de même*. (A II, 1^2, 666). Je souligne.

2. Voir les chapitres 3 et 4.

3. Par *divergente*, Leibniz désigne le fait que la distance entre les lignes croît à partir de leur point de contact.

4. Leibniz, on l'a dit, est le premier responsable de cette lecture. Ainsi dans les *Elementa rationis* il raconte la manière dont il est venu à son idée d'une analyse des notions et poursuit :

Mais pourquoi Leibniz, puisqu'il mettra le critère de compositionnalité, au premier rang des principes d'une caractéristique, a-t-il persisté à projeter dans le *De arte* un tel programme ? C'est ici qu'apparaît le plus profond malentendu porté par ce traité. Car ce que nous avons décrit ci-dessus n'est *pas* le projet d'*écriture universelle*, mais, comme nous l'avons rappelé, un travail préliminaire d'analyse des notions élaboré dans l'*Usus* X (consacré à la « division des propositions »). Lorsque Leibniz passe ensuite en revue les différents projets d'écriture universelle qui l'ont précédé, il voit bien qu'un de leurs défauts majeurs est précisément le manque de compositionnalité *et c'est bien sur ce constat qu'il édifie son propre programme*. Il en dit peu de choses, mais la plus grande surprise vient alors du fait que ce qu'il envisage comme solution au problème est une écriture *diagrammatique* dans lequel on représenterait les objets par des points, les relations par des lignes et les différents types de relation par des variations de l'angle entre les lignes [1]. Ainsi l'écriture universelle était-elle conçue à l'époque sur le modèle de figures géométriques et dans une fonction iconique qui n'est pas sans évoquer celle des hiéroglyphes égyptiens, avec cette différence importante de pouvoir reposer sur une forme de compositionnalité et donc de ne pas surcharger la mémoire [2]. Et rien de plus ne nous sera dit sur une telle écriture.

« Par la même occasion me vint à l'esprit que, si les notions se trouvaient correctement résolues et ordonnées, on pouvait les représenter par des nombres, et donc que des vérités, traitées de la façon dont je voyais qu'il était possible de le faire et en tant qu'elles dépendent de la raison, pourraient être examinées par le calcul. Et cela enflamma encore davantage ma curiosité. J'observais en effet qu'une notion était contenue dans la notion dont elle était prédiquée, de la même façon qu'un facteur est contenu dans le nombre produit. Ainsi homme est dit animal rationnel de la même façon qu'un nombre sénaire est dit binaire ternaire » (A VI, 4, 727-728 ; trad. fr. R 157). Leibniz, que ce soit par illusion rétrospective ou par défaut de mémoire, décrit donc sa caractéristique numérique de 1679 comme faisant immédiatement suite à ses intuitions de jeunesse. Bien plus, il conclut ce passage de la façon suivante : « c'est pourquoi, il y a déjà vingt ans, j'ai lancé publiquement l'idée de cette entreprise en publiant certaines ébauches juvéniles » (*ibid.*).

1. *Verùm constitutis Tabulis vel praedicamentis artis nostra complicatoriae majora emergent. Nam Termini primi, ex quorum complexu omnes alii constituuntur, signentur notis, hae nota erunt quasi Alphabetum. Commodum autem erit notas quàm maximè fieri naturales, v. g. pro uno punctum, pro numeris puncta ; pro relationibus Entis ad Ens lineas, pro variatione angulorum aut terminorum in lineis genera relationum. Ea si recte constituta fuerint et ingeniosè, scriptura haec universalis aequè erit facilis quàm communis, et quae possit sine omni léxico legi, simulque imbibetur omnium rerum fundamentalis cognitio.* (A VI, 1, 202.)

2. *Fiet igitur omnis talis scriptum quasi figuris geometricis ; et velut picturis, uti olim Aegyptii hodie Sinenses, verùm eorum picturae non redeuntur ad certum Alphabetum seu literas, quo fit ut incredibili memorise afflictione opus sit, quod hîc contra est. Hic igitur*

Le modèle algébrique avant l'arrivée à Paris

On ne confondra donc pas deux choses : le fait que Leibniz voit indéniablement une continuité entre la conception de la pensée comme *computatio* et la mise au point d'une écriture universelle et le fait qu'il ait *déjà* un modèle calculatoire, même rudimentaire, qui soutiendrait le rêve d'une réduction des controverses à un simple *calculemus*. La précision est d'importance si l'on veut entendre correctement la manière dont Leibniz va présenter son grand programme au Duc Jean-Frédéric quelques années plus tard comme « un moyen qui permet de faire en philosophie ce qu'ont fait Descartes et d'autres par l'algèbre et l'analyse en Arithmétique et en Géométrie » [1].

On s'en convaincra aisément en lisant les explicitations fournies dans la lettre à Hesenthaler de 1671 :

> Les propositions universelles sont constituées par *démonstration* ou par *induction*, c'est-à-dire par la raison ou par le sens. Sont connues par *Démonstration* les propositions qui dépendent de la définitions des mots, c'est-à-dire d'idées claires et distinctes des choses, comme sont toutes celles de l'arithmétique, de la géométrie, de la logique, de la métaphysique, et la plus grande part de celles qui touchent à la morale, la science civile ou la jurisprudence naturelle. La clé de toutes ces disciplines se trouve dans les définitions. Comme *une démonstration n'est rien d'autre, en effet, qu'une combinaison de définitions*, comme je l'ai montré dans *l'art combinatoire*, il est manifeste que celui qui profère quelques définitions claires et transparentes (comme avaient coutume d'en donner

est Usus XI. complexionum, in constituenda nempe polygraphia universali (ibid.). Il est très remarquable qu'un des exemples que Leibniz élaborera par la suite au titre du pouvoir des caractères sera précisément une représentation des nombres avec des points, des lignes et des angles dans l'espoir d'en tirer une loi de distribution des nombres premiers (voir A VI, 3, 433 et ci-dessous p. 142).

1. Je cite le passage dans son entier afin que le lien avec l'analytique générale des notions y soit apparent : *In Philosophia habe ich ein mittel funden, das jenige was Cartesius und andere per Algebram et Analysin in Arithmetica et Geometria gethan, in allen scientien zuwege zu bringen per Artem Combinatoriam, welche Lullius und P. Kircher zwar excolirt, bey weiten aber in solche deren intima nicht gesehen. Dadurch alle Notiones compositae der ganzen Welt, in wenig simplices als deren Alphabet reduciret, und aus solches alphabets combination wiederumb alle dinge, samt ihren theorematibus, und was nur von ihnen zu inventiren müglich ordinata methodo mit der zeit zu finden ein weg gebahnet wird. Welche invention, dafern sie wils Gott zu Werck gerichtet, als mater aller inventionen von mir vor das importanteste gehalten wird, ob sie gleich das ansehen noch zur zeit nicht haben mag : Ich habe dadurch alles was erzehlet werden soll, gefunden, und hoffe noch ein mehrers zu wege zu bringen* (A II, 1^2, 261. An Herzog Johann Friedrich, mi-octobre (?) 1671).

> Platon, partout dans ses dialogues, Aristote, Euclide et d'autres mathématiciens ; les anciens Jurisconsultes dans leur pandectes, Cujas, Campanella, Descartes, Hobbes, et le très savant Ritschel [1]), à lui se découvre d'innombrables théorèmes par le seul soin de l'Analyse (comme dans les arithmétiques de Diophante et Cardan, dans les géométries de Viète et Descartes, mais personne encore dans le domaine des machines et des affaires civiles), et il lui est donné de résoudre les problèmes, ou de montrer leur impossibilité [2].

Le même modèle pour la « méthode analytique » se retrouve dans la lettre à Jean Chapelain avec une référence claire à l'aphabet des sciences et au caractère combinatoire des connaissances :

> Ajoute que c'est une affaire qui demande un grand effort, et est digne de nombreuses et profondes méditations, mais d'issue très certaine si on y persiste, car partout les choses se présentent ainsi : les premiers Principes et, pour ainsi dire, l'Alphabet du savoir n'y sont pas vastes, ni spécieux, ni difficiles, eux dont naissent pourtant par combinaison des variétés presque infinies. Or l'on peut assurément les résoudre jusqu'aux minima par la Méthode Analytique, poursuivre les recherches jusqu'aux centres eux-mêmes et aux grands chapitres de tant de lignes pénétrant partout, puis, le commencement étant trouvé et [un Fil d'Ariane] étant comme mis au jour, rassembler ce qui reste par composition [3].

Ainsi, on le voit, le principal support du modèle suivi par les Analystes est en fait la thèse, que Leibniz n'abandonnera jamais, selon laquelle les démonstrations ne sont rien d'autre que des chaînes de définitions et donc des combinaisons de notions simples. *Mais elle ne comprend encore aucun aspect calculatoire à proprement parler*, le lien opérant de manière purement analogique sur la base de la conception hobbesienne de la pensée comme *computatio*.

1. Il s'agit vraisemblablement de l'historien de l'Eglise Georg Ritschel.

2. A II, 1^2, 190. Voir également la célèbre lettre à Conring de la même année : « L'art de démontrer consiste entièrement en deux choses, *l'art de définir* et *l'art combinatoire*. En effet, la Démonstration n'est rien d'autre qu'une chaîne de définitions. Pour ce qui est de l'art de définir, je ne sais si, en remontant de nombreux siècles, et exception faite d'Aristote, des anciens Jurisconsultes, de Jul. César Scaliger et de Jacques Cujas, il y a quelqu'un que l'on puisse comparer à Thomas Hobbes. Le même me semble avoir démontré autant de théorèmes remarquables qu'Aristote lui-même, c'est-à-dire le plus apodictique de tous les mortels, si l'on excepte les mathématiciens et les anciens Jurisconsultes. Descartes lui aussi a pensé à beaucoup de choses remarquables, qui n'étaient venues à l'esprit d'aucun des Anciens. » (trad. fr. M. Picon et D. Rabouin, A II, 1^2, 153-154).

3. A II, 1^2, 86.

C'est pourquoi, d'ailleurs, Leibniz peut maintenir l'ambiguïté dans le rapport entre algèbre et arithmétique qui nous avait arrêtés. De fait, la connaissance « aveugle » apparaît dès le *De arte* dans le cas de nombres si grands que même l'âge de Mathusalem ne saurait suffire pour les expliciter : elle correspond alors à un contenu qu'on *pourrait* expliciter, mais qu'on tient à distance afin de maintenir l'unicité d'un acte de pensée [1]. C'est ainsi que Leibniz va pouvoir tracer sa voie entre Hobbes et Wallis dans le débat qui les opposait sur la valeur des méthodes de l'algèbre symbolique.

Il s'en explique très clairement dans la *Demonstratio propositionum primarum* de 1671. Leibniz commence par y répondre à une objection simple contre le modèle combinatoire qu'il essaye de faire valoir : si les vérités ne sont que des combinaisons, obtenues par des chaînes de définition, elles ne contiennent à proprement parler rien, en termes de connaissance, qui n'ait été déjà contenu dans les définitions. À cela, il répond en insistant justement sur la nécessité de la connaissance aveugle :

> Ainsi personne ne pourrait calculer, surtout sur des nombres immenses, sans noms ou signes numéraux, car il devrait, à la place du nombre, s'imaginer distinctement toutes les unités qui y sont comprises. Qui donc, si ce n'est en prenant le temps de l'âge de Mathusalem, s'imaginera distinctement les unités qui sont dans 1 000 000 000 000 ? et s'il le pouvait cependant, il oublierait les premières au fur et à mesure de son progrès. De même, personne ne pourrait poursuivre par l'esprit des raisonnements prolongés, si n'avaient été trouvés certains signes, c'est-à-dire des noms, au moyen desquels une grande quantité de choses est comprise de façon abrégée, de sorte qu'on puisse en parcourir rapidement de très nombreuses, ce qui serait impossible si, les noms et autres signes de ce genre étant supprimés, il nous fallait utiliser les définitions à la place des définis.
>
> Et les pensées de ce genre, j'ai coutume de les appeler *aveugles*.
> Il n'y a, chez les hommes, rien de plus fréquent ni de plus nécessaire. (A VI, 2, 481)

On voit donc que la connaissance que Leibniz appellera également « symbolique » est utile, et même nécessaire, du moment qu'elle s'appuie sur une série de notions obtenues par combinaison à partir d'éléments simples parfaitement évidents. C'est ce que la suite du passage entend préciser en faisant valoir la fécondité des méthodes symboliques de l'algèbre moderne :

1. A VI, 1, 170.

> Aussi peu qu'ils soient, en effet, ceux qui énoncent toutes les unités du novénaire ; ou pour l'Hyperbole son mode de génération, l'imaginent distinctement pour eux.
>
> Si nous avions à chaque fois conscience d'avoir mis en ordre les mots distinctement et de manière constante, il suffirait d'avoir recours à des connaissances aveugles pour raisonner distinctement.
>
> Ainsi cette Analyse Symbolique des *Recentiores*, quelles que soient les critiques que Hobbes lui oppose, est d'un très grand usage pour raisonner vite et bien.
>
> D'où il appert que ceux qui possèdent l'art d'user des mots adéquats de manière constante, ont coutume de raisonner adéquatement, c'est-à-dire d'ordonner leurs pensées. (A VI, 2, 481)

Leibniz est parfaitement conscient de ce que que la connaissance aveugle peut également ouvrir à des résultats « impossibles », mais outre que cette éventualité peut être exploitée positivement (par exemple dans les *reductio ad absurdum* ou des preuves d'impossibilités) [1], il indique également qu'elle peut être contrôlée par un modèle génétique (la génération de l'hyperbole ou d'un petit nombre comme neuf) qui, associé à un répertoire de notions distinctes et d'une manière constante de les ordonner nous garantit de la viabilité et de la fécondité des méthodes symboliques [2].

Comme nous allons le voir dans le chapitre suivant, l'évolution de sa pratique mathématique et, en particulier, ses premiers pas dans l'arithmétique des infinis vont ébranler ces convictions. L'ensemble des présupposés du premier modèle va s'y trouver remis en cause. Rien ne garantit, en effet, que l'on puisse effectivement obtenir un catalogue fini de notions fondamentales clairement et distinctement comprises ; mais même à supposer qu'on dispose d'un tel catalogue, il apparaîtra tout à fait possible de combiner des notions distinctes avec les lois de combinaisons bien définies et de produire pourtant des notions contradictoires. C'est précisément ce qui arrive dans le cas des *reductio ad absurdum* où la notion impossible

1. Voyez la *Disputatio de casibus perplexis in jure* de Novembre 1666 : « Unde problemata eorum πολύπτωτα similia sunt controversis JCtos distinctione expediendis, add. Dn. Ehrard. Weigel Analys. Euclid. Sect. 2. c. 12. n. 4, et impossibilia casibus perplexis, in quibus pro solutione est advertere et demontrare impossibilitatem, quod Algebra praestat. (...) Latinis eleganter caecum, quasi oculis impervium (...) Hunc cum Fr. Vieta, summus in Gallis Mathematicus (cui hodernia Analysis, quam vocant Speciosam, a Cartesio aucta, fundamenta maxime debet), sua Analyseos arte frustra tentasset » (A VI, 1, 235-236).

2. Dans la Préface à Nizolius de 1670, Leibniz associe cet usage constant des termes à la capacité à élaborer des définitions nominales (A VI, 2, 411).

se présente à nous comme satisfaisant à certaines lois de synthèse *avant* qu'on démontre son impossibilité [1]. Ainsi le modèle initial va-t-il s'avérer impuissant à conjurer par lui-même certains cas d'impossibilité, de même que l'ordonnancement réglé des symboles s'avèrera impuissant à procurer par lui-même une connaissance *adéquate*. À partir de ce moment, Leibniz distinguera plus nettement l'aspect combinatoire impliqué dans les règles de formation et l'attestation de possibilité qui doit venir le seconder (et dont les définitions génétiques et les constructions continueront à livrer un des modèles privilégiés).

Avant d'exposer les ressorts de cette mise en crise, il convient néanmoins de dire un mot des projets de « caractéristique numérique » qui marqueront les premières tentatives pour élaborer une caractéristique universelle dotée d'une certaine puissance opératoire après le séjour parisien, à partir 1679 [2]. N'avons-nous pas là confirmation du fait que Leibniz avait néanmoins vu juste, quoique dans les brumes, en élaborant son premier modèle d'analyse des notions et qu'il ne s'agissait finalement que d'y suppléer une structure (en l'occurrence la structure multiplicative des nombres) qui manquait d'abord à l'appel ? Leibniz lui-même ne nous encourage-t-il pas dans cette voie en amalgamant l'une et l'autre ? [3] Ce

1. C'est là le ressort d'une objection que Husserl fera à ceux qui considéraient les énoncés contradictoires comme dépourvus de signification. Il faut, en effet, que l'on puisse former des énoncés contradictoires pour pouvoir élaborer des démonstrations indirectes. Or dans ce cas la signification s'atteste par la visée d'un objet « impossible » ou « fictif » (par opposition à la notion frégéenne d'objet) : « on aime (...) à désigner des expressions contradictoires et entachée, en général, d'incompatibilités évidentes, telles que *carré rond*, comme dépourvues de sens, ou à leur contester par des formules équivalentes, une signification. C'est ainsi, par exemple, qu'une formule contradictoire comme cercle carré n'exprime, d'après Sigwart, aucun *concept* que nous puissions penser, et ne pose que des *mots* contenant un problème insoluble. D'après lui, le jugement *il n'y a pas de cercle carré* exclut la possibilité d'associer un concept à ces mots (...). Par voie de conséquence, nous devrions aussi considérer comme dépourvues de sens, avec ces expressions immédiatement absurdes, celles qui ne le sont que médiatement, donc l'infinité d'expressions dont les mathématiciens établissent par des démonstrations indirectes et compliquées qu'elles sont a priori sans objet ; et nous devrions pareillement nier que des concepts tels que décaèdre régulier, etc., soient même des concepts. » Par la suite, Husserl rappelle l'objection, qu'il approuve, de Marty : « Si les mots n'avaient pas de sens, comment pourrions-nous comprendre la question de savoir s'il existe quelque chose de ce genre, et répondre par la négative ? ». Il diagnostique alors une confusion entre absence de signification et impossibilité a priori d'un sens remplissant (E. Husserl, *Recherches Logiques*. trad. H. Elie, Paris, Puf, 1959, p. 62-63).

2. Il est tout à fait significatif que l'un de ces essais, daté d'avril 1679, soit intitulé par Leibniz *elementa characteristicae universalis*, A VI, 4, 181.

3. Voir note 3, p. 84.

serait négliger trop facilement le fait que cette évolution n'a pu advenir qu'à *abandonner* l'exigence d'ancrer les représentations dans un contenu notionnel déterminé et que c'est bien là que s'origine le calcul comme *symbolique* (c'est-à-dire manipulant des indéterminées) – c'est-à-dire le passage de la *computatio* au *calculus*.

Leibniz s'en est expliqué très clairement à la fin du texte sur les nombres caractéristiques :

> Il est extrêmement difficile, c'est vrai, à cause de l'admirable connexion des choses, d'en prendre quelques unes qui soient suffisamment séparées et de donner leurs nombres caractéristiques ; c'est pourquoi j'ai élaboré un artifice, assez élégant si je ne me trompe, pour montrer qu'on peut apporter leur preuve à des raisonnements au moyen des nombres. *Feignons donc que les nombres caractéristiques tellement admirables dont nous avons parlé soient déjà donnés et que l'on ait observé une de leurs propriétés générales* ; prenons alors ceux de ces nombres qui sont congruents entre eux selon cette propriété et, grâce à eux, nous démontrons aussitôt, selon une raison admirable, toutes les règles logiques au moyen de nombres, ce qui nous permet de montrer comment l'on peut savoir de certaines argumentations si elles sont bonnes quant à leur forme [1].

Pour bien marquer la différence entre cette approche nouvelle, « formelle », et son programme initial, Leibniz ajoute alors : « Juger d'autre part si les argumentations sont bonnes ou sont concluantes par la force de leur matière, cela pourra se faire sans aucun travail de l'esprit ni risque d'erreur, *mais seulement lorsque les véritables nombres caractéristiques des choses seront eux-mêmes en notre possession.* »

Le codage des notions par des nombres a alors pris un sens complètement différent et qui dépasse de beaucoup le simple correctif (notamment du défaut de compositionnalité du système précédent). Il ne s'agit plus d'assigner à chaque notion un nombre déterminé, mais de *feindre* qu'une telle opération a déjà été réalisée. Cet usage des nombres comme fictifs et indéterminés conforte la parenté de l'arithmétique à l'algèbre [2] et ouvre la voie vers une avancée décisive du milieu des années 1680 : l'introduction

1. *De numeris characteristicis and linguam universalem constituendam* (A VI, 4, 269-270 ; trad. fr. R 70 modifiée). Je souligne.

2. Sur le fait que l'on peut utiliser les nombres comme symboles d'indéterminés et que cela soutient le « parallèle » entre arithmétique et algèbre, voir *De ortu, progressu et natura algebrae*, GM VII, 203, trad. fr. MU 225-226.

de variables dans les calculs logiques [1]. Mais il faut bien comprendre que ce succès n'arrive qu'en 1679 et qu'il opère sur fond d'échec et d'abandon : c'est parce que Leibniz a abandonné (au moins momentanément) le rêve démesuré d'avoir d'abord à disposition une analyse des notions achevées qu'il peut réaliser en partie son projet initial d'une fondation de l'analyse des vérités sur l'analyse des notions [2]. C'est parce qu'il accepte de *simuler* la structure de composition des notions à partir des relations de divisibilité qu'il peut entreprendre d'exhiber sur cette base les structures formelles des raisonnements valides. Nous rencontrerons très souvent ce phénomène par la suite : si Leibniz a pu tenir des discours étonnamment similaires du début à la fin de son œuvre, c'est souvent moins parce qu'il aura trouvé confirmation de ses intuitions initiales que parce qu'il aura su transformer ses échecs en stratégie de contournement et, souvent, à terme, en succès. Reste alors à comprendre les raisons de l'abandon du premier programme d'analyse des notions.

1. Voir les *Recherches générales sur l'analyse des notions et des vérités* (A VI, 4, 739-788, trad. fr. R 200-303) et les échantillons de « calcul de l'addition réelle » (notamment ceux traduits en R 403-437), sur lesquels je reviens au chapitre 6.

2. Sur ce point, voir la préface que donne Jean-Baptiste Rauzy à sa traduction des *Generales Inquisitiones* : « En isolant clairement, dans l'immense chantier de la science générale, la théorie de la preuve comme l'objet principal du calcul rationnel, Leibniz s'est donné les moyens de détacher la question de la vérité des propositions et des inférences de la problématique trop ambitieuse d'une caractéristique réelle ou universelle. Si le système des *Recherches générales* peut être considéré comme l'aboutissement des essais de calcul antérieurs, et même comme le prolongement de la caractéristique numérique de 1679, il est aussi le résultat par défaut (une langue formelle) d'un projet plus vaste resté sans suite : celui d'une langue parfaite » (R 183).

CHAPITRE II

PREMIERS DOUTES

Tum enim primum perfecta
erit demonstratio, cum resoluta erunt
Omnia. Sed jam video id esse falsum.
De Elementis cogitandi (A VI, 3, 504).

Nous avons vu dans le chapitre précédent que le projet initial de Leibniz était de fonder « l'analyse des vérités » (telle qu'elle se manifestait typiquement dans la doctrine du syllogisme) [1], sur l'analyse des notions (telle qu'elle se manifestait typiquement dans les différentes « topiques ») [2]. Son idée, d'une simplicité « enfantine » comme il la qualifiera par la suite, était qu'une structure catégorielle refondue sur le modèle d'une combinatoire des notions devait permettre d'opérer une telle articulation. Nombre de lecteurs prennent d'ailleurs ce « grand dessein » comme ayant animé la pensée de Leibniz jusqu'à ces derniers moments – où, de fait, il continue à promouvoir dans des termes comparables le programme ancien d'une « caracteristique universelle ». Il ne fait pas de doute par ailleurs que Leibniz s'est beaucoup préoccupé d'établir des listes de notions primitives et que ce projet joua un rôle important dans celui d'une *scientia generalis*. Mais ceci ne préjuge nullement, comme nous allons le voir, du fait que cette

1. Mais pas uniquement puisque Leibniz est très sensible, grâce à Jungius, à l'importance des conséquences asyllogistique, *cf.* NEEH IV, 17 (A VI, 6, 479).

2. En particulier, dans l'approche prônée par les ramistes et les « semi-ramistes », voir la grande lettre de 1696/1697 à Gabriel Wagner (GP VII, 517).

entreprise encyclopédique et inventive n'ait pas évolué profondément au cours du temps.

Nous en avons eu un premier aperçu en comparant brièvement l'usage des « nombres caractéristiques » en 1666 et en 1679. Mais on prête surtout une attention insuffisante à un certain nombre de déclarations explicites de la période parisienne où l'on voit Leibniz *abandonner* explicitement certaines orientations. Ainsi un fragment de 1676 intitulé *De la Sagesse* avance-t-il :

> Il est très difficile de venir à bout de l'analyse des choses, mais il n'est pas si difficile d'achever l'analyse des vérités dont on a besoin. Parce que l'analyse d'une vérité est achevée quand on en a trouvé la démonstration : et il n'est pas toujours nécessaire d'achever l'analyse du sujet ou du prédicat pour trouver la démonstration de la proposition. Le plus souvent le commencement de l'analyse de la chose suffit à l'analyse ou connaissance parfaite de la vérité qu'on connaît de la chose [1].

On ne saurait contredire plus clairement le projet initial en permettant à une connaissance d'être *parfaite* alors même que l'analyse des notions, et *a fortiori* la liste des « vrais prédicaments des termes simples », n'a pas été achevée – ce qui revient à dire, dans un vocabulaire plus tardif, qu'il est possible d'avoir une connaissance des vérités parfaite sans posséder de concepts parfaits [2]. Nous avons là les prémices de la position exprimée dans les *Meditationes* sur la connaissance adéquate, dont Leibniz dit douter que les hommes puissent donner un exemple parfait [3] et nous avons vu que c'est encore ce que le philosophe dit à Lady Masham en 1704, en lui faisant remarquer que les géomètres déploient des connaissances vraies sans avoir pour autant une analyse suffisante de certaines de leurs notions fondamentales (comme celle de ligne droite) [4].

1. A VI, 3, 671. Voir la lettre à Vaget de 1679 (A II, 1^2, 772) ou, plus tard, l'*introductio ad enclyclopediam arcanam* (entre 1683 et 1685 ?) : « Il ne semble pas que l'homme soit capable d'une analyse des concepts par laquelle nous pourrions parvenir aux notions primitives, c'est-à-dire à ce qui est conçu par soi. Mais l'analyse des vérités est davantage en son pouvoir, car nous pouvons démontrer absolument de nombreuses vérités et les ramener à des vérités primitives indémontrables. C'est pourquoi nous nous attacherons tout particulièrement à cette analyse. » (A VI, 4, 530-531 ; trad. fr. R 134).

2. « *De discrimine inter conceptus imperfectos et perfectos, ubi occurritur difficultati Pascalii de Resolutione continuata et ostenditur ad perfectas demonstrationes Veritatum non requiri perfectos conceptus rerum* ». (*Paraenesis de scientia generali*, 1688, A VI, 4, 974, trad. fr. ci-dessous p. 154).

3. A VI, 4, 587, trad. fr. Schrecker, p. 19.

4. Voir supra, p. 62.

Que Leibniz ait changé d'avis sur ces questions est rendu parfaitement explicite dans le passage suivant :

> s'il est vrai qu'il y a une démonstration parfaite, à savoir qui ne laisse rien sans preuve, il est alors nécessaire qu'il existe des éléments de la pensée, car la démonstration sera parfaite seulement lorsque tout sera analysé. *Mais je m'aperçois maintenant que c'est faux, et que la démonstration est parfaite dès que l'on est parvenu aux identiques, ce qui peut avoir lieu bien que tout n'ait pas été analysé.* Car même des notions qui ne sont pas absolument simples (par exemple la parabole, le ternaire) peuvent être énoncées les unes des autres [1].

De manière très intéressante, Leibniz reprend ici le même type d'exemples que dans la *Demonstratio propositionum primarum*, mais en leur donnant une inflexion sensiblement différente. Il ne s'agit plus simplement de fonder les raisonnements aveugles dans la maîtrise d'un lexique de notions fondamentales (à la manière de « ceux qui possèdent l'art d'user des mots adéquats de manière constante ») et dans l'usage de définitions génétiques, mais de faire valoir le rôle fondateur des « identiques ».

Nous rencontrons là, pour la première fois, la thèse centrale sur laquelle va s'appuyer notre étude : les mathématiques, lieu par excellence des démonstrations, font valoir leur puissance de modèle pour toute connaissance « parfaite » en s'appuyant non sur l'analyse en « éléments de la pensée », mais sur le mécanisme fondamental de la « réduction aux identiques ». Dans ce chapitre, je voudrais précisément montrer le rôle que la pratique mathématique a pu jouer dans cette évolution – suivant en cela l'indication de la lettre à Elisabeth de 1678 où cette discipline est présentée comme cœur de l'*ars inveniendi* [2]. Dans les suivants, j'éclairerai pourquoi ce changement n'a pas ruiné le programme d'une « analytique générale des connaissances humaines », mais l'a conforté tout en le transformant radicalement.

En ce qui concerne le premier point, le rôle de la pratique mathématique, nous savons déjà par la lettre à Elisabeth que Leibniz dit s'y être intéressé principalement du point de vue de l'art d'inventer et de la « vraie

1. *De Elementis cogitandi* (avril 1676 ; A VI, 3, 504-507). Voir également, sur la difficulté d'atteindre aux simples, la lettre à Vaget de 1679 (A II, 1^2, 772).

2. Ce chapitre développe des idées présentées dans D. Rabouin, « The Difficulty of Being Simple : On Some Interactions Between Mathematics and Philosophy in Leibniz' Analysis of Notions », dans *G.W. Leibniz, Interrelations Between Mathematics and Philosophy*, Dordrecht, Springer Verlag, 2015.

logique », c'est-dire précisément de « l'analyse des notions et des vérités ». Or la même lettre mettait au premier plan plusieurs exemples qui relevaient tous de questions, et même de démonstrations, d'*impossibilité* : quadrature du cercle, mouvement le plus rapide, cercle le plus grand ou nombre maximum. Tels étaient les principaux soutiens à l'idée que l'analyse des notions mathématiques pouvait conduire à jeter un soupçon sur des notions que nous utilisons parfois de manière naïve en métaphysique (qui, rappelons le, « n'est gueres differente de la vraye Logique, c'est-à-dire de l'art d'inventer en general »). Au premier rang figuraient celles d'« être le plus grand » ou celle d'« être le plus parfait » que nous manions sans nous apercevoir qu'elles pourraient impliquer contradiction (comme dans le cas des notions mathématiques mentionnées).

Leibniz avançait alors finement qu'on ne peut pas se sortir d'affaire en distinguant des types de connaissance – dont l'une, métaphysique, pourrait s'aventurer sur le terrain mouvant des notions d'apparence paradoxale et assumer leur incompréhensibilité, tandis que l'autre, mathématique, s'en tiendrait sagement à l'écart. De fait, rappelait-il en critiquant Descartes, les mathématiciens doivent, eux aussi, statuer sur l'impossibilité, par exemple en posant l'impossibilité de la quadrature du cercle – un énoncé qui suppose, dans son principe que l'on puisse proférer des vérités sur des notions *dont on n'a pas, et ne peut pas avoir, de connaissance « adéquate »*. Dans le meilleur des cas, nous pouvons procurer une démonstration de l'impossibilité, si bien que ce jugement se transforme même en certitude. C'est ce qui advient lorsque je dis, d'une manière dont chacun peut constater qu'elle n'est pas un simple *flatus vocis*, que le décaèdre régulier est une figure « impossible ». Il n'y a donc pas de moyen de réserver le recours à des propriétés paradoxales pour une région de la connaissance versée dans les mystères insondables de l'infini. Même le *rejet* de l'infini des mathématiques, tel que Descartes l'a professé, suppose de se prononcer sur des propriétés qu'on doit penser comme paradoxales, voire contradictoires – bien plus, comme l'atteste l'exemple du décaèdre, ceci n'est même pas lié en propre à la question de l'infini.

Il s'agit là d'une opération tout à fait courante en mathématiques dès lors qu'on y démontre des impossibilités :

> Il ne sert de rien de repondre que nostre esprit fini ne comprend pas l'infini, car nous pouvons demonstrer quelque chose de ce que nous ne comprenons pas. Et icy nous comprenons au moins l'impossibilité, si ce

n'est qu'on veuille dire qu'il y a un certain tout qui n'est pas plus grand que sa partie [1].

Cela est vrai, plus généralement, de nombre de démonstrations par l'absurde qui, hier comme aujourd'hui, demandent de penser à de telles situations « impossibles ». Un passage des remarques sur Spinoza témoigne du lien entre la distance prise à une épistémologie cartésienne et la question de l'impossibilité : « Il y a des concepts qui ne sont pas purs, mais dans lesquels des images ou des signes interviennent à la place des concepts, et ils ne sont même pas clairs. Dans cette mesure, ils peuvent être dit confus. Certains de ces concepts sont pourtant tels qu'ils suffisent pour obtenir la solution de certains problèmes *ou pour en montrer l'impossibilité*, comme il arrive d'ordinaire dans le domaine de la géométrie » [2]. À la même période, Leibniz relaye son interrogation auprès d'Oldenburg à partir d'un de ses exemples mathématiques favoris, sur lequel je reviendrai longuement par la suite : « Il semble que nous pensions beaucoup de choses (confusément s'entend), qui impliquent pourtant contradiction, comme par exemple : le nombre de tous les nombres. D'où il ressort que nous devons considérer avec suspicion la notion d'infini, de minimum, de maximum, du plus parfait et de la Totalité elle-même » (A II, 1^2, 393) [3].

Le *De mente, de universo, de Deo* de 1675 pose les bases de cette nouvelle théorie de la connaissance, où les images doivent tenir lieu d'idées, et nous livre un laboratoire des positions exprimées publiquement en 1684 dans les *Meditationes de cognitione veritate et ideis* [4]. Or Leibniz y insère déjà l'exemple du nombre de tous les nombres et celui du mouvement

1. GP I, 338-339. On pense bien sûr ici aux lettres de Descartes à Mersenne d'avril-mai 1630 (AT I, 135-154). Mais ce même Descartes, comme le rappelle Leibniz, accepte dans les *Réponses* aux *Secondes Objections* le parallèle de l'être le plus parfait au nombre infini (AT IXa, 108), tout en affirmant également l'impossibilité d'un nombre le plus grand (AT IXa, 109).

2. A VI, 3, 277 (1676). Je souligne.

3. Comme on le verra, Leibniz varie dans son vocabulaire et pourra tenir par la suite que ces notions peuvent être dites « claires et distinctes » (comme le sont d'après les *Meditationes* toutes les notions mathématiques, dont je peux toujours donner des définitions nominales). Dans ce nouveau vocabulaire, le problème ici en jeu sera celui de notions claires et distinctes, mais *non adéquate*. Sur l'évolution des critères liés à la clarté chez Leibniz, voir M. Picon, « Vers la doctrine de l'entendement en abrégé : éléments pour une généalogie des *Meditationes de cognitione, veritate, et ideis* », *Studia leibnitiana*, n° 35/1, 2003.

4. Pour une mise en perspective critique de ce parallèle, voir M. Picon, « L'expérience de la pensée. Définitions, idées et caractères en 1675 », dans *Leibniz et les puissances du langage*, Paris, Vrin, 2005.

le plus rapide dans une réflexion sur la démonstration *a priori* de l'existence de Dieu. Ceci sert d'illustration au fait qu'on peut joindre ensemble des pensées que l'on comprend isolément, mais qui n'en aboutissent pas moins, une fois combinées ensemble, à une impossibilité [1] :

> Comment aura-t-on une idée des choses négatives, par exemple du maximum, c'est-à-dire de ce qui est tel que rien ne peut être pensé de plus grand ?
> Le nombre de tous les nombres est contradictoire, c'est-à-dire sans idée, parce qu'autrement il suivrait que le tout est égal à la partie, ou qu'il y a autant de nombres que de nombres carrés [2].
> Le mouvement le plus rapide est une notion impossible, car on peut démontrer que si le mouvement le plus rapide est donné il s'ensuit un mouvement plus rapide. Puisque le nombre de tous les nombres est contradictoire, il apparaît que tous les intelligibles ne peuvent constituer un tout. Car la multitude des parties de ce tout serait un nombre. Les nombres, les modes, les relations ne sont pas des êtres [3].

Ainsi, il est aisé, en s'appuyant sur des déclarations de Leibniz, de donner un contenu plus précis aux allusions de la lettre à Elisabeth de 1678. De toute évidence, certains résultats mathématiques, et au premier rang la démonstration d'impossibilité d'un « nombre de tous les nombres » – dont nous verrons qu'elle prend effectivement place parmi les premiers résultats mathématiques obtenus à l'arrivée à Paris –, ont joué un rôle décisif dans l'évolution de la théorie de la connaissance leibnizienne et, au-delà, dans la constitution de sa métaphysique. Nous voyons également que ces réflexions ne sont pas sans lien avec la conception de la nature des entités mathématiques (*Numeri, modi, relationes non sunt Entia*) [4].

1. Un peu avant le passage que nous citons, Leibniz a avancé juste après avoir mentionné l'exemple de $\sqrt{-1}$: « Lorsque je pense ce qui est tel que rien de plus grand ne peut être pensé, je pense autre chose que, séparément, les idées des choses singulières qui sont contenues sous ces mots : "quelque chose ","plus grand", "être pensé", "ne... pas" et "pouvoir". J'ai séparément l'idée de ce que je nomme "quelque chose", de ce que je nomme "plus grand", de ce que je nomme "pensée", c'est pourquoi je les pense chacun après l'autre. Par la suite, ce ne sont pas leurs idées que je joins entre elles, mais les noms seuls, c'est-à-dire les caractères, et j'imagine que j'ai l'idée de ce qui est tel que rien ne peut être pensé de plus grand » (A VI, 3, 462 ; trad. fr. R 16).

2. On notera au passage l'annonce de la distinction entre « notion » et « idée » qui sera reprise dans les *Meditationes*.

3. A VI, 3, 463 ; trad. fr. R 17-18.

4. Voir également cette intéressante remarque de décembre 1676 : « Il n'est pas étonnant que le nombre de tous les nombres, celui de toutes les possibilités, de toutes les relations

On ne saurait rêver meilleure illustration du fait que mathématiques et philosophie s'édifient dans une forme d'interaction mutuelle. Nous en aurons ample confirmation dans le fait que Leibniz ne se contenta pas de faire évoluer sa conception des objets mathématiques dans ce cadre, mais y modela une nouvelle *pratique*. On voit également au passage à quel point il faut se méfier d'une reconstruction qui s'appuierait sur une conception toute faite des savoirs en présence : outre le fait que l'analyse transcendante semblait offrir bien plus d'exemples où la question de l'infini pouvait conduire à une réflexion sur l'usage légitime des notions, alors qu'elle ne joue pas ce rôle dans les déclarations que nous venons de mentionner, il est frappant que Leibniz prélève dans son travail sur les séries un des résultats (l'impossibilité d'un nombre maximum) qui n'apparaît pas rétrospectivement – c'est le moins qu'on puisse dire – comme le plus original ou le plus intéressant.

Un point qu'il faut remarquer dès à présent est que la question de l'impossibilité n'est pas liée seulement au contexte des théorèmes d'impossibilité. Comme le rappelle Leibniz dans ses remarques sur Spinoza et comme il y revient dans le *De mente*, elle apparaît de manière très naturelle dès lors qu'on s'engage dans la résolution de *problèmes* : « Double origine de l'impossibilité ; l'une à partir de l'essence, l'autre à partir de l'existence ou position. Tout à fait comme une double raison rend les problèmes impossibles : l'une lorsqu'ils se résolvent en une équation contradictoire, l'autre lorsque l'équation se résout en une quantité imaginaire dont on ne peut concevoir aucune situation » [1]. On voit alors apparaître naturellement la parenté des raisonnements mathématiques avec la question de l'*imaginaire*, qui correspond ici à la seconde forme d'impossibilité [2]. Dans ce cas, en effet, l'impossibilité apparente peut être utilisée par le mathématicien comme fournissant une indication utile pour la résolution de son problème (par exemple qu'il n'y a pas d'intersection entre les deux courbes dont il vient d'exprimer l'équation). Ce point jouera un rôle central pour

ou réflexions ne puissent être entendus distinctement, ce sont en effet des imaginaires et ils n'ont pas de correspondant du côté des choses » (*Mirum non est numerum omnium numerorum, omnes possibilitates, omnes relationes seu reflexiones non distincte intelligi, sunt enim imaginariae nec quicquam respondens habent a parte rei*, A VI, 3, 399).

1. A VI, 4, 464 ; trad. fr. R 18. « Aucune situation » renvoie ici au fait qu'un problème géométrique exprimé dans le langage algébrique peut ne pas recevoir d'interprétation géométrique. Leibniz reprend souvent ce type d'exemples, ainsi que la double forme d'impossibilité qui y est attachée, *cf.* MU 107-108.

2. Voir les citations des notes 1 et 4 de la page précédente.

expliquer que Leibniz puisse à la fois tenir que le « nombre infini » est une notion contradictoire et se servir pourtant de cette expression comme d'une « fiction » dans sa pratique mathématique (comme il le fera également pour les quantités « infiniment petites » qui sont les opposés des « infiniment grandes ») [1].

La chose est d'importance parce que nous avons vu que c'est précisément la situation qui s'ouvre dès qu'on modèle le projet caractéristique sur celui de l'algèbre symbolique : il faut, en effet, laisser droit à l'éventualité que des lois de formation symbolique bien définies et fécondes conduisent néanmoins à des résultats impossibles (ce que le projet initial semblait plutôt avoir pour but de conjurer). « L'inconvénient de la méthode caractéristique, dira Leibniz, est qu'au cours d'une opération, en d'autres termes, dans un calcul, l'esprit n'a pas l'idée de l'objet qu'il est en train d'étudier » [2]. C'est tout le problème porté par l'usage de la connaissance « symbolique », qui s'appuie sur des « caractères » nécessairement donnés à l'imagination, sans toujours conduire à des « idées » (au sens platonicien que Leibniz donne à ce terme, comme indicateur d'essence, et qu'il contraste dans les *Meditationes* de 1684 avec le domaine plus générale de nos autres conceptions ou « notions »). Or on ne pourra pas alors se sortir d'embarras en excluant dès le départ l'éventualité d'engendrer des entités « impossibles », précisément parce que ces entités « imaginaires » peuvent s'avérer très utiles dans la résolution des problèmes et disparaître à la fin du processus (ce que Leibniz appelle des impossibles « en apparence ») [3].

1. Voir, à l'autre bout de l'œuvre, la déclaration célèbre des *Nouveaux Essais* : « on se trompe en voulant s'imaginer un espace absolu qui soit un tout infini composé de parties, il n'y a rien de tel, c'est une notion qui implique contradiction, et ces touts infinis, et leurs opposés infiniment petits, ne sont de mise que dans le calcul des géomètres, tout comme les racines imaginaires de l'algèbre » (NEEH II, 17 §3 ; A VI, 6, 158). Sur cette question de l'usage des « fictions » en mathématiques, voir R. T. W. Arthur et D. Rabouin, *Leibniz on the Foundations of the Differential Calculus*, Cham, Birkhaüser, 2025, chap. 3.

2. G. W. Leibniz, *La Caractéristique Géométrique*, texte établi, introduit et annoté par Javier Echeverría, traduit, annoté et postfacé par M. Parmentier, Paris, Vrin, 1995, p. 48. C'est là une prolongation essentielle de l'idée de connaissance « aveugle ». Ce thème tient d'ailleurs, comme on le verra, une place importante dans l'*Accessio ad arithmeticam infinitorum* de 1672 où Leibniz expose justement sa propre démonstration d'impossibilité du *numerus maximus*.

3. Leibniz reprend pour défendre cette thèse l'exemple du cercle le plus grand et de la vitesse infinie dans le contexte de la résolution des problèmes algébriques. Voir la lettre à Foucher de janvier 1692 : « Les Expressions semblables à cet Axiome de M. Lantin : *Extrema in idem recidunt*, sont outrées à peu pres comme lorsqu'on dit que l'infini est une sphere dont

La question des entités « imaginaires », comme on le voit, est intimement liée au fait que des entités peuvent être utilisées dans un raisonnement alors même qu'elles n'ont pas d'existence *a parte rei*. Ceci rejoint un thème plus large qui émerge durant les années parisiennes et se trouve lui aussi lié à l'intervention de l'infini en mathématiques, mais qui s'étend à toutes les entités produites par l'imagination mathématique. L'indistinction apportée par l'imagination nous conduit, en effet, à engendrer des êtres fictionnels qui se trouvent néanmoins mis au service de la production de vérité :

> Même si ces entités sont fictives, la Géométrie produit cependant des vérités qui, autrement, et sans leur intervention, peuvent être énoncées. Mais ces entités fictives sont de remarquables abrégés du discours, ou encore sont tout à fait utiles, parce que l'imagination nous fait apparaître des Entités de cette sorte, c'est-à-dire des polygones dont les côtés n'apparaissent pas distinctement [1], d'où peut ensuite émerger la suspicion [de l'existence] d'une Entité n'ayant aucun côté. Que dira-t-on si cette image n'exprime aucun polygone ? C'est que cette image exprime donc à l'esprit un Cercle parfait. Cette difficulté est remarquable et subtile. Même si

le centre est par tout et la circonference nulle part ; il ne faut pas les prendre à la rigueur. Elles ne laissent pas d'avoir un usage singulier pour l'invention à peu pres comme les imaginaires de l'Algebre. C'est ainsi qu'on conçoit la Parabole comme une Ellipse à foyer infiniment eloigné, et par là on maintient une certaine universalité dans les Enontiations des Coniques. Le calcul nous mene quelques fois à l'infini sans y penser, comme lorsqu'un nombre doit estre divisé par $x-3$, alors au cas que le nombre x est egal à 3, le quotient devient infini, et si ce quotient devoit signifier la vistesse d'un cercle à l'entour de son centre, je conclurois qu'au moins en cas de pretendue vistesse infinie, chaque point du cercle seroit tousjours au même endroit, ce qui est la seule interpretation possible qu'on peut donner à ce cas. Car autrement la vistesse infinie est impossible, aussi bien qu'un cercle infini. Neantmoins ce cercle infini peut encor avoir usage en calculant, car si l'analyse me faisoit voir que le rayon du cercle demandé dans le plan donné est infini, je conclurois que le plan entier du cercle demandé est le lieu qu'on cherche. Ainsi si je ne trouve pas ce que je devois chercher, sçavoir un cercle qu'on demande, je trouve au moins ce que je devois chercher, sçavoir que le lieu demandé est le plan donné luy même, et qu'il n'y a point de tel cercle dans ce plan, de sorte que voilà *omnia sana sanis*, et l'analyse tire des utilités réelles des expressions imaginaires. C'est de quoy j'ay des exemples bien importans. Il est vray que des verités on ne conclut que des verités ; mais il y a certaines faussetés utiles pour trouver la verité. » (GP I, 405-406).

1. On notera la façon dont Leibniz retourne ici l'exemple cartésien du chiliogone en propriété positive soutenant la *nécessité* de l'imagination. Symétriquement, il objectera dans les *Meditationes* que le fait d'assembler les mots « polygone à mille côtés » ne nous donne pas plus accès à une connaissance « claire et distincte » que dans le cas « l'être le plus parfait » (A VI, 4, 587-588).

> l'image est fausse, en elle, pourtant, l'Être est réel ; d'où il suit que dans l'esprit le cercle est parfait, ou plutôt qu'il est une image réelle [1].

L'idée qui se dégage de ces différentes citations est caractéristique du changement qui s'opère dans l'épistémologie leibnizienne pendant le séjour parisien. Nous engendrons avec nos symboles (qui comprennent les figures géométriques) des représentations imaginaires qui n'ont aucune raison de correspondre à quelque chose de réel [2]. Cet écart est néanmoins sans danger dès lors que nous savons contrôler l'usage de ces « fictions » de sorte qu'elles ne mettent pas en cause la vérité des raisonnements opérés sur elles. Ce contrôle se fait notamment par des attestations de possibilité, comme en procurent les définitions génétiques. Mais elles sont également contrôlées par l'usage de la réduction aux identiques qui permet de se ramener à des « notions primitives » (qui n'ont plus aucune raison d'être des « notions simples » (ou des « éléments derniers de la pensée »).

1. A VI, 3, 499. *Numeri infiniti* (1ère moitié d'avril 1676). La relation entre fiction, imaginaire et perception est également mise en avant dans la correspondance avec Arnaud : « Il y a autant de difference entre une substance et entre un tel estre, qu'il y en a entre un Homme et une communauté, comme peuple, armée, societé ou college, qui sont des estres moraux, où il y a quelque chose d'imaginaire et de dependant de la fiction de nostre esprit. L'unité substantielle demande un estre accompli indivisible, et naturellement indestructible, puisque sa notion enveloppe tout ce qui luy doit arriver, ce qu'on ne sçauroit trouver ny dans la figure ny dans le mouvement (qui enveloppent mêmes toutes deux quelque chose d'imaginaire, comme je pourrois demonstrer), mais bien dans une ame ou forme substantielle à l'exemple de ce qu'on appelle *moy.* » (A II, 2, 121). Sur ces questions, je me permets de renvoyer à D. Rabouin, « Can one be a fictionalist and a platonist at the same time ? Lessons from Leibniz », *op. cit.*

2. Sur le fait que ce mécanisme est lié à notre incapacité à penser les entités complexes, voir « Sur l'esprit, l'univers et Dieu » (1675) : « C'est pourquoi il n'y a pas en nous une idée du cercle comme elle est en Dieu, qui pense tout ensemble. Il y a en nous une certaine image du cercle, également une définition du cercle, et les idées de tout ce qui est nécessaire pour penser le cercle. Nous avons des pensées qui portent sur le cercle, nous donnons des démonstrations à propos du cercle, nous tenons son essence pour connue, mais par partie. Si nous pensions conjointement toute l'essence du cercle, nous aurions une idée du cercle. Il revient à Dieu seul d'avoir les idées des choses composées. Cependant nous connaissons l'essence du cercle en pensant ses réquisits par parties. Une image sensible supplée en nous au défaut d'idée, ou bien la définition, c'est-à-dire un agrégat de caractères dans lesquels il n'y a besoin d'aucune similitude » (A VI, 3, 463 ; trad. fr. R 17). Dans une reprise plus tardive de l'exemple du cercle parfait, Leibniz qualifie la connaissance impliquée d'*aveugle* ou *suppositive* (A VI, 4, 1815. Il s'agit de notes prises sur *La Recherche de la Vérité* de Malebranche à la fin des années 1680. À la proposition *Non nisi intellectus purus verum circulum percipit*, Leibniz commente : *Puto nullam a nobis ideam percipi veri circuli, sed [nos] habere tantum ejus cognitionem caecam sive suppositivam*).

Un point important à noter, et qui survivra jusqu'aux derniers développements sur la question, est que ce raisonnement s'applique aussi bien aux quantités impossibles de l'algèbre qu'à celle de la géométrie, qu'elle soit métrique, infinitésimale ou projective. Elle ne se limite donc nullement à l'usage du symbolisme au sens étroit où on l'entend parfois aujourd'hui et nous devons toujours garder à l'esprit que la connaissance symbolique mobilise, pour Leibniz, tout usage de « caractère », parmi lesquels il faut compter notamment les figures géométriques et les mots du langage naturel [1].

Le cas de la sommation des séries infinies, qui joue un si grand rôle dans l'apprentissage des mathématiques à Paris et dans la démonstration de l'impossibilité d'un *numerus numerorum*, offre ici un cas intermédiaire – ou peut-être faudrait-il plutôt dire, eût égard à la chronologie, « séminal ». D'un côté, il ouvre au paradoxe impliqué dans le recours à un nombre infini (et à la contradiction impliquée par la violation de l'axiome « le tout est plus grand que la partie »), de l'autre il relève de la manipulation la plus féconde de la connaissance symbolique ou « aveugle ». Le lien entre les deux est précisément donné par l'idée de fiction prise à la fois comme indicateur d'impossibilité locale et contrôlable dans des calculs. Ainsi Leibniz peut-il avancer, dans un des passages où la notion de fiction mathématique fait son apparition :

> Ceci est suffisamment remarquable et montre que la somme de la série 1, 1/2, 1/3, etc. est infinie et donc que l'aire de l'espace ACGBM, même lorsque l'espace fini CBGF lui est retiré, reste le même, c'est-à-dire que cela ne retire rien de notable (*notabile*). Par cet argument, il peut être conclu que l'infini n'est pas un tout, mais une fiction [2].

Ces fictions sont « utiles », comme il le rappellera au moment des débats sur le calcul différentiel (dont l'algorithme n'est pas encore élaboré à cette époque et qui ne peut donc avoir servi de source à cette stratégie),

1. Voir l'ouverture du *Dialogus de connexione inter res et verba* où Leibniz rappelle : « il faut savoir que ces figures doivent être considérées comme des caractères ; en effet, un cercle tracé sur une feuille de papier n'est pas le vrai cercle, et cela n'est pas nécessaire, mais il suffit que nous le considérions comme un cercle » (A VI, 4, 23 ; trad. fr. Gaudin, p. 105).

2. A VII, 3, 468. Le contexte est une réflexion sur l'aire sous l'hyperbole et le fait que le développement en séries, suivi de l'intégration terme à terme d'une portion de l'aire, peut conduire au résultat d'apparence paradoxale qu'une aire infinie à laquelle est soustraite une aire finie est égale à elle-même – ou encore qu'un tout n'est pas plus grand que sa partie. Voyez R. T. W. Arthur, « Leibniz's syncategorematic infinitesimals », *Archive for history of exact sciences*, vol. 67, n° 5, 2013, p. 555-557 pour une présentation.

parce qu'on peut élaborer avec elles un calcul de l'infini en introduisant des symboles *ad hoc* – comme Leibniz le propose en notant par des lettres les sommes de séries sans se préoccuper de leur convergence [1], ou en produisant sa propre « arithmétique des infinis » dans la *Quadratura* de 1675-1676 [2]. On voit d'ailleurs sur cet exemple comment les différents thèmes abordés dans la lettre à Elisabeth forment une unité : on passe aisément des démonstrations d'impossibilité à la question du maniement des entités impossibles dans les démonstrations et les calculs puis, par là même, à la remise en cause d'une mathématique (et d'une épistémologie) fondée sur le clair et le distinct, dont « l'analyse transcendante » sera le plus bel échantillon. Le but de ce chapitre sera d'éclaircir comment ces liens se sont établis *à même la pratique mathématique*. Mais avant de se pencher sur la pratique mathématique de Leibniz à l'époque, il peut être utile de signaler dès à présent l'importance d'un thème qui va nous accompagner également dans le reste de cette étude : le rôle de l'imagination.

Le lien à la question de l'imagination

L'exemple du cercle comme polygone à une infinité de côtés, typique de l'apparition d'entités « fictives » dans les démonstrations, peut nous arrêter pour une autre raison, caractéristique de l'évolution de l'épistémologie leibnizienne à cette époque. Comme on le voit, l'imagination n'intervient pas seulement, en effet, dans l'acte de poser des symboles ou « caractères », mais dès le niveau perceptif lui-même où nous nous révélons incapables d'effectuer certaines distinctions (*quorum latera non distincte apparent*). C'est l'aspect qui intéresse d'ailleurs particulièrement Leibniz puisqu'il entraîne que nous *voyons* un cercle, là où il n'y a qu'un polygone

1. Voir ci-dessous le calcul proposé pour la sommation des lignes dans le triangle harmonique. Cf. G. Ferraro, « True and fictitious quantities in Leibniz's theory of series », *Studia leibnitiana*, 2000.

2. *De quadratura arithmetica circuli ellipseos et hyperbolae cujus corollarium est trigonometria sine tabulis*, texte latin établi par E. Knobloch; trad. fr par M. Parmentier, G. W. Leibniz, *Quadrature arithmétique du cercle, de l'ellipse et de l'hyperbole*, trad. M. Parmentier, Paris, Vrin, 2004. Voir la proposition XX où Leibniz donne explicitement une règle où les symboles peuvent être interprétés tantôt comme des quantités finies, tantôt comme des quantités infinies. Knobloch a reconstitué l'ensemble des règles du même type que Leibniz utilise ensuite dans ses démonstrations et en a donné une formulation symbolique dans E. Knobloch, « Leibniz's rigorous foundation of infinitesimal geometry by means of Riemannian sums », *Synthese*, vol. 133, n° 1-2, 2002.

à un grand nombre de côtés. Autrement dit, et selon un vocabulaire qu'il faut noter dès à présent, une « image fausse » (au sens où la forme existant dans la nature ou sur le papier n'est pas dépourvue de côtés, contrairement à ce qu'elle représente) peut *exprimer* une idée vraie et même une « image réelle » dans l'esprit (le cercle parfait).

Contrairement à Descartes, Leibniz n'en conclut pas, pour autant, que nous ne devons pas nous appuyer sur l'imagination et nous limiter aux cas où la représentation n'est pas trompeuse. Cela s'accorde avec ses réflexions sur l'importance de la connaissance au moyen de symboles ou de « caractères », qui tendent à montrer que nous nous appuyons sur des images dès que nous avons affaire à des connaissances un tant soit peu composées [1]. Une série de textes postérieurs s'occupera à développer cette théorie de l'expression et de l'idée. Leibniz y insiste alors sur le fait que l'expression ne requiert pas une similitude parfaite, mais que seul le transport de certaines relations pertinentes entre en compte – c'est bien pourquoi il faut dire que, dans l'esprit, l'image est « réelle » et non pas « fausse » [2].

La question des différences insensibles et de l'indistinction qu'elle induit dès le niveau perceptif joue un rôle essentiel dans l'épistémologie leibnizienne dès l'époque parisienne [3]. Elle concerne au premier chef la conception des « infiniment petits » et des « infiniment grands », mais plus généralement, comme on le voit dans l'exemple du cercle, celle des objets mathématiques comme entités « idéales » (un terme qui ne sera introduit par Leibniz que dans des textes plus tardifs). Elle a surtout, pour la question qui nous occupe des conséquences importantes dans la détermination des notions simples. Les réflexions contemporaines de Leibniz en physique l'amènent, en effet, à s'interroger sur des questions qui touchent à la division de la matière, l'existence du vide, la possibilité d'une action à distance, etc. Dans ce cadre, il élabore des thèses qui persisteront par la suite : l'impossibilité du vide entraîne à ses yeux que « tout conspire »

1. Voir par exemple : « Ajoutons que souvent, dans le jugement, l'esprit doit être conduit selon un ordre, et doit porter son attention à de nombreuses choses ; c'est pourquoi il faut un fil conducteur sensible dans ce labyrinthe par lequel l'imagination est dirigée. Et lorsque les choses elles-mêmes ne sont pas par nature soumises à l'imagination, on doit recourir aux caractères ; de cette manière, chacun pourra désormais juger des vérités les plus difficiles par le seul calcul » (A VI, 4, 231, ma traduction).

2. Voir le *Quid sit idea ?* (1678) (A VI, 4, 1369-1370 ; trad. fr. R 445-446).

3. Sur la question des différences insensibles dans la pensée du jeune Leibniz, voir P. Beeley, « Leibniz, Philosopher Mathematician and Mathematical Philosopher », dans *G.W. Leibniz, Interrelations Between Mathematics and Philosophy*, Dordrecht, Springer Verlag, 2015.

même si les effets de ces actions ne sont pas perceptibles « distinctement ». Or cela suppose que nos perceptions nous donnent accès à des phénomènes dont la structure fine renvoie, de proche en proche, à l'ensemble des phénomènes, ce qui signifie encore qu'elles doivent être constituées de degrés imperceptibles (les futures « petites perceptions ») que notre esprit ne perçoit que confusément [1].

Ainsi un lien profond relie nos thèmes : la nature est infiniment diversifiée et chaque phénomène exprime cette infinité ; pour autant, cette expression est généralement confuse et introduit donc des entités fictives, mais pourtant fondées réellement, qui correspondent à des niveaux d'indistinction ; ceci soutient le fonctionnement de la représentation *à la fois* au niveau perceptif et au niveau symbolique. C'est bien pourquoi, comme j'y reviendrai au chapitre 5, Leibniz établit un lien constitutif entre mathématiques, structure réglée des phénomènes et imagination. On pourra également noter au passage que ces thèses ne sont pas sans échos théologiques puisque ce sont elles qui nous permettent de comprendre comment Dieu peut se réjouir de l'harmonie du monde alors qu'elle enveloppe tant de défauts, à commencer par le pêché. C'est, en effet, que cet enveloppement ne peut advenir que « confusément », c'est-à-dire de manière insensible, négligeable au regard de la jouissance de l'harmonie globale – objet propre de la volonté divine et source de sa satisfaction [2].

1. Voir par exemple une des tentatives de la *Demonstratio substantiarum incorporearum* de l'automne 1672 où Leibniz défend que *Corpora Mundi aspectabilis sensibilia omnia inter se sympathica sunt*. Il défend alors sa proposition de la façon suivante : *At Theorematis ita uti concepimus facilis demonstratio est. Esto corpus utcunque remotum in Mundo aspettabili, magnitudinis tantae ut nihilominus videatur. Ajo partem eius sensibilem quamlibet utcunque exiguam etsi non sentiatur a nobis agere tamen aliquid in nos, utcunque distemus. Cum enim accedentibus propius continue partes minores detegantur, et aliis citius aliis propius, prout visu sunt exactiore, necesse est, agere partes antequam sentiantur. Ergo totius actio ex confusis partium actionibus composita est, quoties distantia minor est quam ut singulae sentiantur. Etsi ergo non sentiantur partes alioquin sensibiles agent tamen quousque totum sentiri potest, id est (cum totum augeri possit in infinitum ; posito quoque mundo aspectabili seu distantia sentientium in infinitum aucta) agere in infinitum* (A VI, 3, 91).

2. Voir *Confessio Philosophi* (1673) : *Totam autem seriem, non permittere sed velle dicendus est, et peccata quoque quatenus non ipsa distincte, sed toti seriei confusa spectantur. Harmonía enim universalis cuius solius Existentia Deus absolute delectatur, non partium, sed totius seriei affectio est, caeteris omnibus praeterquam peccatis Deus delectatur etiam per partes in se spectatas.* (A VI, 3, 124. On prendra garde que la traduction française par Belaval de ce passage (éd. Vrin, 1993, p. 49) masque le vocabulaire de la distinction et de la confusion.

Si ces considérations doivent nous arrêter, c'est qu'elles vont avoir une influence considérable dans l'abandon du projet d'un alphabet fini de notions simples parfaitement « claires et distinctes ». La liste des notions primitives doit, en effet, comprendre des qualités première qui doivent rester confuses (pour nous autres, êtres finis), parce que leur explicitation complète ferait intervenir une infinité de déterminations :

> Il me semble que Tout esprit est omniscient, confusément. Et un esprit quelconque perçoit simultanément ce qui arrive, quel qu'il soit, dans la totalité du monde ; et ces perceptions confuses de la variété infinie donnée simultanément fournissent les sensations que nous avons des couleurs, du goût, du toucher. De telles perceptions ne consistent pas en un acte unique de l'intellect, mais dans l'agrégat d'une infinité, en particulier lorsque pour le sens de quelque couleur, ou d'une autre choses perceptible, il est besoin de quelque intervalle de temps [1].

Le problème n'est pas seulement ici le fait qu'il existe des qualités qui seraient confuses « pour nous ». Même pour un esprit qui n'aurait pas nos limitations, l'explicitation de ces notions devrait faire intervenir l'infinité des déterminations qui se trouvent enveloppées dans leur structure réelle (notamment dans leur continuité) et dans nos actes perceptifs. D'où la conclusion essentielle : « les formes simples sont infinies, parce que nos perceptions sont infinies, et elle ne sont pas explicables par elles-mêmes ; ainsi on ne peut pas expliquer à partir de la seule perception et de la connaissance de l'étendue ce que nous ressentons dans le rouge, le lumineux, le chaud, *et on ne le pourra jamais.*» [2] – affirmation qui prend une connotation singulière dès lors qu'on se rappelle que la fin de la lettre à Elisabeth désignait justement cette collection des « formes simples » comme l'alphabet des notions lui-même.

1. *Mihi videtur Omnem mentem esse omnisciam, confuse. Et quamlibet Mentem simul percipere quicquid fit in toto mundo ; et has confusas infinitarum simul varietatum perceptiones dare sensiones illas quas de coloribus, gustibus, tactibusque habemus. Tales enim perceptiones non uno constant actu intellectus, sed aggregato infinitorum ; praesertim cum ad sensum alicuius coloris alteriusve rei perceptibilis, sit opus quodam temporis tractu.* (A VI, 3, 524, 1676).

2. *Infinitae sunt formae simplices, quia perceptiones nostrae infinitae, nec ex se invicem explicabiles ; ut ex sola perceptionis et extensionis cognitione non possunt explicari quae sentimus in rubro, luminoso, calido, neque unquam id possibile est fieri, ne tunc quidem, cum in nobis Voluptas est sensus augmenti perfectionis, in Deo est ipsa perfectio tota semel possessa* (A VI, 3, 521. Je corrige la ponctuation pour que la phrase ait un sens.

De fait, on trouve un texte de la même époque qui traite justement de l'alphabet des pensées humaines et dans lequel Leibniz est parfaitement explicite sur la nouvelle manière dont il faut désormais entendre ce programme ancien :

> *l'alphabet des pensées humaines* est le catalogue des *notions primitives*, c'est-à-dire que nous ne pouvons rendre plus claires par aucune définition.
> Bien que les notions primitives soient infinies (comme sont infinies les couleurs), il suffit pourtant d'en fournir quelques unes de chaque genre et d'exprimer les autres à partir de celles-ci par une certaine relation. La multitude des notions primitives se trouvent dans les qualités spéciales qui se présentent à nos sens, mais dans les qualités que perçoit le sens interne ou dans celles qui sont communes à plusieurs sens, les notions primitives sont peu [1].

On ne saurait à nouveau prendre une distance plus nette à l'égard d'une épistémologie d'inspiration cartésienne où toutes les notions des sens, bien que confuses, sont censées pouvoir se résorber dans une connaissance de l'étendue qui les ramène à du clair et du distinct. C'est ici, au contraire, une forme d'in-distinction portée par l'intervention du « sens interne » qui permet de contrôler l'infinité de fait des notions primitives. Ceci est également apparent dans les recherches physiques où Leibniz décrit au même moment la séparation entre confus et distinct [2]. Ces conceptions joueront surtout un rôle essentiel pour appuyer l'idée que nous ne pouvons pas mener jusqu'au bout une analyse en éléments derniers et qu'il nous faut la plupart du temps nous arrêter à des postulats ou à des expériences ultimes : « Puisqu'il n'est pas en notre pouvoir de démontrer parfaitement a priori la possibilité des choses, c'est-à-dire de les résoudre jusqu'à Dieu et au néant, qu'il nous suffise de ramener leur multitude immense à quelques unes dont la possibilité ou bien est supposée ou postulée ou peut-être démontrée par une expérience » [3].

1. A VI, 4, 271.

2. Voir par exemple le texte de 1678-79 en A VI, 4, 1983 : CONFUSA *sunt de quibus non intelligimus in quae resolvantur. Ut rubrum, calidum. Etsi enim discernamus rubrum a non rubro, non tamen ideo possumus explicare quid sit rubrum, sive quomodo rubedo producatur. Itaque caeco nullis descriptionibus explicare possum, quid sit lux vel rubedo. Circulus autem quid sit explicare illi possum, etsi nunquam vel visu vel tactu circulum percepisset. Itaque notiones distinctae definitione, at confusae sola ostensione sive sensu aliis traduntur.*

3. *Quoniam vero non est in potestate nostra perfecte a priori demonstrare rerum possibilitatem, id est resolvere eas usque in Deum et nihilum, sufficiet nobis ingentem earum*

Cette déclaration est tirée d'un texte daté de 1679, où Leibniz mentionne un exemple qui peut également nous arrêter. Il s'agit, en effet, de penser la possibilité de tout reconduire à Dieu et au néant – à la manière de Weigel – qui pourrait être figurée par une suite de 0 et de 1 *si nous connaissions la loi de formation de tout nombre* [1]. La référence est ici aux recherches contemporaines sur l''arithmétique binaire ou « dyadique » – dont une des visées était de percer le mystère de la distribution des nombres premiers [2]. De fait, il se trouve que cette question, directement liée à celle du codage des notions, est évoquée dans un autre texte de la fin du séjour parisien qui illustre remarquablement les doutes leibniziens :

> Les premiers termes indéfinibles ne se peuvent, aisément reconnaître de nous, que comme des nombres premiers : qu'on ne saurait discerner jusqu'ici, qu'en essayant la division. De même les Termes irrésolubles ne se sauraient bien reconnaître que négativement et comme par provision. Car j'ai une marque par laquelle on peut reconnaître la résolubilité. La voici : lorsque nous rencontrons une proposition qui nous paraît nécessaire, et qui n'est pas démontrée; il s'en suit infailliblement qu'il se trouve dans cette proposition un terme définible, pourvu qu'elle soit nécessaire. Ainsi il faut tâcher de donner cette démonstration; et nous ne la saurions donner, sans trouver cette résolution. Par cette méthode, en ne laissant passer aucun axiome sans preuve, excepté les définitions, et les identiques, nous viendrons à la résolution des Termes, et aux plus simples idées [3].

Que les termes « irrésolubles » ne puissent se reconnaître que « négativement et comme par provision » reconduit le thème de la difficulté à atteindre les notions simples. Mais le parallèle mathématique est également très significatif. De fait, on a vu que l'idée de représenter les notions par des nombres tient une place importante dans le projet initial de Leibniz. Si le *De arte* déploie une représentation encore maladroite, l'étape suivante, attestée dans le cadre des projets de caractéristique numérique, est d'utiliser la décomposition d'un nombre en ses facteurs premiers comme

multitudinem revocare ad paucas quasdam, quarum possibilitas vel supponi ac postulari, vel experimento probari potest. (A VI, 4, 159). Voir également A VI, 4, 197 (1679), où Leibniz décrit la méthode d'Euclide et Archimède comme reposant sur des postulats posés en axiomes (comme la possibilité de tracer des droites et des cercles), voir plus loin, p. 224.

1. Ce parallèle est celui que dresse le *De Organo sive Arte Magna cogitandi* cité dans la note précédente.

2. Voir D. Mahnke, « Leibniz auf der Suche nach einer allgemeinen Primzahlgleichung », *Bibliotheca Mathematica*, vol. 13, 1912.

3. « Sur les premières propositions et les premiers termes » (1676), A VI, 3, 436.

modèle de la division/composition des notions [1]. Dans ce cadre, le fait que l'on ne puisse pas déterminer de loi de distribution des nombres premiers et qu'il faille s'en tenir à des démarches quasi-empiriques pour les reconnaître prend une résonance singulière.

Mais un autre aspect du passage considéré doit nous intéresser. Le fait qu'on ne puisse peut-être pas déterminer une loi de distribution des notions simples et que leur nombre, peut-être infini, ne soit donc pas maîtrisable à partir de la donnée d'un alphabet fini ouvre, en effet, le risque d'une recherche elle-même infinie. Or il est remarquable que Leibniz ne s'inquiète nullement de cette éventualité, qui est le pendant nécessaire de l'abandon d'une analyse complète. Bien plus, il soutient à nouveau que cela n'atteint pas à la possibilité d'une connaissance *parfaite*. Il dresse d'ailleurs à cette occasion un parallèle important avec le rôle d'expériences primitives :

> Vous direz que cela pourrait aller à l'infini, et qu'il se pourrait tousjours prouver de nouvelles propositions, qui nous obligeraient à chercher des nouvelles resolutions. Je ne le croy pas. Mais si cela estoit cela ne nous nuirait, car par ce moyen nous ne laisserions pas d'avoir demonstré *parfaitement* tous nos theoremes ; et les resolutions que nous aurions faites, nous suffiraient à une infinité de belles consequences et practiques ; de même que dans la nature, il ne faut pas abandonner la recherche des experiences à cause de leur infinité : puisque nous pouvons déjà parfaitement bien employer celles qui nous sont données. (A VI, 4, 436. Je souligne)

Cette déclaration, on l'a vu, n'est pas isolée et Leibniz insiste même sur le fait qu'il vaut parfois mieux, en mathématiques, s'appuyer sur un certain nombre de suppositions fondamentales plutôt que sur une dérivation complète qui risquerait de nous égarer [2].

1. L'artifice est attesté dès le début de 1678 dans le cadre des réflexions sur la langue universelle. Leibniz y met en avant le parallèle avec les diviseurs d'un nombre (A VI, 4, 65-66 : *Optima autem ratio contrahendi erit, ut res revocetur ad numeros, inter se multiplicatos, ponendo elementa alicujus characteris esse omnes ejus divisores possibiles*). Dans des textes plus tardifs comme le *De Synthesi* (R 135) ou les *Elementa rationis* (R 157), Leibniz parle comme si l'assimilation des rapports entre concepts et nombres présidait à son projet dès le *De Arte combinatoria*. Voir également le *Projet et Essais pour arriver à quelque Certitude pour finir une bonne partie des disputes, et pour avancer l'art d'inventer* (A VI, 4, 964). Nous avons vu avec quelle prudence il faut accueillir de tels jugements rétrospectifs.

2. « Cependant j'accorde qu'on peut et qu'on doit souvent se contenter de quelques suppositions, au moins en attendant qu'on en puisse faire aussi des theoremes un jour, parce qu'autrement on s'arresteroit trop quelque fois. Car il faut tousjours tacher d'avancer nos connoissances, et quand même ce ne seroit qu'en establissant beaucoup de choses sur quelque peu de suppositions, cela ne laisseroit pas d'estre fort utile. Car au moins nous sçaurions, qu'il

Dans ce qui suit, je voudrais reprendre les différents exemples mathématiques que nous venons de croiser : le nombre le plus grand, plus généralement la question de l'usage des infinis (petits et grands), le cas de la quadrature du cercle et finalement les recherches portant sur les nombres premiers. Je m'attarderai plus longtemps sur le premier exemple dans la mesure où Leibniz lui-même y revient constamment par la suite et lui donne une place centrale dans son épistémologie. Dans chacun de ces cas, j'essayerai d'indiquer que la déclaration à Elisabeth selon laquelle les mathématiques ont servi de soutien à l'*ars inveniendi* et à la « vraye logique » n'est pas de façade et que la crise du premier modèle a bien pris sa source dans la pratique mathématique elle-même. Dans le chapitre suivant, j'expliquerai comment la reconfiguration du modèle a servi, en retour, à modeler une nouvelle pratique appuyée sur la « réduction aux identiques » comme guide de l'analyse logique.

L'Accessio ad arithmeticam infinitorum (1672)

Il est bien connu que Leibniz n'avait qu'une connaissance très limitée des mathématiques avant son arrivée à Paris et que son initiation fut en grande partie liée à sa rencontre avec Huygens. C'est Huygens qui ouvrit les yeux du jeune homme sur la littérature mathématique de son temps et en particulier la géométrie cartésienne et l'arithmétique des infinis [1]. Si le savant hollandais joua ce rôle de tuteur bienveillant, c'est d'abord parce qu'il fut impressionné par les capacités du jeune autodidacte [2]. L'occasion en fut donnée par un problème sur lequel il avait lui-même travaillé dans ses recherches sur les jeux de hasard et qu'il lui soumit à l'automne 1672 tandis que le jeune homme lui rapportait avoir obtenu des résultats sur les

ne nous reste à prouver que ce peu de suppositions pour parvenir à une pleine demonstration, et en attendant nous en aurons au moins d'hypothetiques, et nous sortirons de la confusion des disputes. C'est la Methode des Geometres... » (*Recommandation pour instituer la science Generale* (1686), A VI, 4, 703-705).

1. Voir notamment la lettre à l'Hospital du 27 novembre 1694 : « Jusqu'alors je n'estois pas encor assez versé dans le calcul de M. des Cartes et ne me servois pas encor des equations pour expliquer la nature des lignes courbes, mais sur ce que M. Hugens m'en disoit, je m'y mis et ne m'en repentis point, car cela me donna moyen de trouver bientost mon calcul differentiel » (cet extrait est reproduit en appendice à une lettre du 27 décembre de la même année, A III, 6, 255).

2. Comme Leibniz se qualifie lui-même : *Cum Parisiis appulissem anno Christi 1672, eram ego Geometra autodidactos* (GM III, 71).

sommes de séries infinies. Ce problème était le suivant : trouver la somme des inverses des nombres triangulaires [1]. Non seulement Leibniz trouva le résultat demandé (que Huygens connaissait déjà), mais, à la surprise du savant hollandais, il formula une loi générale pour la sommation de tous les inverses des nombres apparaissant dans le triangle arithmétique.

Telle fut l'origine du premier texte mathématique que Leibniz envisagea de rendre public après son *De arte combinatoria* et par lequel, étant donnée l'approbation de celui qui en était alors le plus grand mathématicien, il était persuadé pouvoir s'ouvrir les portes de l'Académie Royale. Le texte fut donc adressé à Jean Gallois, directeur du *Journal des Sçavans*, alors antichambre de l'Académie, sous la forme d'une lettre intitulée : *Accessio ad arithmeticam infinitorum* [2]. Malheureusement pour Leibniz, et en inauguration d'une série d'événements malchanceux qui lui barreront longtemps l'entrée de l'illustre assemblée (à laquelle il n'accéda qu'en 1699), le Journal cessa précisément de paraître pour deux années consécutives à l'hiver 1672. À la reprise du journal, les connaissances de Leibniz, qui avait voyagé en Angleterre au début de 1673 et put y mesurer son ignorance du travail sur les séries effectuées par ses contemporains, avaient tant progressé que ce résultat ne présentait plus qu'un intérêt théorique à ses yeux.

Dans l'*Accessio*, Leibniz ne décrit pas les techniques qu'il a mises en œuvre pour la résolution du problème général et se contente d'annoncer un écrit à venir sur la question : « La méthode qui sert à trouver et démontrer ces choses, bien qu'elle soit passablement longue et nécessite de nombreux lemmes, je lui rendrai à l'occasion publiquement justice, ainsi que de nombreuses autres du même genre, lorsqu'un plus grand loisir me sera

1. Les nombres triangulaires sont ceux que l'on peut représenter par des triangles de points. Il forme la troisième ligne du triangle arithmétique de Pascal : 1, 3, 6, 10, 15.... En ce sens, il peuvent être également vus comme sommes des entiers naturels (et réciproquement, les entiers peuvent être vus comme leurs différences). Voici le texte où Leibniz rapporte la rencontre avec Huygens : *Cum aliquando Illustri Hugenio narrassem, esse mihi rationes quasdam summandi series nonnullas in infinitum decrescentes, quarum computatio hactenus prodita non est; Ille proposuit mihi sequentem, fractionum, quarum numerator unitas, Nominatores vero Numeri Triangulares* $0.^{1}1.^{2}3.^{3}6.^{4}10.^{5}15.^{6}21.^{7}28.$ *etc. quorum differentiae scilicet sunt naturales* 1.2.3.4.5.6.7. *etc. 15 summamque quaerere jussit. Sibi aliquando de calculo Aleae aliorumve ludorum fortuitorum meditanti hac summa fuisse opus, inventamque a se, sed nondum publicatam.* A II, 1^2, 344. Enonçant le résultat auquel il était parvenu, Leibniz poursuit : *Quod cum Hugenio monstrassem, verum esse fassus est, conveniensque calculo etiam suo.*

2. A II, 1^2, 342–356 (et auparavant A III, 1, 1-20).

donné de la mettre en ordre »[1]. Dans une lettre à L'Hospital écrite en 1694, il avance :

> J'avois pris plaisir long temps auparavant de chercher les sommes des series des nombres, et je m'estois servi pour cela des differences sur un theoreme assez connu qu'une series decroissant à l'infini son premier terme est egal à la somme de toutes les differences. Cela m'avoit donné ce que j'appellois le Triangle Harmonique, opposé au Triangle Arithmetique de M. Pascal, car M. Pascal avoit monstré comment on peut donner les sommes des nombres figurés, qui proviennent en cherchant les sommes et les sommes des sommes etc. de la progression arithmetique naturelle ; et moy je trouvay que les fractions des nombres figurés sont les differences et les differences des differences, etc. (A III, 6, 256)

Reprenant ces résultats dans l'*Historia et origo*, Leibniz répète que cela lui donna l'occasion d'inventer le triangle harmonique (parce que fondé sur la série harmonique : $\frac{1}{1}, \frac{1}{2}, \frac{1}{3}, \frac{1}{4}, \frac{1}{5}, \frac{1}{6}, \frac{1}{7}, \ldots$), où les relations de récurrence sont renversées par rapport au triangle de Pascal (voir Fig. 1) :

> Ce qui est commun aux deux triangles, c'est que les suites obliques sont déduites les unes des autres par somme ou par différence. Dans le triangle arithmétique, une suite donnée est obtenue en faisant la somme de la suite précédente la plus proche, ou en faisant la différence de la suite immédiatement consécutive ; mais, dans le triangle harmonique au contraire, une suite donnée est obtenue en faisant la somme de la suite immédiatement consécutive »[2].

Mais Leibniz précise bien alors que cette idée ne lui vint qu'après avoir échangé avec Oldenburg en février 1673 et avoir lu plus attentivement Pascal. De fait, dans l'*Accessio*, les tables utilisées ne font figurer que les inverses des nombres combinatoires, ce qui n'est pas exactement pareil puisque dans ce cas, la loi de récurrence n'est pas immédiatement apparente (il faut faire intervenir un facteur pour diviser chaque ligne et tout l'art va précisément être de déterminer ce facteur). La chose est rendue plus compliquée encore du fait que Leibniz appelle parfois triangle harmonique le triangle de ces nombres inverses, plutôt que ceux où la division par le facteur lié à chaque rang a déjà été opérée (voir Figure 2).

D'après les documents aujourd'hui connus, il apparaît que Leibniz travaille effectivement depuis quelques temps sur les séries de différences (ce que nous appelons parfois séries télescopiques) et qu'il applique cette idée

1. A II, 1^2, 348.
2. GM V, 405 ; trad. Anne-Michel Pajus.

$$
\begin{array}{ccccccccccccc}
 & & & & & & \frac{1}{1} & & & & & & \\
 & & & & & \frac{1}{2} & & \frac{1}{2} & & & & & \\
 & & & & \frac{1}{3} & & \frac{1}{6} & & \frac{1}{3} & & & & \\
 & & & \frac{1}{4} & & \frac{1}{12} & & \frac{1}{12} & & \frac{1}{4} & & & \\
 & & \frac{1}{5} & & \frac{1}{20} & & \frac{1}{30} & & \frac{1}{20} & & \frac{1}{5} & & \\
 & \frac{1}{6} & & \frac{1}{30} & & \frac{1}{60} & & \frac{1}{60} & & \frac{1}{30} & & \frac{1}{6} & \\
\frac{1}{7} & & \frac{1}{42} & & \frac{1}{105} & & \frac{1}{140} & & \frac{1}{105} & & \frac{1}{42} & & \frac{1}{7}
\end{array}
$$

FIGURE 1 – Le triangle harmonique de Leibniz

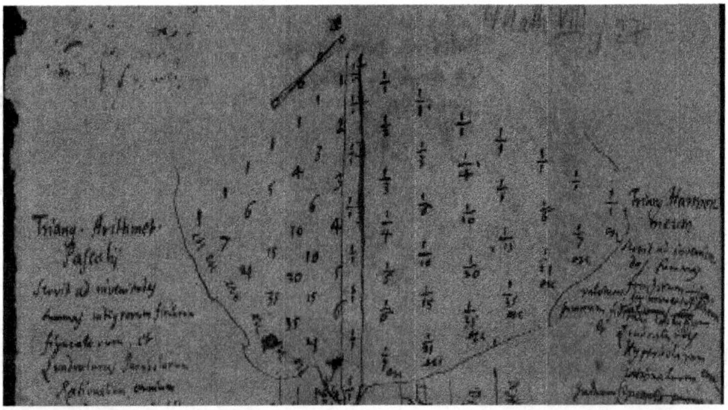

FIGURE 2 – Triangle arithmétique et triangle harmonique en 1676 (LH XXXV, 8, 27, fol. 2r)

à l'approche des inverses des nombres triangulaires [1]. Il semble d'abord avoir procédé par tâtonnements [2]. Le fait qu'il annonce une démonstration longue peut indiquer qu'il n'a pas encore mis au point la démonstration

1. Voir notamment le texte sur les inverses des nombres triangulaires, daté de 1672 où Leibniz mentionne « sa » méthode : *In omni progressione ubicunque differentia, (aut aliquid definitae ad differentiam rationis, ut duplum eius aut triplum) semper termino sequenti maior est, summa terminorum methodo mea haberi potest* (A VII, 3, 7).

2. Voir notamment la série de textes numérotés 1 à 6 dans A VII, 3.

arithmétique assez simple que mentionne Hoffman (après avoir reconstitué une possible démonstration plus géométrique) [1]. Le document sur lequel s'appuie Hoffman date d'ailleurs de 1675. Leibniz y raconte certes l'origine de son triangle harmonique [2], mais en séparant nettement un moment de « divination » et la démonstration proprement dite. Le schéma dont part Leibniz est celui des deux suites de nombres :

$$\begin{array}{llllll} A = \frac{1}{1} & \frac{1}{2} & \frac{1}{3} & \frac{1}{4} & \frac{1}{5} & \ldots \\ & / & / & / & / & \\ B = \frac{1}{1} & \frac{1}{3} & \frac{1}{6} & \frac{1}{10} & \frac{1}{15} & \ldots \end{array}$$

Dans lequel il joint par des lignes le second terme de A au premier de B, le troisième terme de A au second de B, et ainsi de suite. Il fait alors remarquer que le terme de A augmenté de la moitié du terme de B correspondant permet de retrouver le terme précédent dans A (par exemple $\frac{1}{2} + \frac{1}{2}.\frac{1}{1} = \frac{1}{1}$, $\frac{1}{3} + \frac{1}{2}.\frac{1}{3} = \frac{1}{2}$, etc.). De la même manière, le produit de deux dénominateurs consécutifs de A donne toujours le double du dénominateur correspondant de B. On peut, de façon similaire, trouver les lignes suivantes (du tableau des inverses des nombres figurés) en multipliant par un facteur approprié [3].

Tel fut, raconte Leibniz, le soutien de sa « divination » de la règle générale que l'on devine effectivement sans peine : la différence de deux termes d'une série est égale au terme correspondant de la suivante multiplié par un facteur constant. Qui plus est, ce facteur a une forme simple : il suffit de considérer le numéro de la ligne précédente et de le diviser par celui de la

1. J. E. Hofmann, *Leibniz in Paris. 1672-1676*, Cambridge, Cambridge University Press, 1974, p. 16-22.

2. Voir le petit essai (*scheda exigua*) intitulé *Origo inventionis trianguli harmonici* et qui commence par ces mots : *Anno 1673 Hugenius mihi proposuerat summam fractionum triangularium inveniendam quam particulari sed valde memorabili solutione deprehenderat. Cum ergo in ea essem meditatione forte notavi* A VII, 3, 712. On voit que Leibniz se trompe d'année sur le moment où Huygens lui a fourni ce problème.

3. *si dimidii termini B addantur terminis ex A, per lineas quas vides iunctis, reddi terminos ex A, terminis ex B superscriptos. Quod in mentem primum venerat, quod viderem primum terminum nempe 1 ipsius B, dimidiatum, additum iuncto per lineam ex A, nempe* $\frac{1}{2}$ *facere 1, seu primum ex A. Item quod nominatores proximi ex A in se ducti, faciunt semper numeratorum ex B duplos (...). Quod autem in caeteris seriebus sumenda sint* $\frac{2}{3}C$, $\frac{3}{4}D$, *etc.* (A VII, 3, 712-713).

ligne concernée (ainsi, dans notre exemple, le numéro de la première ligne, A, sur celui de la seconde B, soit $\frac{1}{2}$; et de même $\frac{2}{3}$ pour la troisième, $\frac{3}{4}$ pour la quatrième, etc.) [1]. On remarquera cependant que ce premier résultat n'est pas (pas plus que la démonstration qui va suivre) présenté par Leibniz en termes de série de différences.

La seconde partie du document porte la « démonstration » proprement dite, que Leibniz formule en termes d'équations. L'idée simple est de commencer par soustraire le premier terme de la première série pour décaler les termes (dans notre exemple : $A - 1$) et diviser en parallèle la seconde série par le facteur trouvé dans la divination (dans notre exemple $\frac{1}{2}B$). On obtient alors une formule qui, si l'on suit l'exemple des deux premières séries, donne $A - 1 + \frac{1}{2}B = A$.

On notera au passage que Leibniz désigne par des lettres les sommes des séries, comme s'il s'agissait de grandeurs ordinaires. Nous reviendrons sur cet aspect par la suite. Il ne reste plus alors qu'à résoudre une telle « équation », ce qui donne le résultat (ici $B = 2$). De même $B - 1 + \frac{2}{3}C = B$ nous donnera $C = \frac{3}{2}$, etc. Cette démonstration ne satisfait pas aux critères actuels de rigueur du fait qu'elle ne distingue pas entre série divergente (comme A) et série convergente (comme B). Mais avant même de se pencher sur cette difficulté, on peut se demander si une telle distinction aurait un sens pour Leibniz. Pourrait-il, notamment, expliquer ce que signifie la somme d'une série infinie de termes et comment la traiter, comme il fait, à la manière d'un nombre ordinaire ? La réponse est oui et la définition que Leibniz élabore durant la période parisienne mérite d'être citée ici tant elle coïncide avec ce que nous pourrions entendre par une telle somme :

> Chaque fois qu'il est dit qu'une certaine série infinie de nombres a une somme, je suis de l'opinion que tout ce qui est dit est que toute série finie définie par la même règle a une somme, et que l'erreur diminue toujours au fur et à mesure que la série croît, de telle sorte qu'elle devient aussi petite que l'on veut. (A VI, 3, 503)

Leibniz est donc parfaitement conscient que la « somme » d'une série infinie est une abréviation pour une expression complexe impliquant une

1. *ita facile divinavi, quia 5 2 3 primi termini ex C et 3 4 primi termini ex D, id est semper unitatis, addita secundo termino seriei praecedentis, faciunt semper unitatem.* (A VII, 3, 713).

suite de sommes partielles finies et la possibilité de désigner un écart (à ce que nous appellerions sa « limite ») plus petit que toute grandeur donnée. Le problème des séries divergentes est donc loin d'être anachronique ici puisqu'on voit qu'elles ne vont justement pas satisfaire à cette définition. Plusieurs remarques peuvent être faites à ce sujet.

Tout d'abord, Leibniz indique sous les deux premières colonnes de son triangle (représenté ici sous la forme d'une table) qu'elles sont conjecturales ; il est donc parfaitement conscient de la difficulté et note la somme de la première colonne « $\frac{0}{\dots}$ ». Ceci est d'ailleurs un argument pour ne pas faire remonter cette démonstration à l'époque de l'*Accessio* puisqu'on verra non seulement que le résultat n'est pas du tout présenté comme conjectural en 1672, mais que Leibniz lui fait jouer un rôle philosophique de première importance (sous la forme « $\frac{0}{0} = 0$ »).

Ensuite, on peut tout à fait accepter la démonstration selon le modèle qui a servi à sa divination, c'est-à-dire en la formulant selon la loi valant terme à terme (suivant le modèle indiqué dans la définition de la somme de la série infinie en termes de sommes *finies*). Dans ce cas, en effet, le terme général que l'on notera $\frac{1}{2}B_i$ apparaît comme différence (puisqu'on a vu que $A_i - A_{i+1} = \frac{1}{2}B_i$) et l'on en tire une formule pour la somme partielle : $\frac{1}{2}B_n = 1 - \frac{1}{n+1}$ (ou encore $B_n = 2 - \frac{2}{n+1}$) [1], ce qui peut bien, quand on augmente le rang, être rendu aussi proche que l'on veut de 2.

Un calcul similaire est proposé par Hofmann, quoique sans beaucoup d'explicitation [2]. Toutefois, il ajoute alors qu'il n'était pas à la portée de Leibniz étant donné ses limitations dans la pratique des transformations algébriques à cette époque. Or il existe pourtant une série de textes de septembre 1674 où Leibniz produit ces deux démonstrations (celle avec les lettres représentant les séries et celle avec le terme général) pour le cas initial des inverses des nombres triangulaires. Bien plus, Leibniz y indique qu'il a rédigé ces notes pour les donner à des amis, mais qu'elles correspondent à des résultats trouvés deux ans auparavant et présentés à

1. Leibniz, on l'a vu, connaît bien la loi pour la sommation des séries de différences, qui est précisément la méthode qu'il annonce comme sienne dès les premiers textes écrits à chaud, en septembre 1672, pour répondre à la question de Huygens : *In omni progressione ubicunque differentia, (aut aliquid definitae ad differentiam rationis, ut duplum eius aut triplum) semper termino sequenti maior est, summa terminorum methodo mea haberi potest* (A VII, 3, 7).

2. *ibid.*, p. 18.

Huygens [1]. Un aspect remarquable de ces travaux est que Leibniz voit bien que le premier raisonnement ne vaut pas quand on veut traiter de séries infinies et précise après la première démonstration : *Sed hoc in infinitum eventurum debet demonstrari.* Nos scrupules sont donc les siens et ils motivent une nouvelle démonstration.

Le résultat qu'il produit alors est très proche de la reconstruction que nous avons faite, à cette différence près qu'il ne dispose pas d'une notation pour indiquer le rang d'un terme. Il pose donc un terme générique y, écrit la formule pour la moitié de l'inverse du triangulaire associé, soit $\frac{1}{2}.\frac{2}{(y^2+y)}$ ou encore $\frac{1}{(y^2+y)}$. En soustrayant alors ce terme à la « fraction naturelle » associée $\frac{1}{y}$, on obtient $\frac{1}{(y+1)}$, c'est-à-dire la fraction naturelle suivante [2]. Il s'agit donc d'une légère variante du calcul précédent ($A_i - \frac{1}{2}B_i = A_{i+1}$ au lieu de $\frac{1}{2}B_i = A_i - A_{i+1}$) – mais cette variation n'est pas anodine puisqu'elle ne fait pas apparaître la série de différences comme telle. Leibniz ne donne pas explicitement la conclusion et considère qu'il a achevé sa démonstration dès lors qu'il a produit ce résultat. En revanche, il indique bien que le procédé est général et peut s'appliquer de manière uniforme aux autres lignes du triangle : « Apres ce que je viens de dire, il est aisé de trouver la demonstration de mon theoreme general » (celui sur le sommes des inverses des nombres du triangle arithmétique) [3].

Comme l'a fait remarquer Richard Arthur, un aspect intéressant de cette démonstration dans le cas infini est qu'elle repose, elle aussi, sur une fiction. De fait, le terme y est un terme générique dont le sens doit être préservé quand on manipule une somme infinie [4]. Ce point est à noter car il fut au cœur d'une opposition avec Jean Bernoulli dans une série d'échanges de l'été 1698 que l'on peut mentionner dès à présent pour

1. A VII, 3, 365 : *Dudum ista inveneram, biennio abhinc, sed scripsi, ut amicis darem, 1674 Sept. Iam ante biennium Hugenio dixeram.*

2. « La moitié d'une fraction triangulaire (c'est à dire dont le numerateur est l'unité, et le nominateur un nombre triangulaire) estant ostée de la fraction naturelle qui luy repond (c'est à dire ayant pour numerateur l'unité, et pour le nominateur le costé du triangle rectangle isoscele, dont le nombre triangulaire exprime l'aire) il reste la fraction naturelle qui repond au triangle prochainement plus grand » (A VII, 3, 362-363).

3. A VII, 3, 369. La difficulté est alors de disposer d'une formule algébrique pour les autres lignes du triangle, ce qui devient rapidement très compliqué si l'on veut raisonner avec des termes génériques entrant dans des formules explicites.

4. R. Arthur le nomme *terminatio* en lien avec une des formulations, plus tardives, de la loi de continuité, mais cette désignation n'est pas très heureuse car la *terminatio* désigne chez Leibniz la limite de la série elle-même.

indiquer à quel point les positions de Leibniz paraissent stables sur ces questions.

Bernoulli ne comprenait pas, en effet, comment Leibniz pouvait tenir à la fois qu'il y avait un infini actuel dans la nature, et notamment une division actuelle à l'infini de la matière, et rejeter un tel infini en mathématiques, notamment sous la forme d'infiniment petits. Son argument repose précisément sur le fait qu'une suite de divisions d'une portion de matière correspond à une série dont la convergence ne paraît pas pensable (du moins, si on la prend pour une collection infinie donnée *in actu*), sans concevoir l'existence d'un certain rang à partir duquel les termes deviennent infiniment petits. Il prend l'exemple simple de la division par deux et de la série $\frac{1}{2} + \frac{1}{4} + \frac{1}{8} + \frac{1}{16}...$, [1]. À ses yeux, une collection infinie actuelle de grandeurs toutes finies ne pourrait produire qu'une grandeur infinie. De même, avance-t-il, que nous devons avoir un dixième terme dans une série de dix termes, un centième dans une série de cent termes, etc., de même une collection infinie de terme donnée actuellement (et non potentiellement) suppose un terme infini (qu'il désigne comme *infinitesimus*) [2]. Or Leibniz a déjà objecté qu'il a donné une démonstration – sur laquelle nous allons revenir sous peu – du fait qu'un nombre infini est contradictoire et qu'il ne faut pas confondre le fait d'avoir une collection infinie actuelle et le fait que cette collection forme un tout (ou puisse être désignée par un nombre) [3].

La discussion va alors tourner autour du fait que le terme générique de la série, même s'il semble pouvoir dénoter un possible terme de rang « infini » n'est qu'une fiction. C'est ce que Leibniz répète à Bernouli en janvier 1699 :

> On peut douter de ce qui suit : Etant posé dix termes, un dixième est donné; donc une infinité de termes étant posés, il est donné un infini

1. *Concipe aliquam magnitudinem determinatam dividi in partes geometrica hac progressione descendentes in actu :* $\frac{1}{2} + \frac{1}{4} + \frac{1}{8} + \frac{1}{16} + \frac{1}{32}$... *etc. quamdiu numerus terminorum finitus est fateor singulos terminos fore etiam infinitos, sed si omnes termini* actu *existunt, erit sane infinitesimus omnesque sequentes infinite parvae magnitudinis : atqui in quolibet corpore ob divisionem actualem jam factam non faciendam,* revera *et* actu *omnes termini talis progressionis existunt ergo etc.* (A III, 7, 874).

2. Cet argument est présenté par Bernoulli comme une preuve de l'existence de grandeurs infiniment petites dans sa lettre du 7 (17) janvier 1699 : *ita facile probo : si decem sunt termini, existit utique decimus; si centum, etiam centesimus; si mille sunt, erit millesimus etc. ergo si numero infiniti sunt, existit infinitesimus* (A III, 8, 33).

3. A III, 7, 884.

> (*infinitesimus*). On peut dire, en effet, que l'argument du fini à l'infini n'est pas valable dans ce cas. Lorsqu'il est dit qu'il y a une infinité, on ne dit pas qu'est donné un nombre de ces termes déterminé (*terminatum*), mais qu'il peut en être donné plus que tout nombre déterminé quel qu'il soit. Et l'on conclurait du même droit que parmi dix nombres, il doit en être donné un dernier qui est le plus grand. De même, donc, parmi tous les nombres il devrait en être donné un dernier (*ultimus*) qui est le plus grand de tous les nombres, mais je pense qu'un tel nombre implique contradiction. (A III, 8, 40) [1]

Ainsi les réflexions du début de la période parisienne sont-elles encore pertinentes plus de vingt ans après et Leibniz y renvoie encore comme un argument décisif contre l'existence d'infiniment petits (autres que fictionnels). C'est vers cette autre démonstration présentée dans l'*Accessio*, celle de l'impossibilité d'un nombre infini ou maximal, que nous devons donc nous tourner maintenant plus en détail.

l'impossibilité du nombre de tous les nombres

La suite de l'*Accessio* de 1672 constitue un remarquable dialogue entre mathématiques et philosophie autour de la question du *numerus numerorum* – dialogue qu'on doit d'autant plus considérer qu'il est plus rare qu'on ne le croit chez Leibniz. Comme indiqué précédemment, la première partie du texte présente les résultats mathématiques sur les séries, à la fois ceux que Leibniz a obtenus et ceux dont il a connaissance – connaissance encore très lacunaire comme lui feront remarquer ses interlocuteurs anglais quelques mois plus tard. Le point central est la mise au point d'une loi générale :

> Au cours de cette même recherche, je fus par là même amené à découvrir une Méthode universelle pour la sommation des séries de fractions

1. Sur le fait que le terme ultime (*ultimus terminus*) d'une série peut néanmoins être posé comme une fiction, voir les remarques de Leibniz dans son entretien avec Jenisch et Naudé de 1702 (LH XXXV, 7, 17, fol. 1-8) : « À mon avis, la démonstration ne procède pas de manière assez rigoureuse dans cette voie où nous concevons dans une série Géométrique décroissant à l'infini quelque terme *x* comme ultime : il n'y a en vérité aucun [terme] ultime lorsque nous allons à l'infini et à la place du terme ultime fictif, c'est-à dire de l'infinitésimal, il faut concevoir (afin de ramener la chose à une démonstration rigoureuse) une erreur qui est inférieure à celle donnée » (une transcription de ce texte est accessible dans E. Pasini, *La nozione di infinitesimo in Leibniz : tra matematica e metafisica*, Diss. University of Turin, 1985–1986, App. p. 19-27 et 29-31).

> ou de rapports non seulement pour cette progression des Triangulaires (dont les différences termes à termes forment les nombres naturels), mais également pour la progression de ceux qu'on appelle « Pyramidaux » (dont les différences termes à termes sont les nombres Triangulaires); ainsi que celle des Triangulo-Triangulaires (dont les différences sont les Pyramidaux), celle des Triangulo-Pyramidaux (dont les différences sont les Triangulo-Triangulaires), celle des Pyramido-Pyramidaux (dont les différence entre termes sont les nombres Triangulo-Pyramidaux) et ainsi de suite à l'infini ...

Cette règle est alors formulée par Leibniz de la façon suivante :

> La Somme de la série de fractions, dont le numérateur est le générateur et les dénominateurs sont les termes de quelque progression arithmétique répétée – ou ce qui est la même chose, la somme des rapports dans lesquels l'antécédent est l'unité et le conséquent est le terme d'une progression Arithmétique Répétée ayant une certaine Unité comme générateur – cette somme, dis-je, est la fraction (respectivement : le rapport) dont le numérateur (resp. l'antécédent) est l'exposant de la série immédiatement précédente (ou pénultième : on suppose évidemment qu'une série dernière est donnée), tandis que le dénominateur (resp. le conséquent) est l'exposant de la série qui précède la précédente (ou antépénultième) [1].

Sa « règle universelle » conduit alors Leibniz à une interpolation audacieuse : si l'on s'interdit avec lui l'idée d'exposant négatif pour numéroter les colonnes, la fraction correspond à la somme des termes de la première colonne devrait donc être $\frac{0}{0}$. À cette époque, Leibniz interprète ce rapport comme étant égal à 0 [2]. C'est là le point de départ des considérations philosophiques qui vont occuper la seconde partie de la lettre. De fait, la somme de toutes les unités, auquel correspond la série de la première colonne, peut être interprétée comme désignant un hypothétique « nombre le plus grand » ou « nombre de tous les nombres » (puisque tout nombre naturel peut être exprimé comme une sommes d'unités). D'après le résultat pour la somme, il serait donc égal à zéro, ce qui, aux yeux de Leibniz, signifie qu'il s'agit donc d'une notion impossible (une notion qui ne correspond

1. C'est le résultat que nous avons évoqué précédemment : la somme de tous les nombres d'une colonne est égal au rapport de l'exposant des deux précédentes. Ainsi les nombres triangulaires, qui forment la colonne d'exposant 3, ont-il pour somme le rapport de 2 à 1.

2. Dans des essais postérieurs, on a vu que Leibniz tient ce résultat pour « conjectural ». Il considère parfois cette même série comme valant $\frac{1}{0}$ et en tire des considérations sur les ordres d'infini (A VII, 3, 676, nov. 1675).

littéralement à « rien »)[1]. D'où l'idée, répétée jusque dans les années 1690, qu'il a ainsi produit une démonstration qu'un nombre infini est une entité contradictoire (si on le considère comme une totalité donnée).

Son interlocuteur principal est ici Galilée qui, en formulant le paradoxe célèbre qui porte aujourd'hui son nom, était arrivé à une conclusion différente : le nombre infini, puisqu'il est égal à ses différentes puissances (au sens où on peut mettre tout entier naturel en correspondance bi-univoque avec son carré, ou son cube, etc.), ne peut être égal qu'à l'unité (qui est le seul nombre qui peut être égalé à ses différentes puissances). Il ne satisfait pas aux axiomes des quantités et au premier chef à l'axiome « le tout est plus grand que la partie » (puisque les carrés forment une partie propre des entiers naturels)[2] :

> Mais je ne peux pas laisser passer ici l'occasion qui m'est donnée de faire quelque remarque concernant la nature du nombre infini de tous les nombres. Galilée, dans ses Dialog. Mechan. 1, compare le Nombre infini à une unité. Voici en effet son raisonnement : tout nombre possède jusqu'à l'infini son carré, son cube, etc. (si, en effet, il est multiplié par lui-même, chaque nombre produit tour à tour son carré, son cube, etc.); Donc il y a autant de Nombres carrés, cubes, etc., qu'il y a de racines ou nombres simples, ce qui est impossible. De fait, il est toujours possible d'intercaler entre deux nombres carrés de nombreux autres qui ne sont pas carrés, et plus encore de non-Cubes entre des Cubes. Qu'en conclure ? Que les attributs comme « égal », « plus grand » et « plus petit » ne valent pas dans l'infini. (A II, 1^2, 348-349)

Pour Leibniz, la conclusion n'est pas acceptable : il ne s'agit pas d'excepter un régime d'entités pour lesquelles les comparaisons quantitatives ne vaudraient pas et en conclure que l'axiome « le tout est plus grand que la partie » n'est pas vrai de l'infini ; à l'inverse, il faut tenir que l'axiome est toujours vrai, que la notion considérée (ici celle de « nombre infini ») y contredit, et donc qu'elle est contradictoire.

Cet aspect est essentiel à garder à l'esprit pour comprendre l'importance d'un résultat qui, du point de vue mathématique, pourrait sembler

1. « Pour ma part, je dirais ceci : s'il existe quelque chose comme un nombre infini, ce doit être zéro, c'est-à-dire un inexistant (*nullam*), ou, ce qui revient au même, ce nombre infini est nul, c'est-à-dire = 0. »

2. *Discorsi e dimostrazioni matematiche intorno a due nuove scienze*, *Dialogo Primo* et, pour un commentaire en lien avec Leibniz : E. Knobloch, « Galileo and Leibniz : Different approaches to infinity », *Archive for history of exact sciences*, vol. 54, nº 2, 1999 et S. Levey, « Comparability and Infinite Multitude in Galileo and Leibniz », dans *G.W. Leibniz, interrelations between mathematics and philosophy*, Dordrecht, Springer, 2015.

trivial. N'est-il pas évident, par construction des nombres entiers, qu'il n'y a pas de nombre le plus grand ? Si quelqu'un en doutait, on pourrait le renvoyer à la célèbre proposition 20 du livre IX des *Éléments*. Euclide y démontre, en effet, que l'on peut toujours construire un nombre premier plus grand qu'un nombre premier donné. Sa démonstration consiste précisément à supposer un nombre premier maximum et à en dériver une contradiction (en montrant qu'on peut en construire un plus grand). Il en découle naturellement qu'il ne saurait y avoir de nombre entier le plus grand non plus (tout nombre entier étant décomposable en entiers premiers). Mais on remarquera que les deux preuves ne démontrent pas la même chose et ceci peut expliquer l'enthousiasme de Leibniz : Euclide démontre qu'on peut toujours trouver un nombre plus grand, Leibniz que la totalité (*omnes*) des nombres ne peut former un tout (*totum*) – au sens de l'axiome « le tout est plus grand que sa partie » [1]. C'est le point sur lequel il insistera encore en rappelant ce résultat à Bernoulli en 1698 : « J'ai démontré de manière indubitable il y a déjà de nombreuses années que le nombre ou multitude de tous les nombres implique contradiction *si on le suppose être un tout unifié* (*si ut unum totum sumatur*) » [2].

À l'occasion de cet échange avec Bernoulli, Leibniz rappelle également que l'argument s'étend aux infiniment petits s'ils sont pris comme éléments minimaux (ce qui était une interprétation possible des « indivisibles »). Non seulement bien sûr parce que l'inverse d'un nombre infini, s'il existait, serait un tel infiniment petit [3], mais aussi parce que les arguments en termes de correspondance bi-univoque se transportent aisément aux points d'une ligne.

1. Dans des analyses précédentes, j'avais interprété cet argument comme impliquant l'impossibilité d'un infini actuel (tandis qu'Euclide aurait montré la nécessité d'un infinité potentiel). Mais comme me l'a expliqué Richard Arthur, on ne peut pas conclure du fait que Leibniz défend un infini syncatégorématique au fait qu'il refuse un infini actuel en mathématiques. Sur ce point et les textes de Leibniz qui le soutiennent, voir R. T. W. Arthur, « Leibniz's Syncategorematic Actual Infinite », dans *Studies of the Infinite in Early Modern Philosophy*, Cham, Springer, 2018.

2. A III, 7, 884.

3. Voir les règles de l'arithmétique de l'infini qu'utilise Leibniz implicitement dans ses raisonnements de la *Quadratura* et qui ont été reconstituées par E. Knobloch, « Leibniz's rigorous foundation of infinitesimal geometry by means of Riemannian sums », *op. cit.* Dans les *Nouveaux Essais*, Leibniz qualifie explicitement les infiniment petits comme inverses des« touts infinis » qui « ne sont de mise que dans le calcul des géomètres, tout comme les racines imaginaires de l'algèbre » (NEEH II, 17, § 3 ; A VI, 6, 158).

Si cet aspect n'apparaît pas dans l'*Accessio*, il est présent dans un fragment contemporain, intitulé *De minimo et maximo* (A VI, 3, 98). Reprenant des arguments déjà largement pratiqués par les scolastiques dans leurs discussions sur la composition du continu, Leibniz rappelle en effet qu'on ne pourrait composer une ligne d'indivisibles réels qu'à permettre une correspondance bi-univoque entre partie et tout. Pour cela il propose de considérer une ligne *ab* composée d'une infinité d'indivisibles et trace à partir de chacun de ces indivisibles une perpendiculaire à *ab*. Chacune de ces lignes croisent la diagonale *ad* de sorte qu'il est possible d'établir une correspondance bi-univoque entre les indivisibles de *ab* et deux de *ad*. Mais on peut également tracer un cercle de rayon *ab* qui rencontre la diagonale en *ai*. Comme les segments *ab* et *ai* sont égaux, par définition du cercle, ils devraient contenir le même nombre d'indivisibles. Mais comme *ab* et *ad* contiennent également le même nombre d'invisibles, il en résulte que *id* devra à la fois contenir un nombre d'indivisibles égal à une partie de *ab* et n'en contenir aucun, *quod est absurdum*.

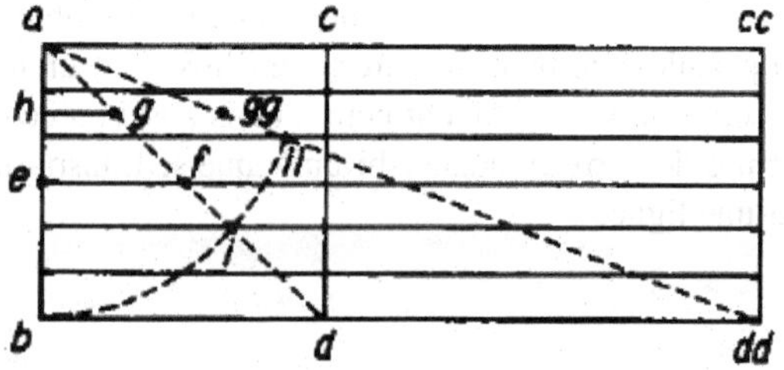

FIGURE 3 – *De minimo et maximo* (A VI, 3, 98)

Ce développement est d'autant plus intéressant à noter que le fragment défend néanmoins l'existence d'infiniment petits dans un autre sens : *Sunt aliqua in continuo infinite parva, seu infinities minora, quovis sensibili dato*. S'il n'y a pas d'infiniment petits au sens d'éléments fixes composant le continu, on peut néanmoins en considérer au sens de « plus petits que toute grandeur donnée » (une telle grandeur nécessitant, pour être donnée, d'être « sensible » ou « notable » ou encore « assignable »)[1]. Nous reviendrons plus en détail sur ces questions par la suite. Pour le moment, on s'attardera surtout sur un aspect qui apparaît en passant dans l'*Accessio*, mais dont on a vu qu'il jouait un rôle crucial dans plusieurs textes postérieurs : le rôle de la connaissance « aveugle ».

Que l'on puisse, en effet, assembler une suite de symboles en produisant tantôt une notion possible (comme pour les colonnes du tableau de Leibniz à partir des nombres réciproques des triangulaires), tantôt une notion impossible (comme pour la « somme » de toutes les unités) est, en effet, un clair indicateur que nous ne sommes pas ici en train de travailler directement avec des concepts, mais avec des signes les représentant. Non seulement, on ne peut pas alors exclure les cas impossibles sous peine de perdre les aspects les plus féconds du calcul, mais travailler avec l'impossible peut s'avérer extrêmement utile dans la résolution de certaines questions. On l'a vu dans le maniement d'« équations » où une lettre peut figurer la « somme » de séries tantôt convergentes, tantôt divergentes. C'est l'aspect sur lequel Leibniz revient brièvement dans la suite du texte, à l'occasion d'une discussion sur le fait que le choix des symboles et des définitions peut paraître arbitraire :

> ... dans les choses assez composées, nous avons l'habitude de nous servir de symboles lorsque nous raisonnons, sans aucune considération des idées elles-mêmes. C'est ce que j'appelle des « pensées aveugles », car nous nous y contentons de l'analogie d'un petit nombres de choses simples distinctement comprises. Ainsi lorsque nous disons 100 000, personne ne se représente par l'esprit toutes les unités de ce nombre, car l'on sait qu'il est permis de remettre ce travail à plus tard, lorsqu'on en aura fini avec les symboles. Et c'est en cela que consiste l'art de concevoir des symboles de telle sorte qu'ils soient au plus haut point des abrégés des idées elles mêmes, tout en étant exempts de confusion, et qu'ils soient propres à découvrir toutes sortes de proportions entre elles [les idées], non moins facilement – autant que cela est possible – que si elles eussent été résolues en leurs éléments derniers ou fussent comprises clairement et distinctement. C'est ce que, dans les nombres, permet la progression décimale. Car sans progression de ce genre, il serait impossible aux mortels de réfléchir sur les très grands nombres, car cela serait trop laborieux.

1. C'est également ce que Leibniz répètera à Bernoulli en 1698. Ayant rappelé qu'il ne saurait y avoir de nombre ou de grandeur minimale, Leibniz précise : « Pour autant, j'admets que comme le maximum est autre chose que l'infini, et le minimum que l'infiniment petit, il ne suit pas aussitôt de cela qu'on a réfuté la possibilité de nos infiniment petits (*nostrorum infinite parvorum*) » (A III, 7, 884).

> L'algèbre permet la même chose en géométrie, à telle enseigne que même si l'on suppose des notions impossibles, comme des dimensions supérieures à la troisième, des nombres sourds ou inférieurs à zéro, elle n'en fait pas moins son office [1].

La démonstration de l'*Accessio* fonctionne donc à double sens : d'un côté, elle montre que l'on ne peut pas s'en tenir à la première version, naïve, du programme d'*ars combinatoria*. En effet, il est possible de combiner des notions (apparemment) évidentes, comme celle de somme et d'unités, et néanmoins produire une notion impossible [2]. C'est le leitmotiv des mentions de cet exemple dans les textes des années parisiennes et nous avons vu qu'il forme encore le cœur de l'argument porté contre la métaphysique cartésienne dans la lettre à Elisabeth de 1678. D'un autre côté, le fait même que la démonstration d'impossibilité soit signifiante et nous renseigne sur un certain nombre de notions fondamentales, comme celle d'infini, ou sur les conditions que doivent remplir les touts et les parties, peut être mis en parallèle avec l'usage fécond de notions impossibles en algèbre comme les nombres négatifs ou sourds (irrationnels quadratiques, éventuellement emboîtés). C'est un autre thème que poursuit, on l'a vu, l'épistémologie engagée dans le *De mente, de universo, de Deo* de 1675.

À ce stade, un cartésien orthodoxe pourrait néanmoins s'écrier que le problème ne vient nullement ici de la manipulation de notions claires et distinctes, mais du fait qu'on les a fait entrer dans des opérations illégitimes, où est enveloppé un infini actuel. On a vu que Leibniz peut répondre en invoquant la fécondité de ces méthodes, ou le fait que ses adversaires doivent bien eux-mêmes statuer sur la légitimité de ces questions, et donc se prononcer sur des notions qu'ils jugent eux-mêmes confuses. Mais on

1. A II, 1^2, 353-354 ; trad. fr. Marine Picon et David Rabouin.

2. On remarquera au passage à quel point le parallèle, souvent fait, entre la mathématique leibnizienne et l'analyse non-standard est à la fois intéressant et dangereux. D'un côté, en effet, l'existence de modèles non-standard de l'arithmétique confirme le fait que l'on ne peut pas dériver de manière analytique (à partir des seules définitions et axiomes) l'inexistence d'au moins un nombre plus grand que tous les entiers naturels. D'un autre côté, le principe même de l'arithmétique non-standard repose sur la non-contradiction (par exemple via le théorème de compacité) d'un tel modèle. Il faudrait donc toujours préciser dans ce parallèle que si Leibniz entrevoit cette possibilité, c'est *pour la conjurer*. De fait, il considère que l'axiome « le tout est plus grand que la partie » est, quant à lui, analytique et qu'il permet d'exclure de tels modèles non-standard. Malheureusement pour lui, cette stratégie est vouée à l'échec car nous savons aujourd'hui que l'on peut construire des modèles qui vérifient cet axiome et contiennent néanmoins des nombres infinis.

pourra également se rappeler qu'il donnera par la suite des exemples semblables où l'infini n'a nulle part. C'est le cas du célèbre décaèdre régulier des *Nouveaux essais* que j'ai déjà mentionné à plusieurs reprises (NEEH III, 3, § 15 ; GP V, 272).

Cet exemple est d'ailleurs intéressant à plus d'un titre. Tout d'abord, on pourrait croire que la démonstration du fait qu'il n'existe que cinq solides platoniciens évacue toute possibilité de *construire* un polyèdre à dix faces régulières – et peut-être est-ce d'ailleurs ce que Leibniz a à l'esprit. Mais tel n'est pas le cas. On sait depuis Euclide construire un pentagone régulier. Il suffira de construire cinq triangles isocèles sur ses côtés pour avoir une pyramide à base pentagonale. L'assemblage de deux telles pyramides forment le polyèdre recherché. Il ne s'agit donc nullement d'un problème d'impossibilité *absolue*[1]. Bien plus, le solide que nous venons de construire a bien toutes ses faces identiques. La difficulté résulte du fait que nous demandons d'un polyèdre régulier qu'il soit également isotoxal (c'est-à-dire que chaque sommet porte le même nombre d'arrêtes). Il s'agit donc d'une véritable analyse des notions au sens où notre recherche nous amène à préciser les conditions de régularité et à ouvrir éventuellement, sous les impossibles, des possibles *sous un certain point de vue*. C'est exactement la démarche que Leibniz adopte vis-à-vis des infiniment grands et infiniment petits, comme on va le voir dans d'autres contextes que le calcul des séries.

Calculer avec des infinis. La Méthode de l'universalité

La question d'un calcul de l'infini chez Leibniz paraît aujourd'hui étroitement liée à l'élaboration du calcul différentiel et intégral, sur lequel il travaille activement à Paris et pour lequel il élabore son célèbre algorithme à l'automne 1675. Mais ce n'est pourtant pas dans ce domaine qu'elle a trouvé ses premières réalisations. On vient de rappeler que Leibniz travaille abondamment à Paris sur les séries (il découvre sa fameuse série pour la quadrature du cercle en 1673)[2]. Mais il développe également à cette période une méthode, qu'il appellera ensuite « de l'universalité »[3],

1. Sur la différence entre différents types d'impossibles, voir les *Elementa nova matheseos universalis* (A VI, 4, 520-521 ; trad. fr. MU 108).

2. S. Probst, « Zur Datierung von Leibniz' Entdeckung der Kreisreihe », dans *Einheit in der Vielheit*, Hannover, Vorträge des VIII. Internationalen Leibniz-Kongresses, 2006.

3. Pour un historique et une description de l'élaboration des signes ambigüs à partir de 1673, voir A. Trunk, « Sechs Systeme. Leibniz und seine signa ambigua », dans *„Für*

permettant d'aborder le traitement d'objets géométriques comme les sections coniques d'une manière unifiée. Pour cela, il met au point ce qu'il nomme des « signes ambigus », c'est-à-dire des symboles représentant les différentes variations de signes algébriques.

Si les « infiniment petits » jouent un rôle dans ce calcul, ce n'est pas au titre d'éléments différentiels, mais en tant que reliés à des résultats que nous qualifierions, même si le terme est ici anachronique, de « projectifs ». Les points infiniment proches y apparaissent, en effet, naturellement en regard des points infiniment distants [1]. Leibniz compare ces phénomènes à ceux de deux « mondes » opposés où certains points d'une courbe pourraient s'échapper [2]. Cette entreprise doit d'autant plus nous arrêter qu'elle est mise au premier rang des réalisations de la « caractéristique ».

Ceci apparaît clairement dans le passage suivant, souvent cité, mais sans qu'on rappelle toujours son contexte d'apparition :

> (...) il n'y a rien qui puisse echapper à nostre methode, qui a cela de commun avec les autres parties de l'analyse, qu'elle épargne l'esprit et l'imagination dont il faut sur tout ménager l'usage.
> C'est le but principal de cette grande Science que j'ay accoustumé d'appeller *Caracteristique*, dont ce que nous appellons l'Algebre n'est qu'une branche fort petite. Car c'est la Caracteristique qui donne les paroles aux langues, les lettres aux paroles, les chiffres à l'Arithmetique, les notes à la Musique : c'est elle qui nous apprend le secret de fixer le raisonnement, et de l'obliger à laisser comme des traces visibles sur le papier en petit

unser Glück oder das Glück anderer". Vorträge des X. Internationalen Leibniz-Kongresses, Hildesheim, Olms, 2016.

1. Le fait que les deux notions soient liées est déjà mis en avant par Desargues dès la première page de son *Brouillon project* en lien avec un usage positif de l'imagination : « Chacun pensera ce qui lui semblera convenable ou de ce qui est icy deduit, ou de la maniere de le deduire, & verra que la raison essaye à cognoistre des quantitez infinies d'une part : ensemble de celles qui s'apetissent iusques à reduire leurs deux extremitez opposées en une seule, & que l'entendement s'y pert, non seulement à cause de leurs inimaginables grandeur et petitesse, mais encore à cause que le raisonnement ordinaire le conduit à en conclure des proprietez, d'où il est incapable de comprendre comment, c'est qu'elles sont » (R. Taton, *L'œuvre mathématiques de G. Desargues*, Paris, Alcan, Presses universitaires de France, 1951).

2. *Angulus autem rectilineus eo tantum ab Hyperbola differre intelligi potest, quod latus ejus rectum transversumque sunt infinite parva, et puncta R. S. A. B. C. coincidunt. At Parabola considerari potest, quantum in rem praesentem velut Hyperbola, sed cujus centrum et sectio opposita sint* alterius mundi, *id est infinite distent abhinc.* (A VII, 7, 319). Je souligne.

> volume, pour estre examiné à loisir : c'est enfin elle, qui nous fait raisonner à peu de frais, en mettant des caracteres à la place des choses, pour desembarasser l'imagination (A VII, 7, 78 et 116) [1].

Dans ce qui suit, je voudrais insister sur le fait que ce calcul, accompagné des réflexions contemporaines menées dans le cadre de l'analyse transcendante, a prolongé les premières questions soulevées par l'arithmétique de l'infini *en les rétrojectant dans l'algèbre elle-même*. Il montrait, en effet, qu'on ne peut pas se contenter de tenir à distance des notions comme celle de nombre infini, au motif qu'elle porterait à contradiction, parce que ces notions s'avèrent être ce que Leibniz appellera plus tard des « fictions utiles » et ceci *dès le niveau de « l'analyse ordinaire »*. Ce point est d'autant plus important à noter qu'il fondera au tournant du siècle une des stratégies de défense favorite contre les attaques menées à l'encontre du calcul différentiel par les mathématiciens « du vieux style » [2].

L'idée qu'il faut introduire des « grandeurs infinies » dans le calcul est explicitement avancée au chapitre VI de la *Méthode de l'Universalité* [3], dans un parallèle immédiat avec les méthodes des indivisibles : « Cavalieri, Mr Fermat, Mr Wallis, et autres supposent des certaines lettres, ou lignes infinement petites ou egales a rien. J'ay mis la mesme chose en usage, et j'ay adjousté des lettres qui representent une grandeur infinie, ou des lignes egales à des rectangles, comme sont les asymptotes de l'Hyperbole » [4]. On voit ici comment le calcul est naturellement porté à traiter de quantités paradoxales comme ces lettres ou lignes « égales à rien » ou de « grandeur infinie » [5]. Leibniz insiste d'ailleurs sur le fait qu'« on sçait bien que la Methode des indivisibles n'a rien de solide, qu'autant qu'elle depend de

1. Leibniz a écrit deux versions du texte, la première plus ramassée et programmatique, la seconde plus développée et séparée en courtes sections. Ceci explique que certains passages, comme celui-ci, apparaissent parfois à l'identique dans les deux textes.

2. On pense en particulier à la *Justification du calcul des infinitesimales par celuy de l'algebre ordinaire*, envoyé à Pinson en avril 1701 et qui devait être publiée dans les *Mémoires de Trévoux* en réponse aux attaques de Rolle (GM IV, 104–106). Sur cette stratégie, voir D. Rabouin et R. T. W. Arthur, « Leibniz's syncategorematic infinitesimals II : their existence, their use and their role in the justification of the differential calculus », *Archive for History of Exact Sciences*, vol. 74, n° 5, 2020.

3. A VII, 7, 79 ; le titre du chapitre est : « VI. Conjonction de la Caracteristique avec la methode des infinis ».

4. A VII, 7, 79.

5. De fait, si l'on garde à l'esprit que la définition favorite de Leibniz d'une grandeur se fait par le nombre (de parties congruentes), on voit que les « grandeurs infinies » supposent des nombres infinis et nous ramènent donc au problème posé dans l'*Accessio*.

celles des Infinis, et il est manifeste que la Geometrie d'Archimede dont Guldin, Gregoire de S. Vincent et Cavalieri sont les restaurateurs se sert des grandeurs infiniment petites » [1]. Le point crucial est, comme y avaient déjà insisté un certain nombre d'auteurs comme Pascal, que les « indivisibles » soient considérés dans la continuité des méthodes archimédéennes où n'entrent que des quantités finies et homogènes [2]. Symétriquement, on peut donc considérer des grandeurs infiniment grandes : « A l'exemple des infiniment petites je ne voy rien qui nous empeche de concevoir des infinies, ou infiniment grandes et quoyque je ne voye pas qu'on s'en soit servi ordinairement dans le calcul Analytique » [3].

La justification de ce fait est de pouvoir préserver la généralité des formules dans le cas où certains paramètres sont amenés à devenir négligeables devant d'autres. Après avoir délivré « l'équation commune à toutes les coniques » ($+2ax \mp \frac{a}{q}x^2 - y^2 \propto 0$) et montré comment elle s'appliquait au cercle, à l'ellipse et à l'hyperbole (chap. XLIII) [4], Leibniz poursuit :

> Pour y comprendre la Parabole et la ligne droite il faut se servir des lignes infinies et infiniment petites. Or posons que la ligne, q, ou le *latus transversum* de la *Parabole* soit d'une longueur infinie, il est manifeste, que l'Equation $2axq \mp ax^2 \propto qy^2$, sera equivalente à celle cy : $2axq \propto qy^2$, ou $2ax \propto y^2$ (qui est celle de la Parabole) parce que le terme de l'Equation ax^2, est infiniment petit, à l'égard des autres $2axq$, et qy^2, car puisqu'il y a autant de lettres ou dimensions d'un terme, que de l'autre, ceux dont une lettre est infinie, seront infiniment plus grands, que celuy dont les lettres ne sont qu'ordinaires : qui par consequent pourra estre negligé, puisque l'erreur qui en proviendra ne sera qu'infiniment petite, ou moindre qu'aucune erreur donnée, c'est à dire nulle (chap. XLIV) [5].

Plusieurs points méritent de retenir ici notre attention. Tout d'abord, on voit en quel sens des considérations infinitaires sous-tendent la généralité des équations algébriques elles-mêmes. Ceci est crucial par rapport au modèle cartésien, qui se trouve ici comme miné de l'intérieur. Il

1. C'est l'objet du chap. XXI. « Lignes infiniment petites qu'on appelle vulgairement *indivisibles* » (A VII, 7, 87).

2. Voir le célèbre « Avertissement » au premier traité des *Lettres de A. Dettonville*, *cf.* B. Pascal, *Oeuvres complètes*, 4 vol., Édition de J. Mesnard, Paris, Desclée de Brouwer, 1992, t. IV, 424.

3. A VII, 7, 89.

4. A VII, 7, 102-103.

5. A VII, 7, 103-104.

ne s'agit pas, en effet, de faire valoir la considération de l'infini comme débordant l'algébrique, mais comme *fondant sa généralité*. Pour pouvoir disposer d'une forme générale pour l'équation d'une conique, nous devons en effet considérer des paramètres dont les valeurs peuvent devenir infiniment grandes ou infiniment petites les unes relativement aux autres. Ceci permet de considérer certains termes comme nul tout en préservant les réquisits d'une transformation continue des entités les unes dans les autres. La perception du lien profond qui unit algébrique et projectif est une des intuitions les plus originales et les plus profondes de Leibniz dans ce domaine, mais elle retentit également dans l'approche des méthodes infinitésimales. Ce sera le point clef d'une « justification du calcul des infinitesimales par celui de l'algebre ordinaire ».

Un deuxième point notable de ces développements est la manière dont Leibniz aborde la question de la généralité des formules en mathématiques et plus généralement la question de la *forme* d'une équation. L'idée séminale est que plusieurs équations d'apparences dissemblables peuvent se trouver exprimées par une seule formule dans laquelle on a suppléé certains termes qui disparaissent lorsque l'on fait subir aux figures des transformations continues. Fait remarquable, ce critère de généralité est alors exprimé par Leibniz en termes d'harmonie, comme l'indique le titre même du chapitre XLVI « Qu'une telle Equation est la clef de toutes les harmonies, et differences des choses » [1]. Fait non moins remarquable, elle permet alors de déterminer une notion de « figure générale », qui n'est plus la représentation diagrammatique de telle ou telle section conique, mais la figure abstraite (et non représentable comme telle) les rassemblant en une seule « section conique » :

> Puisque donc nous avons trouvé une Equation qui explique la nature de la section conique en general, nous pourrons proceder à l'avenir, comme s'il y avoit une certaine figure particuliere dans le monde, qu'on appellat Section Conique, dont les Tangentes, les perpendiculaires, les intersections avec quelque autre ligne, et une infinité d'autres proprietez ou accidens se pourront determiner par un calcul general qui ne sera plus difficil, que si l'on calculoit pour la seule Ellipse. Ce calcul general montrera mesme a la premiere veüe, quand l'interpretation vaudra la peine, c'est à dire si par l'application à une figure particuliere bien de termes evanouiront, et la formule deviendra fort simple : d'ou vient que l'Hyperbole a des Asymptotes que les autres n'ont pas; que la Parabole et la droite n'ont point de

1. A VII, 7, 105.

> Centre, quoyque les autres en ayent, et quantité d'autres diversitez dont la clef est dans le calcul general. (A VII, 7, 105)

Enfin, on voit se mettre en place ici, avant même l'élaboration de l'algorithme différentiel, une stratégie que Leibniz ne quittera jamais et qui consiste à expliquer comment interpréter les grandeurs infiniment petites et infiniment grandes de sorte que la contradiction qu'elles portent en apparence ne contamine pas l'ensemble du discours. Son idée est qu'on peut négliger certaines grandeurs par rapport à d'autres du fait qu'une certaine erreur peut alors être rendue plus petite que toute grandeur donnée et que ceci équivaut à rendre une certaine différence nulle sous le point de vue considéré (même si elle n'est pas nulle absolument). Ce sera là le principe fondamental du « Lemme des incomparables ».

Cette approche rend également compte des phénomènes de coïncidence comme cas limite de variation continue, ainsi que Leibniz le rappelle une première fois en décrivant la conception ordinaire de la tangence :

> Et pour les infiniment petites soit une ligne courbe ABC et une droite DB(B)E qui coupe la courbe en deux points B et (B) donc pour concevoir que la ligne DE est la touchante, il faut seulement s'imaginer que la ligne B(B) ou la distance des deux points où elle coupe est infiniment petite : et cela suffit pour trouver les tangentes. (chap. XXI ; A VII, 7, 87)

Il y revient dans le chapitre suivant en utilisant l'idée d'un « point ambulatoire » sur une ligne :

> Mais afin qu'on voye l'usage que cette supposition peut avoir icy ; reprenons l'exemple de la ligne AC determinée par deux autres AB ; BC ; on y voit bien que le point C qui est *ambulatoire* peut tomber dans le point B, puisque il peut tomber en deçà et en delà de toutes les manieres ; et alors la ligne BC sera infiniment petite. Donc l'equation AC $\pm$ AB ∞ BC demeurant tousjours veritable, il faut en cas de la coincidence des points B et C concevoir la ligne BC infiniment petite, àfin que l'equation ne contredise pas l'egalité entre AC et AB (chap. XXII ; A VII, 7, 88).

Ce sera là l'autre intuition centrale guidant l'usage des infiniment petits (qui peut être exprimée au moyen de la métaphore des grandeurs « évanouissantes »). L'idée que l'égalité correspond à une différence que l'on ne sait pas discerner et qu'il n'y a donc pas de différence, sous le point de vue considéré (ici celui de la grandeur, car il en irait tout autrement du point de vue du *situs*), entre coïncidence et égalité à infiniment petit près, est celle que nous avons vu apparaître dans le passage du *De minimo et maximo* comme fondant un usage légitime des indivisibles – selon une stratégie qui avait déjà été élaborée par Pascal [1].

On notera en particulier qu'il ne s'agit pas de dire simplement, comme nous pourrions être tentés de le faire, que certains paramètres peuvent être nuls. Le raisonnement de Leibniz est étroitement lié au fait de considérer les *transitions continues* d'une forme à l'autre, si bien que certains paramètres en deviennent négligeables (au regard d'autres). Un point essentiel à garder en mémoire est donc que les notions d'infiniment grands et infiniment petits, dont l'*Accessio* a montré qu'il était impossible de les considérer comme des entités fixes de plein droit, récupèrent toute leur validité dès lors qu'on en saisit le caractère *relatif*, et donc intrinsèquement relationnel [2].

Au chapitre des liens avec l'analyse transcendante, on pourra également remarquer deux autres traits. Tout d'abord, ayant mis au point une caractéristique nouvelle, Leibniz la couche immédiatement dans la forme d'un algorithme (chap. XXV et suivants), c'est-à-dire qu'il en décrit les opérations élémentaires (multiplication, division, extraction de racine). Surtout, une fois cet aspect opératoire éclairci, il revient à son fondement dans ce qui sera plus tard appelé par lui « principe de continuité » sur un exemple qui est exactement celui sur lequel s'appuieront des textes comme la *Justification du calcul des infinitesimales par celuy de l'algebre ordinaire* de 1701 [3], soit le fait que « la raison de deux lignes infiniment petites peut estre la mesme avec celle de deux lignes ordinaires et mesme de deux quarrez ou rectangles » [4].

Comme l'on sait, Leibniz présentera plus tard la genèse du calcul différentiel comme relevant de trois origines [5] (ce qui lui permettait de se démarquer des réflexions des Anglais qu'il considérait comme limitées au contexte des travaux sur les séries) : le calcul sur les séries de différence (dont la source est à trouver dans les séries de différences finies entre nombres telle qu'on les a vues apparaître dans les travaux entourant l'*Accessio*) ; la technique de « métamorphose » (ou « transmutation ») qui lui permit de mettre au point sa « quadrature arithmétique du cercle » et

1. Voir J. Cortese et D. Rabouin, « Sur les indivisibles chez Pascal », dans *Passions géométriques. Mélanges en l'honneur de Dominique Descotes*, Paris, Champion, 2019.

2. C'est ce que répètera de la manière la plus claire la grande lettre à Varignon de février 1702 (A III, 9, 11-12).

3. GM IV, 104–106.

4. Chap. XLV (A VII, 7, 104).

5. *Historia et origo calculi differentialis* (GM V, 392–410).

dont la *Quadratura* fait le soutien d'une approche très générale des techniques d'intégration; enfin la perception dans le traité de Pascal sur les sinus du quart de cercle du fait qu'on pouvait utiliser une relation de similitude entre un triangle amené à devenir infiniment petit (rapidement dénommé par Leibniz « triangle caractéristique ») et un triangle ordinaire (typiquement celui formé par l'ordonné d'un point, la tangente en ce point et la sous-tangente en ce point d'une courbe). La méthode de l'Universalité nous indique que cette dernière ligne de développement ne fut pas limité à un rôle d'extension de l'analyse hors des limitations de l'algébrique, mais commanda une entente nouvelle où considérations projectives, algébriques et infinitésimales se rejoignaient. C'est un trait qui se retrouve dans d'autres textes, comme la *Quadratura*, où Leibniz n'hésite pas à dire que la considération des quadratures à l'aide de triangulation découle naturellement de la considération, héritée de Desargues et Pascal, selon laquelle des parallèles se croisent à l'infini (les rectangles s'y « transmuant » en triangles). Tout ceci témoigne remarquablement de la manière dont la conception « harmonique » de Leibniz déjoue sans cesse les frontières des disciplines constituées en instaurant des échos, parfois inattendus, mais toujours indicateurs d'une profonde unité des mathématiques.

L'impossibilité de la quadrature du cercle

On vient de voir que les exemples mentionnés dans la lettre à Elisabeth comme le nombre de tous les nombres ou le cercle infini sont bien adossés à une pratique mathématique qui forçait la sortie hors d'un héritage épistémologique cartésien – tel que pouvait encore le porter le programme du *De Arte Combinatoria*. Il en va de même de l'autre exemple que mentionne la lettre, celui de la quadrature du cercle. La place que tient cet exemple dans l'argument n'est, en revanche, pas du tout la même. Un cartésien de stricte obédience peut, en effet, refuser les cas qui précèdent au motif qu'ils supposent, d'une manière ou d'une autre, de faire entrer l'infini dans les mathématiques et même, plus profondément, dans les calculs. Le cas de la quadrature du cercle est là pour lui rappeler qu'il ne peut justement pas tenir totalement l'infini à distance – ou, plus exactement, que le fait même de le rejeter implique de statuer sur un objet qui, selon de stricts critères épistémologiques internes, devrait être déclaré maintenu hors de toute connaissance, et donc de toute décision.

De fait, il est essentiel à la stratégie géométrique cartésienne que la « proportion du droit et du courbe » ne soit pas à notre portée [1]. S'il était, en effet, possible d'exprimer cette relation à l'aide de l'algèbre, alors il faudrait concéder que certains lignes que Descartes avait cherché à tenir à l'écart de sa *Géométrie*, typiquement la « quadratrice », sont néanmoins susceptibles d'un traitement correspondant à son acception du « géométrique » (qu'il cherche justement à mettre en équivalence au seul algébrique). Ceci revient donc à prendre parti sur l'impossibilité de la « quadrature du cercle » (par quoi il faut bien sûr entendre son impossibilité par les moyens du calcul algébrique). Ainsi la décision cartésienne suppose de statuer sur un objet qu'elle doit déclarer « impossible ». Mais s'il n'est pas en notre pouvoir de penser à quelque chose sans nous en faire une idée « claire et distincte », c'est donc qu'on peut se former une idée « claire et distincte » d'un objet contradictoire. Si à l'inverse, on cherche à maintenir qu'il n'y a là nulle idée, mais par exemple un simple mot, c'est donc qu'on peut faire reposer une des décisions les plus importantes de la mathématique cartésienne sur un simple *flatus vocis*. À la question de savoir pourquoi il considère que la quadrature du cercle n'est pas accessible par des moyens algébriques et sur quoi repose la délimitation du « géométrique », un cartésien de stricte obédience n'aurait alors d'autre réponse à apporter que « sur *rien* ».

Or il se trouve que Leibniz travaille sur cette question lors de son arrivée à Paris et parvient à l'automne 1673 à carrer le cercle au moyen de la fameuse série à laquelle il a laissé son nom et que nous écrivons :

1. Descartes considère que les courbes acceptables sont celles qui peuvent être produites par un « mouvement continu », qu'il interprète comme mouvement articulé. Il sait fort bien qu'il existe d'autres procédés de construction par mouvement continu, par exemple à l'aide de fils, mais les rejette à l'aide de l'argument suivant : « on n'en doit pas rejeter non plus celle où on se sert d'un fil, ou d'une corde repliée, pour déterminer l'égalité ou la différence de deux ou plusieurs lignes droites qui peuvent être tirées, de chaque point de la courbe qu'on cherche, à certains autres points, ou sur certaines autres lignes, à certains angles : ainsi que nous avons fait en la Dioptrique pour expliquer l'ellipse et l'hyperbole. Car, encore qu'on n'y puisse recevoir aucunes lignes qui semblent à des cordes, c'est-à-dire qui deviennent tantôt droites et tantôt courbes, à cause que, la proportion qui est entre les droites et les courbes n'étant pas connue et même, je crois, ne le pouvant être par les hommes, on ne pourrait rien conclure de là qui fût exact et assuré » (*La Géométrie*, AT VI, 412). Sur le rôle qu'a pu tenir l'impossibilité de carrer le cercle dans le dispositif épistémologique cartésien, voir P. Mancosu, *Philosophy of mathematics and mathematical practice in the seventeenth century*, New York, Oxford University Press, 1996, p. 73-77.

$\frac{\pi}{4} = 1-\frac{1}{3}+\frac{1}{5}-\frac{1}{7}+\frac{1}{9}...$ [1]. Au cours de cette recherche, il perçoit qu'il dispose également d'arguments indiquant qu'on ne peut pas trouver de quadrature plus « géométrique », c'est-à-dire qu'on peut démonter l'impossibilité d'une quadrature algébrique [2]. Les arguments proposés alors ne sont pas totalement convaincants d'un point de vue actuel (il faudra, comme on sait, attendre le XIXe siècle pour disposer d'une démonstration rigoureuse), mais ils n'en sont pas moins intéressants pour nous.

Dans cette section, je ne m'intéresserai pas aux techniques que Leibniz met en œuvre pour la démonstration de sa quadrature du cercle et des coniques à centre [3], mais me concentrerai sur le résultat mentionné à Elisabeth en 1678. L'argument présenté dans la *Quadratura* (prop. LI) est très simple et s'appuie sur des résultats alors bien connus. Supposons, avance Leibniz, que nous puissions exprimer le rapport entre la tangente t et l'arc correspondant a par une formule algébrique. Disons, pour fixer les idées, une équation générale de degré 3 en deux variables (dans laquelle certains coefficients peuvent être éventuellement nuls) [4]. Puisque la relation que nous venons d'exhiber est valable pour tout arc a (c'est le sens d'une quadrature « générale »), alors elle vaut notamment pour des arcs plus petits, disons un arc b correspondant à la onzième partie de a. Autrement dit,

1. Voir A VII, 4, N. 42 (p. 725 sq.) où Leibniz expose pour la première fois sa découverte.

2. Entre 1673 et 1676, Leibniz rédige plusieurs tentatives pour rendre publique sa « quadrature arithmétique du cercle », qui aboutissent au traité de 1675-1676 reconstitué et publié par Eberhard Knobloch en 1993 – en traduction française G. W. Leibniz, *Quadrature arithmétique du cercle, de l'ellipse et de l'hyperbole*, *op. cit.* Au cours de ces recherches, il semble s'intéresser à la question de l'impossibilité dans le cadre de son étude des travaux de Gregory. Une lettre de Oldenburg, fin 1674 (GM I, 57) semble avoir motivé cette orientation et conduit à plusieurs textes en 1676 (A VII, 6, N. 28 ; A VII, 3 N. 60 et 64). Dans la *Quadratura*, la démonstration d'impossibilité est présentée dans la proposition LI, la dernière du traité, que Leibniz désigne comme son couronnement (*velut coronis erit contemplationis hujus nostrae*). Sur l'histoire de cette question, je renvoie à D. Crippa, « The impossibility of solving the universal quadrature of the circle in Leibniz's *De quadratura arithmetica* (1676) », dans *Leibniz and the Dialogue between Sciences, Philosophy and Engineering, 1646-2016. New Historical and Epistemological Insights*, London, The College's Publications, 2017 et J. Lützen, « 17th century arguments for the impossibility of the indefinite and the definite circle quadrature », *Revue d'Histoire des mathématiques*, vol. 20, 2014.

3. J'ai donné ailleurs une présentation des fondements du traité, *cf.* D. Rabouin, « Leibniz's Rigorous Foundations of the Method of Indivisibles », dans *Seventeenth-Century Indivisibles Revisited*, Dordrecht-Boston-London, Springer, 2015.

4. Remarquons que cette hypothèse suppose que nous saurions, plus généralement, « rectifier » le cercle, puisqu'il suffirait de choisir un arc coïncidant avec le demi-cercle. C'est ce qu'on appelait alors la quadrature « générale » du cercle.

la onzième partie d'un arc peut être exprimée, sous notre hypothèse, par une équation du troisième degré. Mais ceci est absurde, avance Leibniz, car Viète a démontré [1] que la division d'un angle en un nombre premier de parties revient à une équation qui n'est pas réductible à un degré plus petit [2]. L'argument se généralise immédiatement à un degré déterminé n et à une division en un nombre premier p plus grand que n.

Comme dans le cas du « plus grand de tous les nombres », l'intérêt de cet exemple est qu'il repose à la fois sur des techniques fécondes qu'un refus systématique de la connaissance symbolique devrait conduire à rejeter en bloc (en l'occurrence les 50 propositions concernant les quadratures que Leibniz expose auparavant dans sa *Quadratura*) *et* sur des cas d'impossibilité (la proposition 51, « couronnement » du traité). C'est le même instrument qui permet donc d'avancer nos connaissances et nous met au cœur du danger. Comme j'ai essayé de l'indiquer précédemment, c'est là le principal ressort de la ruine du premier programme d'*ars combinatoria*. Mais la démonstration d'impossibilité n'opère pas du tout ici comme dans l'*Accessio*. Il ne s'agit pas d'indiquer que la combinatoire « aveugle » ne peut pas se développer uniquement par sa propre force et doit recevoir le contrôle externe des attestations de possibilité. Il s'agit de faire valoir que les démonstrations d'impossibilité sont nécessaires dès lors que nous voulons déterminer les limites dans lesquelles telle ou telle opération est légitime.

Comme le fait remarquer Leibniz en d'autres occasions, cette intrusion de l'impossible (du moins de l'impossible « en apparence ») est très banale en mathématiques puisqu'elle gouverne déjà toutes les démonstrations par l'absurde. Dans ce cas, en effet, nous devons bien nous reposer sur une « fiction », que nous concevons distinctement, mais dont nous montrerons qu'elle enveloppe contradiction. Comme l'avance la correspondance avec Clarke à l'autre bout de l'oeuvre :

> Si l'espace et le temps estoient quelque chose d'absolu, c'est-à-dire, s'ils estoient autre chose que certains ordres des choses, ce que je dis seroit contradiction. Mais cela n'estant point, l'hypothese est contradictoire,

1. Leibniz fait ici allusion au traité des sections angulaires de Viète publié de manière posthume et complété par Anderson : *Ad angularium sectionum analyticen*, Paris, *apud Olivierum de Varennes*, 1615.

2. À dire vrai, Viète a démontré que la division d'un angle en un nombre premier de parties correspond à une équation de degré ce nombre. Mais il n'a pas établi – pas plus que Leibniz – que ce problème n'est pas réductible à une équation de degré plus petit.

> c'est à dire, c'est une fiction impossible.
> Et c'est comme dans la Geometrie, où l'on prouve quelque fois par la supposition même, qu'une figure soit plus grande, qu'en effect, elle n'est point plus grande. C'est une contradiction, mais elle est dans l'hypothese, laquelle pour cela même se trouve fausse. (Correspondance Leibniz-Clarke IV, §16-17)

Je reviendrai sur ce lien de la fiction (et de l'imagination) à l'impossibilité dans le chapitre 5, mais il importait d'en pointer dès à présent le nouage précoce. Il y a, pour Leibniz, un lien intime entre le recours à la connaissance aveugle et l'usage de fictions qui ont ceci de singulier qu'elles peuvent se révéler tantôt possibles tantôt impossibles. C'est précisément le rôle de la démonstration d'attester ou non la possibilité de ce qui a été introduit comme fiction ou supposition de manière aveugle. La force de l'argument leibnizien est alors de faire remarquer que cette stratégie est constitutive de toute démonstration d'impossibilité si bien que quiconque entend s'assurer qu'un certain fait mathématique n'est pas possible (comme Descartes avec la quadrature du cercle) doit, du même pas, accorder la légitimité d'un travail sur des représentations « aveugles ». C'est là le coeur du divorce progressif entre le « clair et distinct » et l'« adéquat ».

Recherche sur les nombres premiers

Le dernier thème sur lequel nous devons nous arrêter n'est pas mentionné parmi les exemples de la lettre à Elisabeth, mais il apparaît dans des développements similaires de la même période. Il s'agit de faire valoir les limitations de l'épistémologie et de la « méthode » cartésienne dès lors qu'on entreprend de traiter de questions de théorie des nombres. Ainsi Leibniz écrit-il à Malebranche :

> Je voudrois sçavoir si vostre M. Prestet continue à travailler dans l'analyse. Je le souhaite, parce qu'il y paroist propre. Je reconnois de plus en plus l'imperfection de celle que nous avons. Par exemple, elle ne donne pas un moyen seur pour resoudre les problemes de l'Arithmetique de Diophante (...) Enfin, je pourrois faire un livre des recherches où elle n'arrive point, et où quelque Cartesien que ce soit ne sçauroit arriver sans inventer quelque methode au delà de la methode de des Cartes. (Lettre à Malebranche, Janvier 1679; A II, 1^2, 678) [1].

1. Voir également A VI, 4, 2047 (1689) : « Et quant aux Mathematiques où il avoit acquis le plus d'autorité, il s'en faut beaucoup que les eloges excessives de ses sectateurs ayent

Ce reproche apparaît dès les textes sur l'imperfection de l'analyse lorsque Leibniz mentionne notamment la méthode des exclusions de Frenicle, dont il vient de prendre connaissance et dont il voit bien qu'elle n'entre pas dans l'orbe de l'analyse cartésienne – que certains de ses contemporains veulent faire prévaloir comme méthode universelle en mathématiques (et parfois même au-delà)[1]. Il court jusqu'au début du siècle suivant :

> On n'a pas encore trouvé l'analyse des nombres : Il arrive aussi que l'induction nous presente des verités dans les nombres et dans les figures dont on n'a pas encor decouvert la raison generale. Car il s'en faut beaucoup, qu'on soit parvenu à la perfection de l'Analyse en Geometrie et en nombres, comme plusieurs se sont imaginés sur les Gasconnades de quelques hommes excellens d'ailleurs, mais un peu trop prompts ou trop ambitieux. (NEEH IV, 2, § 7 ; GP V, 349)

Cette ligne continue va jouer un rôle important dans mon argument. Comme je l'ai déjà rappelé en ouverture de cette étude, il est frappant qu'on attribue à Leibniz telle ou telle conception des nombres entiers sans s'intéresser à sa pratique d'arithméticien. De fait, les travaux arithmétiques de Leibniz restent le parent pauvre des approches philosophiques de ses mathématiques et l'on peut bien se demander pourquoi. Près de 400 pages du second volume des *Oeuvres* sont ainsi consacrées à un seul problème diophantien que lui avait transmis Ozanam au début de son séjour parisien, celui dit « des six carrés »[2]. La chose n'est pas anodine car Leibniz fait partie des rares philosophes du XVIIe siècle non seulement à témoigner d'une claire conscience des difficultés redoutables que posent les questions d'arithmétique pure, mais surtout à y voir un signe du fait que la nature des nombres entiers nous résiste[3]. La citation que j'ai donnée à propos des

lieu. Il avoue luy même dans ses lettres qu'il n'a pas entrepris de donner la Mathematique Universelle, parce qu'il trouvoit bien de la difficulté dans les problemes des nombres, tels que M. Fermat et M. Frenicle proposoient. »

1. Voir notamment le texte *Desiderata Analytica* de 1674 (A VI, 3, 410) ou le *De Arte Inveniendi* de 1675 (A VI, 3, 432).

2. J. E. Hofmann, « Zur Geschichte des sogenannten Sechsquadrateproblems », *Mathematische Nachrichten*, vol. 18, n° 1-6, 1958 et J. E. Hofmann, « Leibniz und Ozanams Problem, drei Zahlen so zu bestimmen, daß ihre Summe eine Quadratzahl und ihre Quadratsumme eine Biquadratzahl ergibt », *Studia Leibnitiana*, vol. 1, 1969, ainsi que le travail de M. Houg, « Les recherches arithmétiques de Leibniz à Paris », Thèse de doctorat, Universté Paris Diderot, sous la dir. de Justin Smith et David Rabouin, 2015.

3. Voir les citations données en introduction, p. 61.

« premiers termes » s'inscrit dans cette réflexion qui s'engage à l'époque parisienne.

Il est d'ailleurs très remarquable que Leibniz ait perçu que la difficulté des questions d'arithmétique pure avait à voir avec la question de la distribution des nombres premiers. La chose peut paraître évidente pour un lecteur moderne, mais elle ne l'était pas du tout à l'époque [1]. Une exception est donnée par John Pell que Leibniz rencontre en Angleterre lors de son voyage en 1673. Pell avait, en effet, consacré beaucoup d'énergie à la réalisation de très grandes tables de facteurs premiers (jusqu'à 100 000) et joignait cette entreprise à un programme philosophique dont l'objectif était, comme chez Leibniz, de déterminer les vérités premières et de les organiser dans une encyclopédie. C'est la raison pour laquelle Pell mit beaucoup d'insistance sur le fait qu'il fallait être capable de produire une énumération complète et ordonnée des nombres premiers (a « complete and orderly enumeration ») [2]. La remarque de Leibniz est intéressante de ce point de vue puisqu'en soulignant que les nombres premiers ne se peuvent connaître jusqu'à présent que par des tests (« on ne saurait <les> discerner qu'en essayant la division »), il y voit plutôt le motif d'un doute sur notre capacité à discerner les termes primitifs. Sa position est donc en quelque sorte intermédiaire : il reconnaît l'approche quasi expérimentale qui prévaut alors (et toujours pour une part) en théorie des nombres [3]. Nous avons vu qu'il parle encore dans les *Nouveaux essais* de vérités atteintes dans ce domaine par induction. Mais il y voit en même temps les limites d'une démarche qui ne nous a justement pas encore donné à ses yeux « l'analyse des nombres ».

Cette insuffisance des méthodes inductives, Leibniz l'a lui-même expérimentée, en même temps qu'il a pris conscience du caractère central

1. Sur l'histoire de l'étude des nombres premiers au XVIIe siècle, voir M. Bullynck, « Factor tables 1657-1817, with notes on the birth of number theory », *Revue d'histoire des mathématiques*, vol. 2, n° 16, 2010.

2. *ibid.*, p. 146 et N. Malcolm et J. Stedall, *John Pell (1611-1685) and his correspondence with Sir Charles Cavendish : the mental world of an early modern mathematician*, Oxford, Oxford University Press, 2005.

3. Le terme est de lui : *Multum interest inter series seu Tabulas numerorum quales sunt sinuum aut similes, quae progressionis naturam non produnt ; et inter Tabulas analyticas vel etiam numerales dyadicas, ex quibus natura seriei experimento quodam eruitur. Uti Jungius habet Geometriam quandam Empiricam, ita hoc modo obtinetur* Analysis quaedam Empirica, *ope serierum. Utile tamen est quaeri demonstrationes theorematum quae inductione serierum inveniuntur* (A VI, 4, 416).

(et mystérieux) de la question de la distribution des nombres premiers. Embarqué dans le projet de résoudre le problème des six carrés, pour lequel il rédige une trentaine de tentatives, il se rend compte que sa résolution implique le traitement de questions de divisibilité. Il s'intéresse alors plus particulièrement à la relation qu'entretiennent certaines formes algébriques (en l'occurrence celles caractérisant les nombres figurés) avec les questions de divisibilité et parvient, par un procédé ingénieux, au constat suivant : $y^3 - y$, pour y entier, est divisible par 3, $y^5 - y$ par 5, résultat qu'il pense pouvoir alors généraliser à toutes les puissances impaires [1]. Pour tester cette hypothèse, il se propose alors de calculer les différentes puissances impaires de $2^n - 2$ et se rend compte que pour $n = 9$, on obtient $512 - 2$ qui n'est pas divisible par 9. Dans la marge, il écrit alors : « où il est remarquable que seul le novénaire ne confirme pas [le résultat]. Exemple élégant d'induction trompeuse » (*Ubi mirum solum novenarium dissentire, exemplum elegans inductionis deceptricis*) [2].

Cette expérience du caractère trompeur de l'induction est intéressante, parce qu'elle en montre également la fécondité. De fait, Leibniz perçoit assez vite que si sa généralisation était fautive, la proposition n'en est pas moins vraie dans le cas où l'on considère les puissances premières (c'est ce qui constitue ce qu'on appelle parfois aujourd'hui le « petit théorème de Fermat »). Plus généralement, l'ensemble de ces recherches en théorie des nombres l'oriente vers la centralité des nombres premiers et de la question de leur distribution.

Une série de textes de la même époque traite ainsi de l'*Ouverture nouvelle des nombres multiples, et des diviseurs des puissances* [3], ainsi que de la représentation des nombres premiers par des réseaux de points (*Figura numerorum ordine dispositorum et punctatorum ut appareant qui multipli qui primitivi* et *De natura numerorum primorum et in genere multiplorum*) [4]. L'aspect le plus frappant de ces travaux est d'y voir Leibniz explorer la distribution des nombres premiers à l'aide de diagrammes, dans l'espoir d'en faire ressortir des formes reconnaissables.

1. *Ergo erit quinarius, habemus ergo theorema perlegans. Potestatem quinti gradus latere minutam esse quinarium. Unde crediderim si continuetur hanc progressionem proditura* $y^1 - y$ *(id est* 0*) unitarius* $y^3 - y$ *ternarius* $y^5 - y$ *quinarius* $y^7 - y$ *septenarius* (*De numeris figuratis divisoribusque potestatum*, A VII, 1, 584 ; daté de janvier 1676).

2. A VII, 1, 585 ; janvier 1676.

3. A VII, 1, 576–578 ; Janvier 1676.

4. A VII, 1, 579–581 et 594–598 ; à quoi il faut ajouter le texte que nous venons d'étudier : *De numeris figuratis divisoribusque potestatum* (A VII, 1, 583–586).

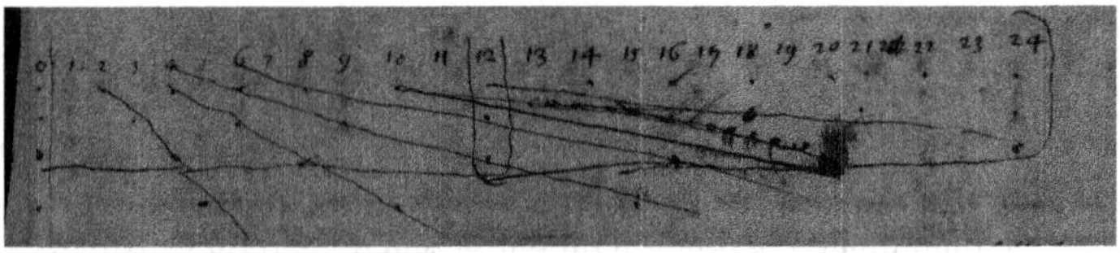

FIGURE 4 – *De natura numerorum primorum et in genere multiplorum* (LH XXXV III B, 15, fol. 6)

Ceci est un aspect bien connu de l'approche leibnizienne : une représentation bien choisie – et rappelons, à nouveau, que les « caractères » incluent notamment tout ce qui a trait aux figures – doit être capable de faire ressortir les « harmonies » du domaine considéré [1]. Il s'agit donc d'un puissant instrument d'exploration et d'un soutien nécessaire à l'*ars inveniendi*. Reste qu'on mentionne rarement que cette approche s'étend aux nombres entiers, dont Leibniz est un des rares auteurs de l'époque – et certainement un des rares philosophes – à percevoir le mystère intrinsèque. Or cet aspect tient pourtant une place centrale dans l'apprentissage des mathématiques à Paris.

Dans sa soif de savoir, Leibniz ne néglige nullement les questions de théorie des nombres, dont on doit se rappeler qu'elles préoccupaient alors nombre de mathématiciens parisiens (Frénicle, dont Mariotte a récupéré les papiers, Prestet, Ozanam, Billy). Or, comme je l'ai déjà rappelé, cette étude a visiblement eu un impact sur la conception des notions primitives puisque c'est dans ce domaine que Leibniz puise le motif d'un doute quant à la possibilité d'en percevoir la distribution (la régularité). Ceci achève notre parcours en indiquant que le problème n'est nullement situé seulement dans le fait que les notions primitives doivent être en nombre infini ou qu'il est particulièrement difficile de les trouver. Plus profondément peut-être, Leibniz suspecte qu'elles pourraient ne pas être saisissables dans une régularité qui permettrait d'en capturer l'infinité dans une description simple. C'est là le troisième motif de doute, peut-être le plus profond, car irrémédiable. Reste alors à comprendre pourquoi cette crise du premier modèle n'a pas mené à un abandon pur et simple du projet d'une caractéristique universelle.

1. Sur l'exemple des nombres premiers, voir E. Knobloch, « Leibniz and the use of manuscripts : text as process », dans *History of Science, History of Text*, Dordrecht, Springer, 2004.

CHAPITRE III

QUESTIONS D'INDIVIDUATION : SIMILITUDE PARFAITE ET SUBSTITUABILITÉ

Ceux donc qui s'enquièrent d'une vérité autre, qu'ils s'enquièrent d'elle ailleurs.

Elementa ad calculum condendum (A VI, 4, 151).

Comme nous l'avons vu dans le chapitre précédent, la fin du séjour parisien est marquée par un changement significatif. Là où le projet initial réclamait une analyse des propositions en leurs éléments derniers, Leibniz reconnaît désormais qu'il s'est trompé sur ce point et qu'une connaissance peut être *parfaite* sans être pourtant analysée en ses termes ultimes. La pratique mathématique de l'époque, et le décrochage progressif du « clair et du distinct » à l'« adéquat » (qui va de pair avec une automisation progressive de la connaissance symbolique ou « aveugle ») jouèrent un rôle décisif dans cette évolution. Ce sont là les prémices de la solution mise en avant dans les *Meditationes* où la rareté (sinon l'impossiblité) d'une attestation par analyse complète est contrebalancée par deux autres stratégies permettant de garantir la véracité de la connaissance symbolique : les démonstrations causales et le recours à l'expérience [1]. Pourtant, dans

1. « Nous connaissons la possibilité d'une chose ou *a priori* ou *a posteriori* : *a priori*, quand nous résolvons la notion en ses éléments ou en d'autres notions dont nous connaissons la possibilité et que nous n'y trouvons aucune incompatibilité ; cela a lieu, par exemple, quand

les *Elementa cogitandi*, ce n'est pas à un processus génétique qu'il s'agit de s'en remettre, à défaut de l'analyse achevée, mais à la *réduction aux identiques*.

Il s'agit là d'une déclaration centrale dans notre parcours. De fait, on ne comprendrait pas en quoi la réduction aux identiques pourrait nous soulager de la nécessité de parvenir aux termes premiers s'il était seulement question de ramener toutes les vérités à la tautologie vide du *A est A*. Bien plus, pour ceux qui considèrent que les mathématiques, via l'arithmétique, peuvent être reconduites à cette vérité élémentaire, cette réduction n'opèrerait pas à défaut : elle serait plutôt un exemple éclatant de la réussite d'une analyse complète des notions (en l'occurrence celle des nombres entiers, qui elles-mêmes pourraient être ramenées en dernière instance à la seule identité logique). Mais pour ceux qui ne croient pas à une telle réduction, la situation n'est guère plus favorable. Car encore faudrait-il expliquer en quoi la réduction aux identiques a pu servir de palliatif face aux difficultés à mener une analyse complète. Ce que je souhaiterais montrer, c'est qu'on ne doit pas se contenter de reconstruire ici une pratique rêvée (selon le mot de Brunschvicg), mais qu'il importe au contraire d'aller regarder si et comment Leibniz a mis en œuvre cette stratégie de « réduction aux identiques ». Pour ce faire, encore faut-il saisir comment le philosophe a lui-même explicité son changement de stratégie. Ce sera l'objet de ce chapitre de détailler ce point. Le suivant décrira la pratique qui en découla.

L'hypothèse de la parfaite similitude

Nous avons vu que le recours au modèle des définitions génétiques est ancien. Dans la *Demonstratio propositionum primarum*, Leibniz opposait déjà aux critiques hobbesienne contre la Symbolique des modernes que celui qui se donnerait un mode de génération (*modus generenda*) de l'hyperbole s'en donnerait une imagination distincte [1]. Mais cette solution se heurte désormais à un nouvel obstacle : dès lors qu'on n'est plus assuré d'avoir à disposition une analyse achevée pour la soutenir, il n'est plus possible de s'assurer de l'existence d'une procédure univoque permettant

nous comprenons de quelle façon la chose peut être produite, et c'est pour cette raison que les *définitions causales* sont particulièrement utiles. Nous connaissons la possibilité de la chose *a posteriori*, quand nous savons par expérience que la chose existe en acte ; car ce qui existe ou a existé en acte est certainement possible » (A VI, 4, 589 ; trad. fr. Schrecker, p. 23-25).

1. A VI, 2, 481, cité supra p. 89.

d'engendrer un objet donné à partir d'éléments premiers. La difficulté est alors, comme le rappelle le *De Synthesi*, que si nous partons d'objets mathématiques complexes (au sens de non primitifs), comme les sections coniques mentionnées dans nos différents textes, il existera souvent plusieurs manières équivalentes de les produire :

> Fonder une hypothèse ou expliquer le mode de production n'est rien d'autre que démontrer la possibilité d'une chose, ce qui est utile, même si souvent la chose considérée n'a pas été engendrée de cette manière. Ainsi la même ellipse peut être comprise comme décrite dans un plan à l'aide de deux foyers et du mouvement d'un fil à l'entour, ou comme une section conique ou cylindrique; et dès qu'on a trouvé une hypothèse ou un mode de génération, on possède une définition réelle, d'où l'on peut tirer d'autres définitions; et parmi celles-ci on pourra choisir celles qui s'accordent le plus à toutes les autres conditions, quand on cherche le mode de production effectif de la chose. [1]

L'attestation de possibilité des objets, qui viendrait soutenir la connaissance « aveugle » ou « symbolique » par l'intermédiaire des définitions réelles se donne donc désormais sous une forme plus problématique puisqu'elle advient sur fond d'une *pluralité* possible des modes d'engendrement. Dans ce qui suit, je voudrais montrer comment ce problème est apparu à Leibniz comme central et en quoi la « réduction aux identiques » pouvait précisément se présenter alors comme une solution à cette difficulté.

Que l'on puisse produire un objet mathématique de plusieurs façons – ou, pour suivre un vocabulaire plus leibnizien, *qu'il ne fasse pas de différence* de le produire de telle ou telle façon – vaut, en effet, comme

1. La suite du passage mérite également d'être citée, car elle introduit deux correctifs à cette indétermination : le premier est le cas où l'on pourrait trouver une genèse commune à tous les modes d'engendrement; elle serait alors un analogue de la « cause prochaine » en mathématiques; le second, sans surprise, est le cas de l'analyse complète dont on notera qu'elle est bien présentée ici comme une *spécification* de la définition réelle : « En outre, parmi les définitions réelles, les plus parfaites sont celles qui s'avèrent communes à toutes les hypothèses ou modes de génération et qui comprennent la cause prochaine, enfin celles par lesquelles la possibilité de la chose se révèle aussitôt, sans présupposition d'aucune expérience et sans démonstration requise de la possibilité de quelque chose. C'est en définitive le cas lorsque la chose se résout en simples notions primitives comprises par soi. C'est cette connaissance que j'ai coutume d'appeler adéquate ou intuitive; car, s'il y avait la moindre incompatibilité, elle apparaîtrait aussitôt, puisqu'il n'y a plus place pour aucune résolution » (A VI, 4, A, 542-543; nous suivons la traduction proposée par F. Duchesneau, *Leibniz et la méthode de la science*, *op. cit.*, p. 77; autre traduction en R 139).

indicateur de ce que la nature de ces entités est d'un type particulier. De fait, elle viole manifestement le principe d'individuation que nous sommes enclins à faire valoir pour les substances réelles (typiquement les individus humains et, plus généralement, les êtres vivants). Ce fait donne à Leibniz l'occasion de revenir sur cette question, qui l'avait intéressée au commencement de sa carrière philosophique [1], mais il va surtout être une étape importante pour une caractérisation des objets mathématiques comme êtres « incomplets ».

Sous cette perspective, en effet, le problème pourra être retourné en solution du fait que les objets mathématiques peuvent précisément se décrire à partir de ces mêmes conditions qui les rendent indiscernables, c'est-à-dire du fait qu'ils se ramènent toujours à des êtres semblables sous un certain point de vue (qui, donc, les caractérise). On pourra alors arrêter l'analyse à une notion d'identité (il y en a *a priori* autant que de points de vue sous lesquels les objets peuvent être indiscernables) qui fera coïncider heureusement termes primitifs et énoncés « identiques » [2]. Dans le chapitre suivant, je montrerai comment cette prise de conscience a conduit à une réforme de la pratique mathématique elle-même en la mettant sous la conduite d'une « analyse des notions » d'un genre nouveau. Dans ce chapitre, j'étudierai la genèse de cette conception et ses enjeux philosophiques.

Nous possédons, en effet, un essai de la fin de période parisienne, intitulé « Méditations sur le principe de l'individu » [3] dans lequel Leibniz aborde ces difficultés de manière frontale. L'aporie sur les modalités d'effectivité de la causalité, support de toute définition génétique, y est posée dès l'ouverture du texte :

1. Comme consigné dans la *Disputatio metaphysica de principio individui* de 1663 (A VI, 1, 11-19). Il s'agit du mémoire que Leibniz a défendu pour l'obtention de son baccalauréat en 1663.

2. Pour fixer les idées, et par anticipation, on pourra garder à l'esprit un exemple sur lequel Leibniz est souvent revenu et que nous détaillerons dans le chapitre qui suit : on peut caractériser la notion primitive de « quantité » à partir de la relation d'égalité (deux choses ont même quantité si elles sont égales), relation qui elle-même peut être éventuellement caractérisée en conjoignant la similitude et la congruence. Sur cette base, nous disposons d'un axiome identique : $a = a$, qui, associé à une loi de substitution (deux choses sont égales si elles peuvent être substituées l'une à l'autre en préservant leur quantité) permet de démontrer les axiomes concernant l'addition et la soustraction des égaux, tels qu'on peut les trouver chez Euclide. Voyez notamment la *Demonstratio axiomatum non identicorum* de 1682-1684 (A VI, 4, 506) sur lequel nous revenons plus loin p. 195.

3. Avril 1676, A VI, 3, 490-491.

Nous disons que l'effet enveloppe sa cause : ceci signifie que celui qui connaît parfaitement un effet quelconque parvient aussi à la connaissance de sa cause. Car il existe dans tous les cas une certaine connexion nécessaire entre la cause pleine et l'effet. S'oppose au contraire à cette proposition le fait que diverses causes peuvent produire parfaitement le même effet. Par exemple si l'on compose comme il convient (comme on le voit ici) deux parallélogrammes ou deux triangles, il en résultera assurément le même carré. Aucun des deux ne pourra être distingué de l'autre d'aucune manière, pas même par le plus sage. (A VI, 3, 490 ; trad. fr. R 20)

Les figures géométriques viennent ici comme objection éventuelle à ce qui constitue pour Leibniz (et restera) l'axiome fondamental réglant la causalité physique : « l'équipollence de la cause pleine et de l'effet entier ». En résulte une aporie : parce qu'elle peut être construite de plusieurs façons sans que cela créé de différence dans l'objet lui-même, une figure comme le carré ne peut pas être dite « envelopper sa cause ». Ceci contredit le principe même de l'équipollence qui nous assure qu'on doit toujours pouvoir remonter de l'effet (entier) à sa cause (pleine). Par la suite, poursuit Leibniz :

il ne sera au pouvoir de personne, pas même du plus sage, à partir d'un carré donné de cette manière, de découvrir sa cause, parce que le problème n'est pas déterminé. Il semble que l'effet n'enveloppe pas sa cause. Pour cette raison, si nous sommes d'autre part certain que l'effet enveloppe bien sa cause, il est nécessaire que le mode de production puisse toujours être discerné dans les carrés produits (A VI, 3, 490; trad. fr. R 20-21) [1].

De manière intéressante, un autre texte, que les éditeurs datent de la même époque, développe une réflexion assez proche, mais sur le fait que l'on ne pourrait pas avoir une même cause produisant deux effets différant par la seule grandeur [2]. L'argument repose alors sur le fait qu'il n'est

1. On remarquera au passage l'apparition d'un autre thème central dans notre cheminement, celui de la « détermination ».

2. *Quia effectus totus involvit causam integram, et vicissim causa integra involvit effectum totum ; id est ut ex sola cognitione effectus possit aliquis venire in cognitionem causae, et ex*

pas possible d'avoir deux objets différant par la seule grandeur qui s'impliquent mutuellement (*mutuo involvere*) de manière causale [1]. Nous reviendrons à cette question, car elle montre que le problème n'est pas seulement lié à la question de la similitude « parfaite » et se pose également pour des ressemblances qui ne vaudraient que sous certains aspects (typiquement pour des différence de grandeur et non de forme) [2]. Par ailleurs, il est remarquable que le principe de raison fasse une apparition dans ce contexte comme autre manière d'interdire les cas d'indiscernabilité dans la nature : « cela peut être démontré autrement de ce qu'on ne peut rendre aucune raison du fait que *a* produise *b* plutôt que *c*, car ils sont tous semblables et diffèrent par la grandeur » [3] – une dérivation dont on se rappelle qu'elle sera encore mise en avant dans la correspondance avec Clarke [4].

La *Meditatio* évolue directement pour sa part vers un second dilemme, lié à l'hypothèse de la « plus grande similitude » [5] et porte directement sur le principe dit par la suite « des indiscernables ». Cette étape du raisonnement découle d'une réponse que l'on pourrait faire au dilemme initial en objectant qu'il ne concerne qu'une situation idéalisée, comme en procurent les mathématiques, où les processus matériels sous-jacents ont été simplement négligés. Ceci amène naturellement Leibniz à revenir à la question du principe d'individuation [6] :

sola cognitione causae in cognitionem effectus, hinc sequitur Causam aliquam non posse producere effectum per omnia similem et sola magnitudine differentem (*De aequipollentia causae et effectus*, A VI, 4, 1963). Voir également la *Catena mirabilium demonstrationum de Summa rerum*... : *Effectus integer aequipollet causae plenae, quia aequatio quaedam debet esse inter causam et effectum, transiens ex uno in aliud. Ea vero consistit in hac aequipollentia, nec alia mensura reperiri posset* (A VI, 3, 584).

1. *Itaque effectus ut* a *non potest producere causam ut* b, *posito* a *et* b *differre sola magnitudine, quia duo sola magnitudine differentia non possunt se mutuo involvere*. De fait, si l'effet entier est équivalent à sa cause pleine, alors, par transitivité, les deux effets doivent être équivalents entre eux également.

2. Comme l'indique le texte, deux entités ne peuvent différer de grandeur que si elles sont déjà parfaitement semblables – ou, préciseront d'autres textes, si elles peuvent être transformées l'une et l'autre en entités semblables (A VI, 4, 1987). Dans l'un et l'autre cas, on se trouve donc reconduit à la difficulté touchant à la « parfaite similitude ».

3. *Idem aliter probari potest ex eo, quod reddi ratio nulla potest cur a producat b potius quam c, omnia enim similia sunt, et magnitudine differunt* (A VI, 4, 1963).

4. GP VII, 364; 393; 395.

5. Pour reprendre l'expression de la *Confessio Philosophi* (*hypothesis summae similitudinis* A VI, 3, 147) où est mentionné l'exemple des deux œufs identiques que pas même un ange ne pourrait distinguer.

6. Outre sa thèse de philosophie, Leibniz y était déjà revenu peu auparavant, comme nous l'avons rappelé, dans la *Confessio Philosophi* de 1673 (A VI, 3, 115-149).

> En vérité, si nous ne reconnaissons pas qu'il est impossible que deux choses soient parfaitement semblables, alors le principe d'individuation est à l'extérieur de la chose, dans sa cause. Et dans ce cas l'effet n'enveloppe pas sa cause selon sa raison spécifique, mais selon une raison individuelle, si bien qu'une chose ne diffère pas d'une autre en soi. (A VI, 3, 490-491)

Le recours au processus matériels ou une causalité externe ne règlerait donc pas la question si l'on maintient que les deux résultats sont parfaitement semblables. Ce serait un simple saut sur place. Dans ce cas, en effet, deux objets indiscernables, comme nos deux carrés, ne pourraient être distingués que par des facteurs extérieurs, mais comme ces facteurs comprennent les processus causaux qui les ont engendrés (au titre de la *ratio individuale*) et que l'effet enveloppe sa cause, nous retomberons sur le même problème : l'effet (les résultats indiscernables) ne saurait être équipollent à sa cause pleine (les processus différents). D'où sans surprise, la solution qui semble se dégager de cette série de paradoxes et où nous retrouvons un argument qui persistera jusqu'aux derniers moments de l'œuvre : « Si au contraire nous reconnaissons que deux choses différentes diffèrent toujours en soi sous un certain rapport, il suit que dans toute matière est présent quelque chose qui retient l'effet de l'état antérieur, à savoir l'esprit » (A VI, 3, 491). Ainsi deux carrés parfaitement semblables, vus comme entités matérielles, ne le seront pas réellement parce que la matière est inséparable d'une forme de « mémoire » des processus d'engendrement.

La conclusion que Leibniz tire de ce développement est que la matière ne peut donc pas être assimilée à la simple étendue homogène du géomètre et qu'il faut faire intervenir une composante spirituelle [1]. Mais il est une autre conséquence de cet argument qui est de première importance pour nous : d'une part, on le voit, le processus d'engendrement des objets mathématiques n'advient que sur fond de « parfaite similitude » – c'est le point qui est resté hors de discussion dans la suite des alternatives et qui fonde la conclusion où la matière réelle devra justement être distinguée de la simple étendue mathématique (en opposition à Descartes) ; d'autre part, cette in-discernabilité (*nullo poterit discerni modo*) et cette homogénéité

1. « Ce raisonnement est très beau. Il prouve que la matière n'est pas homogène et que nous ne pouvons pas vraiment penser ce par quoi elle diffère, si ce n'est par l'esprit. Le plus profond de notre esprit est présent à lui-même et à la matière. Rien par suite ne peut être introduit dans l'un ou l'autre, que nous ne puissions comprendre d'une manière ou d'une autre. Ce principe est d'une grande importance » (R 21).

caractéristique des êtres mathématiques *s'oppose* directement à un des traits attribués aux êtres existant dans la nature (et plus largement à tout être « réel », pour autant que nous lions réalité et principe de raison suffisante.).

La distinction est rendue parfaitement explicite dans un texte de la même époque qui porte, cette fois, sur le concept de substance et mobilise de manière très intéressante une autre notion appelée à jouer un rôle central dans la métaphysique leibnizienne, celle d'entité *complète*[1] :

> La Substance, c'est-à-dire l'Être complet, est pour moi ce qui seul enveloppe toutes choses, c'est-à-dire pour lequel il n'est besoin de comprendre rien d'autre afin d'en avoir une intelligence parfaite. Ceci n'est pas le cas de la figure, car pour que nous comprenions d'où a été produite une figure de cette façon, il faut recourir au mouvement.
>
> Tout Être complet ne peut être produit que d'une seule manière : ceci est une indication suffisante de ce que les Figures, parce qu'elles peuvent être produites de diverses manières, ne sont pas des Êtres complets (*Remarques métaphysiques*, décembre 1676; A VI, 3, 400.)

La distinction entre entité complète et incomplète était répandue dans la métaphysique de l'époque, notamment pour qualifier la différence entre la substance et les attributs ou modes (c'est-à-dire ce qui n'existe pas hors d'un sujet), et Leibniz y réfère à l'occasion[2]. Mais il est très remarquable que le philosophe perçoive au cours de sa réflexion que la nature des entités

1. On pourra également remarquer que le passage du *Discours de Métaphysique*, qui développe une argumentation très semblable à la *Meditatio* sur le fait qu'il faut ajouter à l'étendue quelque chose « qui aye du rapport aux ames », insiste encore sur l'opposition à la substance : « On peut même demonstrer que la notion de la grandeur de la figure et du mouvement n'est pas si distincte qu'on s'imagine, et qu'elle enferme quelque chose d'imaginaire, et de relatif à nos perceptions, comme le font encor (quoyque bien d'avantage) la couleur, la chaleur, et autres qualités semblables dont on peut douter si elles se trouvent veritablement dans la nature des choses hors de nous. C'est pourquoy ces sortes de qualités ne sçauroient constituer aucune substance. Et s'il n'y a point d'autre principe d'identité dans les corps que ce que nous venons de dire, jamais un corps [ne] subsistera plus d'un moment. » (A VI, 4, 1545).

2. Pour la période qui nous intéresse, voyez notamment les notes que Leibniz prend sur Dalgarno en 1673 : A VI, 3, 176. Mais cette distinction revient très souvent sous sa plume dans le contexte des classifications métaphysiques dans les années qui suivent. Elle est encore apparente au moment de l'introduction de la notion d'« être complet » dans le *Discours Métaphysique* : « Cela estant, nous pouvons dire que la nature d'une substance individuelle, ou d'un Estre complet, est d'avoir une notion si accomplie, qu'elle soit suffisante, à comprendre et à en faire deduire tous les predicats du sujet à qui cette notion est attribuée. Au lieu que l'accident est un estre dont la notion n'enferme point tout ce qu'on peut attribuer au sujet à qui on attribue cette notion. » (A VI, 4, 1540).

mathématiques est du second type, ce qui en fait des objets d'un genre très particulier. D'un côté, en effet, les objets mathématiques dépendent de sujets réels et ont une nature apparentée à celle des modes et des relations [1] ; d'un autre côté, contrairement aux attributs et modes, ils peuvent être *individués* d'une manière qui ressemble à celle des substances, *instar substantiae* selon l'expression d'une des listes de définitions des années 1680 [2]. Ceci n'est pas sans rapport avec les réflexions que Leibniz mène sur la grammaire rationnelle et le fait qu'un abstrait peut se trouver en position substantive. Cette approche entraîne néanmoins quelques hésitations sur les rapports abstrait/concret, le texte cité rangeant les termes mathématiques du côté des concrets (incomplets) [3].

La force de Leibniz aura été de percevoir que ce type particulier d'individuation avait ceci de particulier qu'elle opérait sur fond d'*indiscernabilité*, à la différence de ce qui concerne les substances. Pour le problème qui nous occupe, cette remarque est cruciale puisqu'elle ouvre à un format différent de notions primitives. Leibniz répètera souvent par la suite que

1. Comme nous l'avons vu, Leibniz lui-même fait à l'occasion le rapprochement : *Numeri, modi, relationes non sunt Entia* (A VI, 3, 463). Le rapprochement des entités mathématiques et des modes est encore présent dans les *Nouveaux essais* dans un des passages où Leibniz mentionne l'exemple du décaèdre régulier : « Mais cela a lieu encore dans les Modes, non seulement quand leur obscurité nous est impenetrable, comme il arrive quelques fois dans la physique ; mais encore quand il n'est pas aisé de la penetrer, comme il y en a assés d'exemples en Geometrie. Car dans l'une et dans l'autre de ces sciences il n'est pas en notre pouvoir de faire des combinaisons à notre fantaisie, autrement on auroit droit de parler des Decaedres reguliers ; et on chercherait dans le demicercle un centre de grandeur, comme il y en a un de gravité. Car il est surprenant en effet que le premier y est, et que l'autre n'y sauroit etre. » (NEEH III, 6 § 28 ; A VI, 6, 321).

2. A VI, 4, 400.

3. Substantia *est concretum completum, ut Homo aliquis verbi gratia, Caesar.* Accidens *est abstractum incompletum. Abstractum completum est ipsa Essentia Substantiae, verbi gratia Lentuleitas ; concretum incompletum est Ens aliquod Mathematicum quod instar substantiae concipimus, ut Spatium, Tempus* (A VI, 4, 400). On rappellera à ce propos que les *Generales Inquisitiones* s'ouvre par la déclaration selon laquelle l'ensemble du dispositif suppose que la prédication ne portera que sur des termes *concrets* (A VI, 4, 739 ; trad. fr. R 201, cité plus bas 229). Or le texte n'a aucun problème à mentionner des termes comme *extensum* ou *situs* comme termes simples (A VI, 4, 745) ou à prendre des exemples d'énoncés comme *triangle est identique à trilatère* (A VI, 4, 746), *le cercle est uniforme* (A VI, 4, 778).

les notions des êtres mathématiques sont incomplètes [1], caractéristique des êtres abstraits [2].

Que ces questions soient profondément liées au principe des indiscernables (et au principe de raison suffisante qui le justifie théologiquement) est une des thèses centrales que mettront en avant les *Principia Logicometaphysica* de 1689 :

> *Il ne peut y avoir dans la nature deux choses singulières qui ne diffèrent que numériquement.* Car il faut qu'on puisse en tout cas rendre la raison pour laquelle elles sont diverses, qui doit être tirée de quelque différence entre elles. C'est pourquoi ce que Saint Thomas a reconnu des intelligences séparées, dont il affirmait qu'elles ne diffèrent jamais par le seul nombre, doit se dire aussi des autres choses : et jamais ne se trouvent deux oeufs, ni deux feuilles, ou deux graines dans un jardin, parfaitement semblables l'une à l'autre. *Par conséquent, la similitude parfaite n'a lieu que dans les notions incomplètes et abstraites, où les choses sont prises en compte non à tous égards, mais selon une manière déterminée de les considérer* : par exemple, quand nous considérons exclusivement les figures, nous négligeons bien la matière figurée ; c'est pourquoi deux triangles peuvent à juste titre être tenus pour semblables par un géomètre, quoiqu'il ne se trouve nulle part deux triangles matériels parfaitement semblables. Et bien que l'or ou d'autres métaux, les sels aussi et bien des liqueurs passent pour des corps homogènes, cela ne peut être admis pourtant qu'en gros et n'est pas en fait exactement vrai. [3]

1. Outre les textes cités ci-dessous, on pourra également se référer à la lettre à Arnauld de juin 1686 : « la notion de la sphere en general est incomplete ou abstraite, c'est à dire on n'y considere que l'essence de la sphere en general ou en theorie sans avoir egard aux circomstances singulieres ». Ce cas est alors constrasté avec l'instantiation matérielle d'une sphère « mais la notion de la sphere qu'Archimede a fait mettre sur son tombeau est accomplie et doit enfermer tout ce qui appartient au sujet de cette forme » (A II, 2, 45).

2. Dans les *Nouveaux essais* encore, Théophile s'en prendra aux « notions incomplètes des philosophes, comme le vide, les atomes et le repos ou absolu ou respectif des deux parties d'un tout entre elles ». Il précise alors : « Les choses uniformes, et qui ne renferment aucune variété, ne sont jamais que des abstractions, comme le temps, l'espace *et les autres êtres des mathématiques pures*. Il n'y a point de corps dont les parties soient en repos, et il n'y a point de substance qui n'ait de quoi se distinguer de toute autre » (NEEH II, 1, § 2 ; A VI, 5, 109-110. Voir également A VI, 6, 57).

3. A VI, 4, 1645 ; trad. fr. R 460-461. Je souligne. Cette thèse conduit à deux autres thèses centrales de la métaphysique leibnizienne : « il n'y a pas de dénominations purement extrinsèques » et « la notion complète ou parfaite d'une substance singulière enveloppe tous ses prédicats passés, présents et futurs ». Même déclaration dans la correspondance avec Arnaud : « or quoyque je demeure d'accord qu'une parfaite ressemblance a lieu dans les

Que la question de la production in-différente des figures ait joué un rôle séminal dans cette théorie est encore attesté au tournant du siècle dans l'échange avec De Volder :

> j'avais déjà établi dans des choses incomplètes, comme les lignes et les figures qu'il peut y en avoir une semblable à l'autre, même si elles sont engendrées par des causes diverses comme l'Ellipse produite par la section du cône est semblable à l'Ellipse décrite par le mouvement dans un plan, mais que dans les choses complètes cela ne peut avoir lieu, et ainsi une substance n'est pas parfaitement semblable à une autre, la même substance ne peut pas être générée de plusieurs manières [1].

On remarquera que l'exemple cité ouvre à une coïncidence parfaite, c'est-à-dire que l'on peut envisager en mathématiques, comme l'avancera explicitement un texte sur lequel nous reviendrons par la suite [2], des entités ne différant même pas *solo numero* (par exemple la même ellipse vue comme section du cone ou comme engendrée par le mouvement d'un point autour des foyers à l'aide de la construction par fils dite « des jardiniers »).

Ajoutons que, de manière très intéressante, une distinction comparable à celle qui se trouve dans notre texte apparaît justement dans un des textes où Leibniz contraste « démonstration parfaite » des vérités et obtention de « concepts parfaits » :

> De la différence entre les concepts imparfaits et parfaits. Où l'on confronte la difficulté pascalienne sur la résolution sans fin [3] et où il est montré que *les démonstrations parfaites des Vérités ne requièrent pas des concepts parfaits des choses*. Le signe d'un concept imparfait est le suivant : s'il est possible de donner plusieurs définitions de la même chose sans que l'une puisse être démontrée à partir de l'autre, ou encore si la vérité à propos de cette chose repose sur une expérience, dont on ne peut donner une démonstration. (A VI, 4, 974, 1688. Je souligne)

notions incompletes, par exemple on peut concevoir deux figures parfaitement semblables, je soutiens neantmoins, et je le deduis manifestement des principes susdits que cela ne se sçauroit rencontrer dans les substances » (A II, 2, 58).

1. trad. fr. A-L. Rey, dans G. W. Leibniz, *Leibniz/De Volder. Correspondance : L'ambivalence de l'action*, éd. Anne-Lise Rey, Paris, Vrin, 2016, p. 195.

2. Voir le texte cité p. 283.

3. Allusion au début de l'opuscule *De l'esprit géométrique*, où Pascal conclut du fait qu'il faut définir tous les termes qu'on utilise et démontrer toutes les vérités qu'on mobilise : « Certainement cette méthode serait belle, mais elle est absolument impossible : car il est évident que les premiers termes qu'on voudrait définir en supposeraient de précédents pour servir à leur explication, et que de même les premières propositions qu'on voudrait prouver en supposeraient d'autres qui les précédassent ; et ainsi il est clair qu'on n'arriverait jamais aux premières » (B. Pascal, *Oeuvres complètes*, *op. cit.*, p. 395).

De fait, le cas des définitions multiples recouvre celui d'une pluralité de définitions causales, telle qu'évoqué par le *De Synthesi* ou la correspondance avec De Volder, et donc la diversité des modes d'engendrement [1]. Le point important est qu'à l'aune de ces textes, nous disposons donc d'un critère *distinctif* des objets mathématiques : deux êtres complets ne peuvent jamais être parfaitement identiques et, réciproquement, deux objets parfaitement semblables (au moins selon un certain point de vue), comme le sont les objets mathématiques, sont nécessairement incomplets [2].

Ces considérations rejoignent un thème abordé dans le chapitre précédent à propos du caractère fictionnel (ou « imaginaire ») des objets mathématiques, mais en le généralisant. Ceci va nous permettre de pénétrer un peu plus dans la nature singulière de l'abstraction mathématique au sens que lui donne Leibniz. Un objet géométrique comme le cercle est pris, on l'a vu, dans un régime qu'on pourrait appeler d'in-différence au sens où il ne nous est pas possible de distinguer, au niveau perceptif, un cercle parfait d'un polygone avec un très grand nombre de côtés. C'est ce que nous voulons dire lorsque nous disons qu'un cercle *est* un polygone à un nombre infini de côtés : non pas qu'un tel nombre infini de côtés peut exister (il n'existe rien de tel qu'un nombre infini), mais qu'on peut toujours trouver un nombre plus grand que celui qu'on voudrait assigner à un polygone à un nombre fini de côtés de sorte que sa différence avec le cercle devienne imperceptible.

Ainsi l'indistinction phénoménologique a un corrélat mathématique rigoureux dans l'idée de différence inassignable (c'est-à-dire, que l'on peut rendre plus petite que tout écart donné). Ceci peut s'entendre de deux façons que Leibniz convoque l'une et l'autre à l'occasion : on peut soutenir,

1. Certes, dans le *De Synthesi*, Leibniz mentionne le fait qu'une définition qui serait commune à toutes les hypothèses est possible, et serait la plus parfaite, mais il ne dit nullement que cela est *toujours* possible et n'en donne d'ailleurs pas d'exemple.

2. Voir par exemple les *Definitiones notionum metaphysicarum et logicarum* de 1685 : « Deux choses congruentes sont indiscernables, même si elles sont rapportées l'une à l'autre, comme le sont deux cercles décrits par la même ouverture de compas dans deux plans différents. De là découle toujours que si elles sont différentes, elles sont incomplètes. » (A VI, 4, 627 ; la fin du passage signifie qu'il faut que l'on puisse assurer la diversité des objets par ailleurs, un problème que nous retrouverons par la suite en étudiant l'engendrement de la différence par le « nombre »). Réciproquement, rappellent les *Generales Inquisitiones* : « deux entités complètes ne sont jamais semblables » (*duo completa nunquam sunt similia*, A VI, 4, 759). La question de savoir si l'on peut mettre en équivalence êtres incomplets et êtres susceptibles de parfaite similitude est une question complexe – que nous laisserons pour cette raison hors de cette étude – du fait de l'existence d'abstraits hors des mathématiques.

tout d'abord, qu'il n'y a pas moyen de savoir s'il existe un cercle parfait « dans la nature » parce que nous ne pouvons jamais distinguer, au niveau perceptif, un polygone à un très grand nombre de côtés et un cercle [1] ; mais on peut soutenir également que cette indistinction opère de l'intérieur des mathématiques, au sein des entités abstraites elles-mêmes, puisque c'est elle qui permet, depuis Archimède et Euclide, de déployer une « géométrie de l'infini » [2]. Qu'on puisse toujours produire une différence plus petite que toute différence assignable ou perceptible est, en effet, le ressort implicite de toute preuve « par exhaustion ». Ce second niveau est celui qui fonde les réflexions de 1676 et les procédés de la *Quadratura* : deux choses qui ne diffèrent que « minimalement » [3] doivent être considérées comme égales – ou encore, et de manière plus rigoureuse : deux choses dont on ne peut détecter la différence par aucune grandeur, aussi petite soit-elle, ne sont pas discernables sous le point de vue de la quantité et doivent donc être dites « égales ». Nombre de faux-problèmes attachés à la notion d'infiniment

1. Dès l'époque du *De Summa rerum*, Leibniz soutient qu'il n'y a pas de cercle réel parfait parce que sa doctrine physique suppose la réalité des *conatus* qui sont des composantes linéaires du mouvement, *cf.* A VI, 3, 492 et 494. Toute courbe est donc, dans la nature, un polygône à une infinité de côtés. Il maintient cette thèse dans des textes plus tardifs sur la base du principe des indiscernables (la prochaine citation en donnera un témoignage explicite daté de 1702). Le point clef, sur lequel il nous faudra revenir, est que la fiction ne tranche pas sur ces questions, c'est-à-dire qu'elle reste neutre quant à l'existence d'une entité *réelle* correspondante (dans notre cas, des sollicitations infiniment petites ou *conatus*). C'est bien pourquoi Leibniz répètera souvent que « Les Mathématiciens cependant n'ont point besoin du tout des discussions métaphysiques, ni de s'embarrasser de l'existence réelle des points, des indivisibles, des infiniment petits, et des infinis à la rigueur » (GP IV, 569, « Réponse aux réflexions contenues dans la seconde Edition du Dictionnaire Critique de M. Bayle, article Rorarius, sur le système de l'Harmonie préétablie »). Voir également À Varignon, 2 février 1702 (A III, 9, 10).

2. Il est très important de remarquer que le caractère « fictionnel » d'une entité est donc relatif puisqu'il peut s'entendre entre un objet mathématique et une entité réelle (au sens, comme le dit souvent Leibniz, de existant « dans la nature ») ou entre deux objets mathématiques, auquel cas Leibniz n'hésitera pas à qualifier l'un des deux de « réel ». C'est pourquoi d'ailleurs, « idéal » peut être parfois utilisé en synonymie à fictionnel : « Pour dire le vray, je ne suis pas trop persuadé moy même, qu'il faut considerer nos infinis et infiniment petits autrement que comme des choses ideales ou comme des fictions bien fondées. » (à Varignon, 20 juin 1702, GM IV, 110). Pour une explicitation de ces usages de la fiction, voir D. Rabouin, « Can one be a fictionalist and a platonist at the same time ? Lessons from Leibniz », *op. cit.*

3. Étant bien entendu qu'à strictement parler, il n'y a justement pas de grandeur « minimale », pas plus qu'il n'y en a de plus grande et qu'il s'agit là d'une fiction.

petits trouvent d'ailleurs ici leur résolution – un point sur lequel il nous faudra revenir par la suite.

Remarquons que le lien entre la thématique des fictions (ou des imaginaires [1]) et la question de l'incomplétude des notions (ou de leur indétermination) est encore central dans la célèbre lettre à Sophie où Leibniz mentionne l'anecdote qu'il aime tant à propos des feuilles du jardin de Herrenhausen :

> V. A. E. l'avoit bien connu, lorsqu'elle dit à feu M. d'Alvenslebe dans le jardin de Herrenhausen de voir s'il trouveroit deux feuilles dont la ressemblance fût parfaite, et il n'en trouva point. Il y a donc tousjours divisions et variations actuelles dans les masses des corps existens, à quelque petitesse qu'on aille. C'est nostre imperfection et le defaut de nos sens, qui nous fait concevoir les choses physiques comme des estres Mathematiques, où il y a de l'indeterminé. Et l'on peut demonstrer qu'il n'y a point de ligne ou de figure dans la nature, qui donne exactement et garde uniformement par le moindre espace et temps les proprietés de la ligne droite ou circulaire, ou de quelque autre dont un esprit fini peut comprendre la definition. L'esprit en peut concevoir et mener par l'imagination à travers des corps, de quelque figure qu'ils soyent et quelque ligne qu'on veuille s'imaginer, comme l'on peut joindre les centres des boules par des droites imaginaires, et comme l'on conçoit des Axes et des Cercles dans une sphere qui n'en a point d'effectifs. Mais la nature ne peut point, et la sagesse divine ne veut point tracer exactement ces figures d'essence bornée qui presupposent quelque chose d'indeterminé et par consequent d'imparfait dans les ouvrages de Dieu. (À la princesse Sophie, 1702, A I, 25, 171)

On perçoit alors un motif important du divorce entre analyse des notions et analyse des vérités qui va jouer un rôle essentiel pour la suite de nos réflexions : les objets mathématiques et les entités réelles *ne correspondent pas au même type de notions*. Il est donc illusoire de rêver d'une analytique générale qui en traiterait de manière uniforme. Comme nous le verrons dans le chapitre 5, ce divorce est intimement lié à l'intervention de l'imagination et son lien consubstantiel avec l'indiscernabilité (au sens de l'incapacité à faire certaines distinctions). Les *Elementa rationis* le rappellent avec force en 1686 :

> La plus grande partie, et de loin, des pensées humaines, concerne ce qui ne peut en aucune manière être ou montré par des modules corporels,

1. Leibniz utilise régulièrement ces deux désignations en équivalence, *cf.* R. T. W. Arthur et D. Rabouin, *Leibniz on the Foundations of the Differential Calculus*, *op. cit.*, chap. 3.

> ou peint par des figures ; aussi les hiéroglyphes des Égyptiens et les petites images des Mexicains consistent-ils d'ordinaire en métaphores, et peuvent-ils aider la mémoire plutôt que la raison. Ainsi Dieu, et les Esprits, avec tout ce qui touche à l'entendement et à la volonté, les affects, vertus et vices, et toutes les autres qualités de l'esprit, mais surtout la puissance, l'action et le mouvement lui-même, aucune imagination ne peut les atteindre, quoiqu'ils produisent un effet sur les choses imaginables. (...) [1] *C'est donc ici qu'il manque une analyse des notions* (A VI, 4, 723-724 ; trad. fr. R 153. Je souligne)

On ne saurait être plus clair sur le lieu où l'analyse des notions a fait défaut et sur les raisons de cet échec. Mais l'important pour nous est que cet échec soit contrasté avec une *réussite* : « Mais en vérité, si l'usage de la *mathesis* réussit à merveille dans les domaines qui peuvent tomber sous les yeux, dans ceux qui par soi ne sont pas soumis à l'imagination on a jusqu'à présent travaillé avec un moindre succès » (A VI, 4, 721-722 ; trad. fr. R 151). De fait, le divorce qui s'opère à la fin du séjour parisien est la rançon d'un succès qu'il nous faut maintenant expliquer.

Que venons-nous de constater ? qu'un objet mathématique est pris dans un régime de « parfaite similitude », c'est-à-dire dans un régime d'*identification*. Mais cela veut dire que nous pouvons espérer *caractériser* certaines notions mathématiques (et peut-être même toutes ces notions puisqu'elles sont toutes incomplètes) par le type d'identification qu'elles mobilisent (ou, ce qui revient au même, le type de différence qu'elles ne parviennent pas à détecter). Sous réserve d'élaborer de telles définitions, nous parviendrions donc à conjoindre de façon inespérée analyse des notions, remontée aux définitions et réduction aux « identiques » (puisque deux objets qu'on ne sait discerner sous un point de vue sont identiques sous ce point de vue). Or c'est exactement ce nouveau type d'analyse des notions que Leibniz dit avoir entrevu :

> (...) dans la géométrie elle-même, ou mieux encore dans le calcul spécieux des mathématiciens, on peut, à partir des notions métaphysiques [2] relatives au semblable et au déterminé, découvrir, avec une économie admirable, bien des choses que les Géomètres extraient en général à grand-peine et par de nombreux détours à partir de la seule notion du tout et de la partie ou de l'égal et du congruent. Aussi vois-je qu'un genre nouveau

1. Comme deuxième exemple, Leibniz mentionne les « notions communes » : le possible, l'ordre ou la durée.

2. Je reviendrai plus bas sur les raisons pour lesquelles Leibniz peut qualifier ces notions de « métaphysiques ».

> d'analyse mathématique peut être inventé, complètement différente de celle de Viète. (A VI, 4, 722 ; trad. fr. R 152)

Comme nous allons le voir, cette approche est typique de la stratégie qui se met en place dans l'exploration des mathématiques à partir de la fin du séjour parisien et dont je tiens qu'elle fonde la manière dont il faudra entendre la « réduction aux identiques » par la suite. Il s'agit de généraliser un système qui ne se limiterait plus aux formes habituelles de l'identité mathématique, données par l'égalité et la congruence, mais s'élargirait à d'autres formes de ressemblances qui satisfont les propriétés formelles des « identiques » (Leibniz fait allusion à ces propriétés en pointant vers les relations de « détermination » et de « similitude » sur lesquelles je reviendrai). Mais avant d'étudier comment a été mise en œuvre cette stratégie, nous devons encore revenir aux *Elementa cogitandi*. En effet, le texte ne se contente pas d'avancer qu'on peut obtenir une analyse parfaite en se ramenant aux identiques. Il déploie toute une réflexion sur la manière dont les identiques agissent dans le discours. À cette occasion, Leibniz va introduire un second ingrédient essentiel à côté de l'indiscernabilité : celui de la substitution.

Identiques et substitution

Après avoir avancé que « la démonstation est parfaite dès que l'on est parvenu aux identiques », les *Élements de la pensée* proposent une analyse des raisonnements où se trouve justifié ce rôle des « identiques ». Elle va nous fournir des éléments très importants pour la suite de notre étude. Le cadre original dans lequel Leibniz se place est une analyse de type dialogique [1], où les différents interlocuteurs doivent se tenir à certaines règles. Au premier chef, il est nécessaire que les participants fixent le sens de certains termes, ce qui signifie qu'un mot qu'on aura défini doit pouvoir toujours être remplacé par sa définition sans produire de contradiction [2].

1. Cet aspect est particulièrement net dans la seconde partie du texte où Leibniz se place dans le cadre d'individus participant à un *colloquium* (Concedendae *propositiones sunt, quas homines qui colloquntur concedere convenere* et, plus loin, *vicissim auditorem his assentiri necesse erat, si modo colloqui vellet*) et multiplie les références à des situations d'interlocution (*Sunt ergo propositiones concedendae, et* ex ipsa sermonis necessitate, *A est BC,* declarante loquente *se semper permissurum, Denique* quoties mihi loquor, *concedenda apud me propositio est,* etc.). A VI, 3, 505-506.

2. A VI, 3, 504. Que l'analyse porte sur le raisonnement est rendue manifeste par le début du paragraphe qui décrit les sophismes comme manière déformée de parler : *Omnia*

Cette entrée en matière est intéressante, car elle spécifie le type de norme dont il est question : rien n'empêche évidemment qu'une contradiction se produise au cours d'un dialogue lorsque nous rétablissons le sens des mots utilisés. Dans ce cas se fait jour une réfutation potentielle du discours du proposant. La « loi » que Leibniz met ici en avant est donc avant tout une norme pratique. Or cette détermination rejaillit sur l'appréhension du principe d'identité qu'il met alors en avant. De manière remarquable, Leibniz insiste, en effet, sur *la mise à l'écart de sa portée ontologique* : « Est en premier lieu manifeste ou nécessaire que toute chose est ce qu'elle est, ou n'est pas ce qu'elle n'est pas. *Je ne dis pas que quelque chose comme cela existe réellement*, mais je dis que nous appelons nécessaires les propositions : *A est A, A n'est pas non-A, si A est BC et C est DE, alors A est BDE* »[1].

Cette approche se manifeste également dans le traitement des propositions et des raisonnements qui se trouvent ramenés à des coups dans un jeu gouverné par la règle de substitution. C'est particulièrement net dans la définition de la proposition, « car dire *A est B* signifie seulement : *je permets que B soit substitué à A* »[2]. On notera le « je permets » (*ego permittam*) qui donne un sens tout à fait particulier à la « nécessité » engagée ici[3]. Le slogan ancien selon lequel les démonstrations ne sont que des « chaînes de définitions » prend alors un sens nouveau : « *Raisonner*, c'est former une proposition à partir d'autres propositions données en substituant à l'un des termes de l'une d'entre elles son prédicat pris dans une autre ». Par ailleurs, nous trouvons bien ici une manière de reprendre le slogan de la *Demonstratio propositionum primarum* : « ceux qui possèdent l'art d'user des mots adéquats de manière constante, ont coutume de raisonner adéquatement » ; la différence, sur laquelle nous avons déjà insisté, est qu'il s'agit alors de s'appuyer sur la seule réduction aux identiques : « *prouver* une proposition,

sophismata veterum pariter et recentiorum veniunt a detorta loquendi ratione. À l'opposé, Leibniz propose la « loi » suivante : *Nimirum, si quis loqui velit, is explicare debet ante omnia, quid vocabulo intelligat, et hanc observare legem, ut ne substituta definitione in locum definiti pugnantia oriantur; sed contra efficere, ut substituta definitione in locum definiti manifesta sive necessaria oriantur.*

1. A VI, 3, 505 ; trad. fr. R 22 modifiée. Je souligne le *Non dico in re quiddam tale esse*.

2. A VI, 3, 505.

3. Même expression dans la définition de la proposition donnée un peu avant : *A est BC, declarante loquente se semper permissurum, ut BC pro A substituatur.*

c'est donc faire en sorte qu'on s'en serve de manière constante [1], *c'est-à-dire* qu'on substitue le sujet au prédicat » (je souligne).

Cette approche dialogique des identiques et, plus généralement, du raisonnement, n'est pas un phénomène isolé chez Leibniz même si elle est rarement mise en avant – surtout quand on s'intéresse à la logique et aux mathématiques [2]. Ainsi un texte du début de la période de Hanovre, précisément attaché à élucider les « fondements du calcul », insiste-t-il sur le fait que l'acceptation du principe d'identité est une norme du discours en dehors de laquelle il n'y a pas de dialogue rationnel possible (de *disputatio*). Après avoir posé l'identique sous sa double forme *a est a* ou *ab est a* (dans le cas où *b* est un qualificatif de *a*), Leibniz avance, en effet :

> une *affirmation vraie* est : *c* est *d*, étant posé que *c* est équipollent à *ab* et *d* équipollent à *a*. De là il découle que l'identique est aussi vraie puisque, assurément, à la place de *c* écrit au début, il y a *ab*, et à la place de *d*, *a*. Il en découle également que l'identique est vraie par soi, les autres [propositions] étant reconductibles aux identiques. Si quelqu'un doute du fait que les propositions identiques soient vraies, c'est-à-dire qu'animal est animal, je préfère ne pas discourir avec lui. Car nous disputerions en vain. Même si je prouvais quelque chose, il répondra en effet qu'elle n'est pas. Ceux donc qui s'enquièrent d'une vérité autre, qu'ils s'enquièrent d'elle ailleurs [3].

En un sens, ces idées sont anciennes : d'un côté, le lien de la définition à la substitution avait déjà été mis en avant par Pascal, suivi par la *Logique de Port Royal*, comme critère pour débusquer les équivoques [4] ; de

1. *ea constanter utatur*. À comparer au *eos qui artem tenent verbis aptis constanter utendi* de la *Demonstratio* (A VI, 2, 481).

2. Sur cet aspect de la pensée de Leibniz, voir M. Dascal, *Gottfried Wilhelm Leibniz : the art of controversies*, Dordrecht, Springer, 2007.

3. Affirmatio vera *est :* c *est* d *posito* c *aequipoll.* ab *et* d *aequipoll.* a. *Hinc patet identicam etiam esse veram cum scilicet loco* c *scriptum* ab *initio est* ab, *et loco* d *scriptum* a. *Patet etiam identicam esse per se veram, caeteras autem quatenus ad identicas revocantur. Si quis dubitat an propositiones identicae si[n]t verae, seu an animal sit animal, cum eo sermonem mihi esse nolo. Nam frustra disputabimus, etiamsi enim probem rem aliquam esse, respondebit ille eam etiam non esse. Qui ergo aliam quaerunt veritatem, eam alibi quaerent*. (A VI, 4, 151)

4. Voir *De l'esprit géométrique* : « D'où il paraît que les définitions sont très libres, et qu'elles ne sont jamais sujettes à être contredites ; car il n'y a rien de plus permis que de donner à une chose qu'on a clairement désignée un nom tel qu'on voudra. Il faut seulement prendre garde qu'on n'abuse de la liberté qu'on a d'imposer des noms, en donnant le même à deux choses différentes.

l'autre, Leibniz lui-même avait produit dans la *Demonstratio* un exemple de preuve d'un « axiome » qui peut se réduire à des définitions (en l'occurrence du « grand » et du « petit ») et à une proposition identique : il s'agit de la fameuse démonstration, inspirée de Hobbes, du fait que « le tout est plus grand que la partie ». Il donnait par ailleurs dans ce texte des exemples de démonstrations comme chaîne de définitions (*Demonstratio seu Connexio Definitionum*) [1] en utilisant le mécanisme de la substitution et concluait : « de là découle que tout raisonnement consiste en une substitution continue des équipollents à partir du tout ou de la partie » [2].

Abordant dans l'*Accessio* la question de la démonstration des axiomes, suscitée par les apparentes exceptions au « tout plus grand que sa partie », et la transposant aux autres « notions communes » euclidiennes [3], Leibniz avait même déjà avancé un des ingrédients les plus importants de la pratique substitutionnelle sous la forme de la caractérisation suivante : « les égaux sont ceux dont la quantité est la même, *c'est-à-dire qu'on peut substituer l'un à l'autre en préservant la quantité* » [4]. Mais le trait singulier

Ce n'est pas que cela ne soit permis, pourvu qu'on n'en confonde pas les conséquences, et qu'on ne les étende pas de l'une à l'autre.
Mais si l'on tombe dans ce vice, on peut lui opposer un remède très sûr et très infaillible ; c'est de substituer mentalement la définition à la place du défini, et d'avoir toujours la définition si présente que toutes les fois qu'on parle. » Cette conception est alors explicitement reliée aux mathematiques et à l'idée d'un abrégé du discours : « Car les géométres et tous ceux qui agissent méthodiquement, n'imposent des noms aux choses que pour abréger le discours, et non pour diminuer ou changer l'idée des choses dont ils discourent. Car ils prétendent que l'esprit supplée toujours la définition entière aux termes courts, qu'ils n'emploient que pour éviter la confusion que la multitude des paroles apporte. Rien n'éloigne plus promptement et plus puissamment les surprises captieuses des sophistes que cette méthode, qu'il faut avoir toujours présente, et qui suffit seule pour bannir toutes sortes de difficultés et d'équivoques. » (B. Pascal, *Oeuvres complètes*, *op. cit.*, t III. p. 394). Voir également A. Arnauld et P. Nicole, *La logique ou l'art de penser*, Paris, Vrin, 1965, I, 12.

1. A VI, 2, 486 : à propos de la démonstration de la proposition *Christus est DEUS. E. qui recipit Christum recipit DEUM*.

2. *Hinc patet omnem ratiocinationem consistere in perpetua substitutione aequipollentium ex toto vel parte* (A VI, 2, 487).

3. *eidem tertio aequalia esse inter se aequalia* (équivalente à la transitivité de l'égalité), *aequalia aequalibus addita vel demta facere aequalia* (compatibilité de l'égalité avec l'addition et la soustraction), ainsi que deux proposition de la théorie des proportions : *aequimultiplicia esse ut simpla, v.g. ut sunt tria ad quatuor ita sunt bis tria ad bis quatuor* et *Si proportionalibus addantur demanturve proportionalia, producta esse proportionalia* (A II, 1^2, 355-356).

4. *aequalia sint quorum eadem est quantitas, seu quorum alterum in alterius locum substitui potest, salva quantitate* (A II, 1^2, 355). Je souligne.

des *Elementa* est de rassembler ces éléments épars en une caractérisation générale de *tout* raisonnement sur fond d'accord intersubjectif [1], avec un double bénéfice en retour : d'une part, le parallèle entre raisonnement et calcul prend ici un sens bien plus obvie et bien plus maniable que ce qui avait prévalu auparavant ; s'il est possible de faire du calcul un « juge des controverses », c'est parce que le dialogue obéit à une structure dont le cœur est la substitution et qui ouvre immédiatement à des chaînes de transformations comparables à ce qui se produit dans un calcul ; d'autre part, la possibilité de modéliser ce raisonnement dans une procédure symbolique est quasi immédiate puisque tout s'y ramène à des transpositions non pas d'idées, mais de portions de discours qu'on pourra facilement exprimer par des formules et des sous-formules [2].

Leibniz reviendra sur ces différents aspects lors de son retour en Allemagne. Il s'agit de textes essentiels pour nous, car ils marquent les premiers pas de l'entreprise qui conduira à l'élaboration du tout premier calcul logique ou « caractéristique numérique » au printemps 1679. Or il est frappant de constater que le point de départ en est à nouveau d'ordre discursif, Leibniz prenant son appui dans une analyse qu'il nomme « grammaticale » (*analysis grammatica*) et face à laquelle l'analyse logique apparaît comme *spécifiant* certains types de substitutions admissibles :

> Après cette analyse grammaticale absolue suit l'analyse logique, qui montre comment des propositions peuvent être substituées à d'autres propositions, même quand elles ne dérivent pas les unes des autres immédiatement par la substitution grammaticale : c'est-à-dire qu'elle montre comment doivent être joints entre eux plusieurs modes de substitutions grammaticales. Ces préparatifs étant effectués, on peut accéder à ces sciences elles-mêmes, et en premier lieu à la plus générale, c'est-à-dire à la Métaphysique, où il est traité des actions et affects des hommes qui

1. On comparera le jeu de permissions impliqué dans les définitions et propositions dans les *Elementa cogitandi* avec les caractérisations indiquées par Leibniz dans la marge de la *Demonstratio* et qui toutes renvoient aux « idées » : *Definitio est idea significata/Ratiocinatio est catena idearum/Demonstratio ratiocinatio significata/Demonstratio catena definitionum* (A VI, 2, 479).

2. Cette approche des transformations symboliques, qui pourra sembler très anachronique, est explicitement avancée par Leibniz dans un des textes des années 1680 consacré aux fondements du *calculus ratiocinator* : « *Calculus vel Operatio consistit in relationum productione facta per transmutationes formularum, secundum leges quasdam praescriptas factis (...). Patet igitur, formulas (sub quibus tanquam simplicissimas licet comprehendere ipsos characteres) relationes, et operationes se habere ut notiones, enuntiationes, et syllogismos* » (*Fundamenta calculi ratiocinatoris* (1688), A VI, 4, 921).

arrivent le plus souvent. Ensuite on progresse à la Mathématique, et enfin on termine avec la Physique et l'Histoire [1].

Cette description livre des éléments importants pour saisir le niveau propre de l'analyse logique, qui traite des équivalences entre énoncés qui sont déjà, aux yeux de Leibniz, soumis à des règles de substitution fonctionnant dans le langage naturel lui-même, au niveau de la grammaire. Ce trait se retrouve dans plusieurs textes de cette époque où l'*analysis grammatica* et, plus généralement, le modèle d'une « grammaire rationnelle », définie à partir d'une certaine pratique substitutionnelle, va se retrouver au premier plan de la liste des disciplines entrant dans la « science générale » [2]. Leibniz insiste alors régulièrement et sur le parallèle avec l'*analysis characterum* [3] et sur le rôle de la substitution qui commande ces correspondances [4] :

1. A VI, 4, 104. Voir également A VI, 4, 106 : *Antequam pergere in Logicis contemplationibus liceat, atque inde fabricare aliquid, prius Grammaticis opus, inprimis hic sumendus est in manus Vossii* Aristarchus. Plusieurs textes de cette période fournissent d'ailleurs des échantillons d'analyse grammaticale.

2. Voir le *De Encyclopedia nova conscribenda* où la *première* science est la grammaire considérée comme art général de la compréhension : *Prima est Grammatica, seu ars intelligendi quae nobis in hujus Encyclopaediae corpore significabuntur. Itaque primum Grammatica rationalis tradenda est ad latinam ubique applicata et subinde aliarum linguarum exemplo illustrata : In qua tradetur Regularis Significatio omnium particularum et flexionum et collocationum. Ita ut significatio semper possit substitui in locum significati ; nam ut exemplo utar, nominum casus semper eliminari possunt substitutis in eorum locum particulis quibusdam cum nominativo, ut patet ex linguis, in quibus nullae sunt nominum inflexiones nisi per particulas.* (A VI, 4, 344). Leibniz précise alors clairement que l'analyse logique comme art des inférences en découlera : *Sequitur Logica, qua tantum hoc loco comprehendo Artem illationum, sive artem judicandi quae proponuntur, quae sumenda est ex usu hominum loquentium scribentiumque..* Voir également le *Plus Ultra* de 1686 (A VI, 4, 673), où la *grammatica rationalis* est la première des sciences de l'encyclopédie démonstratives et apparaît avant les « éléments de vérités éternelles ».

3. Voici le passage qui s'intercale entre l'analyse grammaticale et l'analyse logique dans le texte cité dans la note précédente : *Atque haec est vera Analysis characterum quibus genus humanum communiter in loquendo imo et in cogitando utitur. Respicienda autem est maxime Grammatica regularis minore Anomaliarum cura, quia haec Grammatica non tam ut lingua discatur, quam ut accurata fiat, verborum analysis, conscribenda est. Nam creberrimae in Logica illationes occurrunt, quae non ex principiis logicis, sed ex principiis Grammaticis, id est ex flexionum et particularum significatione sunt demonstrandae. Potest tamen haec Grammatica eadem opera ita accommodari, ut discentibus quoque mire prosit.*

4. L'idée d'une « correspondance » entre les différentes formes d'analyse est avancée explicitement par Leibniz au début de l'*analysis linguarum* : *Ad inventionem ac demonstrationem veritatum opus est analysi cogitationum : quae quia respondet analysi characterum, quibus ad significandas cogitationes utimur* (A VI, 4, 102).

> En outre, comme toutes les sciences, qui consistent en démonstrations, ne traitent de rien d'autre que de l'équipollence des pensées, c'est-à-dire de substitutions, elles montrent en effet dans une proposition nécessaire quelconque qu'un sujet peut être substitué sûrement à la place du prédicat, et de fait dans toute proposition convertible le sujet peut être substitué au prédicat, et dans tout énoncé à démontrer, à la place de certaines vérités, que nous appelons les prémisses, peut être substituée sûrement une autre que nous appelons conclusion; d'où il est manifeste que l'on pourra exhiber toutes ces vérités sur la page en ordre à l'aide de la seule analyse des caractères, c'est-à-dire par une substitution continue préservant l'ordre [1].

Comme on le voit, les contraintes (dialogiques) portant sur la substitution ont un corrélat immédiat dans le maniement des symboles et c'est un des points que les fragments de la fin de 1678 mettront particulièrement en avant. Ainsi le *De Calculo Analytico generale* porte-t-il en note : « Les postulats de ce calcul sont premièrement qu'à tout signe soit donné la signification qu'on veut, du moment qu'elle est conservée de manière constante, et deuxièmement qu'à tout signe on puisse substituer sa signification et réciproquement » [2]. On remarquera d'une part qu'il s'agit là de *postulats* du calcul et, plus particulièrement, de postulats liés à l'usage des signes; d'autre part, que ces postulats entrent dans les explicitations des vérités primitives absolues du système lui-même (ou « axiomes » ou « énoncés premiers absolus ») dès lors qu'on veut spécifier certaines équivalences sur lesquelles elles s'appuient (comme le fait que *A est A* est équivalent à *A non non est A* ou à *B est B*, *C est C*, etc.).

L'équivalence ou « équipollence » est d'ailleurs caractérisée par la (permission de) substitution :

> Premièrement. Si quelque chose est dite pouvoir être substituée à la place d'une autre, qu'il soit permis de faire ainsi par la suite, et si deux choses sont dites *équipollentes*, qu'il soit permis de les substituer l'une à l'autre.

1. *Porro cum scientiae omnes, quae demonstrationibus constant, nihil aliud tradant, quam cogitationum aequipollentias seu substitutiones, ostendunt enim in propositione aliqua necessaria tuto substitui praedicatum in locum subjecti, et in omni convertibili propositione etiam subjectum in locum praedicati substitui posse, et inter demonstrandum in locum quarundam veritatum quas praemissas vocant, tuto substitui aliam quae conclusio appellabatur; hinc manifestum est, illas ipsas veritates in charta ordine exhibitum iri sola characterum analysi, seu substitutione ordinata continuata.* (A VI, 4, 102-103, *Analysis linguarum*; 11 septembre 1678).

2. *Postulata hujus calculi Io ut cuilibet signo detur significatio quaelibet modo ea constanter servetur et IIo ut pro signo substitui possit significatio et contra.*

> Deuxièmement. Il sera permis d'accepter un signe à son gré et de lui assigner une signification quelconque, du moment qu'on s'y tient de manière constante, et qu'on n'assigne pas à un signe quelconque plusieurs significations, avant de s'assurer qu'elles sont équipollentes.
> Troisièmement. Ce qui est dit d'un signe indéfini ou d'une lettre est compris de n'importe quel autre [1].

On a là les prémices, encore maladroitement exprimée, de la définition d'une équivalence logique par la substitution *salva veritate*, qui se met en place dans ce contexte et sur laquelle il nous faudra revenir [2]. Le point sur lequel je voudrais particulièrement insister est que l'approche initiée dans les *Elementa cogitandi* s'avère donc compatible avec les difficultés apparue dans l'analyse des notions. La proposition *A est A* est présentée en effet comme une *règle* à laquelle s'engagent les différents participants entrant dans une *disputatio*, mais elle ne statue pas sur la nature de cette identité qui peut très bien n'avoir pas de fondement *in re*.

Mais que peut bien signifier qu'un jugement identique n'a pas de fondement *in re*? Pour ceux qui tiennent à une lecture ontologique, cette perspective n'a évidemment aucun sens. N'est-il pas absolument indubitable qu'une chose ne saurait être autre qu'elle n'est? Assurément, mais sous réserve, justement, d'être une *res*, c'est-à-dire d'être *possible*, ce que l'usage de simples mots dans un discours ne garantit nullement. C'est bien là le problème dont on a montré qu'il s'est ouvert, de l'intérieur de la pratique mathématique, lors de l'arrivée de Leibniz à Paris (avec l'exemple du « nombre de tous les nombres » ou « nombre le plus grand »). Dans le contexte dialogique, et surtout si l'on prend en compte les différents types de propositions identiques (sur lesquels nous allons revenir), on voit bien pourquoi la mise à distance des engagements ontologiques s'avère immédiatement nécessaire. De fait, un jugement « manifeste » comme *si A est BC et C est DE, alors A est BDE* ne peut avoir de fondement *in re* que si l'on s'est assuré non pas seulement que chaque étape est autorisée

1. *1mo. Si quid dicatur posse substitui in alterius locum hoc postea facere liceat, et si aequipollentia esse dicantur, liceat ea substituere sibi mutuo. 2do. Licebit autem signa pro arbitrio accipere, et cuilibet assignare aliquam significationem, modo ea constanter teneatur, nec uni signo assignentur plures significationes, antequam eas constet esse aequipollentes. 3o. Quod de uno signo indefinito seu litera dictum est intelligetur de quavis alia.*

2. Dans le texte *Elementa ad calculum condendum*, Leibniz définit d'abord la substitution par l'antisymétrie de la copule *Si a est b et b est a, potest unum pro altero substitui salva veritate.*

par une équivalence (*aequipollentia*) ramenant à *A* ou à un composé *AB*, mais que *B*, *D* et *E* sont *compatibles entre eux* [1].

Reprenons l'exemple que nous suivons depuis le début de cette étude : si un « décaèdre régulier » est un « polyèdre à dix faces identiques isogonal » et si « isogonal » signifie que chaque sommet peut être envoyé sur un autre par une isométrie, rien ne m'assure encore dans ce jeu de substitutions définitionnelles qu'il soit possible d'avoir dix faces régulières et d'être isogonal. Si ce n'est pas possible (et ce ne l'est pas !), alors la question se pose de savoir ce que j'ai supposé en demandant à ce que le décaèdre régulier reste « identique à lui-même » dans mon discours et que je puisse lui substituer partout « polygone à dix faces identiques isogonal ». La réponse de Leibniz est que cette identité ne saurait avoir de portée ontologique et relève simplement des règles d'usage de notre discours rationnel sur des entités dont nous ne savons pas nécessairement si elles existent ou non. Pourtant il est absolument nécessaire que je me tienne à cette « identité » sans quoi *il ne sera même pas possible d'exhiber l'incompatibilité qu'elle recèle.*

Identiques et expérience

Dans le cas du décaèdre régulier, comme dans bien d'autres cas en mathématiques, une manière dont nous pouvons nous assurer que cet objet n'existe pas est par une démonstration d'impossibilité. Il s'agit d'un moyen indirect qui permet, *via* le principe de non-contradiction, d'exclure des candidats à l'existence – dont il a bien fallu, nous a rappelé Leibniz, que nous nous formions d'abord une notion [2]. La question qui s'ouvre immédiatement est de savoir comment on pourrait également avoir un

1. Cette doctrine est exposée notamment à la même époque dans des textes comme le *Ens perfectissimum existit* (A VI, 3, 578-579 ; trad. fr. R. 27-28).

2. Les remarques sur Spinoza disaient cette notion « confuse » par opposition à l'héritage cartésien, mais le vocabulaire des *Meditationes* nous inciterait plutôt à la qualifier de « claire et distincte » quoiqu'en attente d'une attestion de possibilité. Comme la notion s'avère finalement impossible, elle serait alors dite « inadéquate ». La clef de ces hésitations, qui n'en sont pas, est de bien comprendre qu'il s'agit pour Leibniz de traits qui ne sont pas attachés à des notions une fois pour toutes, mais dépendent du type de connaissance qu'elles engagent. C'est ce que rappelle notamment la *Divisio terminorum ac enumeration attributorum* (A VI, 4, 558) : « L'IMPOSSIBLE est ce qui est pensable certes confusément, mais qui, si nous tentons de le penser distinctement, nous fait trouver des notions qui le composent répugnent entre elles, c'est-à-dire enveloppe contradiction » (on trouvera une traduction française différente du texte sous le titre *Définitions des premiers termes et des premiers attributs* en R 100).

accès *direct* à la compatibilité des prédicats. C'est le problème posé de manière très claire par le *De mente* :

> Nous ne pouvons pas facilement juger de la possibilité d'une chose à partir du seul fait que ses réquisits sont pensables, lorsque nous pensons ses réquisits un par un, et que nous ne les joignons pas en un seul. Mais puisque nous ne pouvons joindre des idées différentes en une seule pensée (bien que nous puissions les unir à l'aide de caractères) et représenter tout ensemble la série entière de pensées différentes, nous ne pouvons pas juger de l'impossibilité par la pensée, sauf si nous représentons toutes ensemble les idées singulières. Ce qui ne peut advenir que si nous *sentons*, c'est-à-dire imaginons tout ensemble les caractères, ce que l'on fait grâce à des caractères qui représentent les idées dans l'imagination et qui sont un à un les caractères d'une seule idée. Et puisque parfois le nombre de caractères est si grand qu'il ne peut être offert tout entier au regard de l'imagination, on a besoin d'un tracé matérialisé, de sorte qu'en l'examinant par ordre nous soyons certains que, lorsque nous passons aux caractères suivants, les précédents ne nous ont pas échappé (A VI, 3, 462-463; trad. fr. R 17 modifiée).

S'ouvre ici une difficulté qui sera reprise aux paragraphes 61-68 des *Generales Inquisitiones*. Après avoir rappelé le modèle de la résolution d'un terme *A* en ses ingrédients (cette fois *EFG*) et avoir supposé qu'on peut les rapporter à des axiomes et des définitions, Leibniz ajoute en effet : « Mais si nous allons plus loin, alors la définition requiert que sa possibilité soit établie; autrement dit il est nécessaire qu'on démontre que *A* est possible, c'est-à-dire que *EFG* n'enveloppe pas de contradiction, que *X non-X* n'y est pas enveloppé. » Et d'ajouter alors, dans une conclusion célèbre : « Mais ce ne peut être connu que par l'expérience » (*Quod cognosci non potest nisi experimento*) [1].

Un second problème qui apparaît alors, et dont nous avons déjà exhibé la source dans les réflexions de l'époque parisienne, est que rien ne garantit que cette expérience ne soit pas résoluble à l'infini :

> On peut se demander si les expériences peuvent être résolues à l'infini en d'autres expériences (et sans faire mention des expériences) s'il est possible que la nature de certaines preuves nous fasse découvrir que la preuve de la proposition présuppose toujours la preuve d'une autre proposition qui ne soit ni un axiome ni une définition, de sorte qu'elle exige à son tour une preuve. S'il en est ainsi, il est nécessaire que certains termes incomplexes puissent être résolus toujours plus avant et qu'on ne

1. A VI, 4, 759; trad. fr. R 239, modifiée.

> parvienne donc jamais à des termes conçus par soi. (A VI, 4, 760 ; trad. fr. R 241 modifiée).

D'une manière générale, Leibniz résiste fortement à l'idée que cette résolution puisse aller à l'infini. C'est ce qu'il avançait déjà dans le « Sur les premières propositions et les premiers termes »[1] et qu'il répètera par exemple dans les *Elementa ad calculum condendum*[2]. La raison en est vraisemblablement d'ordre théologique, la démonstration première de l'existence de Dieu opérant chez lui sur la base de la compatibilité des formes simples absolues[3]. Mais le point crucial est qu'il n'exclut pas cette possibilité théorique et qu'elle s'avère donc compatible avec la stratégie qu'il prône par « réduction aux identiques ». C'est même toute l'idée qui préside au fait de suppléer cette « réduction aux identiques » à l'analyse complète et donc à une éventuelle défaillance des éléments premiers.

Cette remarque est capitale pour distinguer deux questions qu'on risque facilement de confondre : la première concerne la distinction entre vérités de raison et vérités de fait, les unes étant caractérisées par une résolution finie aux identiques tandis que les autres demandent une analyse infinie qui n'est pas à la portée de l'esprit humain – une doctrine en gésine dans les années parisiennes, mais qui va se stabiliser au milieu des années 1680 par la comparaison célèbre avec les quantités incommensurables ; la seconde concerne le fait qu'une réduction aux identiques, dans le cas où l'analyse n'a pas été conduite jusqu'à des éléments derniers, laisse pendante l'attestation de possibilité qui ne peut se donner que par une construction (un processus d'engendrement) ou une expérience[4].

On objectera que l'expérience n'aura de toute façon rien à faire dans le domaine des vérités mathématiques qui reposent, en dernière instance,

1. « Vous direz que cela pourrait aller à l'infini, et qu'il se pourrait tousjours prouver de nouvelles propositions, qui nous obligeraient à chercher des nouvelles resolutions. Je ne le croy pas. Mais si cela estoit... » (A VI, 3, 436).

2. Terminus primitivus *est cujus nulla est definitio, seu qui non nisi per se concipitur cum scilicet nihil aliud in ejus conceptum ingreditur quod cum alio concurrens ipsum producat.* Dantur termini primi, *nam si nihil per se concipimus, omnino nihil concipimus. Perinde enim esset ac si quaerenti responderem semper per voces quas non intelligit et harum explicationem quaerenti rursus per alias quas non intelligit, utique si sic semper pergam, nihil intelliget.* (A VI, 4, 151).

3. Voir le *Quod Ens perfictissimum existit* (A VI, 3, 578-579 ; trad. fr. R 27-28). Un tel raisonnement subsiste jusqu'à des textes plus tardifs comme *Sur les vérités premières* (A VI, 4, 1443 ; trad. fr. R 448).

4. Ces deux questions sont d'ailleurs abordées en des points différents des *Generales Inquisitiones*.

sur des principes purement conceptuels. Leibniz n'oppose-t-il pas régulièrement réduction aux identiques (caractéristique des vérités de raison) et réduction aux expériences primitives (caractéristique des vérités de fait) [1] ? Mais c'est précisément confondre les aspects que nous venons de distinguer. Car, pour nous autres êtres humains, l'expérience entre également dans les processus de réduction aux identiques *par l'intermédiaire des caractères* – c'est-à-dire du fait que nous ne pouvons pas effectuer de synthèse conceptuelle « aveugle » sans passer par des représentations sensibles [2].

Cette remarque est de première importance pour comprendre deux points qui vont nous occuper longuement par la suite : tout d'abord, la réduction aux identiques, telle que nous venons de la requalifier, ramène à une évidence primitive qui se donne dans l'identité non pas des choses, mais des *signes* – que je marque à la fois par la proposition *A est A* et par le fait que mon utilisation du signe *A* suppose son identité dans la suite des transformations que je vais opérer sur lui. Or cette identité est de l'ordre du postulat (c'est une règle à laquelle je dois me tenir pour que mon interlocuteur puisse suivre mon raisonnement) que j'appuie sur une forme d'expérience (visuelle) : la reconnaissance d'un même signe. D'une part, elle ne peut avoir de portée ontologique (à cause du problème de la possibilité des objets); d'autre part, elle laisse ouverte la question que nous avons déjà entrevue avec celle de la parfaite similitude, c'est-à-dire qu'une identité *sous un certain point de vue* (par exemple de forme) soit une différence sous un autre (par exemple de position). Ce problème naît naturellement à partir du moment où l'identité est préservée dans la substitution, c'est-à-dire qu'un énoncé *A est EFG* est potentiellement (ou, dirait Leibniz, « virtuellement ») « identique ».

Il est encore trop tôt pour aller plus avant dans ce qui n'est encore qu'un soupçon, mais on verra dans les chapitres qui suivent que ce soupçon est confirmé par le fait que Leibniz cherche précisément à ramener

1. Voir les *Praecognita ad encyclopediam sive scientiam universalem*, hiver 1678/79, A VI, 4, 135 : *Duorum ergo generum sunt propositiones per se certae, aliae scilicet ratione constant sive ex terminis patent, quas per se notas vel etiam identicas appello, aliae sunt facti, et nobis notae fiunt experimentis indubitabilibus, et talia sunt ipsa testimonia conscientiae praesentis.*

2. Voir par exemple l'ouverture des *Fundamenta calculi ratiocinatoris* (1688) : « Tout raisonnement humain s'accomplit au moyen de certains signes ou caractères. Car ce n'est pas seulement les choses elles-mêmes mais aussi les idées des choses que l'esprit ne peut et ne doit pas observer toujours de façons distincte; c'est pourquoi on a mis des signes à leur place, afin d'abréger. » (A VI, 4, 918; trad. fr. R 166).

les relations identiques les unes aux autres, dans l'espoir apparent d'en produire une hiérarchie. L'idéal serait, en effet, de pouvoir s'assurer que les différentes réductions aux identiques se ramènent à *une* structure de points de vue claire que l'on pourrait ancrer ultimement dans une forme d'identité *absolue*. Or cette identité « absolue » est précisément ce qui nous est interdit à un niveau métaphysique (à cause du problème des indiscernables), si bien qu'on ne peut s'en tenir qu'à des succédanés. On verra que les hésitations et les réticences de Leibniz à ce sujet sont significatifs et le prémunissent contre une forme de « logicisme » qu'on lui attribue souvent indûment. Il est, en effet, particulièrement intéressant que Leibniz, alors même qu'il semble avoir eu les moyens techniques d'établir une telle structure et qu'il ait eu plusieurs bonnes raisons d'y viser, n'ait jamais franchi le pas de loger dans la substitution *salva veritate* le cœur de tout jugement d'identité en mathématiques.

À l'époque qui nous occupe, le fait que le principe d'identité, tel que nous venons de le requalifier, puisse reposer sur une forme d'expérience *sensible*, est avancé de manière parfaitement explicite :

> Or la seule proposition dont le contraire implique contradiction, sans qu'on le puisse demonstrer, est l'identique formelle. Cela se dit expressement là dedans, donc cela ne s'y peut pas demonstrer ; demonstrer : c'est à dire faire voir par la raison et par consequences. Cela s'y peut montrer, à l'oeil, donc cela ne s'y peut pas demonstrer. Les sens font voir que A est A est une proposition dont l'opposée, A n'est pas A, implique contradiction formellement. Or ce que les sens font voir est indemonstrable. (A VI, 3, 435)

D'une manière plus générale, on sera sensible au fait que Leibniz insiste plus souvent qu'on ne le croit sur le rôle de l'expérience en mathématiques, du moins dans le sens particulier que nous venons d'isoler.

Ainsi les *Elementa rationis* (1686) avancent-ils que le statut singulier des mathématiques dans le régime des connaissances ne peut être attribué à une disposition singulière des esprits, mais « à la nature de l'objet, où la vérité peut être exposée sous les yeux sans grand labeur, sans expérience dispendieuse, en sorte qu'il ne subsiste aucun doute, et où, d'elle-même se découvre une certaine suite, et pour ainsi dire le fil de la pensée ». Cet exposé « visible » de la vérité est alors explicité comme celui d'un « examen continuel par expérience », un « fil sensible dans le labyrinthe de la pensée, tel qu'il peut être perçu par les yeux et comme touché de la main (avantages auxquels sont redevables d'après moi les progrès des mathématiques) »[1]. Cette doctrine persistera jusqu'aux *Nouveaux essais* où Leibniz soutient encore que « ce qui a fait qu'il a été plus aisé de raisonner démonstrativement en mathématiques, c'est en bonne partie parce que l'expérience peut y *garantir* le raisonnement à tout moment »[2]. Dans tous ces cas, c'est évidemment à l'expérience des caractères que Leibniz pense et à la manière dont on peut ensuite tester directement sur eux la validité des inférences (son exemple favori étant la preuve par neuf dans les calculs numériques).

On en gardera l'idée qu'il y a deux niveaux où l'expérience peut entrer dans les vérités premières. Les vérités premières peuvent d'abord être de nature expérimentale au sens où elles portent, à titre de référent, sur des entités perçues ou sur nos modes de perception de ces entités (comme dans le cas de la conscience d'une multiplicité perçue) ; dans ce cas, l'expérience entre de manière constitutive dans le procès même de résolution qui ramène à ces vérités ; mais les vérités peuvent également être de nature abstraite et néanmoins faire l'objet d'une forme d'expérience – typiquement dans la mesure où elles sont visées à travers des caractères, étant bien entendu que les caractères comprennent également pour Leibniz toutes les figures géométriques[3] ; dans ce cas, l'expérience n'entrera dans le procès même de la résolution que pour garantir le régime de substitution symbolique et donc, en droit au moins, de façon non constitutive ; mais rappelons qu'elle pourra également intervenir ensuite pour attester la possibilité des notions ainsi produites.

Telle est la doctrine que défendra Leibniz au § 67 des *Recherches Générales* en maintenant une certaine place pour l'expérience dans la résolution des vérités nécessaires :

> une proposition nécessaire est une proposition dont l'opposée n'est pas possible ; c'est-à-dire dont l'opposée, si on l'assume, se résout en une contradiction. Par conséquent est nécessaire une proposition que l'on

1. A VI, 4, 715 ; trad. fr. R 145.

2. NEEH IV, 2, § 12 ; A VI, 6, 371. Je souligne. J'ai déjà eu l'occasion d'insister sur certains de ces aspects « expérimentaux » dans D. Rabouin, « Idée, représentation et correspondance mathématique chez Leibniz », dans *La voie des idées ? Le statut de la représentation XVII-XIXe siècles*, Paris, CNRS-éditions, 2006.

3. On remarquera que les *Remarques Générales* donne la règle suivante, sans distinguer entre vérités de raison et vérités de fait : « Ainsi toute résolution, qu'il s'agisse des complexes ou des incomplexes, s'achève avec les axiomes, les termes conçus par soi et les données de l'expérience » (§ 61).

peut démontrer par les identiques et les définitions sans recourir à des expériences *si ce n'est pour établir qu'un terme est possible* [1].

Une pluralité d'identiques

Un dernier point mérite notre attention. La liste initiale des propositions « manifestes » contient des énoncés plus complexes que le simple *A est A* comme l'énoncé sur lequel nous nous sommes arrêtés : *si A est BC et C est DE, alors A est BDE.* Dans la suite du texte, lorsque Leibniz isole expressément les propositions identiques, il en distingue de deux types : absolues [2] et hypothétiques [3]. Le simple fait que soient présentés plusieurs types d'énoncés « identiques » et que tous ne soient pas « absolus » est déjà intéressant. Nous avons, en effet, tendance à entendre la « réduction aux identiques » comme une réduction au seul « *A est A* », qui sert à Leibniz d'exemple favori. Or le recours à cet exemple et au seul « principe d'identité » a masqué une entente bien plus large des « identiques » dans laquelle se trouve désigné un ensemble potentiellement infini d'énoncés réflexifs. Une lettre à Foucher, écrite lors du séjour à Paris, le met très clairement en avant :

> Vostre dessein est à ce que je vois d'examiner les veritez qui asseurent, qu'il y a quelque chose hors de nous. En quoy vous paroissez tres equitable ; car ainsi vous nous accorderez toutes les veritez hypothetiques, et qui asseurent non pas qu'il y a quelque chose hors de nous ; mais seulement ce qui arriveroit s'il y en avoit. Ainsi nous sauvons déja l'Arithmetique, la Geometrie et un grand nombre de propositions de metaphysique, de physique, et de morale, dont l'expression commode depend des definitions arbitraires, mais choisies, et dont la verité depend des axiomes que j'ay coustume d'appeler identiques ; comme par exemple que deux contradictoires ne peuvent pas estre, qu'une chose dans un même temps est telle qu'elle est, par exemple qu'elle est aussi grande qu'elle est, ou egale à elle même ; qu'elle est semblable à elle même etc. [4]

1. A VI, 4, 761 ; trad. fr. R 245 modifiée. Je souligne.
2. *Propositio identica absoluta : A est A, A non est non A.*
3. *Propositio identica Hypothetica : si A est B, et B est C, tunc et A est C.*
4. A II, 1^2, 387 (1675). Voir également la lettre à Mariotte citée ci-dessus 48. Dans le *De magnitudine* de 1676, Leibniz propose comme exemple *quodlibet sibi ipsi aequale* est (A VI, 3, 483), un énoncé déjà utilisé dans la *Demonstratio*. Sur le caractère potentiellement infini de cette liste, voir les *Initia rerum mathematicarum metaphysica* : « les démonstrations se résolvent finalement en deux genres d'indémontrables : les définitions ou idées, et les

La lettre à Conring de Mars 1678 propose une liste semblable à celle présentée à Foucher [1] et elle se retrouvera en ouverture des *Principes logico-métaphysiques* une décennie plus tard :

> Les vérités premières sont celles qui affirment d'une chose cette chose même, ou qui nient son opposé ; comme *A est A* ou *A n'est pas non-A*. S'il est vrai que *A est B*, il est faux que *A n'est pas B* ou que *A est non-B*. De même *chaque chose est telle qu'elle est* ; *chaque chose est semblable ou égale à elle-même* ; *rien n'est plus grand ni plus petit que soi-même* et d'autres énoncés de ce genre, qui, bien qu'ils aient entre eux des degrés de priorité, peuvent être tous compris cependant sous la dénomination unique d'identiques [2].

Elle persiste d'ailleurs jusque dans les *Nouveaux essais* qui avancent encore : « les vérités primitives de raison sont celles, que j'appelle d'un nom general identiques, parce qu'il semble qu'elles ne font que repeter la même chose sans nous rien apprendre » [3]. À l'époque des *Elementa*, Leibniz fait également figurer la transitivité au titre des propriétés élémentaires, mais il sait démontrer cette propriété à partir de la réflexivité et de la substitution [4]. Ceci rejoint d'ailleurs un point soulevé dans les *Principia logico-metaphysica* : le fait qu'il y ait une pluralité d'identiques ne préjuge pas du fait que les uns ne puissent éventuellement se réduire à d'autres (« bien qu'ils aient entre eux des degrés de priorité »). Il importe néanmoins de laisser cette question ouverte (comme elle semble d'ailleurs l'être encore à l'époque des *Principia* puisque Leibniz n'indique aucune hiérarchie dans les énoncés qu'il mentionne) – et surtout de ne pas considérer qu'il va de soi que l'identité « logique » (sous la forme de la substitution *salva veritate*) a sur toutes les autres une priorité évidente. Nous verrons plusieurs textes où il est évident, au contraire, que ce n'est pas le cas.

Le fait de décrire ces relations avec le vocabulaire actuel, comme je viens de le faire, a d'ailleurs un intérêt pour pointer une différence importante entre la manière de voir de Leibniz et la nôtre. Il est tentant, en effet,

propositions primitives, c'est-à-dire identiques, comme B est B, chaque chose est égale à elle-même, *et une infinité d'autres de cette sorte.* » GM VII, 20. Je souligne.

1. *Ex axiomatibus autem ego illa tantum per se nota, seu indemonstrabilia esse arbitror, quae sunt identica, verbi gratia A est A vel A non est non A vel unaquaque res talis est qualis est, unaquaque res sibi ipsi similis, sibi ipsi aequalis est* (A II, 1, 599 **AV**).

2. A VI, 4, 1644 ; trad. fr. R 459. Voir aussi A VI, 4, 1802.

3. IV, 2, § 1 ; A VI, 6, 361.

4. On a vu qu'il procède déjà à une telle dérivation dans l'*Accessio* (A II, 1^2, 353 et 355). On verra qu'il généralise ensuite ce procédé à toute relation identique. Il sait également dériver de la même façon la symétrie de la relation. Voir plus bas, p. 319.

de dire que ce que Leibniz appelle « identiques » correspond finalement à ce que nous appellerions des relations d'équivalence qu'il caractérise (comme nous pourrions le faire encore aujourd'hui) à partir de la réflexivité et de la substitution [1]. À tout le moins peut-on être agréablement surpris de le voir pointer ces deux traits qui sont effectivement caractéristiques de ce type de relations qu'il cherche à mettre au cœur des mathématiques et de le voir dériver les autres propriétés caractéristiques comme la transitivité et la symétrie. De même, il est frappant de voir que le type de définition qui accompagne naturellement cette analyse des notions ressemble fortement à ce que nous appellerions « définitions par abstraction ». Nous verrons notamment dans le chapitre suivant que Leibniz élabore à cette époque (1676) une définition de la grandeur (*magnitudo*) en disant que deux entités sont équivalentes sous le rapport de la grandeur (*tantum*) si l'on peut établir une congruence entre elles (si leurs extrémités sont identiques après transformation). On aurait tort de se priver d'une telle lecture et nous verrons effectivement Leibniz engager une approche axiomatique très proche de certaines pratiques développées à la fin du XIXe siècle – parfois, d'ailleurs, comme ce fut le cas chez Peano et son école, dans une proximité nourrie et érudite à la pensée leibnizienne. Reste que que nous avons tendance, ce faisant, à projeter en même temps d'autres éléments, dont l'absence restera alors invisible, alors même qu'ils sont de la première importance. Au premier rang figure le fait que la conception contemporaine réserve une place à part à l'égalité logique qu'elle inscrit généralement *dans la donnée du langage lui-même* (typiquement par l'usage d'un langage logique du premier ordre *avec égalité*) [2].

Or rien de ce type ne nous est donné jusqu'à présent chez Leibniz et nombre de malentendus proviennent justement du fait que l'on suppose que la définition de l'égalité logique *salva veritate* joue pour lui ce rôle

1. Voir M. Schneider, « Funktion und Grundlegung der *Mathesis Universalis* im Leibnizschen Wissenschaftssystem », dans *Questions de logique*, Studia Leibniana Sonderheft 15, Steiner, 1988. L'auteur les caractérise alors plutôt par les propriétés habituelles de symétrie, transitivité et réflexivité, ce qui n'est pas la manière de faire leibnizienne (même si l'on peut évidemment retrouver ces trois propriétés mentionnées à l'occasion).

2. On caractérise parfois la singularité de l'égalité en avançant qu'elle est la seule relation d'équivalence qui soit également une relation d'ordre, mais cette caractérisation est, du point de vue qui nous occupe, circulaire : elle provient précisément du fait qu'on a placé l'égalité dans les ressources expressives elles-mêmes. Il en résulte que les relations d'équivalence ne sont pas antisymétriques (si xRy et yRx alors $x=y$), tandis que l'égalité l'est trivialement. Or l'antisymétrie n'est formulable que dans un langage où l'égalité a été posée comme primitive

d'absolu [1]. Ce sera un point central de cette étude de questionner cette image très répandue. Une chose est sûre : à l'époque qui nous occupe, cette définition de l'identité logique n'est pas mise en avant et, d'après les documents aujourd'hui connus, *elle n'est même pas encore élaborée* [2]. Mais même après son élaboration, nous verrons (dans le prochain chapitre) que cette lecture ne va pas de soi. Non seulement, Leibniz ne définit pas les relations d'équivalence comme des relations de congruence vis-à-vis d'une égalité logique posée comme primitive, mais tout laisse à penser qu'il a élaboré sa définition de l'égalité logique comme un *cas particulier* de substitution *salva* [3] qu'il avait d'abord élaborée *dans le cadre de ses recherches mathématiques*.

Selon cette approche, la stratégie consiste plutôt à définir une équivalence par rapport à une forme d'indiscernabilité, dont la structure est le plus souvent de type non logique, mais *phénoménologique* (le prototype était l'incapacité à distinguer deux entités sans les mettre l'une en présence (*compraesentia*) de l'autre, fondement de la définition de la « similitude » que Leibniz élabore à cette époque et dont il dira qu'elle fut la clef de son développement d'un nouveau calcul géométrique). C'est un point que je

1. La raison en est obvie : pour définir une égalité logique aujourd'hui, les deux principes qui sont le plus souvent évoqués (y compris pour être contestés) sont de partir de la définition (inventée par Leibniz) qui caractérise l'identité par la substitution *salva veritate* et de l'interpéter à l'aune du principe (attribué à Leibniz) dit « des indiscernables ». Ce dernier, dans sa forme contemporaine, stipulerait (au second ordre) que si deux entités partagent toutes leurs propriétés, elles sont identiques ($\forall F(Fx \leftrightarrow Fy) \Rightarrow x = y$). Sous ce point de vue, l'égalité logique aurait la particularité, pour reprendre une expression heureuse de Crispin Wright, d'être « maximalement congruente » (C. Wright, *Frege's Conception of Numbers as Objects*, Aberdeen University Press, 1983). La source de cette lecture est bien évidemment à trouver chez Frege qui se référa explicitement à Leibniz pour établir l'antériorité de l'identité logique comme fondement des définitions par abstraction (G. Frege, *Les Fondements de l'Arithmétique*, *op. cit.*, § 65) et soutint la thèse célèbre que le principe de substitution est la source de toutes les équivalences (*In der allgemeinen Ersetzbarkeit sind nun in der That alle Gesetze der Gleichheit enthalten*). Cette position était également celle défendue par Padoa (contre Peano), *cf.* P. Cantù, « Sul concetto di eguaglianza : Peano e la sua scuola », *Peano e la sua scuola fra matematica, logica e interlingua. Atti del Congresso Internazionale di Studi (Torino, 6-7 Ottobre 2008)*, éd. par C. Roero, Torino. Università degli Studi di Torino, 2010.

2. Voir la note des éditeurs sur l'invention de cette définition en 1679 en A VI, 4, 141.

3. Le terme *salva* n'est jamais utilisé par Leibniz de manière isolée, mais toujours avec un complément : *salva quantitate*, *salva qualitate*, *salva veritate*. Comme il n'est pas possible dans le langage courant de marquer cette place vide du complément, je désignerai par « substitution *salva* » ou « définition *salva* » le procédé général qui renvoie à ces différentes instances.

voudrais particulièrement mettre en avant : la caractérisation favorite de l'identité que Leibniz mobilise en amont des définitions des « identiques » n'est pas une relation d'identité absolue qui aurait le mérite de pouvoir se fonder elle-même (comment ? on le précise rarement) ; elle repose de manière privilégiée sur *l'expérience* de l'indiscernabilité. Ceci est en rapport étroit avec le lien qu'il établit entre mathématiques et imagination. Comme on le verra par la suite, une telle approche se marque dans le choix du vocabulaire lui-même où les relations « identiques » sont souvent définies par le fait que deux entités ne peuvent être discernées sous tel ou tel point de vue [1].

Il est important de noter ces éléments dès à présent, car il faut bien voir que la question reste donc ouverte de savoir si les diverses formes d'« identiques » peuvent se ranger dans une hiérarchie dont les principes du calcul logique formeraient la base. Nous verrons que Leibniz se met clairement en quête de dépendances entre les relations identiques, mais se heurte au fait que plusieurs dérivations peuvent être pertinentes en fonction du contexte. Ceci est un analogue, au niveau des relations d'équivalence, du problème de l'indiscernabilité des modes de production des entités mathématiques qui avait été le point de départ de leur mise en avant. Et c'est bien en ce point qu'il faut résister à la tentation « logiciste ». Elle écrase, en effet, le vrai mystère philosophique qui hante Leibniz : l'identité opère toujours sur fond d'indiscernabilité et donc de distinctions possibles *sous un autre point de vue*. Il n'y a aucun moyen intrinsèque de régler cette question qui soutient le caractère potentiellement infini de la recherche des notions primitives, en mathématiques comme ailleurs – du moins tant que cette recherche n'est pas achevée dans un alphabet de notions primitives absolument (et non plus relativement) simples.

Pour l'heure, il nous faut laisser les *Elementa cogitandi* à ce point de notre parcours où les deux fils que nous avons suivis jusqu'à présent se rejoignent heureusement. De fait, on comprend maintenant qu'un

1. Philosophiquement, une telle remarque ouvre la possibilité que pour Leibniz la relation fondamentale ne soit justement pas celle d'identité, mais celle de différence pure, toute identification advenant comme processus d'in-différentiation. On trouvera dans M. Schneider, « Funktion und Grundlegung der *Mathesis Universalis* im Leibnizschen Wissenschaftssystem », *op. cit.*, p. 176-177, une liste de la plupart des relations identiques assorties de leur définition en termes d'indiscernabilité (ou parfois de différence) dans plusieurs textes majeurs. Il est très remarquable qu'un des textes où Leibniz démontre la propriété de transitivité de manière purement formelle pour toute relation identique se place sous la relation fondamentale de discernabilité (dont Leibniz dérive alors le principe de substituabilité des identiques *salva veritate*), voir A VI, 4, 814.

axiome identique ne consiste pas seulement en une identité « logique », même si Leibniz mentionne souvent à ce titre le « principe d'identité ». Il peut concerner des relations mathématiques comme la similitude, la congruence, l'égalité ou la coïncidence [1]. Une proposition étant, par ailleurs, équivalente à une (permission de) substitution, le fait de pouvoir définir une entité (par exemple, comme Leibniz le propose dès cette époque, la grandeur) par un régime de substituabilité autorise donc à marier heureusement définition d'une notion (qui sera, par principe, primitive, puisqu'équivalente à une proposition manifeste [2]) et axiome identique. C'est tout le sens du tournant que nous venons de marquer et dont je voudrais maintenant indiquer comment il a servi de support à une nouvelle manière de *pratiquer* les mathématiques (et la logique). Il est frappant, en effet, de constater que Leibniz engage à cette période une approche systématique des mathématiques par « réduction aux identiques » et qu'il va, sur cette route, élaborer quelques unes de ses découvertes les plus importantes.

1. Par exemple, dans la *Demonstratio axiomatum non identicorum*, Leibniz appelle « axiome identique » : *Unumquodque sibi ipsi aequale est*. D'une manière générale, Leibniz considère toute proposition identique absolue (c'est-à-dire dans lequel le même terme est répété) comme un axiome, et même comme la seule forme authentique d'axiome : *Ex ideis porro istis sive definitionibus omnes veritates demonstrari possunt, exceptis propositionibus identicis, quas patet sua natura indemonstrabiles esse, et vere axiomata dici posse* (*De Synthesi* A VI, 4, 543). Ceci ne correspond pas seulement à des relations réflexives, car Leibniz considère également comme énoncé identique des relations irréflexives qu'on exprime en disant qu'elles ne sont pas réflexives (et donc en répétant le terme). Parmi les exemples mentionnés dans les *Principia Logico-metaphysica*, on trouve notamment *rien n'est plus grand ni plus petit que soi-même*.

2. Primitive, mais pas nécessairement « simple » ni même « possible » : c'est précisément là le grand acquis de la période parisienne.

CHAPITRE IV

LES PLUS PLUS BEAUX ABRÉGÉS DE L'ANALYTIQUE DES PENSÉES

Les plus vrais et les plus beaux abrégés de cette analytique des pensées humaines me furent montrés, lorsque j'ai étudié de manière plus approfondie l'analyse mathématique, à laquelle j'ai tant consacré de mes soins studieux que je ne sais si l'on trouve beaucoup de gens à y avoir mis plus de travail de nos jours

De arte characteristica ad perficiendas scientias ratione nitentes (A VI, 4, 911).

Les chapitres 2 et 3 ont montré qu'en un certain sens, le projet initial de Leibniz, exposé au chapitre 1, a échoué. Mais cet échec n'a pourtant pas été dirimant parce qu'il s'est accompagné de la prise de conscience que nous n'avions pas toujours besoin d'une analyse des notions achevées (ou de « concepts parfaits ») pour mener à bien l'analyse des vérités. Un tel constat suppose néanmoins de bien distinguer des *types* de notions différents (selon qu'elles correspondent ou non à des êtres « complets »). Le programme d'une reconnexion de l'analyse des notions et des vérités se scinde alors entre un domaine où il paraît réalisable, sur fond d'indiscernabilité, et un domaine où la contrainte de discernabilité ultime conduit apparemment à un écart infranchissable – rapidement saisi comme celui de l'infini qui sépare (et relie) nécessairement notions et vérités dans ce cas [1]. L'analyse des notions mathématiques, « incomplètes », nous livrera néanmoins de très nombreuses indications dans le domaine métaphysique, à la fois dans ce qu'elle permet de préciser comme propre aux notions « complètes », mais aussi, et surtout, parce que les mécanismes perceptifs eux-mêmes, et derrière eux tout le champ de l'expérience, sont gouvernés par cette même indiscernabilité qui se rencontre dans les notions mathématiques [2]. Si la logique échoue par elle-même à saisir l'infini, elle n'en pourra pas moins en simuler la présence à la manière dont les mathématiciens approchent les grandeurs incommensurables à l'aide de grandeurs commensurables d'aussi près qu'ils veulent [3]. C'est là le ressort de la première « synthèse de la mathématique universelle et de la métaphysique de l'individuation » que Mahnke avait parfaitement identifiée : la structure de la « représentation », en tant qu'elle forme le noyau de l'activité substantielle, va en effet offrir un lieu théorique où la description générale des structures relationnelles permet d'entrer au cœur de la substance individuelle elle-même et de son expression de l'univers tout entier [4].

Ceci explique pourquoi Leibniz a pu répéter la formulation générale de son programme d'analytique des pensées humaines dans des termes assez semblables à différentes époques, alors même que ses fondements pouvaient varier sensiblement. Mais il y a plus, car le philosophe ne s'en tient pas à un simple programme, dont il aurait peu à peu pris conscience du caractère peut-être démesuré. Il affirme également y avoir obtenu de grands succès et précisément dans l'application au domaine des mathématiques : « Les plus vrais et les plus beaux abrégés de cette analytique des pensées humaines me furent montrés, lorsque j'ai étudié de manière

1. Un être est « complet », on l'a vu (voir p. 150), quand on peut dériver de sa notion tous les prédicats qui peuvent lui être attribués. Or ces prédicats n'ont aucune raison d'être non-contradictoires puisque tout changement d'une substance peut être exprimé comme passage d'un prédicat à son contraire (de « célibataire » à « marié », de « jeune » à « vieux », etc.). Il en résulte immédiatement que la série des prédicats implique une indexation à un ordre temporel qui, lui-même, prend sa source dans un certain ordonnancement du monde (le temps étant pour Leibniz une structure purement relationnelle entre événements). Comme cet ordre temporel n'est pas absolu et extrinsèque, mais découle de l'incompatibilité des notions elles-mêmes (en tant que décrivant tel ou tel état), la notion complète se trouve donc exprimer de proche en proche l'univers tout entier.

2. Je reviens sur cet aspect et l'explicite dans le chapitre suivant.

3. *Generales Inquisitiones* § 74, cité ci-dessous p. 228.

4. L'erreur de Mahnke aura néanmoins été de croire que cette synthèse constituait le dernier mot de l'approche leibnizienne. Sur ce point, voir nos chapitres 6 et 7.

plus approfondie l'analyse mathématique »[1]. C'est ici que la lecture de Brunschvicg paraît un peu hâtive : le projet d'une analyse des pensées humaines ne fut pas seulement un rêve de Leibniz, mais une entreprise où il dit avoir obtenu de grands succès ; bien plus, les échantillons qu'il semble alors avoir en vue ne relèvent pas du calcul différentiel auquel Brunschvicg voulait limiter l'édification d'une « logique réelle ». Je voudrais, dans ce chapitre, expliquer quels furent ces « plus vrais et les plus beaux abrégés » d'une analytique que le latin dit même « généralissime ».

De fait, comme avancé dans la lettre à Elisabeth de 1678, on voit bien se développer à partir de la fin du séjour parisien une stratégie *systématique* d'analyse des notions mathématiques procédant par « réduction aux identiques » et cette stratégie a servi de guide à un nouvel *ars inveniendi*[2]. Elle nourrit le grand projet logique d'une « analyse générale des notions et des vérités » que Leibniz parvient finalement à mettre en forme au milieu des années 1680 et qui constitue l'apothéose de ce développement[3]. Mais elle nourrit surtout l'édification des « nouvelles analyses » mathématiques

1. A VI, 4, 911, trad. fr. R 160-161 (*De arte characteristica ad perficiendas scientias ratione nitentes*, 1688), cité ci-dessus p. 38. Le texte *De numeris characteristicis ad linguam universalem constituendam* (1679, A VI, 4, 266) est également très intéressant sous ce point de vue dans la mesure où Leibniz commence par dire que le soupçon qu'il avait d'abord porté sur la possibilité de reconnecter notions et vérités était « vain » puisque les mathématiciens ne font rien d'autre (*nesciebam hoc ipsum, quod ego desiderabam, facere Geometras, qui propositiones eo ordine collocant, quo una ex alia demonstratur. Itaque vana quidem erat mea dubitatio*) ; pourtant il poursuit en disant qu'il ne regrette nullement la rédaction du *De arte combinatoria*, car s'y livrait déjà l'indice de son invention (*in ea indicium aliquod orbi fecerim inventi mei*).

2. Ce chapitre développe un programme annoncé dans D. Rabouin, « *Analytica Generalissima Humanorum Cognitionum.* Some reflections on the relationship between logical and mathematical analysis in Leibniz », *Studia Leibnitiana*, vol. 45 (1), 2013.

3. On pense ici bien sûr au texte de 1686 intitulé *Generales Inquisitiones de Analysi Notionum et Veritatum.* Comme y insiste Jean-Baptiste Rauzy dans la présentation de sa traduction, il importe de bien voir que cet achèvement (Leibniz lui-même inscrit dans la marge : « Ici j'ai fait de beaux progrès ») est le résultat d'une limitation importante du projet initial : « La même intuition [*scil.* l'élaboration d'un alphabet des pensées humaines permettant la genèse des vérités] est au centre des *Recherches Générales*, mais elle est prise dans un sens moins absolu. Leibiniz affirme désormais que les complexes (les propositions) et les incomplexes (les termes) doivent pouvoir être traités de la même manière (§ 75), mais ceci non plus dans la perspective d'un travail catégorial, c'est-à-dire d'une connaissance ordonnée des choses. C'est cette fois une clarification du concept de vérité qui est visée. Car Leibniz s'est entre temps convaincu du parti qu'il pouvait tirer d'une limitation de l'analyse... » (R 182). On remarquera également que Leibniz insiste sur le fait que cette analyse permet même d'obtenir des connaissances sur les vérités contingentes (voir la citation ci-dessous p. 228).

(analyse des situations, analyse des infinis, analyse combinatoire des équations) dont Leibniz avait élaboré le projet durant la période parisienne.

J'aimerais souligner dès à présent que, ce faisant, Leibniz me semble avoir inventé une nouvelle manière de faire des mathématiques – ce qui n'est pas si courant dans l'histoire de cette science. On pourrait la qualifier, en clin d'œil au mouvement qui se développa à la fin du XIXe siècle, de mathématiques « conceptuelles » [1]. Par cette désignation volontairement anachronique, je voudrais attirer l'attention sur le fait que Leibniz me semble être le premier mathématicien à pratiquer l'analyse conceptuelle comme un moyen systématique de *création théorique*. Symétriquement, il est un des premiers mathématiciens à insister sur le fait que notre incapacité à résoudre certains problèmes provient du fait que nous n'avons pas encore atteint les « bons » concepts primitifs.

Or on verra que si cette stratégie donne un appui très fort à l'idée que les mathématiques dépendent du seul principe d'identité et des définitions, elle ne confirme nullement qu'il s'agisse pour autant de dériver les mathématiques de la logique, encapsulé dans la vérité primitive du $A = A$. Tout l'art est précisément d'isoler *les* « identiques » qui fondent les bonnes notions mathématiques. Un autre trait frappant de cette approche, et qui n'est pas sans évoquer la pratique qui se met en place dans la seconde moitié du XIXe siècle, est qu'elle conduit naturellement à une approche résolument axiomatique, dont je donnerai plusieurs échantillons par la suite.

L'idée qu'il faut analyser les notions fondamentales des mathématiques pourra paraître ancienne et il paraîtra alors exagéré de vouloir marquer ici un tournant. Que nous rapportent les commentateurs anciens sinon des discussions sur les notions primitives des mathématiques ? Et que fait chaque mathématicien créateur sinon creuser certains concepts avec lesquels il travaille ? Cela est hors de doute, mais ne touche pas à ce qui est en jeu ici. La nouveauté, en effet, n'est pas de donner un rôle d'éclaircissement à l'analyse conceptuelle, mais d'y voir un véritable instrument de découverte et d'exploration de *nouvelles* mathématiques. Cette approche est originale parce qu'elle porte avec elle non pas seulement que les notions fondamentales des mathématiques demandent à être précisées, éclairées ou étendues,

1. Sur les précautions qu'il faut prendre pour ne pas entendre sous ce terme un mouvement homogène, je renvoie à la première partie de E. Haffner, « La "Science des nombres" en action dans les travaux de Richard Dedekind, entre explorations mathématiques et investigations fondationnelles. (The "Science of Numbers" in action in Richard Dedekind's works : between mathematical explorations and foundational investigations.) », Thèse de doctorat, Université Paris Diderot, sous la dir. de K. Chemla et M. Detlefsen, 2014.

mais qu'elles pourraient bien *ne pas être les bonnes*. En d'autres mots, la modernité de Leibniz provient ici de l'idée, tout à fait singulière pour son temps, qu'il est possible que nous n'ayons pas encore isolé les « bons » concepts de cette science – une idée qu'on rencontre, en revanche, souvent de nos jours dans telle ou telle branche des mathématiques où les problèmes fondamentaux offrent une résistance particulière.

Ainsi il ne s'agira pas d'avancer avec Descartes que les Anciens n'avaient pas bien compris quelle est la délimitation du « géométrique ». Il s'agira de dire que nous ne savons peut-être pas ce que « géométrique » veut dire [1]. Un trait remarquable est que cette incertitude, liée à la connaissance symbolique, ne soit pas présentée comme un obstacle rédhibitoire. Leibniz envisage même à plusieurs reprises qu'elle s'inscrive dans un processus potentiellement sans fin. C'est ce qui fonde sa réponse à Lady Masham en 1704 pour la rassurer dans sa difficulté à aborder certaines notions (en l'occurrence en métaphysique) : après tout, rappelle Leibniz, les géomètres ont réussi à produire un savoir vrai qui ne supposait pas qu'ils aient parfaitement entendu une notion aussi simple (en apparence) que celle de « droite ». De même, on l'a vu, il considère que la notion de nombre entier n'est pas encore pleinement saisie de manière satisfaisante du fait que les mystères des nombres premiers résistent encore aux efforts des mathématiciens.

Similitude, grandeur, raison

Le texte des *Elementa rationis* (1686) que nous avons déjà cité explique très clairement comment Leibniz est parvenu à mettre en œuvre son programme pour l'élaboration de « nouvelles analyses ». Juste après avoir

1. Il est très intéressant, sous ce point de vue, d'étudier les différentes variations que Leibniz a pu tester sur l'utilisation du qualificatif « géométrique » dans sa classification des courbes (par différence, et opposition explicite, à la fixité du sens cartésien), *cf.* E. Knobloch, « Analyticité, équipollence et théorie des courbes chez Leibniz », dans *G.W. Leibniz, Interrelations between Mathematics and Philosophy*, Dordrecht, Springer, 2015 ; mais on pourra aussi songer que Leibniz peut décrire un jeu en disant qu'il faudrait en élaborer la géométrie : « Pour rediger ce jeu en art, il faut le traiter comme une geometrie particuliere, par elemens. Il faut le moyen de former des lignes droites ; des lignes composees de droites, et des figures simples et composees, qui sont toujours composees de lignes droites. » (« Jeu des productions » (1698), LH XXXV 3 A 8 fol. 13 ; transcription dans M. S. de Mora-Charles, « Quelques jeux de hazard selon Leibniz :(Manuscrits inédits) », *Historia Mathematica*, vol. 19, n° 2, 1992).

mentionné la manière dont il a réussi à développer un calcul géométrique dépassant la considération de la congruence et de l'égalité, il précise en effet : « Mais je ne m'étonne pas que cela ait été négligé, car personne jusqu'à présent n'a donné une définition de la similitude comme nous l'avons fait, qui soit à la fois vraie et applicable à l'usage le plus général » (A VI, 4, 723 ; trad. fr. R 152). Bien plus, c'est clairement dans cette considération du « semblable et du dissemblable » qu'il a trouvé confirmation du rôle de la « science des formes et des formules » sur laquelle il poursuit :

> Car la science du semblable et du dissemblable en général, ainsi que des formules et de la combinaison des signes, peut être transmise au moyen de démonstrations, non moins que celle, communément reçue, de l'égal et de l'inégal ; et selon toute son ampleur elle se déploie si largement qu'elle règne non seulement sur la *mathesis* et sur les arts assujettis à l'imagination (dans lesquels elle n'a pas non plus été jusqu'ici suffisamment remarquée, bien que l'algèbre elle-même lui emprunte toute sa supériorité), mais montre aussi la voie par laquelle on peut exprimer sensiblement tout ce qui paraît retranché de la juridiction de l'imagination, comme nous le ferons voir [1].

Le chapitre 6 sera consacrée à élucider les ressorts de ce grand programme, typique des années 1680 et dont un des moteurs est l'extension de l'analyse mathématique à des aspects que Leibniz désigne comme « qualitatifs ». Dans l'immédiat, nous allons reconstituer sa genèse à partir de la source désignée dans ce texte : la définition nouvelle de la « similitude ».

Nous savons, en effet, que la définition que pointent les *Elementa rationis* remonte au moins à 1677 où elle est présentée à Jean Gallois (dans une lettre qui ne sera finalement pas expédiée) [2]. Leibniz l'introduit dès

1. A VI, 4, 723 ; trad. fr. R 152-153. On notera au passage une autre raison pour laquelle l'échec de la période parisienne ne fut pas dirimant. Si le divorce entre notion complète et incomplète signe la fin de la recherche d'une analyse des notions valant pour les unes et les autres, il n'en reste pas moins que l'une « montre la voie » par laquelle on peut aller aussi loin que possible dans l'autre.

2. Il s'agit d'un *terminus ad quem*. La mise au point d'une définition opératoire de la similitude accompagne naturellement la mise en avant d'un domaine des mathématiques dévolu à la science du semblable et du dissemblable, qui fait face au domaine quantitatif, réservé à la science de l'égal et de l'inégal. Or cette idée apparaît dès 1676, au titre de l'opposition entre *Analysis* (*de magnitudine in universum*) et *Combinatoria* (*de similitudine in universum*), dans un passage que Leibniz a finalement rayé de sa *Dissertatio exoterica* (A VII, 6, 486). On peut aisément la faire remonter plus avant, comme on l'a déjà aperçu avec le texte sur les « autres analyses » (cité p. 75) et surtout le texte intitulé *characteristica et combinatoria* (daté de fin 1674-début 1675), récemment édité en A VII, 8 (p. 80-85) et dans

l'abord dans un contexte qui déborde les mathématiques et sur lequel il nous faudra revenir :

> Il n'est pas si aisé qu'on pense, de donner des veritables demonstrations en metaphysique. Cependant il y en a et de très belles. On n'en sçauroit avoir avant que d'avoir establi de bonnes definitions qui sont rares. Par exemple il n'y a personne qui ait bien defini ce que c'est que semblables. Et cependant avant que de l'avoir defini, on ne sçauroit donner des demonstrations naturelles de plusieurs propositions importantes de metaphysique et de mathematique.

Il poursuit avec un développement particulièrement important pour notre étude :

> Après avoir bien cherché, j'ay trouvé que deux choses sont parfaitement semblables, lors qu'on ne les sçauroit discerner que *per compraesentiam*, par exemple deux cercles inegaux de même matiere ne se sçauroient discerner qu'en les voyant ensembles, car alors on voit bien que l'un est plus grand que l'autre. Vous me direz : je mesureray aujourdhuy l'un, demain, l'autre ; et ainsi je les discerneray bien sans les avoir ensemble. Je dis que c'est encor les discerner *non per memoriam, sed per compraesentiam* : parce que vous avez la mesure du premier presente non pas dans la memoire, car on ne sçaurait retenir les grandeurs, mais dans une mesure materielle gravée sur une regle, ou autre chose. Car si toutes les choses du monde qui nous regardent, estoient deminuées en même proportion, il est manifeste, que pas un ne pourroit remarquer ce changement [1].

J'aurai l'occasion de revenir à plusieurs reprises sur cette description très riche, mais notons dès à présent qu'elle offre une confirmation du fait que les réflexions menées sur la « parfaite similitude » à la fin du séjour parisien ont conduit à repenser une notion, dont Leibniz nous dit qu'elle fut au cœur de sa réforme des mathématiques mais dont il tient également qu'elle est nécessaire pour rendre la métaphysique démonstrative. De fait, comme nous le verrons, cette définition tient bien une place

lequel la Combinatoire se trouve définie comme science *de eodem et diverso generaliter; sive de qualitate, sive de formis, ubi de similitudine loco aequalitatis, sive de identitate, loco aequationis* (A VII, 8-v3a, p. 297). Dans ses notes sur Prestet, rédigées en janvier 1676, Leibniz mentionne d'ailleurs la « caractéristique en général » comme science qui traite « du même et du divers ou des formules, c'est-à-dire de la combinaison des symboles », à laquelle l'algèbre, qui ne traite que des grandeurs, doit être subordonnée (A VII, 2, 806). Remarquons, par ailleurs, que la définition de la similitude par l'indiscernabilité est présente dans un des fragment de *Caracteristica Geometrica* daté (par Leibniz) de janvier 1677 (LH XXXV, 1, 11, fol. 25 ; trad. fr. CG 57).

1. À Gallois, 1677 (A II, 1^2, 568-569).

centrale dans la mathématique nouvelle, à la fois dans l'élaboration d'une analyse des situations, mais plus généralement dans la considération de la « forme » en mathématiques et dans le projet d'une extension de cette science sous l'égide de ses aspects « qualitatifs » [1] – que Leibniz accuse ses contemporains, et au premier rang les disciples de Descartes, d'avoir délaissés [2]. De manière très remarquable, cette définition de la similitude subsiste d'ailleurs jusqu'aux derniers développements [3]. Par ailleurs, nous savons déjà que s'y joue la distinction centrale entre substance individuelle et objets mathématiques, puisque leur ressort profond est précisément la question de la parfaite *similitude* [4].

Mais avant de nous engager plus avant dans cette voie, nous devons remarquer que la similitude est immédiatement pensée en corrélation avec la grandeur : deux choses de même forme (i.e. parfaitement indiscernables

1. On voit dès les notes sur Prestet que le concept de « forme » s'élabore également au même moment dans la considération des aspects combinatoires qui sous-tendent la structure des équations algébriques et que Leibniz appelle justement « formes combinatoires » (Voir le texte de 1675 *Formae Combinatoriae*, édité dans E. Knobloch, *Die mathematischen Studien von GW Leibniz zur Kombinatorik : auf Grund fast ausschliesslich handschriftlicher Aufzeichnungen*, t. 16, Steiner Verlag, 1976, p. 48-51). Ceci explique pourquoi la notion de forme peut intervenir tantôt en regard de la quantité (typiquement lorsqu'il s'agit de faire valoir des considérations qualitatives en géométrie), tantôt en position de surplomb (typiquement lorsqu'il s'agit de faire valoir la préséance de la « sciences des formes et des formules »). Je reviendrai sur ces hésitations au début du chapitre 6.

2. C'est tout le sens des projets d'une nouvelle *mathesis universalis* que Leibniz élabore à partir de cette époque, *cf.* G. W. Leibniz, *Mathesis Universalis. Écrits sur la mathématique universelle*, *op. cit.*, en particulier l'annexe 1 : « *Mathesis universalis* et *scientia generalis* ».

3. Voir les définitions données dans les *Initia rerum mathematicarum metaphysica* : « La qualité est encore ce qui dans les choses peut être connu quand on les observe une par une, sans qu'il soit besoin d'une co-présence. Tels sont les attributs qui sont expliqués par une définition ou par les diverses modifications qui les enveloppent.
Sont égales les choses de même quantité.
Sont semblables les choses de même qualité. D'où ceci : si deux choses semblables sont différentes, elles ne peuvent être discernées par rien d'autre qu'une co-présence » (GM VII, 19) .

4. Dès lors que deux entités sont indiscernables de manière intrinsèque, elles sont dites « semblables ». Or nous avons vu que l'existence de deux entités de ce type est caractéristique des êtres « incomplets ».

quant à leur forme)[1] ne peuvent différer que par la grandeur[2]. C'est cette différence que la co-présence permet de discerner. Symétriquement, une augmentation ou une diminution globale de la taille des choses serait indétectable puisqu'elle ne modifierait pas leurs formes respectives[3]. Cette remarque n'est pas anodine car c'est dans ce domaine de la grandeur que Leibniz semble avoir fait ses premières explorations. Nous disposons, en effet, d'un texte de la période parisienne, que les éditeurs situent autour du printemps 1676 et qui porte sur ces questions[4]. Leibniz y propose une redéfinition de la grandeur en termes de congruence tout à fait typique de la nouvelle pratique que nous cherchons à décrire. Il faut d'autant plus s'y attarder que le texte est contemporain des *Elementa cogitandi.*

Leibniz y part, comme dans la *Meditatio*, de plusieurs difficultés, mais cette fois dans la détermination du concept de grandeur (*magnitudo*). La première difficulté est liée au fait que la grandeur est généralement définie par un certain rapport tout/parties, alors que l'idée de totalité impliquée dans cette définition semble requérir une forme de similitude entre les éléments qui n'est pas rendue explicite[5]. Ceci amènera dans les textes plus tardifs à une précision essentielle sur le fait que le nombre de parties doit être défini par une relation d'*homogénéité* (à une unité choisie), l'homogénéité étant elle-même définie à partir de la similitude[6]. Gardons en surtout un indice du fait que Leibniz pouvait bien être naturellement conduit de

1. Il doit être bien clair, après les développements du chapitre précédent, que Leibniz ne s'intéresse aux « choses » ici qu'en tant qu'elles peuvent être perçues ou imaginées. Il le redira explicitement dans les *Elementa nova matheseos universalis* en rappelant le seuil où la mathématique doit céder la place à la métaphysique proprement dite (A VI, 4, 514). Je reviendrai sur cet aspect dans le chapitre 5.

2. Dans des textes plus tardifs, Leibniz précisera qu'elles peuvent également différer par la seule *positio*.

3. Même idée en CG 183.

4. Les éditeurs lui ont donné le titre *De Magnitudine*, mais le feuillet n'en comporte pas et commence simplement par une liste de termes reliés entre eux : *Magnitudo, Ratio, Numerus, Totum, Pars, Mensura, Aestimatio, Valor, Pretium, Meritum, Demeritum (si ita loqui licet) connexa sunt.*

5. A VI, 3, 482 : *Est quaedam relatio magnitudinis ad totum, et videtur magnitudo esse id per quod cognoscitur an res aliqua sit tota. Ut si mihi pecuniam afferat aliquis, cuius nota mihi quantitas, facile judicabo an totam ferat. Superest tamen aliqua difficultas. Nam si qua res sit dissimilaris, etiam non cognita, eius quantitate judicari potest non esse totam.*

6. Voir par exemple GM VII, 30 : « Des choses homogènes sont soit semblables, soit peuvent être ramenées par une transformation à la similitude ».

cette réflexion sur la définition de la grandeur à la nécessité d'une caractérisation de la similitude qu'il présente à Gallois l'année suivante et dont on voit les premières traces dans les textes de l'époque.

La suite du texte entre plus directement dans la définition de cette totalité qui est un certain nombre de parties et note une forme de circularité :

> J'avais coutume autrefois de définir la grandeur comme le nombre de parties, mais j'ai ensuite considéré que cela n'était rien d'autre qu'un nombre de parties égales entre elles, ou de raison donnée. Or la grandeur entre dans la définition de l'égalité ou de la raison. Cela revenait donc à définir le même par le même [1].

Cette remarque est d'autant plus intéressante à garder à l'esprit que la définition de la grandeur par le nombre de parties restera la définition favorite de Leibniz jusqu'à la fin de son œuvre, mais sous réserve d'une précision qui va apparaître dans notre texte (il s'agit de parties *congruentes*) [2]. Comment sortit-il donc d'affaire ?

> Après bien des tentatives, il m'a semblé avoir trouvé la notion la plus commode de Grandeur. *Quantité* ou *Grandeur* est ce selon quoi une certaine chose (que nous disons « aussi grande ») peut être dite congruente à une autre (c'est-à-dire peut être reportée à l'intérieur des mêmes limites) [3].

Cette définition est tout à fait typique de l'approche que Leibniz va développer dans les années suivantes. Tout d'abord, on voit que la circularité est contournée du fait qu'on ne définit pas la grandeur directement, mais ce

1. A VI, 3, 482 : *Solebam olim definire Magnitudinem, Numerum partium, sed postea consideravi id nihil esse nisi constet partes esse aequales inter se, aut datae rationis. Sed magnitudo intrat in definitionem aequalitatis aut rationis, id ergo foret definire idem per idem.*

2. Par exemple en LH XXXV, 1, 9, fol. 9 (circa 1700) : « la *grandeur* est ce qui est désignée par le nombre de parties congruentes » (*Magnitudo est quod designatur numero partium congruentium*, trad. fr. MU 169). une telle définition restera pour lui *première* par rapport à celle de nombre. Après l'élaboration du calcul logique de l'addition réelle, Leibniz précisera également parfois que ces parties doivent être « incommunicantes » (c'est-à-dire sans chevauchement).

3. *Multa tentando hanc reperisse videor commodissimam Magnitudinis notionem. is* Quantitas *sive Magnitudo est, secundum quam res aliqua (quae* tanta *dicitur) alteri cuidam, congruere posse (id est intra eosdem términos redigi posse) dicitur.* Congruere *enim ajo quae sunt intra eosdem terminos* (A VI, 4, 482).

que c'est qu'*avoir même grandeur* (*tantum*) [1] à partir d'une forme d'identification (pouvoir être reporté à l'intérieur des mêmes limites). Ainsi le fait que la grandeur soit caractérisée par un nombre de parties *congruentes* ne pose plus problème dès lors qu'on voit qu'elle n'est rien d'autre que l'invariant obtenu dans les comparaisons par congruence. À l'autre bout de l'œuvre, les échanges avec Clarke expliciteront cette stratégie sur la question de la situation spatiale et la rapporteront à une source euclidienne :

> Au reste, j'ai fait ici, à peu près, comme Euclide, qui ne pouvant pas bien faire entendre absolument ce que c'est que Raison prise dans le sens des Géomètres, définit bien ce que c'est que mêmes Raisons. Et c'est ainsi que, pour expliquer ce que c'est que la place, j'ai voulu définir ce que c'est que la même place [2].

On voit que Leibniz a parfaitement bien diagnostiqué le mécanisme de ce qu'on appellera plus tard les « définitions par abstraction », c'est-à-dire qu'un terme abstrait, comme celui de « place », de « qualité » ou de « quantité » peut être introduit par une caractérisation de ce que signifie « avoir la même place/qualité/quantité » [3]. Cette équivalence se trouve alors caractérisée par une identification (dans notre exemple l'identification de deux entités géométriques qu'on peut transporter l'une sur l'autre en faisant coïncider leurs contours). Et notons que ce vocabulaire est d'autant moins déplacé ici que Leibniz y a vu justement un des critères de l'abstraction (un objet est abstrait quand il peut être identifié à un autre sans qu'aucune différence n'apparaisse sous le point de vue considéré). L'autre aspect tout à fait caractéristique de la définition proposée, dont on verra qu'il sera systématiquement mobilisé par la suite, est lié au fait que l'équivalence est alors caractérisée par une forme d'indiscernabilité (avoir les mêmes limites spatiales) et de substituabilité (prendre la place d'une autre chose) [4].

1. En latin, les relations de comparaisons quantitatives se font, en effet, par l'intermédiaire de l'expression *tantum... quantum...* : « autant de ceci que de cela ». On ne peut malheureusement pas rendre la distinction en français, les expressions usuelles (« aussi grande que », « de même grandeur ») faisant intervenir le concept qu'il s'agit de définir.

2. « Cinquième écrit de Leibniz », § 47, 1716, (GP VII, 400).

3. Voir les remarques en ce sens dans H. Weyl, *Philosophie der Mathematik und Naturwissenschaft. Erster Teil : Mathematik (= Handbuch der Philosophie, 4. Lfg., Teil I)*, München-Berlin, R. Oldenbourg, 1927, p. 10, qui renvoie à d'autres sources habituelles sur les définitions par abstraction. Pour une approche plus récente, voir P. Mancosu, *Abstraction and infinity*, Oxford, Oxford University Press, 2016

4. Dans le cas d'espèce, ceci ancre par ailleurs la définition nominale dans une capacité à en attester la possibilité par une procédure (le déplacement) – étant bien entendu que cette

Les *Elementa nova matheseos universalis* (1683), sur lesquels nous reviendrons, expliciteront parfaitement la manière dont les notions mathématiques fondamentales (celles qui valent « universellement » et ne se trouvent pas limitées à tel ou tel domaine) peuvent être redéfinies à partir de formes d'indiscernabilité et donc d'identifications. Juste après avoir insisté sur le fait que les mathématiques ne devaient pas se limiter à la seule étude de la quantité, mais s'ouvrir également à l'étude des aspects qualitatifs, voici, en effet, comment est présentée l'architecture conceptuelle de la nouvelle « mathématique universelle » :

> Sont semblables les choses qui ne peuvent être discernées par elles-mêmes quand elles sont prises isolément; les qualités ou formes sont ce par quoi les choses sont discernées par elles-mêmes. Quand donc les choses ne peuvent se discerner par la forme ou qualité, alors, si elles peuvent se discerner entre elles (c'est-à-dire si elles diffèrent par plus que le nombre), elles peuvent se discerner par la Quantité. En vérité celles qui ne peuvent se discerner ni par la forme ni par la grandeur, peuvent être dites *Hypallèles*, parce que l'une peut être substituée à l'autre. Si la similitude consiste alors en la seule considération des extrémités, elles sont dites *Congruentes*. Certaines peuvent en effet être semblables et convenantes selon quelque forme, mais pas selon une autre. Ainsi un globe d'or et un globe d'argent peuvent être congruents, à savoir convenants en leurs extrémités, c'est-à-dire à la fois égaux et semblables selon les extrémités, au point de convenir selon la corporéité en général, sans être pour autant semblables en tout, puisqu'ils diffèrent par la qualité de la matière [1].

Le point le plus important à noter dans l'immédiat est le suivant : dans ce genre de définition, le mécanisme substitutionnel (*aequalia sint quorum eadem est quantitas, seu quorum alterum in alterius locum substitui potest, salva quantitate*) [2], l'axiome identique (*unaquaque res sibi ipsi aequalis est*) et la définition du concept concerné (*Quantitas sive Magnitudo est, secundum quam res aliqua alteri cuidam, congruere posse (id est intra eosdem terminos redigi posse dicitur*) se nouent harmonieusement sur le

attestation peut alors rester provisionnelle, c'est-à-dire qu'on peut ensuite discuter de ce qui fonde cette possibilité de transporter une figure semblable sur une autre. Cette question jouait notamment un rôle important dans la discussion sur la postulat des parallèles et la « preuve » proposée par John Wallis, qui suppose cette possibilité avérée (sans voir qu'elle est, en fait, équivalente au postulat qu'il s'agit de prouver), *cf.* V. De Risi, *Leibniz on the parallel postulate and the foundations of geometry*, *op. cit.*

1. A VI, 4, 514; trad. fr. MU 100.

2. Nous avons vu que cette caractérisation est mise en avant par Leibniz dès l'*Accessio* (ci-dessus p. 161).

terme même qui faisait difficulté. La circularité peut alors être évitée du fait que la grandeur est définie par la congruence qui est caractérisée, quant à elle, par une forme d'indiscernabilité que l'on peut spécifier et contrôler par une procédure opératoire (ici des transformations géométriques). Bien plus, sur cette base peuvent être introduites les notions liées de rapport, de mesure et de nombre [1] :

> Je dis en effet que sont congruentes ces choses qui sont à l'intérieur des mêmes limites. Ainsi la quantité d'un certain arc sera de trois pieds s'il peut être rendu congruent à une droite de trois pieds. Si cet autre, comme dans ce cas la droite de trois pieds, est exprimé par un nombre ou une raison à un troisième, comme le pied, alors ce troisième, comme dans ce cas le pied, sera dit Mesure [2].

Le nombre peut donc être introduit comme ce qui permet d'exprimer les rapports tout/partie dans le cadre d'un processus de mesure (c'est-à-dire dans le cadre d'une comparaison entre choses congruentes). Si l'on peut le définir comme collection d'unités, à la manière des Anciens, ce sera sous réserve de préciser que le rapport fondant cette collection peut inclure l'ensemble des raisons liant une grandeur homogène à une autre posée comme unité *de mesure*, ce qui veut dire que peuvent y entrer aussi bien *lato sensu* les rationnels que les irrationnels [3]. On a là les prémices d'une caractérisation du nombre comme rapport que Leibniz tiendra encore jusqu'aux derniers moments de l'oeuvre et qu'on peut dire « structurale » en ce qu'elle caractérise les objets à partir de relations (l'autre exemple favori de Leibniz étant justement l'espace) [4]. Mais le plus important est de trouver

1. Rappelons que l'incipit du texte de 1676 indique que son propos est d'étudier la connexion entre ces différentes notions.

2. *Congruere enim ajo quae sunt intra eosdem términos. Ut quantitas alicuius arcus erit eius tripedalitas si extensus rectae tripedali congruere possit. Si altera illa, ut hoc loco recta tripedalis, tertiae, ut pedis, numero sive ratione expressa sit, tertia ilia, ut hoc loco pes, dicetur Mensura.* (A VI, 3, 482).

3. *Numerus si integrum rationalem tantum intelligas, est totum ex unitatibus constans. Si generalius sumatur, fractumque et irrationalem comprehendat, erit Quantitas homogenea unitati, intelligibilis relatione ad unitatem. (Unde notandum, cum sit aliqua numeri quantitas, et ipse numerus sit quantitas, fore quantitatem quantitatis uti alioqui datur ratio rationis).* (A VI, 3, 482).

4. Sur l'identification des objets mathématiques à des relations, voir notamment les *Remarques sur les objections de Foucher* : « Ceux qui composent la ligne de points, ont cherché des premiers elemens dans les choses ideales ou rapports tout autrement qu'il ne falloit ; et ceux qui ont trouvé que les rapports comme le nombre ou l'espace (qui comprend l'ordre ou rapport des choses coexistentes possibles) ne sauroient estre formés par l'assemblage des

ici la matrice d'une approche dont je voudrais montrer que Leibniz va la développer *systématiquement* lors de son retour en Allemagne.

Les identiques

On le voit remarquablement en se portant vers des textes du début des années 1680 comme le *Specimen Ratiocinationum Mathematicarum, sine calculo et figuris*[1]. D'une manière tout à fait comparable à ce que nous avons déjà aperçu dans les *Elementa nova matheseos universalis*, Leibniz y procède à une caractérisation et une classification de l'ensemble des notions primitives mathématiques *à partir de la seule donnée de la discernabilité et de la substituabilité*. En voici un extrait significatif :

> *Congruentes* sont [les choses] qui ne peuvent être discernées par elles-mêmes
> Les [choses] congruentes considérées en elles-mêmes peuvent se substituer l'une à l'autre comme si elles étaient coïncidentes.
> Les choses dont les [éléments] déterminants sont congruents, sont congruentes entre elles (ainsi, de même que trois côté étant donnés, le triangle est donné, à plus forte raison si *AB*, *BC*, *CD* sont congrus à *FG*, *GH*, *FH*, alors le triangle *ABC* sera congru au triangle *FGH*).
> *Égales* sont [les choses] qui peuvent être résolues en parties diverses congruentes chacune à chacune dans l'une et dans l'autre.
> *Corollar.* De là que les choses congruentes sont égales, car leurs parties sont également congruentes.
> *Corollar.* Les égaux peuvent tous être transformés en choses congruentes. Et ces choses qui peuvent être transformées en choses congruentes sont égales.
> *Corollar* : Des égaux traités de la même façon selon la quantité produisent des égaux.

points, ont eu tort pour la pluspart de nier les premiers elemens des realités substantielles, si elles n'avoient point d'unités primitives ou comme s'il n'y avoit point de substances simples » (GP IV, 491). Sur la question du « structuralisme » de Leibniz en ce qui concerne l'espace et le temps, voir K. Sereda, « Was Leibniz the First Spacetime Structuralist ? », *Philosophy of Science Association*, vol. 23rd Biennal Meeting, 2012, San Diego, CA. On prendra garde à ce que Leibniz ne peut pas être dit « structuraliste » au sens où il considère qu'un objet comme le nombre entier a des propriétés que sa caractérisation structurale échoue à épuiser, *cf.* introduction p. 61.

1. A VI, 4, 417-423. On notera le titre de cette pièce qui dit bien que tout un aspect des mathématiques est accessible non seulement sans figure, mais sans calcul, c'est-à-dire au moyen de l'analyse conceptuelle seule.

Semblables sont [les choses] qui ne peuvent être discernées que par la seule grandeur.
Corollar. [Les choses] semblables et égales sont congruentes. Et réciproquement.
Corollar. Toutes les [choses] congruentes sont semblables [1].

Nous trouvons ici un exemple typique de la stratégie annoncée dans le chapitre précédent et de nombreux autres textes de cette époque en témoignent [2]. De toute évidence, Leibniz a cherché à réduire les raisonnements mathématiques à un certain nombre de notions élémentaires qui ont toutes la particularité d'être des « identiques » (*congrua*, *coincidentia*, *aequalia*, *similia*) – ou d'être définissables à partir des identiques [3] – et de pouvoir s'exprimer en termes d'indiscernabilité et de substituabilité. C'est là le principal matériau que je voulais mettre en avant dans cette étude, car il ne me semble pas avoir été remarqué alors qu'il se détache pourtant clairement d'une étude des nombreux textes que Leibniz consacre alors à l'analyse des notions mathématiques. Mais on voit surtout que ces textes donnent à la question de la « réduction aux identiques » un sens tout à fait différent de celui qui est généralement considéré dans le commentaire – ne serait-ce que parce qu'ils ancrent cette réduction dans une pratique.

S'il faut parler ici d'une nouvelle pratique, c'est que Leibniz ne se contente pas alors, comme on le voit dans notre extrait, d'isoler un certain

1. Congrua *sunt quae per se discerni non possunt.*
Congrua per se spectata sibi substitui possunt quasi essent coincidentia.
Quorum determinantia congruunt, ea inter se congruunt (ut quia datis tribus lateribus datur Triangulum, ideo si congruunt AB, BC, CD ipsis FG, GH, FH congruet triangulum ABC triangulo FGH).
Aequalia *sunt quae resolvi possunt in partes suas diversas singulas singulis diversis alterius congruentes.*
Corollar. *Hinc quae congruunt aequalia sunt, nam et eorum partes congruunt.* Corollar. *Omnia aequalia transformari possunt in congrua. Et quae in congrua transformari possunt, aequalia sunt.*
Corollar. *Aequalia eodem modo secundum quantitatem tractata exhibent aequalia.*
Similia *sunt quae sola magnitudine discerni possunt.*
Corollar. *Quae similia et aequalia sunt congrua sunt. Et contra.*
Corollar. *Omnia congrua sunt similia* (A VI, 4, 418).

2. Voir notamment pour des listes similaires, plus ou moins développées : A VI, 4, 74 ; 162-164 ; 165-170 ; 380-382 ; 564-565 ; 626-628 ; 868 ; 872-873, 931-934, etc.

3. Comme indiqué en introduction (note 3, p. 15), j'appelle « identiques » les relations satisfaisant ce que Leibniz appelle « axiome » ou « énoncé » ou « vérité » identique, voire « identique » tout court, et accompagnant un principe de substitution.

nombre de relations. Il en fait un objet d'exploration à part entière, s'attache à en décrire les propriétés caractéristiques et à en expliciter la compatibilité avec certaines opérations et dépendances fonctionnelles (comme le fait que « des égaux traités de la même façon selon la quantité produisent des égaux »). Je reviendrai plus spécifiquement sur un de ses opérateurs très importants dans la section suivante, consacrée au rôle de la *determinatio*. Dans l'immédiat, il est essentiel de noter que Leibniz voit très bien que ces relations se caractérisent par des propriétés formelles communes. Ainsi le grand fragment IX des essais de caractéristique géométrique d'août 1679 avance-t-il :

> Ces définitions de la coïncidence, de la congruence, de l'égalité et de la similitude [1] conduisent à certaines inférences : des choses égales, semblables, congrues, coïncidentes, avec une même autre le sont aussi entre elles, d'où :
>
> | | | | | |
> |---|---|---|---|---|
> | $a \infty b$ | et | $b \infty c$ | entraîne | $a \infty c$ |
> | $a \gamma b$ | et | $b \gamma c$ | entraîne | $a \gamma c$ |
> | $a \sim b$ | et | $b \sim c$ | entraîne | $a \sim c$ |
> | $a \prod b$ | et | $b \prod c$ | entraîne | $a \prod c$ |
>
> Mais l'inférence *a* non-∞ *b* et *b* non-∞ *c* donc *a* non-∞ *c* n'est pas valide, pas plus qu'en Logique on ne peut conclure à partir de prémisses purement négatives [2].

1. Leibniz a donné juste avant les définitions qu'on retrouve un peu partout en partant de la similitude (choses ne pouvant être discernées par elles-mêmes), puis la congruence (par la superposition, qui revient à une coïncidence, ou par la comparaison, via une unité mesure), les choses semblables et égales étant congrues (CG 184-185).

2. CG 187, trad. fr. modifiée. Il est très intéressant de voir la genèse de cette structure relationnelle dans les essais précédents, rédigés ce même mois d'août 1679, en particulier le scheda 3 (fragment VII dans l'édition Echeverría-Parmentier, p. 116). On y voit Leibniz définir l'identité par la coïncidence, c'est-à-dire par le fait d'être simultanément en un même lieu (∞ *est idem, ut A* ∞ *B, id est puncta A et B coincidunt, sive sunt simul in eodem loco*) – nous verrons resurgir dans les *Elementa nova matheseos universalis* cette forme d'identité si forte qu'elle ne peut pas être dissoute par le repérage spatio-temporel et peut donc prévaloir sur la distinction *solo numero*. La congruence, quant à elle, est introduite comme préservant le *situs* relatif des parties (*γ est congruum, seu quod in alterius locum succedere potest salvo partium situ*). Dernier point très intéressant : la similitude est alors définie au niveau des caractères eux-mêmes (Simile *est quod determinatur characteribus, qui discerni non possunt*) – confirmant un aspect sur lequel nous reviendrons, c'est à savoir que la notion de forme est immédiatement conçue comme agissant non seulement au niveau perceptif, mais au niveau symbolique (voir ci-dessous p. 243).

Plus remarquable encore, il perçoit que des propriétés comme celle-ci (dite aujourd'hui « de transitivité ») peuvent être déduites – d'où leur titre de *consequentiae* – à partir de la substitution et de la réflexivité. Ce pas est tout à fait naturel à franchir en contexte euclidien puisque la transitivité y est posée en axiome ou « notions communes » [1]. Or Leibniz considère que seuls les axiomes identiques sont à proprement parler des axiomes. Il a donc depuis longtemps (dès le temps de l'*Accessio* au moins) entrepris de démontrer le fait que des égaux à un même troisième sont égaux entre eux et n'a plus qu'à généraliser ce type de raisonnement. Un texte justement intitulé *Demonstratio axiomatum Euclidis*, daté par Leibniz du 22 février 1679, s'ouvre ainsi sur la preuve suivante :

> Définition 1. *Égales* sont les choses qu'on ne peut discerner par la grandeur, c'est-à-dire qui peuvent être substituées l'une à l'autre en préservant la grandeur. (...)
> Axiome 1. Les choses qui sont égales à une même chose sont aussi égales entre elles
> (1) (2) (3)
> A ég. B et B ég. C. Donc A ég. C.
> Car puisque A ég. B par 1, donc par la déf. des égaux, il pourrait être substitué à ce même B dans la prop. 2, d'où se déduit la prop. 3 [2].

1. Sous une forme légèrement différente, première des notions communes : « Les choses égales à une même chose sont aussi égales entre elles » – soit en latin : *eidem tertio aequalia esse inter se aequalia* (par exemple dans l'*Accessio* A, II, I^2, 355), mais également *Quae eidem sunt aequalia et inter se sunt aequalia* comme dans la *Demonstratio*de 1679 que nous commentons. Il est d'ailleurs remarquable que Leibniz traduise ce dernier énoncé de manière symbolique par la transitivité A = B et B = C. Donc A = C.

2. A VI, 4, 165-166. Leibniz démontre également alors que « si des égaux sont ajoutés à des égaux, les touts sont égaux » (*Si aequalibus aequalia adjecta sunt tota sunt aequalia*), « si des égaux sont ôtés d'égaux, les restes sont égaux » (*Si ab aequalibus aequalia ablata sunt quae reliquuntur sunt aequalia*), et de même pour les inégaux. Il définit ensuite la ligne droite et le cercle à l'aide de la similitude (plus exactement le fait de se comporter *similiter* par rapport à certains points), après quoi il définit la congruence, la similitude, la quantité, puis les « déterminations ». Un fragment plus tardif explicite plus clairement le rôle de l'axiome identique laissé implicite dans la première formulation : *Demonstrari possunt, non tantum theoremata, sed etiam ipsa Axiomata quae identica non sunt. Ita demonstravi Axioma Euclideum :* Quod aequalia uni tertio, sunt aequalia inter se, *per definitionem Aequalitatis. Talem autem assigno definitionem Aequalitatis :* Aequalia *sunt quorum unum alteri substitui potest, salva circa magnitudinem veritate. Demonstrandum jam esto Axioma, de aequalibus uni tertio etiam aequalibus inter se, quod sic exponi potest more Geometrarum : Esto a aequale ipsi b, et rursus esto c aequale ipsi b, ajo fore a et c aequalia inter se. Nam (primo) quia a = b ex hypothesi, et (2do) c = b, itidem ex hypothesi, ergo in aequatione prima in*

Leibniz transpose cette démonstration à la coïncidence logique dans les essais de la seconde moitié des années 1680 [1]. Le texte intitulé (par les éditeurs) *Demonstratio axiomatum de identitate ac diversitate* en propose même une démonstration très générale valant pour toute relation d'identité (notée ici ∞) :

(9) Des choses identiques à une même troisième sont identiques entre elles.

(1) Soit ⊙ ∞ ☽

(2) et ☽ ∞ ♀

(3) Je dis qu'on a ⊙ ∞ ♀

(4) Car dans l'art. 2, on peut assurément poser (par hyp.) ⊙ pour ☽ de sorte qu'elle reste vraie (par prop. 8) [2]

(5) il arrive alors ⊙ ∞ ♀ (par autopsie de ce même article 2) [3].

(6) Donc ⊙ ∞ [♀] est vraie (par 4 et 5) Q. E. D. (par 3) [4].

Nous avons là le prototype d'une nouvelle pratique qui frappe non seulement par le rôle qu'elle donne aux identiques, mais aussi par son caractère formel. Elle sera mise en œuvre de manière éclatante non seulement dans les différents calculs logiques dits « de l'addition réelle » à partir de 1686, mais également dans les présentations du « calcul des grandeurs » telles qu'on peut en trouver dans des textes de la fin des années 1690 comme les *Prima calculi magnitudinum elementa* (GM VII, 77-82). Les uns et les autres constituent les premières présentations axiomatiques formelles aujourd'hui connues de ces domaines et peut-être faudrait-il dire les

locum b, poterit substitui c, et fiet a = c. Quod erat dem.
Definitio. AEQUALIA *sunt quae sibi substitui possunt salva magnitudine.*
Axioma identicum. *Unumquodque sibi ipsi aequale est.* (*De demonstratione axiomatum non identicorum*, A VI, 4, 501).

1. Par exemple A VI, 4, 831 ; A VI, 4, 849.

2. La proposition 8 énonce la substituabilité des identiques *salva veritate*.

3. Le manuscrit porte bien en ce lieu *per autopsiam*, une expression qui était déjà à l'époque du domaine médical et que je traduis donc littéralement

4. A VI, 4, 815. Leibniz s'intéresse peu à la question de la symétrie de l'identité. La raison en est certainement que la copule n'est pas symétrique (mais antisymétrique, comme Leibniz le voit bien) et que la formalisation du jugement *A est B* par l'égalité *A* = *AB* ne conduit pas à mettre la question de la symétrie en avant. Reste que Leibniz est parfaitement capable de produire une telle démonstration comme il le fait à la première proposition d'un des célèbres fragments de calcul sur l'addition réelle (intitulé par les éditeurs *Specimen calculi coincidentium et inexistentium*) :
PROP. 1. *Si A sit ∞ B, etiam B erit ∞ A. Si quid idem sit alteri , alterum id em erit ipsi. Nam quia A ∞ B (ex hypothesi), Ergo (per def. 1) in enuntiatione A ∞ B (vera ex Hyp.) poterit substitui B in locum A, et A in locum B, ergo fiet B ∞ A* (A VI, 4, 831).

premiers exemples de quelque chose d'approchant à une preuve formelle dans notre modernité.

Fait tout à fait remarquable, Leibniz semble être d'ailleurs un des premiers auteurs, sinon le premier, à utiliser cette expression qu'il mentionne à Gabriel Wagner précisément pour montrer que les « preuves formelles » ne sont pas l'apanage de la syllogistique :

> Certes ce travail d'Aristote n'est qu'un commencement et pour ainsi dire l'ABC, car il y a d'autres formes plus composées et plus difficiles qu'on ne peut employer qu'une fois établies avec l'aide de ces premières formes plus faciles ; comme par exemple les formes de démonstrations euclidienne où les proportions [*proportiones*] sont renversées *invertendo*, *componendo*, *dividendo rationes*, etc. et même l'addition, la multiplication ou la division des nombres comme on l'apprend dans les écoles d'arithmétique sont des formes de preuve [*Argumenta in forma*] et on peut s'y fier parce qu'elles prouvent par la force de la forme. Et de cette façon, on peut dire qu'un calcul de comptable complet conclut formellement (*förmlich*) et est constitué d'*Argumentis in forma*. Ainsi en est il aussi avec l'Algèbre et beaucoup d'autres preuves formelles (*förmlichen Beweisen*), qui sont si dépouillées et cependant parfaites (Lettre à Gabriel Wagner 1696/1697 ; GP VII, 519).

Et de fait, comment ne pas être frappé du caractère très formel de preuve comme celle ci :

> (27) Si $h = -g$, on aura $-h = g$. En effet, $h = -g$ par hypothèse, donc $g + h = g - g$ (par article 22). Donc $g + h = 0$ (par article 25) Donc (par le 23) $g + h - h = 0 - h$. Donc (par le 22) $g = 0 - h$, c'est-à-dire (par le 26) $g = -h$

Soit, si l'on explicite les renvois :

— Par l'art. 22 qui établit que des égaux ajoutés à des égaux produisent des égaux, on dérive de $h = -g$ que $g + h = g - g$.

— Par l'art. 25 qui établit que $g - g = 0$, on tire que $g + h = g - g = 0$

— Par l'art. 23 qui établit que si des égaux sont retranchés à des égaux, des égaux sont produits, on conclut que $g + h - h = 0 - h$

— Par l'art. 26 qui établit que 0 peut être ajouté à tout membre sans rien changer, on conclut $g = -h$[1].

1. On trouvera une transcription de cette preuve et des 43 articles qui l'accompagnent dans G. W. Leibniz, *Mathesis Universalis. Écrits sur la mathématique universelle*, *op. cit.*, texte 4b, p. 176.

De proche en proche, toutes les vérités mathématiques concernées se trouvent alors ramenées aux énoncés identiques attendus (substitution et réflexivité) :

> (8) Sont égales les choses dont la grandeur est la même et l'égalité est désignée par la notation = , par exemple deux et deux = quatre, ou 2 et 3 = 5. D'où vient que des égaux peuvent être substitués l'un à l'autre, la grandeur étant préservée.
> (...)
> (10) Cet axiome est indémontrable : une chose quelconque est égale à elle-même.

Je rappelle à dessein ce type de dérivations qui nous occuperont plus en détail par la suite, car il forme l'arrière-plan d'une interprétation très répandue de la place de la réduction aux identiques chez Leibniz. De fait, notre rapport à ces questions est dominé par un paradigme épistémologique qui veut que l'algèbre logique apparaisse dans la continuité d'un mouvement d'abstraction qui aurait pris son origine dans l'algèbre symbolique. À partir du moment où nous sommes à même de manipuler des opérations symboliques de manière indépendante de l'interprétation que l'on donne aux symboles, il paraît tout à fait naturel de tenter de formaliser ainsi des domaines qui excédent les frontières ordinaires de la grandeur, voire celle des mathématiques *stricto sensu* – les calculs logiques se trouvant ainsi munis d'une forme de généralité maximale. Or il est essentiel de voir que cette lecture téléologique, où Leibniz fait figure de précurseur [1], fonctionne à rebours du développement réel de ses idées.

1. Cette figure est bien exprimée par Couturat dans son article de 1904 sur « Kant et les mathématiques » : « Kant concevait, avec tous ses contemporains, les mathématiques comme les sciences du nombre et de la grandeur, et même, plus étroitement encore, comme les sciences de l'espace et du temps, et non pas comme une science ou plutôt une méthode purement formelle, comme un ensemble de raisonnements déductifs et hypothétiquement nécessaires. Ici encore, on ne saurait lui reprocher de n'avoir pas prévu l'avenir, encore que, sur ce point aussi, Leibniz ait vu plus clair et plus loin que lui, et ait conçu fort nettement la Mathématique universelle, et plus spécialement l'Algèbre universelle (qu'il appelait la Caractéristique) comme applicable à toutes les formes possibles de déduction. Mais ces anticipations géniales étaient encore inconnues ou méconnues, et passaient alors pour des rêves d'utopistes.» Quelques lignes plus loin, il donne clairement la généalogie qui a conduit à l'extension de l'effectivité de l'algèbre symbolique à toute forme de calcul, permettant de retrouver – d'après lui – l'intuition leibnizienne : « Ce n'est que peu à peu, à la suite de l'invention du calcul barycentrique de Möbius, du calcul des équipollences de Bellavitis, du calcul géométrique de Grassmann, des quaternions de Hamilton, de la Géométrie projective de Staudt, de la théorie des ensembles, de la théorie des substitutions et des groupes, enfin du calcul logique de Boole, qu'on est parvenu à concevoir que la mathématique n'est pas

De fait, il n'est pas vrai que Leibniz se soit inspiré de ses tentatives d'axiomatisation de l'arithmétique et de l'algèbre pour isoler un certain nombre de traits spécifiques aux opérations logiques. Les textes qu'on cite en ce sens [1], comme celui que je viens de rappeler, sont en fait très postérieurs à l'édification des calculs logiques [2]. Cette remarque est d'ailleurs capitale pour ne pas préjuger d'une forme d'unité de ces calculs dont on verra que Leibniz perçoit vite le caractère problématique – fait qui jouera également un rôle important dans l'appréciation de leur devenir. On se gardera en particulier de voir là une exemplification du thème mainte fois répété depuis le séjour parisien selon lequel l'algèbre ordinaire doit être subordonnée à un *ars combinatoria* qu'on identifierait donc à un calcul logique.

De fait, comme on le verra, le calcul logique leibnizien ne sursume *pas* l'algèbre des grandeurs. Mais dans l'immédiat, le point qui doit nous arrêter est le suivant : la mise en place d'axiomatiques formelles par Leibniz ne s'est pas édifiée dans un mouvement d'abstraction à partir de l'axiomatisation du calcul algébrique, mais au sein de sa stratégie de « réduction aux identiques », dont le terrain privilégié est l'édification de « nouvelles analyses » (hors, donc, de l'algèbre). Dans ce cadre, il perçoit très finement que les relations fondamentales des mathématiques partagent un certain nombre de propriétés formelles qu'il est possible de dériver à l'aide du principe de substitution. Il entreprend alors de fournir de telles preuves. Sa motivation ne provient donc nullement d'un usage libre des calculs symboliques ou « aveugles » qu'il aurait cherché à appliquer à toutes choses, mais de sa conviction ancienne que l'on doit être en mesure de fournir une preuve pour tout axiome qui ne soit pas identique. Ceci l'amène à

liée à une nature particulière d'objets, mais est une méthode générale de démonstration et d'invention.» (reproduit dans L. Couturat, *Les Principes des mathématiques*, Paris, Alcan, 1905, rééd. 1980, p. 304-305).

1. Par exemple, W. Lenzen, « Arithmetical vs. 'Real' Addition – A Case Study of the Relation between Logic, Mathematics, and Metaphysics in Leibniz », dans *Leibnizian Inquiries*, Lanham, University Press of America, 1989. Voir également, G. W. Leibniz, *Recherches générales sur l'analyse des notions et des vérités : 24 thèses métaphysiques et autres textes logiques et métaphysiques*, sous la direction de Jean-Baptiste Rauzy, Paris, Puf, 1998, p. 403-404.

2. Les principaux textes dévolus à l'axiomatisation du « calcul des grandeurs » datent des années 1699-1700 (pour les éléments permettant cette datation avec certitude, voir G. W. Leibniz, *Mathesis Universalis. Écrits sur la mathématique universelle*, *op. cit.*, p. 157-163).

démontrer à partir des identiques un certain nombre de propriétés des opérations ordinaires (comme l'addition et la soustraction) [1] et à ouvrir ainsi la possibilité plus générale d'une opérativité associée à d'autres formes d'identification que l'égalité mathématique (dont l'identité logique). On ne saurait rêver meilleure confirmation du fait qu'il doit être possible d'établir quelque chose comme un calcul de la raison. Mais, comme nous le verrons très bientôt, cette réalisation fut loin d'être immédiate et il fallut à Leibniz dix années de labeur pour parvenir de sa première formalisation des identiques en mathématiques (en 1676) aux premières axiomatisations satisfaisantes d'un calcul logique formel (en 1686).

Un autre point doit encore nous arrêter. À partir du moment où nous disposons d'une liste de relations se comportant de la même façon, mais différant dans la manière dont elles permettent ou non de faire certaines distinctions, se pose naturellement la question de déterminer si elles forment entre elles un système. On voudrait savoir, en particulier, si certaines peuvent être dérivées à partir d'autres et si oui, sous quelles conditions. Ainsi peut-on voir dans notre premier texte qu'il n'est pas possible pour deux entités d'être congruentes sans être égales (cela provient naturellement du fait que l'égalité est définie à partir de la congruence des parties). De même, deux entités semblables et égales sont congruentes (par définition).

Ces deux exemples suffisent d'ailleurs à indiquer que les relations en question ne s'inscrivent pas nécessairement dans une hiérarchie simple et que la question de la relation qu'on prendra comme primitive n'est pas évidente à trancher. On pourrait, en effet, partir de la similitude définie par l'indiscernabilité *singulatim*, puis introduire la grandeur comme ce qui permet de discerner les semblables et obtenir une définition de la congruence par la conjonction de l'égalité et de la similitude : c'est la stratégie que suivent les *Elementa nova matheseos universalis* [2]. Dans le *Specimen Ratiocinationum Mathematicarum*, en revanche, la relation première est la congruence et l'égalité est définie par la résolubilité en parties congruentes. C'est un point sur lequel j'aurais l'occasion de revenir, car le fait que Leibniz envisage plusieurs modalités de structuration des relations identiques, et en particulier qu'il résiste à poser trop rapidement la coïncidence logique en relation primitive, est crucial. Gardons en l'idée qu'il

1. Mais on prendra garde que ces opérations sont surtout pensées dans le cadre d'une axiomatisation des grandeurs géométriques.

2. A VI, 4, 514.

faut séparer nettement le fait que Leibniz se soit préoccupé d'une organisation « logique » [1] des relations identiques et le fait qu'il ait considéré que l'ensemble de ces relations s'appuyaient *in fine* sur une identité logique absolue donnée par la substitution *salva veritate*.

Un dernier point notable du *Specimen* est qu'il introduit également au titre des notions primitives une caractérisation formelle de la différence (*differentia*) [2], celle-là même qui est thématisée au début de la *Quadratura* de 1676, lorsqu'il s'agit de donner un fondement « rigoureux » aux méthodes des indivisibles [3]. Cette remarque n'est pas anodine car, comme nous aurons l'occasion de le voir, l'élaboration d'un authentique calcul (et même dans ce cas d'un algorithme) pour l'analyse transcendante paraît inséparable de l'élaboration d'une forme nouvelle d'égalité entre grandeurs (qu'on pourrait dire « à infiniment petit près ») [4]. Dans les *Elementa nova matheseos universalis*, juste après avoir introduit les relations fondamentales de la « mathématique universelle », qui semble à première vue très liées à l'élaboration d'une analyse géométrique de la situation, Leibniz prend bien soin de préciser que la notion de forme s'appplique également dans le calcul des grandeurs et en particulier dans la « comparaison des équations ». C'est pour lui l'occasion de répéter et de préciser son antienne habituelle sur la primauté de l'*ars combinatoria* : « En effet, la Combinatoire ou science des formules est plus générale que la Logistique ou science des Grandeurs » [5]. On voit donc une grande partie des domaines mathématiques dans lesquels travaille Leibniz converger vers ce lieu théorique

1. Nous reviendrons au chapitre 7 sur le sens précis à donner à ce terme qui fonde chez Leibniz l'idée d'une « logique mathématique » qui ne serait rien d'autre que la logique *des* mathématiques.

2. Differentia *duarum quantitatum est ea pars majoris, cujus altera cointegrans aequalis est minori.*
Corollar. *Differentia aequalium est Nihil. Summa ex aliqua quantitate, et differentia quantitatum quarumcunque aequalium aequalis est priori quantitati. Sequitur ex praecedenti.*, etc. (A VI, 4, 419). Leibniz introduit alors la notion de « différence continue » qui correspond à celle entrant dans les séries « télescopiques » et dont on sait qu'elle fut une des sources du calcul différentiel. Fait non moins remarquable, la *Differentia* est mobilisée dans un des fragments de caractéristique géométrique de 1676 pour caractériser la notion de distance (CG 67).

3. G. W. Leibniz, *Quadrature arithmétique du cercle, de l'ellipse et de l'hyperbole*, *op. cit.*, prop. II-V et, pour un commentaire, D. Rabouin, « Leibniz's Rigorous Foundations of the Method of Indivisibles », *op. cit.*

4. Voir ci-dessous p. 233.

5. A VI, 4, 516 ; trad. fr. MU 102.

qui consiste en un répertoire de relations fondamentales, où se rencontrent avec bonheur l'analyse des notions et la réduction aux identiques.

Nous verrons d'autres exemples de cette pratique mathématique par la suite, mais le seul texte du *Specimen* suffirait déjà à donner un sens très précis à une déclaration que nous avons croisée et qui soutenait une des questions directrices de notre étude :

> Au lieu des axiomes et des théorèmes d'Euclide, qui traitent de la grandeur et de la proportion, j'en ai pour ma part trouvé d'autres, de plus grande portée et d'usage plus général, qui traitent de ce qui coïncide, de ce qui est congruent, semblable, déterminé, de la cause et de l'effet, c'est-à-dire de la puissance des relations de façon universelle [1].

De fait, ceci correspond très précisément à la liste des définitions fondamentales proposée dans le *Specimen* et dans les textes comparables de cette époque. Leibniz dégage alors un certain nombre d'axiomes, comme la transitivité ou la compatibilité avec les opérations, qui miment et généralisent les « notions communes » posées par Euclide pour le traitement de la seule égalité. Sous ce point de vue, il est indéniable que Leibniz a pratiqué l'analyse des notions comme méthode d'invention [2] et qu'il y a obtenu des succès remarquables, au premier rang desquels une manière de fonder rationnellement ses « nouvelles analyses ». C'est ce qu'il a à l'esprit, me semble-t-il, lorsqu'il avance avoir trouvé dans les mathématiques « les plus vrais et les plus beaux abrégés de l'analytique la plus générale des pensées humaines ».

Nous avons là une piste inespérée pour comprendre la réelle interaction des mathématiques et de la philosophie, y compris dans ses aspects les plus spéculatifs. On a vu, en effet, que le passage du *De arte characteristica ad perficiendas scientias ratione nitentes* se poursuit en mentionnant « ce qui arrive par soi et par accident, la nature générale de la substance, ainsi que de la spontanéité parfaite et l'impossibilité pour les substances d'être engendrées et corrompues et enfin de l'union des choses et de la façon dont les substances conspirent entre elles » – c'est-à-dire, comme le soulignait déjà Couturat, les principaux thèmes de la métaphysique leibnizienne.

1. *De arte characteristica ad perficiendas scientias ratione nitentes* (A VI, 4, 911). Voir également la lettre de 1688 à Arnauld citée ci-dessous p. 294, ainsi que celle à Foucher p. 326.

2. Rappelons nous la formule célèbre de la lettre à Elisabeth de 1678 : « pour moy, je ne cherissois les Mathematiques, que par ce que j'y trouvois les traces de l'art d'inventer en général, et il me semble que je découvris à la fin que Monsieur des Cartes luy même n'avoit pas encor penetré le mystère de cette grande science » (A II, 1^2, 662).

Mais à la différence de Couturat, nous ne voyons nullement les thèses métaphysiques « découler » ici de la Mathématique universelle. Ce à quoi nous avons assisté, c'est à une refonte des notions mathématiques sur le modèle de la définition de la similitude qui, *par différence*, délimite un certain nombre de thèses métaphysiques (où ce type d'approche par l'indiscernabilité ne vaut justement pas). La « synthèse de la mathématique universelle et de la métaphysique de l'individuation » est une synthèse disjonctive : elle ne consiste nullement à subordonner l'une à l'autre (quel que soit le sens dans lequel on conçoit cette subordination), mais pas non plus à les opposer radicalement. L'une et l'autre évolue de concert en délimitant dans ce cheminement leurs thèses et leurs objets respectifs.

Détermination

Avant de nous engager plus avant dans ces questions, nous devons encore élucider un autre concept qui tient visiblement un rôle important dans les textes mathématiques de cette époque et n'est d'ailleurs pas sans lien avec des thèmes métaphysiques : celui de la « détermination » (*determinatio*). De fait, il revient constamment dans les différentes déclarations citées et l'on voit dans le passage du *Specimen* qu'il joua également un rôle crucial dans l'élaboration d'une axiomatique élargissant l'approche euclidienne. À des axiomes spécifiant la compatibilité des opérations, comme l'addition, avec les égalités (« si des égaux sont ajoutés à des égaux, les touts sont égaux »), Leibniz ajoute en effet des axiomes plus généraux où cette compatibilité vaut pour n'importe quelle « détermination » (par exemple : *Quorum determinantia congruunt, ea inter se congruunt*).

Pour mieux comprendre l'intervention de cette notion, nous devons d'abord nous tourner, comme nous y enjoignent les *Elementa rationis*, vers l'analyse des notions géométriques. De fait, il n'est pas évident, à première vue, que l'on puisse définir *tous* les termes mathématiques, directement ou indirectement, à partir de concept comme celui de grandeur, sur laquelle Leibniz s'est penchée à Paris, ou comme celui de forme, qui accompagne la nouvelle définition de la similitude. Des notions comme celle de point, de droite, de plan, n'en sont pas immédiatement dérivables à la manière dont peuvent l'être celles de nombre, de rapport et de mesure [1]. Comme on l'a

1. Même si elles l'étaient, il n'est pas sûr pour autant qu'elles le doivent. Ainsi un texte très intéressant de 1679 (*De organo sive arte magna cogitandi* A VI, 4, 159), fait remarquer qu'il est parfaitement possible de définir les notions de droites et de cercles à partir de celles

vu, Leibniz sépare d'ailleurs très clairement la partie « universelle » des mathématiques, qui, dans un texte comme les *Elementa nova matheseos universalis*, consiste tout entière dans la structure relationnelle, et une partie « spéciale » qui fait intervenir les caractéristiques propres à la situation, au mouvement ou au nombre.

De manière intéressante, un des premiers textes où Leibniz s'engage dans l'analyse des notions primitives des mathématiques lors de son retour en Allemagne traite précisément de ces questions. Il s'agit du texte que les éditeurs ont intitulé *Definitiones : Punctum, Linea, Voluntas, Perceptio, Sentire* [1], un brouillon sur lequel de nombreuses corrections sont effectuées. Ces corrections sont particulièrement significatives en ce qu'on y voit nos différents éléments s'assembler et la notion de détermination se dégager naturellement comme compagne naturelle de la réduction aux « identiques ». Pour l'annoncer d'un mot, Leibniz va alors parfaitement percevoir que les relations « identiques » ne suffisent pas à une formalisation complète des mathématiques et nécessitent d'être complétées par deux aspects que porte l'idée de détermination : les relations d'ordre d'un côté et les correspondances fonctionnelles de l'autre.

Leibniz commence, comme on peut s'y attendre, par tenter une définition de la droite en termes de congruence. Pour cela, il fait intervenir également la relation de coïncidence : « la ligne droite est celle dans laquelle les situations de tout point congru à deux points donnés coincident » [2]. Comme on le voit, cette définition doit faire intervenir, outre les relations identiques (congruence et coïncidence), deux autres notions fondamentales : celle

de corps, d'espace et de mouvement continu (par exemple, comme Leibniz sait pertinemment le faire, au moyen de symétries, voir par exemple CG 161). Il ne faut pourtant pas procéder ainsi d'après lui car cela suppose la continuité comme propriété de corps situés dans l'espace, hypothèse qui découlerait de la structure du monde lui-même et donc d'un choix divin. Or, fait remarquer Leibniz, la géométrie ne nécessite par l'existence de corps réellement continus dans la nature : il suffit que la différence entre les corps réels et les corps continus soient imperceptibles. C'est pourquoi Euclide a fort bien fait, aux yeux de Leibniz, de partir de postulats concernant la donnée de la ligne droite et du cercle.

1. A VI, 4, 72-77 (entre l'été 1678 et le début 1679).

2. *Recta linea est in qua puncti cujusque ad duo data puncta situs congrui coincidunt.* Autrement (et un peu plus clairement) dit : « si la situation du point D à l'égard des points B, C est congrue à celle du point F à l'égard de ces mêmes points, et que l'espèce de la ligne où se situent les points D, B, C et celle où se situent F, B, C entraîne la coïncidence de D et F, il s'agira d'une seule et même droite » (CG 77). Que la condition sur les espèces reviennent à celle sur la congruence à deux points donnés est explicité dans la définition formelle de la droite donnée deux pages auparavant (CG 73).

de point *donné* et celle de *situation*. Assez naturellement, elle conduit à préciser la notion générale de *ligne* comme lieu des points qui peuvent être *déterminés* à partir de points donnés au moyen d'une règle [1]. Apparaît ici une nouvelle notion fondamentale : celle de « détermination ». Elle permet de spécifier ce qui lie les points entre eux et permet de caractériser la notion d'« espèce de ligne » (dont relève la ligne droite) : lorsque la règle de correspondance est non seulement fixée, mais *connue* [2] et celle de ligne « donnée de position » (lorsque tous les points sont déterminés) [3].

Leibniz éprouve alors le besoin de préciser également ce qu'il faut entendre par « connu » et par « donné » et s'engage dans la définition de concepts comme *exhibitum*, *notum* ou *datum*, qu'il relie naturellement à des questions de théorie de la connaissance [4]. Il parvient alors, au fil des corrections à une formulation unifiée des deux systèmes en mettant au cœur de son analyse une notion qui ne saurait nous laisser indifférents, celle de discernabilité :

> Est *exhibé* ce que nous pouvons discerner d'une autre chose par les sens.
> Est *connu* ce que nous pouvons discerner d'une autre quelconque par

1. La description latine précise bien que la règle comme les points donnés doivent être *certi*, c'est-à-dire qu'ils ne sont pas laissés indéterminés. Je ne rends pas cette précision en français car elle introduirait une confusion malheureuse en français entre deux sens de « déterminé » : *Linea est locus punctorum numero indefinitorum quae ex certis punctis datis ordine per certam regulam determinari possunt.* On notera néanmoins que cette précision ne va pas de soi et que Leibniz peut également accepter, dans d'autres textes, une notion de courbe arbitraire, c'est-à-dire qui ne serait même pas donnée par une loi explicite (*pro arbitrio sine certa lege ducta*) *cf. ibid.*, p. 350.

2. L'idée de correspondance réglée (*ordine respondentia*) de deux collections de points est introduite dans le fragment cité p. 208 et correspond, comme ici, à la donnée d'une espèce de ligne, *cf.* CG 73.

3. Linea specie data *intelligitur cum regula cognita est; licet puncta certa ex quibus puncta indefinita determinari possunt, positione data non sunt. Potest tamen plus minusve dari specie, prout scilicet aliqua ex punctis illis certis, aut de ipsis dantur.* Linea positione data est, *cum certa illa puncta omnia data sunt ex quibus positis indefinita lineae puncta quaeque determinari possunt*. (A VI, 4, 72).

4. Exhibitum *est, quod percipimus cum volumus.*
Notum *est quod intelligimus cum consideramus.*
Datum *est quod exhibitum notumve est prout opus est.*
Ad me *pertinere dicitur, de quo cogitari non potest quin ego cogiter.*
Extra me *esse dicitur quod cogitari potest ita ut ego non cogiter.*
Voluntas *est cogitatio perfectionis ut in nobis.*
Perceptio *est cogitatio quam statim sequitur voluntas.*
An sic : Perceptio est cogitatio sui et alterius simul. (A VI, 4, 72-73).

> l'intellect.
> Est *donné* ce qui est exhibé ou connu autant qu'il en est besoin.
> Est *donné d'espèce* ce dont la forme est connue, c'est–à-dire que si une autre est exhibée comme semblable, nous pouvons le reconnaître.
> Les *semblables* sont ceux dont la forme est la même, c'est-à-dire qui ne peuvent être discernés s'ils ne sont pas exhibés ensemble.
> Est *donné de grandeur* ce dont la grandeur ou la raison à quelque chose d'exhibé est connu.
> Est *déterminé* ce qui est unique à partir des données. Peut être déterminé ce qui n'est pas connu lui-même, comme le rapport du cercle au quarré.
> Une ligne est *donnée de position*, dont tout point déterminé peut être exhibé ou donné.
> La *Droite* est la ligne qui est déterminée par deux points donnés de position, c'est-à-dire dont tous les points sont déterminés. (A VI, 4, 73-74)

Difficile de ne pas constater que l'intervention de la discernabilité permet immédiatement et d'introduire une définition plus précise de celle de détermination (dont on voit qu'elle correspond assez bien ici à ce que nous appellerions une correspondance fonctionnelle) [1] et de faire intervenir nos relations identiques, en l'occurrence la similitude et la grandeur (congruence), dans la continuité des concepts comme ceux de « donnés » ou de « connus ».

Un autre trait qui frappe dans ces textes est évidemment l'idée que l'on va donc tenter de capturer l'ensemble des descriptions géométriques au travers de relations entre points dotés de situation dans un espace. Ces aspects seront mis en avant de la manière la plus claire dans les textes sur la « caractéristique géométrique » de l'été 1679 et en particulier le grand fragment IX. Après avoir rappelé qu'il a abondamment travaillé sur ces questions avant de parvenir à isoler les notions fondamentales [2], Leibniz poursuit :

1. On peut donc définir la détermination par la discernabilité : « Des choses sont dites déterminées quand des conditions sont données par lesquelles elles puissent être discernées de toutes les autres » (A VI, 4, 515 ; trad. fr. MU 101) ; « la *détermination* est l'énumération des conditions suffisantes pour distinguer une chose de toutes les autres » (A VI, 4, 315).

2. « Mais puisque rien de tel n'est, que je sache, venu à l'esprit de personne, et qu'aucun secours ne vient de nulle part, me voici contraint de prendre la chose à ses premiers commencements ; nul ne pourrait croire combien cela est difficile sans s'y être essayé ; je l'ai essayé plus de dix fois à diverses époques, par divers biais tous convenables et féconds en quelque chose, mais qui ne satisfaisaient pas toutes mes exigences. Enfin, après avoir beaucoup élagué pour parvenir au plus simple, j'ai compris que j'avais abouti lorsque, sans rien introduire qui fût extrinsèque, je parvins moi-même à tout démontrer en utilisant des caractères spécifiques.

> Pour traiter de tout ceci dans l'ordre, il faut savoir que la première chose à considérer est l'Espace lui-même soit l'*Extensum* pur et absolu ; en disant pur, je veux dire de toute matière et de tout mouvement, en disant absolu je veux parler d'un espace illimité et renfermant toute extension. (...)
> La seconde chose à considérer est le Point, élément le plus simple parmi tous les objets touchant à l'espace ou à l'étendue, car tout comme l'espace renferme l'étendue absolue, le point représente ce qui dans l'étendue est le plus limité, la simple situation. (...)
> Si on considère l'existence ou la perception simultanée de deux points, ce qui se présente à l'esprit est la relation de l'un à l'autre, relation différente selon les couples de points, en d'autres termes la relation de lieu ou de situation que deux points ont entre eux et qu'on appelle leur distance [1].

On voit que l'invocation de « mathématiques conceptuelles » dépasse la simple facilité de formule. Non seulement, Leibniz inaugure ici une approche des mathématiques dans laquelle l'analyse conceptuelle s'avère un puissant facteur de découverte, mais il y modèle une nouvelle pratique (avec un type de démonstration tout à fait singulier qui porte sur les rapports entre relations fondamentales elles-mêmes) et surtout une entente des objets eux-mêmes non moins originale. De fait, les entités mathématiques sont redéfinies dans le *Definitiones* comme relations agissant sur des éléments entre lesquels existent par ailleurs certaines correspondances ou « déterminations ». C'était le cas des nombres dans le *De Magnitudine*, c'est le cas maintenant des objets géométriques fondamentaux. Leibniz arrive alors à la vue très moderne selon laquelle la donnée primitive est celle d'une collection infinie de points réglée par une relation fondamentale de distance.

Une des conséquences de cette approche est qu'il faut pouvoir désigner les éléments des collections dont on étudie les correspondances et l'idée naturelle que Leibniz va alors suivre est de les numéroter [2]. Il en résulte que

Mais, alors même que j'avais saisi le principe de cette caractéristique, je piétinai longtemps en voyant qu'il fallait commencer par des Eléments faciles en eux-mêmes et bien connus par ailleurs, mais dont la mise en ordre devait être si soigneuse qu'elle en devenait une tâche ingrate. J'ai cependant poursuivi, j'ai surmonté cette épreuve, je me suis enfin hissé à des résultats plus substantiels. » (CG 151).

1. CG 149-153.

2. Voir notamment la définition d'une ligne donnée en CG 165 : « Une ligne peut donc être nommée la trajectoire d'un point, en entendant par trajectoire un lieu continu et successif. Elle peut aussi être désignée en abrégé par : Ligne |b, en désignant par | ou par toute autre lettre un ensemble de nombres ordinaux arbitrairement choisis (*numeros ordinales pro arbitrio sumtos collective*) ».

la détermination est alors inséparable de la prise en compte des relations d'ordre et de la manière dont on peut décrire les correspondance par le transport de ces relations. Ceci permet une définition de la ligne droite à partir de la coïncidence et de la correspondance d'ordre (*ordine respondentia*) : « S'il est possible, sur deux lignes $_1A_2A_3A$ etc. et $_1E_2E_3E$ etc., d'établir continuellement (*perpetuo*) entre les points A et E une correspondance réglée (*ordine respondentia*) telle que, dès que deux A coïncident avec les deux E qui leur correspondent, les autres points coïncident nécessairement avec leurs correspondants de façon à obtenir une seule et même ligne, cette ligne sera nommée droite » [1].

Il importe de souligner que l'idée de correspondance n'est pas anachronique et renvoie à un terme latin, la *respondentia*, que Leibniz utilise explicitement et régulièrement. Par ailleurs, même si Leibniz insiste souvent sur le caractère que nous dirions « fonctionnel » de la correspondance (en précisant alors que le déterminé doit être unique), il lui arrive également de désigner par détermination des correspondances plus générales [2]. Ces deux remarques conjointes nous permettent notamment de prêter attention à une définition tout à fait remarquable de la *représentation*, dont on a vu qu'elle se situe au cœur de la première « synthèse de la mathématique universelle et de la métaphysique de l'individuation » :

> *Représenter* se dit de ce qui correspond de la façon suivante : une chose peut être connue à partir d'une autre, même si elles ne sont pas semblables, pourvu que par une règle ou relation certaine il arrive que tout ce qui se produit dans l'une se rapporte à ce qui lui correspond dans l'autre [3].

Ainsi le ressort de la nouvelle « mathématique universelle » n'est pas seulement l'établissement d'un certain nombre de notions fondamentales rapportées à des relations « identiques ». Il s'accompagne nécessairement d'une étude des « vérités » produites à partir de ces systèmes relationnels

1. *Essais pour réduire quelques axiomes et propositions d'Euclide aux caractères* (CG 75).

2. Une définition très générale de la détermination est « ce qui peut être décrit par l'intermédiaire des données » ou encore « ce dont la raison, selon laquelle il faut le considérer, est fournie par les données » (CG 82). La « correspondance univoque » n'est donc pas le seul type de détermination. Même caractérisation générale en A VI, 4, 77 et A VI, 4, 515.

3. Repraesentare *autem dicitur quod ita respondet, ut ex uno aliud cognosci possit, etsi similia non sint, dummodo certa quadam regula sive relatione omnia quae fiunt in uno referantur ad quaedam respondentia illis in alio* (A VI, 4, 324 ; trad. fr. MU 80). On pourra alors se rappeler que représentation (*Abbildung*) fut justement un des noms choisis au XIXe siècle pour définir de manière générale la notion d'application.

et dont Leibniz voit remarquablement qu'elles sont liées au *transport* de relations. Mais on voit surtout ici que l'articulation des différents « principes » gouvernant les notions mathématique n'est nullement un problème tardif, émergeant de la rencontre problématique entre le dogme de la réduction aux identiques et la complexité de la pratique mathématique : elle est *constitutive* de la stratégie de « réduction aux identiques » elle-même, dès lors qu'on entre dans son détail et qu'on perçoit le rôle que doit y tenir d'emblée la question de la détermination.

On voit, en effet, dans nos textes que le principe d'identité agit immédiatement de concert avec d'autres principes qui ont à voir avec la détermination et l'ordre. La chose est loin d'être anodine à noter car l'on sait que Leibniz présentera plus tard son « principe de continuité » (introduit en 1687 dans un article des *Nouvelles de la République des Lettres*) comme cas particulier d'un « principe d'ordre général » qu'il formule ainsi : *Datis ordinatis etiam quaesita sunt ordinata* (des choses étant donnés en ordre, les choses cherchées sont dans le même ordre) [1]. Or il est remarquable que la correspondance, et en particulier la correspondance d'ordre (*ordine respondentia*), apparaisse sous les traits de la *determinatio* dès la fin des années 1670 parmi les notions primitives des mathématiques [2].

1. Je rappelle ce passage bien connu : « J'espère qu'il aura la bonté de permettre que je me serve de cette occasion, pour expliquer ce principe, qui est de grand usage dans le raisonnement, et que je ne trouve pas encore assez employé ni assez connu dans toute son étendue. Il a son origine de l'infini, il est absolument nécessaire dans la Géométrie, mais il réussit encore dans la physique, par ce que la souveraine sagesse, qui est la source de toutes choses, agit en parfait géomètre, et suivant une harmonie à laquelle rien ne se peut ajouter. C'est pourquoi ce principe me sert souvent de preuve ou examen pour faire voir d'abord et par dehors le défaut d'une opinion mal concertée avant même que de venir à une discussion intérieure. /On le peut énoncer ainsi : Lorsque la différence de deux cas peut être diminuée au dessous de toute grandeur donnée in datis ou dans ce qui est posé, il faut qu'elle se puisse trouver aussi diminuée au dessous de toute grandeur donnée in quaesitis ou dans ce qui en résulte, ou pour parler plus familièrement : Lorsque les cas (ou ce qui est donné) s'approchent continuellement et se perdent enfin l'un dans l'autre, il faut que les suites ou événements (ou ce qui est demandé) le fassent aussi. Ce qui dépend encore d'un principe d'ordre plus général, savoir : *Datis ordinatis etiam quaesita sunt ordinata* (GP III, 52). Dans les *Initia rerum mathematicarum metaphysica*, il dérive les autres lois (des homogènes, de justice) de ce principe qu'il formule ainsi : « les choses qui se rapportent d'une même manière dans les données ou les hypothèses, se rapportent aussi de la même manière dans les requis ou ce qui en résulte et par quoi commodément, il est permis qu'ils soient traités de la même manière pendant le travail ; et généralement on doit juger qu'ayant avancé des antécédents selon un ordre, les requis se proposent selon cet ordre même. » (GM VII, 25).

2. Voir ci-dessus p. 203.

Plus remarquable encore, la formule du principe d'ordre apparaît dans ce contexte en synonymie avec le principe de détermination et comme appui de la nouvelle définition de l'*ars combinatoria* (sur laquelle nous reviendrons dans le chapitre 6) :

> La combinatoire traite des formes ; des variations ; du semblable et du dissemblable, de l'ordonné et du perturbé. De l'inverse, du réciproque ; de l'unique ou déterminé. Des séries et des Tables. Axiomes variés de très grande utilité. Ces choses qui sont déterminés de manière semblable sont semblables. *Étant donné des choses en ordre, les choses cherchées sont aussi en ordre*. Ou encore : si l'ordre est dans les déterminants, il sera aussi dans les déterminés. Si des déterminants vont ensemble, ainsi iront les déterminés correspondants. Il est utile pour l'étude de la nature des choses de les rechercher selon des séries. (A VI, 4, 415 ; entre 1680 et 1683. Je souligne.) [1]

L'*ars combinatoria* a alors évolué, conformément à la description donnée dans le *De Synthesi*, pour prendre à sa charge non seulement la diversité des identiques (au premier rang « le semblable et le dissemblable »), mais l'axiomatique de l'ordre et de la détermination [2]. Il peut désormais considérer l'ensemble des correspondances fonctionnelles possibles sans même avoir à se préoccuper de savoir si les transformations symboliques qui leur sont associées sont même consistantes [3].

1. *Combinatoria de formis ; variationibus ; simili et dissimili, ordinato et perturbato. Inverso, reciproco ; unico seu determinato. De seriebus seu Tabulis. Axiomata varia egregiae utilitatis. Quae similiter determinantur similia sunt. Datis ordinatis etiam quaesita sunt ordinata. Sive si ordo est in determinantibus erit et in determinatis. Si determinantia coeunt, etiam determinata respondentia coibunt. Utile est ad rerum naturas investigandas eas in seriebus quaerere.*

2. Je reviens sur ce programme dans le chapitre 6.

3. C'est ce qu'indique le texte célèbre du *De arte inveniendi combinatoria*, daté de mai-juin 1679 (A VI, 4, 332), où Leibniz isole le sens le plus large de l'art combinatoire qu'il distingue de la science des combinaisons. Il va alors jusqu'à faire toucher, comme plus tard dans les *Initia metaphysica*, l'*ars combinatoria* à la métaphysique elle-même : *Aliud est ars Combinatoria aliud Scientia combinationum, quae tamen utiliter praemittetur, ut primum appareat natura combinationum in universum, postea modus doceatur utiles combinationes ab inutilibus promte distinguendi. Logica de compatibili et incompatibili sive de connexo et inconnexo. Scientia combinationum ; de eodem et diverso. Analogica ; de simili et dissimili. Logistica ; de aequali et inaequali, sive de Calculo. Hae scientiae se mutuo adjuvant. Combinatoria agit quodammodo de Entium configuratione, seu coordinatione, nullo respectu habito loci, est quasi Geometria Metaphysica.*

Ces aspects permettent de revenir à une question soulevée dans notre introduction : comment expliquer que Leibniz puisse tenir que les mathématiques dépendent *entièrement* du principe d'identité et qu'il les mette pourtant régulièrement sous l'égide d'autres principes qui ne s'y ramènent pas aisément ? S'il est encore trop tôt pour répondre de manière parfaitement satisfaisante, nous n'en pouvons pas moins noter dès à présent un élément important de réponse : dès lors que l'on prend en compte la *pratique* de réduction aux identiques, on constate que les principes d'identité et d'ordre non seulement ne sont pas en tension, mais qu'ils agissent *nécessairement de concert.* Ceci ne devrait pas nous surprendre dans la mesure où Leibniz a toujours soutenu que les vérités mathématiques se rapportaient à deux choses : les axiomes identiques *et* les définitions. Or l'analyse des notions, en particulier des notions géométriques, indique qu'elles ne se réduisent pas uniquement à des relations d'équivalence, mais impliquent également des dépendances fonctionnelles et des ordres. Le prototype de ces correspondances est donné, on l'a vu, par l'idée de ligne ou courbe, définie par le fait qu'un lieu de points est déterminé en ordre par une certaine règle à partir de certains points donnés. Le fait que ces déterminations interviennent de concert avec les relations « identiques » implique alors d'introduire dans l'axiomatiques les règles fixant la *compatibilité* des unes avec les autres (typiquement un axiome comme celui qu'on a croisé dans le *Specimen* : *Quorum determinantia congruunt, ea inter se congruunt*).

Il faut alors bien distinguer deux aspects : une chose est de disposer en mathématiques de moyens de caractériser des objets déterminés, voire uniques, autre chose que ces possibles soient réalisés dans la nature. Je peux en mathématiques définir la ligne droite comme chemin le plus déterminé ou caractériser les *extrema* d'une courbe, mais cela ne me dit rien sur le fait qu'une particule de lumière suivra ou non une géodésique ou qu'elle minimisera telle ou telle fonction. Or c'est en ce second lieu qu'intervient la composante proprement métaphysique des principes de détermination qu'il ne faut donc pas confondre avec leur composante purement mathématique, réglant le fonctionnement de purs *possibilia.* Certes cette distinction s'avèrera plus fragile à caractériser que Leibniz ne l'avait escompté et c'est là qu'il faudra chercher le vrai motif de tension [1]. Mais à l'époque qui nous occupe, cette tension n'est pas encore apparente : on peut tenir à la fois que les mathématiques consistent tout entières en réduction aux identiques et

1. Voir la conclusion de cette étude.

que cette réduction opère en conjonction avec des principes d'ordre et de détermination qui en règlent l'architecture conceptuelle d'ensemble.

Ces remarques faites, un dernier point à noter est précisément le fait que Leibniz perçoive l'importance de s'assurer de la compatibilité des identiques avec les correspondances. Cet aspect sera systématiquement mis en avant dans certains textes de cette époque. Ainsi, on a vu que le grand fragment de « Caractéristique géométrique » du 10 août 1679 commence par énumérer un certain nombre de propriétés formelles des identiques, comme la transitivité et la compatibilité avec les opérations (déjà isolées l'une et l'autre dans l'*Accessio*). Mais il ajoute également une série de remarques sur le fait que ces compatibilités sont réglées par un principe plus général de stabilité par la « détermination semblable ». Il rassemble ces résultats sous la description suivante :

> si les termes sont traités de manière similaire (*similiter*), on pourra le comprendre avec les caractères et la méthode que nous avons adoptés pour décrire et déterminer chacun : à supposer qu'aucun critère ne permette de marquer ces termes isolément, ils produiront toujours nécessairement des résultats partout semblables. Remarquons également ceci : si des choses sont semblables selon un mode de détermination (c'est-à-dire de description et de connaissance distincte), elles seront aussi semblable selon un autre mode. Car chaque mode de détermination enveloppe la nature complète de la chose. (CG 189. Trad. modifiée).

Il est très remarquable que Leibniz utilise alors le même terme, *similiter*, qui sert à décrire le prototype des relations identiques de premier niveau (*similitudo*). Ceci est encore plus apparent dans le *Specimen ratiocinationum mathematicarum* où l'on trouve l'énoncé : *Similia similiter tractata exhibent similia* (A VI, 4, 418). La question de la similitude, et plus généralement des relations identiques, peut donc se transporter des termes *aux structures elles-mêmes*. C'est bien pourquoi nos principes doivent agir de concert : la détermination ne vient pas comme en surplus sur les régimes d'identité au niveau des objets, elle règle des identification de second niveau qui, comme on le verra, rétroagissent nécessairement sur la configuration des domaines d'objets. C'est là le prix à payer pour l'abandon d'une fondation « génétique » dans des notions qui pourraient être caractérisées univoquement à partir de définitions premières.

Je reviendrai sur ces questions en étudiant très concrètement la manière dont Leibniz va être amené à moduler son analyse des notions et des vérités en mathématiques en fonction des résultats acquis lors de cette première étape. Mais on pourra en donner dès à présent un exemple qui fixera les idées. Dans des textes plus tardifs, on voit en effet Leibniz introduire d'abord la similitude au niveau des objets, puis explicitement au niveau des relations elles-mêmes (la similitude pouvant donc opérer entre... similitudes) :

> Outre la notation de proportion et raison, j'emploie également parfois une notation pour la Relation en général. La proportion n'est en effet rien d'autre qu'une espèce de relation, et même la plus simple. Mais les relations peuvent encore être diversifiées d'innombrables façons, par exemple quand, étant donnés le sinus droit et le sinus verse, sera donné le rayon, d'où l'on peut discerner quelque relation entre le rayon *r*, le sinus *s*, et le sinus verse *v*, que je désigne ainsi $r\,;\tilde{s}\,;v$.
>
> Si $r\,;\tilde{s}\,;v$ était le même que $m\,;\tilde{n}\,;p$, soit $r\,;\tilde{s}\,;v \;\tilde{}\; m\,;\tilde{n}\,;p$, cela signifierait pour moi que *m*, *n*, *p* se comportent comme rayon, sinus et sinus verse [1].
>
> En plus de la notation de l'égalité, je dispose donc d'une notation pour la *similitude* ˜, dont j'ai fait usage dans le dernier exemple ci-dessus. Ainsi supposons que $aa - bb = cc$ et $ll - mm = nn$, alors je dis que $a\,;\tilde{b}\,;c \;\tilde{}\; l\,;\tilde{m}\,;n$, c'est-à-dire que la relation entre *a*, *b* et *c* est la même respectivement (i.e. en conservant le même ordre) que la relation entre *l*, *m* et *n*.

Leibniz va alors aller encore plus loin et généraliser à différentes formes d'identifications (*identificatio*), ou coïncidence, entre structures relationnelles :

> J'ai aussi une notation pour la coïncidence ∞ ou identité. Par exemple soit $aax^2 + 2abx + bb \infty lx^2 + mx + n$; ceci signifie pour moi non seulement l'égalité entre ces deux formules (comme si j'avais écrit $aax^2 + 2abx + bb = lx^2+mx+n$), mais aussi la coïncidence, et donc l'égalité des termes singuliers. On aura donc $l = aa$, $m = 2ab$ et $n = bb$. Ce que l'on appelle ordinairement comparaison des équations n'est donc rien d'autre, à la vérité, qu'une certaine identification ou coïncidence. (GM VII, 57 ; trad. fr. MU 132-133)

Il est tout à fait remarquable que Leibniz ait perçu que la « comparaison des équations », qui fonde la méthode dite des coefficients indéterminés – cœur de la méthode analytique cartésienne – reposait sur l'identification de deux *formes* d'une manière tout à fait comparable à ce qui se produit quand nous identifions deux formes spatiales [2]. Je reviendrai sur cet aspect

1. Le *sinus verse* correspond à la projection de l'arc *AB* du cercle de rayon *r* sur l'axe des abscisses. Pour un angle θ de mesure comprise entre 0 et $\frac{\pi}{2}$, c'est ce que nous noterions : $r(1 - cos\theta)$.

2. Présentant sa méthode des normales, Descartes avance très clairement et qu'elle repose sur une similitude de forme entre équations et qu'elle est parmi les inventions les plus

central, où s'ouvre une nouvelle entente de l'imagination mathématique. Mais il est non moins remarquable qu'il ait saisi du même geste que le mécanisme d'identification se répétait à chaque niveau d'abstraction si bien qu'il est possible, comme il l'explique au début du passage, d'expliciter des formes d'identification entre relations d'identification.

En ce sens, il n'est ni tout à fait exagéré, ni tout à fait anachronique, de dire que Leibniz inaugure une approche « logique » des mathématiques d'un nouveau type – sauf, et c'est le point crucial, que cette approche ne mobilise nullement les *calculs* logiques (mis au point à cette époque, mais qui ne sont pas adaptés à la formalisation des relations mathématiques) et qu'elle ne se résorbe pas dans une forme absolue d'identité (donnée par la condition de la congruence maximale, c'est-à-dire la substitution *salva veritate* pour tout prédicat ou toute relation possibles). Il s'agit bien de rechercher les propriétés *formelles* d'un certain nombre de relations fondamentales qui caractérisent tel ou tel domaine et pour cela Leibniz se donne essentiellement deux outils : les identiques [1] et les déterminations, gouvernées par des principes de substitutions. Comme nous le verrons, c'est dans cet horizon qu'il développera d'ailleurs les premières caractérisations axiomatiques de structures algébrique aujourd'hui connues [2] et c'est dans ce contexte qu'il forge d'ailleurs le terme de « logique mathématique » – en opposition explicite à la mise en calcul de la logique [3].

On prendra néanmoins garde à un élément important : si nous revenons au texte des *Definitiones*, nous constatons qu'il ne s'arrête pas à cette

importantes qu'il mette alors au jour : « Mais je veux bien en passant vous avertir que l'invention de supposer deux équations de même forme, pour comparer séparément tous les termes de l'une à ceux de l'autre, et ainsi en faire naître plusieurs d'une seule, dont vous avez vu ici un exemple, peut servir à une infinité d'autres Problèmes, et n'est pas l'une des moindres de la méthode dont je me sers. » (AT VI, 423).

1. Comme on l'a vu précédemment, Leibniz considère les relations d'ordre comme aussi fondamentales que les relations d'équivalence. Elles appartiennent donc au réservoir des notions fondamentales des mathématiques et relèvent des « identiques » au sens où la négation d'une proposition portant sur une relation irréflexive peut être, pour Leibniz, considérée comme une proposition « identique » (l'exemple qu'il donne est le suivant : aucune chose n'est plus grande qu'elle-même), *cf.* p. 238.

2. Il importe néanmoins de garder à l'esprit que ces axiomatisations ne furent pas à l'origine de l'approche logique, mais en furent plutôt un résultat tardif.

3. On voit que dans l'opposition traditionnelle entre logique comme langage et logique comme calcul (voir plus loin p. 302), Leibniz trace une troisième voie où le cœur de la logique est avant tout l'analyse conceptuelle. Cet aspect a été remarquablement saisi par des auteurs comme Robinson ou Gödel, qui s'en sont réclamés très explicitement, *cf.* H. Sinaceur, « *Ars inveniendi* aujourd'hui », *op. cit.*

première série de définitions. Leibniz remet son ouvrage sur le métier et donne une nouvelle caractérisation de la ligne droite en faisant intervenir, cette fois, le mouvement [1]. C'est là l'autre grand paradigme de caractérisation des objets géométriques à cette époque, sans surprise si on se rappelle l'importance du mouvement dans les définitions génétiques [2]. Il n'y a pas de raison de cacher cette tension tout à fait typique du dispositif leibnizien – et qui reconduit la différence de stratégie entre *Demonstratio propositionum primarum* et *Elementa cogitandi* [3]. Même s'il se heurtera à de grandes difficultés dans cette voie, Leibniz reste persuadé à cette époque qu'on doit pouvoir concilier le point de vue génétique et le point de vue axiomatique/formel.

On doit le noter dès à présent au regard de ce qui va suivre. La stratégie de classification des relations fondamentales selon la ligne de la réduction aux identiques est typique des années 1680-1690 et soutient, on y reviendra, le grand programme d'une science générale et d'un *ars combinatoria*, considéré comme « science des formes et des formules ». Mais elle est typique d'une approche où la confiance en la connaissance « symbolique » ou « aveugle » ou encore – autre nom que lui donne Leibniz et qui prend tout son sens ici – « suppositive » fonctionne en attente d'attestation de possibilité [4]. Or si les acquis de cette période resteront jusqu'à la fin de l'oeuvre, le programme lui-même ne semble pas avoir subsisté en l'état

1. A VI, 4, 76-77.

2. Leibniz se garde ici de conclure de la simple postulation du mouvement d'un corps autour d'un axe à l'existence de la ligne droite puisqu'il voit bien le caractère circulaire de cette « démonstration » (*Nondum ergo hinc demonstratur rectae generatio, nisi constet prius rectam esse possibilem*). Cette remarque témoigne néanmoins remarquablement de ce qu'il se situe alors dans ce type d'exigence qu'il n'a pas mentionné auparavant. Il propose alors une approche par le mouvement d'un point qui permet d'en caractériser la dimension : Recta *est linea nam fit motu puncti tali, ut loca ejus omnia ex duobus locis datis determinentur* et en dérive deux propriétés fondamentales, souvent posées en axiomes : une partie d'une droite est une droite ; deux droites distinctes ne peuvent avoir de parties communes. La question de la possibilité de la droite est très présente dans les textes de cette époque sur la caractéristique géométrique, *cf.* notamment CG 67-69 et 85.

3. Ceci pourrait expliquer également pourquoi Leibniz prend soin, au début des *Elementa nova matheseos universalis*, de bien distinguer les éléments relevant de la « mathématique universelle » et ceux relevant de la mathématique spéciale en spécifiant ces derniers à partir de ce qui est propre au nombre, au *situs* et au mouvement (A VI, 4, 514). De fait, Leibniz semble conscient que la caractérisation des différents domaines d'objets peut faire intervenir des considérations autres que purement relationnelles.

4. Sur la connaissance « suppositive », voir *Discours de Métaphysique*, chap. XXXV (A VI, 4, 1567-1570).

après le tournant des années 1690, peut-être d'ailleurs parce qu'il avait pleinement réussi. De fait, une fois les définitions « par les identiques » élaborées, la question de la possibilité des objets, qui ne cesse de préoccuper Leibniz[1], redevient d'autant plus pressante. Nous verrons qu'elle ouvre à des difficultés d'un type nouveau.

Substituabilité et définitions salva

Un point sur lequel j'aimerais particulièrement insister est que la stratégie générale de « réduction aux identiques » semble avoir été mise au point *avant* d'être appliquée dans le cadre des calculs logiques, qui n'interviennent pas dans les textes que j'ai cités. Comme on l'a vu, elle apparaît pour la grandeur et l'égalité géométrique (ou congruence), puis pour la forme et la similitude, dès 1676 et vient alors relayer une définition de l'égalité proposée dès 1672 (*aequalia sint quorum eadem est quantitas, seu quorum alterum in alterius locum substitui potest, salva quantitate*)[2]. À la même époque, Leibniz met en avant le rôle de la substitution dans la réduction aux identiques et le parallèle avec l'élaboration d'un calcul symbolique *sans avoir encore engagé le chantier d'un calcul logique*. Enfin, et c'est le point clef, cette stratégie accompagne le constat qu'on peut produire des démonstrations parfaites sans posséder pour autant les éléments premiers de la pensée.

Cette dernière remarque est fondamentale pour la relance des projets de calculs logiques (sur lesquels nous n'avons pas de travaux depuis le *De Arte Combintatoria* de 1666). Nous avons vu, en effet, que c'est elle qui permet, à partir de 1679, de reprendre le projet d'une caractéristique universelle comme calcul, en travaillant désormais avec des notions primitives qu'on ne se préoccupe plus d'avoir analysées en leurs éléments derniers. À cette époque, rappelons le, il s'agit d'abord de formaliser les raisonnements syllogistiques et les règles d'inférence qui les fondent. Dans ce contexte renaît l'idée de coder les notions par des nombres dans la continuité des idées avancées dans le *De arte*, mais à la différence décisive près que les codes sont désormais plutôt des possibilités de coder.

1. Ainsi, recopiant sa *Quadratura* de 1676 dans les années 1690 pour en fournir un *compendium*, Leibniz s'arrête sur la caractérisation de la courbe logarithmique (qui correspond plutôt à ce que nous appellerions la courbe exponentielle) par la mise en correspondance d'une série arithmétique et d'une série géométrique. Il écrit alors dans la marge : *Haec definitio non placet, quia non ostendit generationem nec possibilitatem* (GM V, 110).

2. A II, 1^2, 355

Cette nouvelle stratégie va elle-même vite s'avérer très limitée dès lors qu'il faut exprimer des opérateurs logiques comme la négation (dont il n'est pas immédiatement clair à quelle opération sur les nombres elle correspond) [1]. Reste qu'un certain nombre d'avancées posent les premières pierres de ce qui sera pleinement développé dans les grands calculs du milieu des années 1680. Au premier rang figure, on l'a déjà rappelé, l'idée de travailler avec des indéterminées et de faire « comme si » on avait à disposition une décomposition des notions comme on a pour tout nombre entier une décomposition unique en facteurs premiers [2]. Mais le second point crucial est évidemment la mise en avant d'une notion d'identité logique définie sur le modèle des « identiques » que nous avons vu se dégager dans l'approche des mathématiques et qui va culminer avec la célèbre formule :

> Idem *est quod ubique in alterius locum substitui potest salva veritate* [3].
> (Être *le même*, c'est pouvoir être substitué partout d'un lieu à l'autre en préservant la vérité) [4].

Le texte des *Elementa ad calculum condendum*, daté de fin 1678-début 1679 semble être le premier texte où apparaisse cette expression [5]. Il est très intéressant à étudier pour en saisir la genèse. Leibniz commence par y définir l'identité par la réciprocité de la copule, c'est-à-dire par ce que nous appellerions son caractère antisymétrique [6], puis, conformément à la

1. Pour un descriptif des difficultés auxquelles se heurte Leibniz et des différentes solutions qu'il envisage, voir l'introduction de Jean-Baptiste Rauzy au chapitre sur la « caractéristique numérique » dans G. W. Leibniz, *Recherches générales sur l'analyse des notions et des vérités : 24 thèses métaphysiques et autres textes logiques et métaphysiques*, *op. cit.*, p. 39-44.

2. Le pas suivant, franchi au milieu des années 1680, sera de travailler uniquement avec des variables, en abandonnant donc l'idée d'un codage numérique.

3. A VI, 4, 275. Cette définition sera celle par laquelle s'ouvrira le *Non inelegans specimen demonstrandi in abstractis* de 1687 : *Eadem sunt quorum unum potest substitui alteri salva veritate* (A VI, 4, 846).

4. Le latin ne dispose pas, comme le français, de deux mots permettant de distinguer le fait d'être « le même » et le fait d'être « identique ». Une traduction alternative, et qui doit être considérée comme strictement synonyme, serait donc « Sont identiques [les choses] qui peuvent être substituées l'une à l'autre en tous lieux en préservant la vérité ».

5. On trouve également à la même époque un texte sur les « propositions primitives » (*propositiones primitivae*) très raturé dont une des variantes porte une définition de l'identité : *Idem (a) si (b) scilicet a et b eadem sunt, si unum alteri substitui potest in cogitando* (A VI, 4, 142).

6. A VI, 4, 153 : *Si* a *est* b, *et* b *est* a, *erit* a *et* b *idem*. La remarque en marge rend explicite le lien à la notion ancienne de copule : *Si* a *est* b *nec tamen* b *est* a *erit* a species, *et* b genus.

stratégie que nous avons vu se dessiner dans les *Elementa cogitandi* [1], requalifie la symétrie comme possibilité de substitution. C'est alors qu'il caractérise cette substitution comme devant préserver la vérité : *Si a est b et b est a, potest unum pro altero substitui salva veritate*. Sur cette base, Leibniz démontre facilement la transitivité de la relation [2]. Il reprend ensuite les deux caractérisations pour former la définition unique de la relation d'identité logique que nous avons rappelée. Un point remarquable, et qui nous confirme dans l'idée que ces définitions viennent se situer dans le prolongement des réflexions sur les mathématiques est qu'il mentionne alors immédiatement la similitude, dont il rappelle la caractérisation « phénoménologique » :

> *a* et *b* sont les mêmes, si l'un peut être substitué partout à la place de l'autre. Semblable, ce qui est un même tel ou tel (*idem tale*), c'est-dire ce dont la qualité est la même.
> Les semblables sont ceux dont la diversité ne peut être attestée *a priori*, en tant qu'ils sont ce qu'on dit qu'ils sont. Ainsi des figures sont semblables dont la diversité ne peut être attestée en tant que figure, c'est-à-dire par la situation et la grandeur [3].

Bien plus, il propose sur cette base (de la similitude) une définition générale des abstraits qui rejoint nos remarques précédentes sur le lien entre réflexion sur la similitude et réflexion sur la nature des abstraits : « par les variations d'un abstrait *c*, nous aurons deux *c* semblables entre

1. On voit par exemple intervenir une caractérisation de la substitution *salva* dans des remarques sur Spinoza de 1677 : *Regula utilis : non tantum debet substitui posse definitio in locum definiti, sed et quoties definitionem pro arbitrio assignavimus, debet posse substitui pro definito quodlibet aliquod, exempli gratia Blitiri, salva ratiocinatione* A VI, 4, 1372.

2. *Et una tantum est consequentia fundamentalis a est b, et b est c, ergo a est c. Hinc si a est b, et b est a, potest unum in alterius locum substitui salva veritate. Sit propositio : b est c, poterit substitui a est c, quia a est b.* (A VI, 4, 154).

3. Idem *est a et b, si unum ubique in alterius locum substitui potest. Simile est idem tale, seu quorum eadem qualitas.*
Similia *sunt quorum diversitas probari non potest a priori, quatenus hoc sunt quod dicuntur, ita figurae similes sunt, quorum diversitas probari non potest quatenus sunt figurae, nempe ex situ et magnitudine* (A VI, 4, 154). Une des autres occurrences de cette définition de l'identité logique se trouve d'ailleurs dans un texte purement mathématique daté de mars 1679 et dédié à la démonstration des axiomes d'Euclide. Leibniz y effectue le parallèle avec la définition de la grandeur : *Nota cum eadem sint quae sibi mutuo substitui possunt salva veritate, erunt eadem magnitudine seu aequalia quae sibi substitui possunt salva magnitudine.* (A VI, 4, 167).

eux, mais je parlerai mieux de ceci ailleurs »[1]. Enfin, le texte évolue alors vers une définition de la qualité, de la quantité et de la distinction *solo numero* que nous retrouverons dans nombre de textes postérieurs comme les trois domaines fondamentaux d'effectivité de la discernabilité[2] – qui fait alors son apparition dans le texte comme manière de requalifier les régimes de substitution[3].

Deux aspects frappent dans ces développements qui semblent d'abord confirmer une orientation « logiciste ». Tout d'abord, il ne fait pas de doute que la similitude apparaît ici comme cas particulier d'identité logique : après avoir défini l'*idem* par la condition *salva veritate*, on peut préciser l'*idem tale* (*Simile est idem tale, seu quorum eadem qualitas*) – l'identité selon *tel ou tel* aspect[4]. Dans l'ensemble des vérités que nous pouvons prédiquer de *a* et de *b*, une relation « identique » spécifique semble alors apparaître dès lors qu'on sélectionne certains prédicats pertinents. C'est

1. L'argument est le suivant : « si *a* est *c*, et que *b* est *c*, le fait que *a* et *c* sont des abstraits ne peut être prouvé par les variations de ce même *c* en tant qu'il est *c*, c'est-à-dire par les variations de même *c* abstrait. Il y aura donc deux *c* semblables entre eux, mais je parlerai mieux de cela ailleurs » (*Si* a *est* c, *et* b *est* c, *et* a *et* c *esse abstracta probari non potest per variationes ipsius* c *quatenus est* c *seu per abstracti ipsius* c *variationes, erunt haec duo* c *inter se similia, sed melius aliter*. (A VI, 4, 154).

2. Voir le texte des *Elementa nova matheseos universalis* analysé ci-dessous p. 282.

3. Qualitas seu Tale *est praedicatum quod per se memoria retineri potest. Quantitas seu tantum est praedicatum quod sine adminiculo externo retineri non potest.*
Ita calidum est praedicatum quod retineo, nam si iterum redeat bene id agnosco. At magnitudo retineri non potest sine aliquo adminiculo nempe mensura aliqua, aut nomine numerali. Solo Numero differunt quae non nisi tempore et loco distinguuntur, seu quae per se discerni non possunt. Similia sunt quae per se discerni possunt si simul sint. (A VI, 4, 155).

4. Dans la *Demonstratio axiomatum non identicorum*, rédigée entre 1682 et 1684, Leibniz utilise même l'expression : Aequalia *sunt quorum unum alteri substitui potest, salva circa magnitudinem veritate* (A VI, 4, 506). Dans une série de Définitions de la fin des années 1680, il propose également cette paraphrase de la définition de la similitude : *Similia sunt quorum omnia praedicata interna sunt eadem, seu quae per se sigillatim discerni non possunt, seu quorum unum alteri substitui potest salva veritate in propositionibus in quibus res per se spectatur seu circa ea quae rei insunt* (A VI, 4, 931). Même si ces formulations ne sont pas très répandues, on voit qu'elles existent et viennent bien spécifier les différents points de vue des définitions *salva* dans l'ensemble des vérités attribuées à deux entités. Cela dit, on prendra garde que le célèbre fragment IX de la *Characteristica Geometrica* précise bien que la similitude vaut alors de tout attribut de chacune des entités considérées : « On nomme *Semblables* des choses ne pouvant être discernées par elles-mêmes, deux triangles équilatères par exemple. On ne saurait découvrir aucun attribut, aucune propriété, qu'on ne puisse découvrir en l'autre, et en nommant l'une *a* et l'autre *b*, nous noterons la similitude $a \sim b$. » (CG 183).

l'idée que l'identité logique est une sorte de congruence « maximale », c'est-à-dire qu'elle s'accorde avec le plus de prédicats possibles, chaque équivalence dérivée correspondant à la spécification d'une classe de prédicats pertinents.

Un texte de cette époque consacré à l'élaboration de définitions conforte cette lecture en termes de liste de définitions *salva* que l'on spécifie au fur et à mesure :

> *Identique* est ce qui peut être substitué partout au lieu d'un autre. Si l'un peut être substitué partout, alors l'autre à lui en retour.
> *Égaux* sont ce dont la quantité est identique, c'est-à-dire qui peuvent être substitués en préservant la quantité.
> *Semblables* sont ce qui peut être substitué en préservant la qualité, c'est-à-dire de telle sorte qu'ils ne peuvent être discernés si ils ne sont pas observés en même temps.
> *Congruentes* sont ces choses qui peuvent être contenues dans les mêmes limites, si elles sont de même matière, ou bien qui, si elles ont leurs parties semblables chacune à chacune, sont semblables. Les congruents sont toujours égaux.
> *Coïncidentes* sont ces choses qui sont à la vérité identiques, mais qui apparaissent néanmoins différentes. (*Definitiones*, 1680, A VI, 4, 406) [1]

L'identité logique apparaît alors comme la relation la plus générale et la première des identités, celle sur laquelle toute autre relation identique doit être fondée.

L'autre trait frappant des descriptions engagées dans ces textes est que le fait de pouvoir simuler une distinction *solo numero* à l'intérieur des abstraits (rappelons qu'a priori, cela n'est pas possible du côté des êtres réels) permet *ipso facto* de produire une définition du nombre, puisque ces objets vont précisément ne différer que « par le nombre ». C'est ce que propose notre texte qui évolue alors vers une caractérisation du fait qu'une entité identique à une seule autre peut être dite unique [2]. Symétriquement,

1. *Idem* si unum ubique in alterius locum substitui potest. Si quid ubique substitui potest alteri, tunc alterum ipsi vicissim.
Aequalia quorum eadem est quantitas, seu quae sibi substitui possunt salva quantitate.
Similia quae sibi substitui possunt, salva qualitate seu ita ut discerni nequeant, nisi simul spectentur.
Congrua quae iisdem terminis possunt contineri, ea si ejusdem materiae sunt, seu partes suas, quodque habent similes inter se, similia sunt. Congrua semper aequalia sunt.
Coincidentia, sunt revera eadem, quae tamen apparent diversa. (*Definitiones*, 1680, A VI, 4, 406).

2. La caractérisation proposée à cette époque joue sur l'antisymétrie de la copule (A VI, 4, 154, voir également, dans une version condensée le *Specimen calculi universalis* : *si* a *est*

une entité identique à d'autres qui peuvent être montrées diverses (au sens de la copule) sera dite *plusieurs*. Ainsi peut donc être engendrée une notion de pluralité (*pluralitas*), comme répétition des identiques, qui elle-même permet de caractériser les nombres [1]. Cette caractérisation du nombre apparaît dans de très nombreux textes de cette époque.

Il faut particulièrement souligner ces deux direction car elles montrent que Leibniz a tout à fait les moyens, *dès 1679* au moins, de déployer une orientation logiciste dans laquelle toutes les relations mathématiques interviendraient comme spécifications du *salva veritate* et dans laquelle les nombres pourraient être engendrés sur une base purement logique. Certes, il faudrait encore pouvoir justifier pourquoi et comment ces spécifications adviennent dans un contexte logique – et ce d'autant plus que les caractérisations des relations proposées par Leibniz sont, on l'a vu, plutôt d'ordre phénoménologique. Il n'est reste pas moins que Leibniz aurait pu facilement engager un tel programme. Or c'est précisément parce que cette orientation est alors à portée de main qu'il est intéressant de voir que le philosophe n'a pas poursuivi dans cette voie (qui n'est donc pas un problème technique de formulation).

De fait, on ne voit pas que Leibniz se soit alors lancé sur cette base dans une définition des différentes opérations du calcul arithmétique et algébrique. Dans plusieurs textes des années 1680 comme l'*enumeratio terminorum simpliciorum* [2] ou la *divisio terminorum ac enumeratio attributorum* [3], on constate au contraire qu'il juxtapose la définition « logique » du nombre à sa caractérisation plus mathématique en terme de tout/parties et d'homogénéité à l'unité. Dans la *Divisio*, par exemple, il commence par mentionner la genèse logique du nombre à partir de l'identité d'une manière plus explicite qu'ailleurs :

> Mais est *identique*, ce qui peut être substitué à autre chose en préservant la vérité. Ainsi, si A est D, et B est D, et C est D, et que A, B et C soient

m *et* b *est* m *et* a *est* b *et* b *est* a, *tunc* m *est* unum (A VI, 4, 285). Cette stratégie n'est pas sans évoquer celle qui permet de définir un singleton à partir de l'axiome de la paire en posant qu'un singleton est une paire dans laquelle les éléments sont identiques à un même *z*.

1. *Si* a *est* m *et* b *est* m, *et* c *est* m, *etc.* plura *sunt* m, *modo* a, b, *etc. sint diversa. Scilicet* duo, tria, quatuor, *etc.* (A VI, 4, 154).

2. Daté entre 1680 et 1685, A VI, 4, 388-390.

3. Même période, A VI, 4, 561 et 566.

> identiques, D sera *Un*. que A, B et C soit différents l'un à l'autre, ils seront *plusieurs*, d'où les Nombres [1].

Or lorsqu'il revient à la définition mathématique du nombre, c'est pour revenir à sa caractérisation favorite : « et certes le Nombres est ce qui est homogène à l'unité, ou qui ce qui revient au même, un tout dont les parties sont les unités » (*et quidem* Numerus *est Homogeneum Unitatis, seu quod eodem redit, Totum cujus partes sunt unitates*, A VI, 4, 566). Ainsi le *Specimen ratiocinationum mathematicarum* propose-t-il cette description générale des nombres, introduite après les notions de tout, de partie, de rapport et de mesure :

> Le *nombre* est ce qui est homogène à l'unité.
> Le *nombre entier* est dont la partie aliquote est l'unité, c'est-à-dire est une somme d'unités.
> Le *nombre rompu* est la somme de parties aliquotes de l'unité.
> Le *nombre rationel* est ce qui est commensurable à l'Unité, autrement le nombre est dit *Sourd*.
> Tout entier et tout rompu est rationnel. Il y a des nombres sourds.
> Tous les nombres rationnels sont commensurables entre eux.
> toute mesure d'un nombre rationnel est rationnelle.
> Toute mesure d'un nombre sourd est sourde. C'est pourquoi le nombre rationnel et le nombre sourd sont incommensurables [2].

Les textes qu'on va généralement chercher pour appuyer l'approche « logique » des opérations sur les nombres sont des passages comme ceux des *Nouveaux Essais* qui sont bien plus tardifs et pris dans des contextes qui ne sont pas ceux de textes mathématiques. Certes nous savons aujourd'hui qu'il existe quelques textes des années 1700 où Leibniz engage de telles descriptions mathématiques des nombres entiers et de leur structure opératoire [3]. Mais ce que nous savons également est d'une part que ces textes sont justement très tardifs (pourquoi ? si Leibniz avait dès l'origine

1. Idem *autem est, quod alteri substitui potest salva veritate. Quod si A sit D, et B sit D, et C sit D, sintque A, et B et C idem,* Unum *erit D. Sin A et B et C singula a singulis sint diversa, erunt* plura, *unde Numeri* (A VI, 4, 561).

2. Numerus *est homogeneum unitatis.* Numerus integer *est cujus pars aliquota est unitas, seu summa unitatum.* Numerus fractus *est summa partium aliquotarum unitatis.* Numerus rationalis *est Unitati commensurabilis ; alias dicitur* Surdus. *Omnis integer et omnis fractus sunt rationales. Dantur numeri surdi. Omnes numeri rationales sunt commensurabiles inter se. Omnis mensura numeri rationalis est rationalis. Omnis mensura numeri surdi est surdus. Itaque numerus rationalis et surdus sunt incommensurabiles* (A VI, 4, 421).

3. Notamment les fragments rassemblés LH XXXV, 1, 9, fol. 7 (« Numerus integer est totum ex unitatibus collectum ») et fol. 9-14 (« Mathesis generalis »). On trouvera une

le projet d'une fondation logique des mathématiques) ; d'autre part, qu'ils se caractérisent également par une insistance sur la dépendance du nombre à la grandeur géométrique et aux intuitions qui lui sont attachées [1] – si bien que Leibniz ne semble jamais avoir varié sur ce point. De fait, si plusieurs textes dans les années 1680 définissent les nombres à partir de l'identité et de la diversité logique, il est très frappant qu'on ne retrouve *pas* cette caractérisation en ouverture des textes consacrés aux « fondements du calcul » comme le *Prima magnitudinum calculi elementa* (GM VII, 77-82) – ceux-là même qu'on va ordinairement chercher pour confirmer un fondement axiomatique ultimement appuyé sur des déterminations logiques. Par ailleurs, dans ces mêmes textes, Leibniz n'entreprend jamais, à ma connaissance, une définition des opérations algébriques à partir de la donnée des nombres entiers naturels.

Cette première série de remarques étant faite, revenons aux *Elementa ad calculum condendum*. On n'y trouve encore rien qui soit de l'ordre du calcul logique. S'y dessinent, en revanche, clairement les différents éléments qui serviront à sa fondation (conformément à ce qu'indique le titre), et au premier rang l'idée d'un codage des notions par des nombres [2]. C'est la voie que Leibniz va suivre dans une série de textes d'avril 1679 en affinant progressivement un modèle que l'analogie avec les rapports tout/partie rendait malheureusement impraticable. Sur cette route, il rencontrera différentes difficultés qu'il tentera de pallier en introduisant des signes ou des fractions [3]. Nous n'entrerons pas dans le détail de ces calculs, destinés à disparaître, sinon pour en pointer deux traits : tout d'abord, comme rappelé précédemment, ce calcul a explicitement abandonné la condition de disposer préalablement d'un alphabet des notions primitives :

> La règle donnée dans l'article 4 suffit pour que toutes les choses du monde tombent sous notre calcul, dans la mesure où nous possédons à leur sujet

transcription dans E. Grosholz et E. Yakira, *Leibniz's Science of the Rational*, *op. cit.* et une traduction française du second dans G. W. Leibniz, *Mathesis Universalis. Écrits sur la mathématique universelle*, *op. cit.*

1. Le premier point a été mis en évidence dans *ibid.*, le second, qui y trouve confirmation, était déjà au cœur de l'approche de E. Grosholz et E. Yakira, *Leibniz's Science of the Rational*, *op. cit.*

2. *Requisitum est quod definitionem ingredi potest ut in praecedenti g, n, s. Est itaque requisitum ad definitionem, ut pars ad totum, seu ut numerus factor ad productum.* (A VI, 4, 153).

3. Voir la présentation de J.-B. Rauzy dans G. W. Leibniz, *Recherches générales sur l'analyse des notions et des vérités : 24 thèses métaphysiques et autres textes logiques et métaphysiques*, *op. cit.*, p. 39-44.

> des notions distinctes, c'est-à-dire dans la mesure où nous connaissons certains de leurs réquisits qui nous permettent, lorsqu'on les examine de part en part, de distinguer ces choses de toutes les autres ; autrement dit, la règle suffit quand nous pouvons assigner aux choses leur définition (...). Et si pour certaines il est difficile d'assigner des réquisits, nous pouvons provisoirement leur affecter des nombres premiers et, grâce à ces nombres, les utiliser pour désigner les autres choses. Ce procédé nous permettra au moins de trouver et de démontrer par le calcul toutes les propositions qui peuvent l'être provisoirement, sans qu'ait été résolue la chose que, provisoirement aussi, on a posée comme primitive. (*Elementa Calculi*, A VI, 4, 196 ; trad. fr. R 46)[1].

L'autre trait frappant de ces calculs est que la définition de l'identité *salva veritate* n'y joue pas de rôle central[2]. Pas plus ne voit-on Leibniz mettre en avant de règle spécifique de ce calcul comme l'axiome d'idempotence. Ces deux aspects apparaissent, en revanche, dans les textes des mois suivants comme le *calculus ratiocinator* ou le *calculus universalis*[3]. Cette fois, Leibniz ne cherche plus à coder les notions par des nombres, mais les représente par des lettres. Il cherche également à élargir son système déductif à des conséquences asyllogistiques. L'ensemble est encore très inchoatif à cause des difficultés que pose le fait de mettre au centre du système le principe de substitution[4]. En particulier, on voit Leibniz tantôt

1. De manière très intéressante, le texte poursuit par un parallèle avec la méthode des géomètres : « C'est ce qu'a fait Euclide qui, au cours de ses démonstrations, n'a jamais utilisé la définition de la ligne droite, mais a employé certaines suppositions à valeur d'axiome qui en tinrent lieu. Et quand Archimède voulut aller plus loin, il fut contraint de résoudre aussi la ligne droite et de la définir comme la ligne la plus courte entre deux points. » (A VI, 4, 197 ; trad. fr. R 46).

2. Dans les *Elementa calculi*, par exemple, Leibniz introduit une notion de coïncidence par le fait d'être à la fois dans une relation de contenant/contenu et une relation d'égalité, mais il ne précise pas cette dernière (A VI, 4, 199). De fait, on constate sans peine que ces différents calculs encodent directement l'identité logique dans l'égalité numérique (par exemple, celle de 6 et de 3*x*2) et la substitution dans le remplacement d'une expression par une autre égale.

3. Pour l'indempotence, voir notamment A VI, 4, 289 ; trad. fr. R 96.

4. Voir la présentation de J.-B. Rauzy (R 78-79) : « l'essentiel n'est pas de mettre au point un arsenal calculatoire en vue de l'expression d'une logique déjà faite, mais plutôt de reconstituer et d'élargir considérablement l'art de penser, par l'usage de caractères bien sûr, mais surtout par l'explicitation des principes qui régissent leur substitution. Leibniz donne ainsi trois versions systématiques d'un même calcul (...). La comparaison de ces trois présentations suggère que les principales difficultés auxquelles nous sommes ici confrontés concernent l'usage logique de la substitution. On constate par exemple que l'identité des termes est d'abord définie par la substituabilité *salva veritate*, alors que l'inverse a lieu dans les denières pages des *Suppléments*.

poser la définition de l'identité à partir de l'antisymétrie de la copule et en dériver la substitution *salva veritate* (R 87), tantôt procéder à l'inverse (R 85). Ceci ne doit pas nous surprendre outre mesure car il faut bien garder en mémoire que la relation fondamentale de la logique leibnizienne est la copule, qui n'est *pas* une relation identique. L'orientation qui tend à la constitution d'un calcul, et qui nécessite des formes d'égalités logiques, et celle qui prend son départ dans l'analyse de la proposition en termes d'inclusion conceptuelle ne sont donc pas immédiatement en accord.

Remarquons au passage qu'un trait intéressant de texte comme le *calculus ratiocinator* est que Leibniz y tente de définir la similitude de manière purement logique : il définit d'abord une relation d'ordre par la proximité aux notions primitives et la notion de raison par le fait d'être dérivé d'une propositions antérieure selon cet ordre. En découle la définition suivante : « sont semblables les choses dont on ne peut rendre raison de la diversité par un quelconque aspect (Similia *sunt quorum ratio diversitatis reddi non potest ex aliquo capite*, A VI, 4, 278). Il définit alors la grandeur comme ce qui permet de discerner les semblables (Magnitudo *est praedicatum quo simillima discerni possunt*), ainsi que les notions de tout et de parties (termes homogènes dont l'un, dit le « tout », ne diffère pas de tous les autres, dits « parties », pris ensemble : *Omnes partes simul non differunt a toto*). Il s'essaye alors à plusieurs définitions purement logiques de ces relations méréologiques en termes de réquisits. À nouveau, on voit que Leibniz a donc tous les instruments en main pour une fondation logique des relations mathématiques fondamentales et que le fait qu'il n'ait pas poursuivi dans cette voie ne saurait s'expliquer par des obstacles purement techniques.

Le point sur lequel il faut insister en conclusion de ce rapide descriptif est le suivant : les calculs logiques ne sont pas nés tout armés en 1679 dans l'esprit de Leibniz. Ils relevaient de deux lignes de développement (au moins) assez différentes : d'un côté, l'idée d'un codage arithmétique des notions qui ouvrait à la possibilité d'un traitement algébrique; de l'autre, une formalisation des conséquences assylogistiques et des relations fondamentales à partir du mécanisme substitutionnel. Mais ces deux lignes de développement ne parvinrent à converger qu'au milieu des années 1680, notamment dans le contexte de l'élaboration d'un calcul de « l'addition réelle ». Dans ce cadre nouveau, sur lequel nous reviendrons au chapitre 6, l'identité logique est bien posée en notion primitive du système et l'axiome d'idempotence isolé comme tel. Bien plus, Leibniz est alors en mesure de décrire les opérations du calcul en spécifiant les différentes propriétés de l'addition logique. Je reviendrai plus en détail sur ces textes, mais il importait de les mentionner dès à présent pour souligner le fait suivant : ces documents sont *le point d'aboutissement, et non le départ*, de la stratégie générale de réduction aux identiques. En projetant les réalisations des années 1686-1687 dans les tentatives engagées sept ou huit ans auparavant, on s'empêche de comprendre le rapport réel que mathématiques et logique ont entretenu dans ce processus.

Identité logique et identité métaphysique

Les développements qui précèdent sont l'occasion d'une mise au point importante sur les raisons pour lesquelles Leibniz n'a pas franchi un pas qui a semblé évident à tant de lecteurs formés à l'école de la logique moderne. De fait, comme je l'ai déjà rappelé, la raison principale pour laquelle nous voyons l'égalité logique comme absolue est parce que nous la posons dans le langage lui-même avec lequel nous décrivons les relations mathématiques. Si nous ne voulons par la poser comme un indéfinissable du langage, une autre voie très courante est de la définir par un énoncé que nous attribuons également à Leibniz au titre du « principe de l'identité des indiscernables ». Cet énoncé est généralement formulé en stipulant que deux entités qui partageraient tous leurs prédicats sont identiques, soit dans le formalisme logique actuel : $\forall F(Fx \leftrightarrow Fy) \Rightarrow x = y$. On interprète alors la substitution *salva veritate* comme renvoyant à une liste de prédicats qui forme l'ensemble des énoncés vrais de telle ou telle entité. Il est alors naturel de considérer que ce principe permet de définir une forme d'identité absolue qui est celle que l'on manipule ensuite en l'inscrivant dans le langage et qui permet de décrire les différentes relations, à commencer par les relations d'équivalence, en *spécifiant* des classes de prédicats par rapport auxquels ces égalités sont compatibles. Ce n'est pas le lieu d'entrer dans une discussion du principe des indiscernables sur laquelle il existe une littérature très vaste et sur les difficultés que pose cette caractérisation de l'identité [1]. Seul m'importera à ce stade d'en indiquer les limites patentes en ce qui concerne l'évaluation des rapports entre mathématiques et philosophie chez Leibniz.

1. Comme cela fut noté dès Russell, une telle définition suppose en effet de se placer au second ordre, ce qui paraît très coûteux. Il ne s'agit donc pas d'affirmer que le dispositif précédent est l'objet d'un consensus – ce qui n'est certainement pas le cas – mais qu'il sert d'arrière plan à la lecture de Leibniz, y compris lorsqu'il s'agit de le critiquer.

Tout d'abord, on prendra garde au fait simple que le « principe des indiscernables » n'est *jamais* formulé par Leibniz de cette manière [1]. Il est vrai en revanche qu'il arrive à Leibniz de paraphraser sa définition de l'identité logique dans les termes suivants :

> Def. 1. Sont identiques les choses qui peuvent être substitués l'une à l'autre en préservant la vérité. Soient A et B et supposons que A entre (*ingrediatur*) dans quelque proposition vraie et qu'à la place de ce même A on substitue ce même B ; il vient une nouvelle proposition. Si cette proposition est vraie également, et si c'est le cas pour toutes les propositions de ce genre, on dit que A et B sont identiques. Et, à l'inverse, si A et B sont identiques, alors la substitution que j'ai décrite réussira. On appelle également les identiques coïncidents. Parfois, néanmoins, on appelle *A et A* identiques alors qu'on appelle coïncidents *A et B*, s'ils sont identiques. (*Non inelegans specimen demonstrandi in abstractis* (1687), A VI, 4, 845 sq. ; trad. fr. R 424 modifiée)

Comme l'avait déjà souligné Angelelli [2], ceci n'est pourtant pas le principe des indiscernables, mais une définition de l'identité logique. Reste notamment à déterminer la nature des *A* et des *B* à laquelle cette relation d'identité s'applique et en particulier si elle peut prétendre valoir d'entités *réelles* (sur lesquelles porte le principe leibnizien dit « des indiscernables ») [3]. Dans le même ordre d'idée, il faudrait pouvoir éclaircir la nature des « vérités » qu'on vise dans ce contexte.

Or s'il est indéniable que Leibniz a avancé que l'identité logique reposait sur le fait que toute proposition où entre A peut être formulée de B et réciproquement, il n'a pas explicitement relié cette définition à l'indiscernabilité de substances auxquelles on attribuerait tel ou tel prédicat. Plus exactement, lorsqu'il a explicité cette connexion dans des textes comme

1. Pour une présentation des différentes formulations, voir l'étude de G. Rodriguez-Pereyra, *Leibniz's Principle of Identity of Indiscernibles*, Oxford, Oxford University Press, 2014

2. I. Angelelli, « On identity and interchangeability in Leibnitz and Frege. » *Notre Dame Journal of Formal Logic*, vol. 8, n° 1-2, 1967.

3. Je rappelle que le principe, tel qu'on peut le trouver dans les Principia logico-metaphysica, stipule qu'on ne peut trouver *dans la nature* deux choses singulières qui ne diffèrent que *solo numero* (voir ci-dessus p. 152). Par différence, la « similitude parfaite » qui vaut dans les notions incomplètes et abstraites était caractérisée par le fait que les choses y sont prises en compte « non à tous égards, mais selon une manière déterminée de les considérer ». La question se pose donc immédiatement de savoir si l'identité logique ne relève pas d'un tel point de vue déterminé.

les *Generales Inquisitiones*, il a pris soin de spécifier que la structure prédicative ne serait résoluble en une identité, dans le cas des propositions contingentes, que sous réserve d'une analyse *infinie*. Or cette analyse n'est pas accessible à la logique comme telle [1] et peut seulement être *simulée* dans ce cadre [2]. Rappelons le passage bien connu des *Recherches générales* qui développe ce thème :

> Toutes les propositions existentielles sont certes vraies, mais elle ne sont pas nécessaires, car elles ne peuvent être démontrées qu'au moyen d'une infinité de propositions, c'est-à-dire par une résolution poursuivie à l'infini, autrement dit à partir du concept complet de l'individu qui enveloppe une infinité d'existences. Si, par exemple, je dis *Pierre renie*, en concevant cela à un instant déterminé, alors la nature de cet instant est toujours présupposé et enveloppe toujours aussi tout ce qui existe dans cet instant. Si je dis de manière infinie, abstraction faite de la référence au temps, *Pierre renie*, alors, pour que cela soit vrai, que soit vrai que Pierre a renié ou que Pierre reniera, il faut au moins que la démonstration procède de la notion de Pierre. Mais la notion de Pierre est complète et enveloppe une infinité ; c'est pourquoi on ne parviendra jamais à une preuve achevée, mais on s'en approchera toujours de plus en plus, de telle sorte que la différence soit plus petite que toute différence donnée. (A VI, 4, 763 ; trad. fr. R 249-252)

On doit donc prendre au garde au fait suivant : même si Leibniz peut être crédité d'avoir ouvert la voie à une formalisation de la prédication en termes fonctionnels (par l'introduction de variables), ce même texte où il avance cette analyse logique d'un type nouveau l'aura fait dans des limites extrêmement précises. C'est là une différence fondamentale avec toute la tradition post-frégéenne qui considère, au contraire, que l'identification d'un énoncé vrai (donc d'une « vérité » au sens de Leibniz) avec une expression fonctionnelle dont on remplirait la place vide de telle sorte qu'elle acquiert une valeur de vérité va de soi. On finit alors par ne plus voir que le changement opéré par Frege, l'élaboration d'un langage fonctionnel permettant d'exprimer toute proposition en termes de prédicats portant

1. Comme le rappelle une des lettres à Arnauld de 1687 : « tout estre par aggregation suppose des estres doués d'une veritable unité, puisqu'il ne tient sa realité que de celle de ceux dont il est composé, de sorte qu'il n'en aura point du tout, si chaque estre dont il est composé est encor un estre par aggregation ou il faut encor chercher un autre fondement de sa realité. Et c'est là où le proces à l'infini ne sçauroit avoir lieu, *comme il ne sçauroit avoir lieu en logique dans les raisonnemens* » (A II, 2, 169).

2. Nous verrons comment au chapitre 6.

sur des variables, induit des distorsions très grandes lorsqu'on le rétrojecte dans la formulation du principe des indiscernables.

Explicitons ce point central. La formulation moderne du principe des indiscernables opère sur des prédicats *abstraits* au sens de Leibniz, c'est-à-dire qu'ils comportent une place vide potentiellement remplie par *plusieurs* individus. Même si rien n'exclut qu'un prédicat ne s'applique en fait qu'à un seul individu, cette unicité ne sera établie que sur la base d'une application potentiellement multiple. Il en résulte que les listes de prédicats que nous allons avoir tendance à attribuer à un individu (être rouge, président des Etats-Unis, champion de tennis, allergique au pollen, etc.) s'appliquent à des individus nécessairement *indiscernables* sous le prédicat considéré. Le principe se trouve alors compris comme stipulant qu'on ne peut pas imaginer deux individus partageant une liste complète de tels prédicats. Or si ce cadre est bien celui que Leibniz met en place au début des *Generales Inquisitiones*, il faut prendre au garde au fait qu'il s'agit pour lui d'une limitation essentielle et que de tels prédicats abstraits ne peuvent être introduits que par manière de fiction [1] :

> Pour le moment au moins, laissons de côté tous les abstraits et considérons que tous les termes ne font référence qu'à des concrets, qu'il s'agisse de substances, comme l'*ego*, ou bien de phénomènes, comme l'*arc-en-ciel*. De cette manière, nous n'aurons pas à nous intéresser maintenant à la différence des abstraits et des concrets ou, du moins, nous n'emploierons à présent que les abstraits qui sont logiques ou notionnels, de sorte que par exemple, *La Béité de A* ne signifiera rien d'autre que *le 'A est B'*. (R 201)

Ainsi le calcul dont il sera question se sera d'emblée limité à un type de « vérité » très particulière. Il ne s'agira, en effet, que de prédicat abstrait portant sur des termes posés comme concrets (par simple stipulation). Elle n'a donc *a priori* rien à voir avec la question de l'indiscernabilité des substances qui suppose, elle, de prendre en compte les accidents singuliers qu'enveloppe la notion complète d'un individu.

On objectera que cette limitation n'est pas rédhibitoire dans la mesure où cette dernière situation peut être retrouvée dans le formalisme des prédicats abstraits en stipulant que la suite infinie des circonstances qui spécifie

1. On verra que Leibniz fait explicitement la comparaison entre les prédicats abstraits se comportant comme des êtres mathématiques et les racines imaginaires ou les infiniment petits, ses deux exemples favoris de fictions utiles.

l'attribution de tel ou tel prédicat peut se trouver exprimée par la conjonction d'une liste spécifique (infinie) de prédicats. Ainsi le fait que César ait été le général vainqueur de la bataille de Pharsale pourrait s'exprimer par le fait qu'il était général, qu'il mena une bataille, qu'il la gagna, qu'il se trouvait à Pharsale, etc., etc. jusqu'à spécifier des conditions qui ne s'appliquerait qu'à l'individu César. Mais, outre que ce formalisme n'est *pas* celui de Leibniz [1], cette formulation a une autre conséquence désastreuse, et rarement notée, dès lors que nous cherchons à l'appliquer à des individus réels : elle interdit tout simplement tout changement substantiel.

Supposons, pour fixer les idées, que je puisse saisir l'instant précis où l'officier de justice, par son énoncé performatif, me fait passer du statut de « célibataire » à celui de « marié », pris ici comme deux prédicats abstraits incompatibles, et supposons, pour faciliter l'argument, que, submergé par la joie d'un tel changement d'état, je meurs subitement d'un arrêt cardiaque. Il faudrait alors conclure du principe des indiscernables, tel que formulé en termes de prédicats abstraits, que mon être individuel avant et après l'événement ne saurait être dit « le même » (j'ai fait la supposition, pour simplifier la situation, que je n'avais différé que d'un seul prédicat avant et après ma mort subite). Il y aurait donc là, d'après le « principe des indiscernables », deux substances individuelles *différentes*.

L'argument se généralise aisément à un nombre plus grands de prédicats et à des moments éventuellement éloignés du temps. Car je diffère de moi-même précisément en ce que j'ai pu être à un moment chevelu, à un autre chauve, à un moment ignorant, à un autre savant, à un moment jeune, à un autre vieux, etc. etc. Nous nous retrouvons alors dans la situation absurde d'avoir à rejeter toute possibilité d'identité individuelle à travers le temps (qui n'est rien d'autre, pour Leibniz, que la succession de telles prédications incompatibles). Inversement, si nous supposons que la substance individuelle enferme l'ensemble de ses prédicats à travers les changements – comme il faut bien évidemment le faire en contexte leibnizien puisque c'est la définition même d'une notion complète – alors nous voyons immédiatement que l'identité « logique » et l'identité « métaphysique » ne peuvent justement *jamais* coïncider : il faudrait, en effet, que puissent entrer dans la liste des prédicats attribué à un même sujet des prédicats *contradictoires*.

1. Il suppose, en effet, de s'autoriser à manipuler des ensembles infinis actuels de prédicats. Leibniz, pour sa part, proposera de manipuler des ensembles finis de prédicats abstraits suffisant à ce que une identité puisse être établie, voir ci-dessous p. 312.

Remarquons qu'il ne sera pas possible de régler ce problème en indexant les prédicats à une évolution temporelle donnée globalement et permettant de distinguer (et de rendre compatibles) « non marié au temps t_0 » et « marié au temps t_1 »[1]. De fait la doctrine leibnizienne refuse catégoriquement que le temps soit une donnée absolue, antérieure au changement des qualités qui viendrait y prendre place. C'est l'inverse qui est vraie : seule l'incompatibilité logique des prédicats permet de penser une évolution temporelle en fondant la caractérisation de ce qu'est un ordre chronologique. L'explicitation de la paramétrisation qu'on cherche reconduirait donc nécessairement au problème initial : il faudrait ou bien accepter de faire entrer dans la liste des prédicats d'un même sujet des contradictoires, ou bien conclure que nous avons affaire dans tout changement à deux sujets différents.

À cette difficulté s'en ajoute une autre du même ordre. Même si je peux toujours introduire des prédicats abstraits identiques en plusieurs individus, par manière de fiction, de tels prédicats n'existent nullement dans la réalité – sous peine de violer précisément le principe des indiscernables leibnizien (par différence avec le principe des indiscernables moderne, formulé en termes de prédicats abstraits). Leibniz lui-même s'en est expliqué de la manière la plus claire dans sa réflexion sur l'abstrait et le concret :

> Mais à propos des abstraits, ne peut-on douter fortement qu'ils soient des êtres réels ? et s'ils sont des êtres, qu'ils ne soient pas complets dans l'individu. Si en effet la sagesse qui est en Sénèque enveloppe une relation à sa richesse, dans ces conditions elle n'enveloppe pas le seul côté formel de la sagesse, ce que nous nous étions pourtant proposés en fabriquant un abstrait de cette sorte. Mais si nous abandonnons les considérations accidentelles, nous ne voyons plus en quoi consiste le critère réel de distinction entre deux sagesses individuelles différentes de même degré ; ou entre deux chaleurs également intenses, ou entre deux nombres binaires. Dirons-nous donc qu'ils sont appariés avec ces êtres métaphysiques de la même manière qu'avec des êtres mathématiques, par exemple un cercle abstrait de la matière, ou des parties du temps séparées par l'esprit de ce qui y est contenu ? Car, de même qu'on ne peut expliquer en quoi diffère deux cercles égaux séparés de la matière, ou bien deux heures, de même on ne peut expliquer non plus en quoi consisterait le critère de la distinction entre deux sagesses semblables et égales ou entre deux chaleurs de même nature et de même degré. Cependant, on

1. Comme le propose N. Rescher et A. Urquhart, *Temporal Logic*, New York, Spinger, 1971, p. 242.

> peut utiliser de telles notions pour faciliter le raisonnement, comme nous utilisons en algèbre des racines imaginaires, et peut-être en géométrie des lignes infinies et infiniment petites. Si quelqu'un disait qu'une sagesse numériquement identique, ou une chaleur numériquement identique, est dans un sujet et dans un autre, il serait alors réfuté par le fait qu'on affirme aussi bien que la sagesse de l'un meurt quand la sagesse de l'autre subsiste encore. (A VI, 4, 991 ; trad. fr R 389 modifiée).

Ainsi je ne deviens pas « marié » au sens où mon père l'a été avant moi et son père avant lui. Chacun d'entre nous hérite d'un prédicat concret qui emporte avec lui l'ensemble des circonstances dans lesquelles nous avons été, les uns et les autres, « mariés ». Rien n'empêche, bien évidemment, de recourir à de tels prédicats abstraits et c'est ce que nous faisons couramment, mais il faut alors prendre garde au fait que ces entités sont introduites par manière de fiction et de ne correspondent *pas* aux prédicats entrant dans des notions complètes.

On voit donc que le fait que Leibniz n'ait pas posé l'identité logique en identité absolue n'est pas simplement une limitation de fait que nos formalismes pourraient aisément franchir. C'est une limitation de droit. Car le pas que nos formalismes post-frégéens nous font franchir est précisément celui que sa métaphysique *interdit*. Il n'est pas vrai que l'on puisse capturer les prédicats *réels* dans une structure fonctionnelle décalquée sur celle que l'on trouve en mathématiques. La structure fonctionnelle et relationnelle qu'on trouve en mathématiques n'est, en effet, opérante que parce qu'elle agit sur des notions d'un type très particulier, incomplètes, pour lesquelles on s'est donné d'emblée des classes d'objets indiscernables [1]. De même

1. Ceci permet de mieux appréhender un passage célèbre des *Nouveaux essais* où Leibniz indique que l'on peut en fait toujours faire une différence entre des coïncidents logiques dès lors qu'on les aborde sous l'aspect des abstraits (qui ne peuvent donc être ici que les abstraits philosophiques) : « Quant aux disparates, ce sont ces propositions qui disent que l'objet d'une idée n'est pas l'objet d'une autre idée : comme, que la chaleur n'est pas le même que la couleur ; item, l'homme et animal n'est pas la même chose, quoique tout homme soit animal. Tout cela se peut assurer indépendamment de toute preuve ou de la réduction à l'opposition, ou au principe de contradiction, lorsque ces idées sont assez entendues pour n'avoir point besoin ici d'analyse ; autrement on est sujet à se méprendre : car disant, le triangle et le trilatère n'est le même, on se tromperait, puisqu'en le bien considérant on trouve que les trois côtés et les trois angles vont toujours ensemble. En disant : le rectangle quadrilatère et le rectangle n'est pas le même, on se tromperait encore. Car il se trouve que la seule figure à quatre côtés peut avoir tous les angles droits. Cependant on peut toujours dire dans l'abstrait que le triangle n'est pas le trilatère, ou que les raisons formelles du triangle et du trilatère ne sont pas les mêmes, comme parlent les philosophes. Ce sont de différents rapports d'une

que l'analyse des notions doit prendre son départ dans la distinction entre entités complètes et incomplètes, de même l'analyse des vérités.

Égalité et infiniment petits

Nous avons vu que la réduction aux identiques correspond à une certaine manière dont Leibniz repense l'organisation conceptuelle des mathématiques et que cela commande une certaine pratique. Ceci vaut au premier chef de la géométrie et de l'*analysis situs*, où l'élaboration d'un répertoire de relations fondamentales joue un rôle central [1]. Nous avons également vu que cela commandait d'élaboration d'une nouvelle *mathesis universalis* dans les années 1680 [2] et les premiers développements de calcul logique. Je voudrais maintenant montrer que cette stratégie s'accorde remarquablement avec deux autres « nouvelles analyses » où l'on a moins l'habitude de la chercher : celle des transcendantes, qui mène au calcul différentiel, et celle de la structure combinatoire des équations (que j'aborderai dans la section suivante).

De fait, Leibniz conçoit le calcul différentiel comme reposant sur une relation identique d'un genre nouveau qu'il présentera à Nieuwentijt dans les années 1690 de la façon suivante : « Je juge d'ailleurs que des termes sont égaux non seulement lorsque leur différence est absolument nulle, mais aussi lorsqu'elle est incomparablement petite, et bien qu'on ne puisse dire en ce cas que cette différence soit absolument Rien, elle n'est pourtant pas une quantité comparable à celles dont elle est la différence » [3].

même chose. » (NEEH IV, 2, § 1 ; A VI, 6, 362-363). Ce passage est d'ailleurs rappelé par Angelelli (I. Angelelli, « On identity and interchangeability in Leibnitz and Frege. », *op. cit.*) et par Rauzy (J.-B. Rauzy, « Leibniz et les termes abstraits : un nominalisme par provision », *Philosophie*, vol. 39, 1993) – chez l'un pour renforcer la distinction entre principe de substitution et principe des indiscernables, chez l'autre celle entre abstraits logiques et abstraits philosophiques.

1. Il suffit de parcourir le recueil G. W. Leibniz, *La Caractéristique Géométrique*, *op. cit.* pour s'en convaincre.

2. Sur ce projet, je me permets de renvoyer à G. W. Leibniz, *Mathesis Universalis. Écrits sur la mathématique universelle*, *op. cit.*

3. *Responsio ad nonnullas difficultates a Dn. Bernardo Niewentiit circa Methodum differentialem seu infinitesimalem motas*, *Acta Eruditorum*. Juillet 1695 (GM V, 320 ; trad. fr. G. W. Leibniz, *La naissance du calcul différentiel : 26 articles des Acta Eruditorum*, *op. cit.*, p. 326-327).

Cette conception d'apparence paradoxale revient à considérer une inégalité « infiniment petite » comme une égalité [1]. Pendant longtemps, on a cru qu'il s'agissait là d'une prise de position tardive, élaborée dans la suite de la formulation du « principe de continuité » [2] et destinée à répondre à des objections avancées contre le calcul à partir du milieu des années 1690. Nous savons aujourd'hui qu'il n'en est rien. J'ai déjà montré, dans les développements précédents, que le principe de continuité fait son apparition, sous sa forme de « principe d'ordre général » dans le contexte même de la pratique de réduction aux identiques, c'est-à-dire dès le début du séjour à Hanovre. Cela est sans surprise puisque l'idée sous-jacente, à défaut du nom, sous-tend déjà la pratique de la « méthode de l'universalité » élaborée à Paris [3]. Je voudrais maintenant indiquer qu'il en va de même de la nouvelle définition de l'égalité qui se met en place dans le cadre de l'analyse infinitésimale dès la fin du séjour parisien.

Dans ce qui suit, je ne m'intéresserai pas à l'élaboration de l'algorithme différentiel pris pour lui-même, mais à ce qui le fonde et qui, suivant l'hypothèse qui me guide, est une analyse des notions. De fait, c'est une découverte importante du commentaire récent que, contrairement à une légende tenace, Leibniz se préoccupe bien dès le début de la fondation des pratiques infinitésimales [4]. Conformément à ses réquisits méthodologiques, il ne développe une pensée symbolique et un calcul aveugle que sous réserve de s'assurer de la possibilité des notions impliquées. Or dans le cas des « infiniment petits », il n'est pas possible de différer cette attestation outre mesure puisqu'un des premiers résultats auxquels parvient Leibniz, on l'a vu, est précisément que la notion de nombre infini est *contradictoire*. Dans la foulée, il voit rapidement que ce genre de raisonnmenet se transfère à la notion de grandeur infinie [5]. Il n'est donc pas possible d'introduire des

1. Voir le *Principe quoddam generale* (ca 1687) A VI, 4, 2033 : *Sic et aequalitas considerari potest, ut inaequalitas infinite parva, ubi discrimen est dato quovis minus.*

2. Dont Leibniz lui-même dit souvent qu'il l'a introduit en 1687 dans un article des *Nouvelles de la République des Lettres.*

3. Voir supra p. 127.

4. R. T. W. Arthur et D. Rabouin, *Leibniz on the Foundations of the Differential Calculus*, *op. cit.*

5. A VII, 3, 468 et D. Rabouin et R. T. W. Arthur, « Leibniz's syncategorematic infinitesimals II : their existence, their use and their role in the justification of the differential calculus », *op. cit.*, p. 405.

quantités infiniment petites qui seraient leurs inverses, comme l'avait proposé par exemple Wallis, sans s'être assuré de la fiabilité de ces méthodes [1]. Le ressort de l'approche de Leibniz va être, comme on peut s'en douter, la distinction ferme entre les « fictions » apparaissant dans le calcul et les termes « réels » auxquels ces fictions renvoient. Ceci fonde plus généralement une approche de l'infini qui ne peut pas accéder à la totalisation – sans être purement potentiel pour autant – et qu'il qualifiera pas la suite de « syncatégorématique » [2].

L'échange que Leibniz mène avec Jean Bernoulli sur ces questions en 1698 ne laisse pas de doute sur le fait que cette vision (où l'infini ne peut être considéré comme un tout) s'est forgée dans le cadre de l'*Accessio*. Comme nous l'avons déjà vu, Leibniz rappelle, en effet, à son interlocteur qu'il a « démontré de manière parfaitement vraie il y a déjà de nombreuses années qu'il ne saurait y avoir sans contradiction de nombre ou d'ensemble de tous les nombres qui forme une totalité unifiée » (A III, 7, 884). Tandis que Bernoulli considère que l'engagement de Leibniz pour un infini actuel dans la nature l'engage à un infini actuel dans les mathématiques et donc, d'après lui, à l'acceptation de grandeurs infinies et infiniment petites [3], le philosophe de Hanovre lui rétorque qu'il n'en est rien :

> Mais, dis tu, « si aucune n'est infiniment petite, alors elles sont chacune finies (je le concède). Si elles sont chacune finies, alors prises toutes ensemble, elles formeront une grandeur infinie. » Cette conclusion, je

1. J. Wallis, *Arithmetica Infinitorum*, Oxford, L. Lichfield, 1656. L'idée de Wallis est d'introduire un nombre infini qu'il note ∞. Il désigne alors l'infinité des divisions d'une figure en « indivisibles » (réinterprétés comme des grandeurs homogènes, par exemple des petits rectangles composant une figure plane) par ce nombre. L'épaisseur de chacun de ces indivisibles sera donc $\frac{1}{\infty}$.

2. Voir par exemple NEEH II, chap. XVII : « À proprement parler il est vray qu'il y a une infinité de choses, c'est à dire qu'il y en a tousjours plus qu'on n'en peut assigner. Mais il n'y a point de nombre infini ny de ligne ou autre quantité infinie, si on les prend pour des veritables Touts, comme il est aisé de demonstrer. Les écoles ont voulu ou dû dire cela, en admettant un infini syncategorematique, comme elles parlent, et non pas l'infini categorematique. » (A VI, 6, 157).

3. Rappelons l'argument : si un corps matériel supposé fini est divisible à l'infini, comme le pense Leibniz, alors cela implique que sa grandeur peut être infiniment divisée actuellement. Soit donc la série représentant la collection de sa moitié additionnée de la moitié de sa moitié, etc. $\frac{1}{2}+\frac{1}{4}+\frac{1}{8}+\frac{1}{16}$.... Si nous considérons cette série comme formée par une infinité actuelle de grandeurs toutes finies, la somme devrait être, estime Bernoulli, infinie. Il faut donc qu'il existe un rang à partir duquel les termes deviennent infinitésimaux (*infinitesimus*), *cf.* A III, 7, 874.

ne la concède pas. Je la concèderai si était donnée une grandeur finie qui soit plus petite que toutes les autres, ou assurément qui ne soit plus grande qu'aucune autre ; alors, je l'avoue, cette pluralité de grandeurs étant posée plus grande que tout nombre donné, il en naîtrait une quantité plus grande que toute donnée. Mais il est certain que pour toute partie, il en est donné une autre finie plus petite. Tu as recours à un exemple tout à fait approprié à la chose. Nous posons que dans la ligne est donné en acte, $\frac{1}{2}\frac{1}{4}\frac{1}{8}\frac{1}{16}\frac{1}{32}$, etc. et que tous les termes de cette série existe en acte ; de là, tu déduis que doit être aussi donné un infinitésimal (*infinitesimum*), mais pour par ma part, je pense qu'il en découle simplement qu'est donnée en acte n'importe quelle fraction assignable, de quelque petitesse qu'elle soit [1].

Le document le plus important pour la réappréciation de la conception leibnizienne des infiniment petits à l'époque parisienne est ici sans conteste le traité de *Quadrature arithmétique du cercle* que nous avons déjà évoqué au chapitre 2. Leibniz y produit, en effet, une démonstration permettant, selon ses mots, de « faire de la méthode des indivisibles et de l'usage des espaces gradiformes, soit des sommes des ordonnées qui en sont l'apanage, une méthode et un usage rigoureusement démontré » [2]. Sa méthode, dite de « transmutation », repose sur l'usage d'une courbe auxiliaire (qu'il appelle en d'autres lieux la « quadratrice » et qui est représentée par ${}_1D_2D_3D_4D$ dans la figure ci-dessous). On montre alors que l'aire sous la courbe de départ (${}_1C_2C_3C_4C$) entretient un rapport fixe à l'aire sous la quadratrice. Dans le cas où la quadratice est une courbe carrable, nous aurons donc réussi à transformer une courbe dont on ne connaît pas la quadrature dans une autre que nous maîtrisons.

Pour démontrer rigoureusement la légitimité de cette procédure, Leibniz procède par l'absurde. Il a démontré auparavant (par un raisonnement géométrique exposé dans la prop. I) que le rapport entre chaque triangle sous la courbe et chaque rectangle sous la quadratice est du simple au double. Il s'agit alors de démontrer que cette relation « passe à la limite », c'est-à-dire que que l'aire sous la courbe initiale ${}_1C_2C_3C_4C$ est la moitié de l'aire sous la courbe auxiliaire ${}_1D_2D_3D_4D$ (qui a été déterminée géométriquement dans la prop. VI) [3]. En notant T (pour *Trilineum*), l'aire sous la

1. A III, 7, 884-885. Les éditeurs ont transcrit la dernière phrase : *hinc infers dari et infinitesimum, sed ergo nihil aliud hinc puto sequi, quam...* là où il faut certainement lire, sans que le sens en soit profondément différent, *sed ego nihil aliud hinc puto sequi.*

2. trad. fr. M. Parmentier, p. 63.

3. Comme on le voit sur la figure, la courbe auxiliaire a été construite en reportant les ordonnées de l'intersection entre la tangente et l'axe horizontal.

courbe initiale, et Q (pour *Quadrilineum*), l'aire sous la courbe auxiliaire, le raisonnement est alors le suivant : supposons que la différence entre Q et 2T soit une certaine quantité assignable ϵ. En diminuant le pas de nos découpages, nous pouvons rendre la différence entre le polygone P inscrit sous ${}_1C_2C_3C_4C$ (somme des triangles élémentaires) et T plus petite que $\epsilon/4$. De même pour la différence entre l'espace gradiforme G (somme des rectangles élémentaires) et l'aire sous la courbe auxiliaire Q. Ainsi, on obtient :

$$(1)\ |T - P| < \epsilon/4$$
$$(2)\ |Q - G| < \epsilon/4$$

Comme nous avons un rapport réglé entre G et P, donné dans la prop. I par G = 2P, nous obtenons donc :

$$|Q - 2P| < \epsilon/4 \text{ [par (2)]}$$
$$|2P - 2T| < 2\epsilon/4 \text{ [par (1)]}$$

Par « l'inégalité triangulaire », qui correspond à la proposition IV dans le traité, il en résulte :

$$\epsilon = |Q - 2T| < |Q - 2P| + |2P - 2T| = 3\epsilon/4.$$

Quod est absurdum.

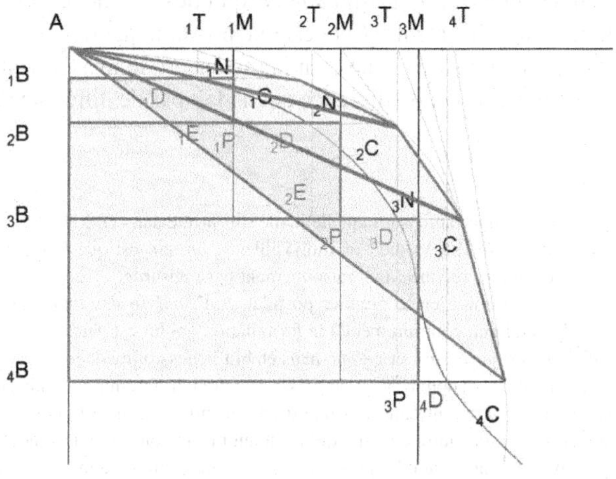

FIGURE 5 – Figure de la *Quadratura*

On voit que contrairement à la légende, Leibniz se préoccupe bien de fonder les pratiques infinitésimales dans un raisonnement rigoureux (le mot est de lui) et dans des notions dont la possibilité est attestée. Il propose alors une paraphrase du « passage à la limite » par l'intermédiaire de raisonnement n'impliquant que des quantités finies [1]. Mais le point le plus important pour notre propos est ici que Leibniz commente sa démonstration en insistant sur le fait qu'il a introduit une nouvelle conception de l'égalité et qu'il le fasse en des termes très proches de ce qu'il reprendra pour répondre aux objections de Nieuwentijt en 1695 :

> J'avoue n'avoir jamais entendu parler d'une méthode capable de démontrer parfaitement ne serait-ce qu'une quadrature sans déduction *ad absurdum*; j'ai même des raisons de craindre qu'on ne puisse pas le faire d'une manière naturelle et sans faire intervenir des quantités fictives, je veux dire infinies ou infiniment petites; cependant, parmi toutes les déduction *ad absurdum*, je crois que la manière de procéder la plus simple, la plus naturelle et la plus proche de la démonstration directe consiste à montrer simplement (faute de quoi on est conduit d'ordinaire à un double raisonnement en prouvant que l'une n'est, d'une part pas plus grande, d'autre part pas plus petite que l'autre) qu'il n'y a aucune différence entre deux quantités et que par conséquent ces quantités sont égales. (Scolie de la proposition VII, trad. fr. M. Parmentier, p. 69-71 modifiée.)

On voit que la stratégie est ici la même que celle que nous avons vu se dessiner précédemment. Le ressort de la nouvelle définition de l'égalité est que nous ne pouvons discerner deux entités sous le rapport de la quantité, puisque leur différence est inassignable, et qu'elles sont donc substituables l'une à l'autre dans le calcul [2]. Ceci est une position que Leibniz a élaboré depuis quelques temps déjà, mais qui laisse encore le mystère entier : car quelle est la nature de cette différence qui ne fait pas de différence ? Faut-il

1. Une différence importante, sur laquelle je me suis arrêté dans D. Rabouin, « Leibniz's Rigorous Foundations of the Method of Indivisibles », *op. cit.* est que Leibniz maintient néanmoins la nécessité de recourir à un raisonnement par l'absurde.

2. C'est ce qu'exprime bien le premier postulat de l'*Analyse des infiniment petits* du Marquis de l'Hospital qui, contrairement à la formulation qui lui est parfois donné, ne pose pas une égalité algébrique entre x et $x + dx$, mais établit la possibilité de les substituer l'un à l'autre dans le calcul : « On demande qu'on puisse prendre indifféremment l'une pour l'autre deux quantités qui ne diffèrent entr'elles que d'une quantité infiniment petite : ou (ce qui est la même chose) qu'une autre quantité qui n'est augmentée ou diminuée que d'une autre quantité infiniment moindre qu'elle, puisse être considérée comme demeurant la même. » (G. F. d. L'Hospital, *L'Analyse des infiniment petits pour l'intelligence des lignes courbes*, Paris, Imprimerie Royale, 1696, Articles 2, p. 2).

conclure de ce qui précède qu'il existe des quantités non-archimédiennes peuplant le continu géométrique ? Et si oui, comment les définir ?

La voie tracée par Wallis réinterprétant les indivisibles de Cavalieri comme rectangles de base $\frac{1}{\infty}$ (où ∞ figure un nombre infini) est précisément interdite pour Leibniz après les résultats de l'*Accessio*. C'est en ce point précis que la *Quadratura* opère une vraie avancée : elle interprète les indivisibles ou les quantités infiniment petites comme des *compendia loquendi* qui ne valent que dans le langage de surface et correspondent à des raisonnements que l'on pourrait faire (mais cela serait fastidieux) en termes de relations entre quantités finies. Il s'agit là d'une position que Leibniz ne quittera plus quelles que soient ses évolutions sur la meilleure manière de justifier le calcul différentiel [1].

Un point sur lequel j'aimerais particulièrement insister est le caractère dialogique de la preuve associée à l'usage des infinitésimaux, qui va de pair avec leur nature fondamentalement relationnelle – exactement comme toutes les autres entités que Leibniz a entrepris de redéfinir par les identiques. Il le répètera dans sa grande lettre à Varignon de février 1702 de la manière la plus claire :

> Mais il faut considerer en meme temps, que ces incomparables communs mêmes n'estant nullement fixes ou determinés ; et pouvant estre pris aussi petits qu'on veut dans nos raisonnemens Geometriques, font l'effect des infiniment petits rigoureux, puisqu'un adversaire voulant contredire à nostre enonciation, il s'ensuit par nostre calcul que l'erreur sera moindre qu'aucune erreur qu'il pourra assigner, estant en nostre pouvoir de prendre cet incomparablement petit, assez petit pour cela, d'autant qu'on peut tousjours prendre une grandeur aussi petite qu'on veut. (GM IV, 91)

Ces considérations contredisent l'idée, encore très répandue, que Leibniz aurait pu garder *in petto* la conviction qu'il existait des entités infiniment petites réelles et qu'il n'aurait élaboré sa stratégie « fictionnaliste »

1. Comme y avait insisté Henk Bos, on trouve chez Leibniz deux voies différentes pour la justification du calcul différentiel. Mais Bos distinguait alors clairement entre justification du calcul (de la validité de l'algorithme) et justification de l'existence des entités fondamentales sur lesquelles il repose (existence sur laquelle Bos ne se prononçait pas, jugeant que Leibniz lui-même n'avait pas été clair sur la question – mais c'était avant la redécouverte de la *Quadratura* et des textes connexes), *cf.* H. J. Bos, « Differentials, higher-order differentials and the derivative in the Leibnizian calculus », *Archive for history of exact sciences*, vol. 14, nº 1, 1974. Sur ces questions, je me permets de renvoyer à D. Rabouin et R. T. W. Arthur, « Leibniz's syncategorematic infinitesimals II : their existence, their use and their role in the justification of the differential calculus », *op. cit.*

que comme une manière de contourner des questions sur lesquelles il était embarrassé. Elles ont fait néanmoins l'objet de critiques assez polémiques contre qui voudraient leur attacher trop d'importance. On a ainsi objecté que les éléments présents dans la *Quadratura* ne fonctionnaient que pour des courbes régulières, dont on sait construire la tangente, et témoignait d'un ouvrage de jeunesse, stratégiquement gonflé par son auteur dans l'espoir de conquérir une place dans les Académies [1]. Ces objections sont infondées : si Leibniz est évidemment conscient que l'élaboration de son algorithme différentiel a rendu obsolète des techniques présentées dans la *Quadratura* de façon purement géométrique, il n'a absolument pas abandonné le projet de publier ce traité. Les critiques semblent ici ignorer tout à la fois que Leibniz entreprend de rédiger dans les années 1690 une version abrégée de sa *Quadratura* [2], qu'il en reprend la démonstration centrale « pour ceux qui sont habitués aux méthodes des anciens » dans son échange avec Bodenhausen de 1691 [3] et qu'il y fait encore référence positivement dans ses échanges avec Bernoulli en 1698 [4].

Ajoutons pour finir que ces remarques sont importantes pour appréhender non seulement la pratique mathématique de Leibniz, mais sa philosophie. De fait, on verra que le milieu des années 1680 correspond à un moment de grande synthèse que permet notamment des avancées décisives dans le calcul logique. L'une d'entre elle est la possibilité de saisir dans le calcul non seulement les notions incomplètes, directement réductibles à des identiques, mais également des vérités ressortissant aux notions complètes et enveloppant une analyse infinie. Certes, en logique comme en mathématiques, il ne s'agira jamais de faire entrer directement l'infini dans les calculs, mais d'en capturer le fonctionnement à partir du maniement des éléments finis. Or le fait d'avoir développé une entente des infinitésimaux sur la base d'une redéfinition de l'identité joue un rôle crucial dans ce dispositif, comme l'indique le passage déjà mentionné des *Generales*

1. Sur le premier point, voir D. Jesseph, « Leibniz on the elimination of infinitesimals », dans *G.W. Leibniz, interrelations between mathematics and philosophy*, Dordrecht, Springer, 2015. Sur le second : V. Blåsjö, « On what has been called Leibniz's rigorous foundation of infinitesimal geometry by means of Riemannian sums », *Historia Mathematica*, vol. 44, n° 2, 2017.

2. Ignorance d'autant plus coupable que ce traité a été édité par Gerhardt (GM V, 99-112).

3. *Quod ad captum sit eorum, qui veterum Methodis unice assueti sunt*, A III, 4, 634.

4. A III, 7, 855-856, *cf.* D. Rabouin et R. T. W. Arthur, « Leibniz's syncategorematic infinitesimals II : their existence, their use and their role in the justification of the differential calculus », *op. cit.*

Inquisitiones : « la notion de Pierre est complète et enveloppe une infinité ; c'est pourquoi on ne parviendra jamais à une preuve achevée, mais on s'en approchera toujours de plus en plus, de telle sorte que la différence soit plus petite que toute différence donnée »[1].

Nombres fictifs et combinatoire

D'après les développements qui précèdent, on voit que la nouvelle approche de Leibniz consiste pour une grande part à conquérir en mathématiques un domaine nouveau, celui de la forme (y compris dans ses aspects différentiels), directement lié aux réflexions initiales sur la similitude et complétant celui traditionnellement dévolu à la quantité. De fait, il s'agit d'un aspect essentiel de la conception nouvelle qu'il se fait à cette époque de la *mathesis universalis* et du programme de « science générale » qui l'accompagne. Sous ce point de vue, on pourrait croire que ce mouvement se développe de manière privilégiée au fil de la réforme de la géométrie et à l'écart d'un pan entier de son activité mathématique, plus traditionnel mais non moins important : celui de l'algèbre et de l'arithmétique. Je voudrais, pour finir, indiquer qu'autant le premier constat est vrai (ce sera l'objet du chapitre 6 d'en déployer tout le programme), autant le second est faux et pour une raison qu'on peut aisément pressentir : dès le départ, l'attention à la forme et à la démarche qualitative s'applique *à l'algèbre elle-même*. Leibniz y déploie alors une notion de forme similaire à celle qu'il élabore en géométrie. Nous en avons d'ailleurs déjà eu un aperçu dans les réflexions qu'il mène sur « l'harmonie » des formules dans le cadre de la « méthode de l'universalité » dès 1674.

À dire vrai, la situation paraît même inverse de ce qu'on aurait pu anticiper. De fait, une des premières apparitions de la notion de « forme » en mathématiques se fait dans le cadre de l'algèbre et de l'approche combinatoire que permet l'étude de la « forme » des coefficients, c'est-à-dire de ce que nous nommerions aujourd'hui les « fonctions symétriques »[2]. Peu après le séjour parisien, Leibniz se lance d'ailleurs dans la rédaction d'un

1. A VI, 4, 763 ; trad. fr. R 252.

2. Je remercie Arilès Remaki, qui a réalisé une thèse sur la place de l'*ars combinatoria* jusqu'à la fin du séjour parisien, de m'avoir signalé ce fait (A. Remaki, « l'Ars Combinatoria comme art d'inventer chez G. W. Leibniz sur la période 1672-1680 », *op. cit.*). Le texte en question, daté de 1675, s'intitule *Formae combinatoriae* et a été publié par E. Knobloch (E. Knobloch, *Die mathematischen Studien von GW Leibniz zur Kombinatorik : auf Grund fast ausschliesslich handschriftlicher Aufzeichnungen*, *op. cit.*, n. 11, p. 48-51). Pour l'étude

traité d'introduction à l'algèbre, sous la forme d'un dialogue, dans lequel il met ces aspects particulièrement en avant [1].

Un premier point sur lequel j'aimerais attirer l'attention est que l'identification des formes amène alors, exactement comme pour la géométrie, la possibilité de thématiser différentes modalités de comparaison entre formules. Comme Leibniz l'explique plus tard en s'engageant dans la rédaction d'un livre exposant sa nouvelle *mathesis universalis*, le premier niveau est, ici encore, celui de la coïncidence : « Ce qu'on appelle communément la comparaison des Équations n'est rien d'autre que lorsqu'on suppose deux formules, qui peuvent avoir des expressions diverses, comme devant être en fait coïncidentes » [2]. Or le simple fait d'avoir saisi cette forme d'identification au niveau supérieur de la combinatoire (qui ne traite que de la disposition de lettres) en fait un élément applicable à toute formule :

> D'où il résulte que les grandeurs correspondantes que chacune détermine doivent aussi être coïncidentes entre elles. Ceci a lieu, non seulement dans les équations, mais aussi dans les formules de grandeurs et même, non seulement dans les formules de grandeurs, mais aussi dans les formules de tout ce que l'on voudra d'autre, comme lorsque les lettres désignent non pas des grandeurs mais des points. En effet, la Combinatoire ou science des formules est plus générale que la Logistique ou science des Grandeurs. (A VI, 4, 516 ; trad. fr. MU 102)

Un point important est que l'on puisse alors poursuivre ce mécanisme de comparaison à des niveaux supérieurs, exactement comme la similitude réglait en géométrie la comparaison de formes non nécessairement coïncidentes [3]. La détection des formes combinatoires (au sens technique que Leibniz donne à ce terme) relève de cette approche et permet de déceler la

de ces « formes », voir E. Knobloch, *Die mathematischen Studien von GW Leibniz zur Kombinatorik*, Studia Leibnitiana, Supplementa XI, Wiesbaden, Steiner Verlag, 1973, p. 91 sq. On a vu, par ailleurs, que l'idée d'une science combinatoire prenant en charge les aspects qualitatifs (*de eodem et diverso*), à laquelle l'algèbre doit être subordonnée, apparaît également à cette époque dans les notes sur l'ouvrage de Prestet (A VII, 2, 806, cité ci-dessus p. 184, note 2). Cet argument reviendra constamment jusqu'à la fin de l'œuvre pour indiquer la prééminence de l'*ars combinatoria* et le caractère « subordonné » de l'algèbre.

1. G. W. Leibniz, *Ein Dialog zur Einführung in die Arithmetik und Algebra*, Stuttgart, Fromman-Holzboog, 1976.

2. *Elementa nova matheseos universalis* (A VI, 4, 516 ; trad. fr. MU 102).

3. « Mais la comparaison des semblables, par exemple si $yy + xx$ aequ. aa soit 25 et $y + x$ aequ. b soit 6, comme x ainsi que y sont déterminés semblablement à partir de a et b, il faut que leurs valeurs soient aussi déterminées par une formule ambiguë ou double. » (A VI, 4, 516-517 : trad. fr. MU 102).

structure profonde des équations, dont le philosophe voit très bien qu'elle est le ressort caché de leur résolution (même si ses premiers espoirs de pouvoir ainsi affronter la résolution des équations de degré 5 nous apparaissent aujourd'hui bien optimistes)[1]. Lorsque Leibniz définit sa nouvelle mathématique universelle comme une « logique de l'imagination » et lorsqu'il définit les relations fondamentales à partir de la perception de la coprésence[2], nous devons donc nous garder d'y voir une prépondérance de la géométrie et de la perception spatiale *stricto sensu*[3]. Le fait que Leibniz considère les figures géométriques comme des caractères le prémunit d'emblée de cette approche naïve et situe l'abord phénoménologique au niveau non de la perception ordinaire, mais de l'imagination *symbolique*[4]. Aussi insiste-t-il sur le fait que nous pouvons percevoir des similitudes, des symétries, et plus généralement tout ce régime qu'il désigne comme « harmonie », *au niveau des formules elles-mêmes*[5].

Mais j'aimerais également insister sur le fait que de même que l'approche par les relations identiques rétroagit sur la caractérisation des objets fondamentaux du calcul géométrique (qu'il s'agisse de redéfinir les objets géométriques par les relations entre points d'un espace ou de redéfinir les « indivisibles » par les relations entre grandeurs finies), de même pour le calcul algébrique. De fait, c'est dans ce contexte combinatoire que Leibniz introduit ce qu'il appelle ses « nombres fictifs » et qu'il conçoit comme permettant un meilleur accès aux structures algébriques les plus profondes que les simples lettres introduites par Viète et Descartes. Ils correspondent à la manière dont nous utilisons aujourd'hui des indices pour exhiber certaines relations entre coefficients. Voici la manière dont Leibniz les présente dans un texte rédigé vers 1700 :

1. E. Knobloch, *Die mathematischen Studien von GW Leibniz zur Kombinatorik*, *op. cit.*, chap. 2.

2. A VI, 4, 513 ; trad. fr. 99.

3. C'est un des défauts de l'approche, par ailleurs très intéressante, de M. Schneider, « Funktion und Grundlegung der *Mathesis Universalis* im Leibnizschen Wissenschaftssystem », *op. cit.* Constatant la proximité des définitions entrant dans la *mathesis universalis* et celles de l'*analysis situs*, il situe sa comparaison principalement avec des textes de ce second domaine, laissant l'impression d'un approche fortement ancrée dans la caractérisation des relations spatiales.

4. Je reviens sur ces aspects dans le chapitre 5 ci-dessous.

5. Voir notre présentation des textes 3 et 4 dans G. W. Leibniz, *Mathesis Universalis. Écrits sur la mathématique universelle*, *op. cit.*, ainsi que le commentaire de M. Serfati, « Mathématiques et pensée symbolique chez Leibniz », *Revue d'Histoire des Sciences*, vol. 54 (2), 2001.

> Une quantité peut être désignée par une lettre, comme *a*, *b*, de même par un nombre, soit vrai, comme 3 (ternaire), soit fictif, comme si 13 ne signifiait pas pour moi treize, mais plutôt une quantité placée dans une première formule 1, à la place 3, que je désigne par 13. D'où il est manifeste que, afin de ne pas manquer cette distinction, nous souhaiterons adopter une notation simple primaire. C'est pourquoi je pallie un immense défaut de la Spécieuse, qui a adopté les notations les plus familières, c'est à savoir les lettres *a*, *b*, etc., bien qu'elles ne signifient pas de manière satisfaisante l'ordre et la relation des quantités entre elles; de sorte que dans la progression du calcul n'apparaissent pas ces belles harmonies, ainsi que les lois et les théorèmes qui se manifestent tout de suite au regard, dès lors qu'on préserve un ordre certain et régulier dans les notations [1].

Afin de rendre sa thèse plus tangible, il propose alors l'exemple suivant :

> Par exemple, si on multiplie à la manière habituelle $cx^3 + bx^2 + qx + r$ par $gx^2 + px + e$, le produit sera :

$$\left\{\begin{array}{llllll} cgx^5 & + bgx^4 & + qgx^3 & + rgx^2 & & \\ & + cpx^4 & + bpx^3 & + qpx^2 & + rpx & \\ & & + cex^3 & + bex^2 & + qex & + re \end{array}\right.$$

> Mais si nous multiplions $10x^3 + 11x^2 + 12x + 13$ par $20x^2 + 21x + 22$, où aucune notation n'a été adoptée sans raison, et où rien n'a été adopté qui ne soit exprimé et distingué dans les notations, alors la progression apparaîtra remarquablement dans le produit. (...)
> Dès lors $10x^3 + 11x^2 +$ *etc.* par $20x^2 + 21x +$ *etc.*

$$\begin{array}{llllll} \text{donne} & 10.20x^5 + & 11.20x^4 + & 12.20x^3 + & 13.20xx & \\ & & + \; 10.21x^4 & 11.21x^3 & 12.21xx + & 13.21x \\ & & & 10.22x^3 & 11.22xx & 12.22x \; + \; 13.22 \end{array}$$

> Où il est évident qu'il y a dans le produit toutes les combinaisons possibles faites selon une loi déterminée et dans l'ordre [2].

Ce n'est pas le lieu d'entrer dans le détail des cinquante façons différentes dont Leibniz a utilisé ses nombres fictifs, ni même de lister les résultats très impressionnants auxquels il parvient dans cette voie [3]. Le point

1. GM VII, 59; trad. fr. MU 136.
2. GM VII, 59-60; trad. fr. MU 136-137.
3. Sur tous ces points, voir E. Knobloch, « Déterminants et élimination chez Leibniz », *Revue d'histoire des sciences*, vol. 54 (2), 2001. Pour un commentaire épistémologique, voir M. Serfati, « Mathématiques et pensée symbolique chez Leibniz », *op. cit.*

sur lequel je voudrais insister est que cette approche change complètement la manière de se rapporter aux objets de premier niveau, comme il apparaît d'ailleurs très bien dans le texte que je viens de citer. De fait, les nombres peuvent être introduits à la fois comme des quantités sur lesquels on opère ou comme des signes (indiquant, par exemple, comme ici une certaine structure ordinale). *A priori*, cette double approche est transparente dans la mesure où elle correspond à deux notions et deux usages distincts. Mais les choses se complexifient du fait que l'approche par les « nombres feints » permet de dévoiler des lois de structures profondes des équations entre grandeurs que l'approche par les nombres « réels » masque. Bien plus, la découverte d'une démonstration combinatoire de ce que nous appelons le « Petit théorème de Fermat » (que l'on date autour de 1680) va indiquer que l'approche combinatoire permet de saisir des lois de structure des nombres « réels » eux-mêmes, ce qui n'aurait aucun sens si les deux notions étaient radicalement distinctes. À bien des égards, les nombres « fictifs » nous disent plus sur la réalité des nombres que les nombres « réels » et c'est pourquoi Leibniz insiste dans ses textes plus tardifs sur le fait que les notions des nombres, particulièrement des nombres entiers, tout comme les notions fondamentales de l'algèbre sont mal établies [1].

Les développements qui précèdent forment le coeur de ce que cette étude voudrait mettre en avant et que l'on peut résumer comme suit : la stratégie de « réduction aux identiques » n'a pas du tout fonctionné chez Leibniz comme une simple réduction à la tautologie du $A = A$, principe sur lequel s'édifieraient des calculs logiques dont il s'agirait ensuite, en retour, de dériver toutes les vérités mathématiques. Aussi étrange que cela puisse sonner à certaines oreilles bercées par les discours fondationnels de la fin du XIXe siècle, elle a fonctionné comme un véritable *ars inveniendi*. Leibniz a systématiquement cherché à réorganiser le savoir mathématique de son temps, et par là même à l'étendre, en le rapportant à des notions « identiques ». Ce faisant, il a inventé une nouvelle manière de faire des mathématiques, appuyée sur l'analyse conceptuelle et des preuves formelles, qu'il va ensuite – mais ensuite seulement – mettre à profit pour développer les premières axiomatiques de calculs logiques aujourd'hui connues. Bien plus, il va ensuite – mais ensuite seulement – se servir de cette axiomatisation comme modèle pour axiomatiser ce qu'il appelle le « calcul des grandeurs ». Tel est à mon sens le vrai ressort de son approche « philosophique » des mathématiques, mais aussi, symétriquement, d'un

1. Voir, par exemple, GM VII, 61, cité ci-dessus p. 61.

apport fondamental de l'étude des mathématiques à la philosophie. Car cette orientation est inséparable d'une réflexion d'ensemble sur les formes de connaissance et les objets qu'elles engendrent. C'est sur cet aspect que portera le chapitre suivant.

CHAPITRE V

INDISCERNABILITÉ ET IMAGINATION

... ces idées claires et distinctes qui sont sujettes à l'imagination, sont les objets des sciences mathématiques.

À Sophie-Charlotte 1702 (A I, 21, 339).

Dans les chapitres précédents, nous avons vu comment s'est mise en place une stratégie de « réduction aux identiques » qui joua un rôle central dans les rapports entre mathématiques et philosophie chez Leibniz. Si cette approche ne correspond pas à l'image que l'on se fait ordinairement du « logicisme » du philosophe, elle tend néanmoins à confirmer une vue sur les mathématiques où la composante principale est d'ordre purement conceptuel. C'est bien là ce que lui reprochera Kant, accusant Leibniz d'avoir fait des propositions mathématiques des jugements purement « analytiques » [1]. Or la période du retour en Allemagne est pourtant celle où se met en place un nouveau projet de *mathesis universalis* définie

1. Je n'entrerai pas ici dans la question de la manière dont cette description opère en surimpression sur notre lecture de Leibniz. Qu'on me permette néanmoins de rappeler que si le critère de l'analycité est le fait que le concept du prédicat est contenu dans le concept du sujet et peut y être retrouvé, cette caractérisation est vrai de tout jugement pour Leibniz et ne concerne pas particulièrement les mathématiques.

comme « logique de l'imagination » (*logica imaginationis*) [1]. Comment expliquer la coexistence de ces deux déterminations ?

À dire vrai, cette caractérisation ne devrait pas nous surprendre. Dès le *De mente, de universo, de Deo* de 1675, Leibniz avançait qu'« il n'y a pas en nous une idée du cercle comme elle est en Dieu, qui pense tout ensemble. Il y a en nous une certaine image du cercle, également une définition du cercle, et les idées de tout ce qui est nécessaire pour penser le cercle » [2]. « Une image sensible », concluait-il alors, « supplée en nous au défaut d'idée ». C'est tout le sens de la critique qu'il fera à Descartes dans les *Meditationes de cognitione, veritate et ideis* (1684) et dont on a rappelé qu'elle est déjà au centre de la lettre à Elisabeth de 1678 – celle-là même où est avancé le rôle des mathématiques dans la constitution d'un *ars inveniendi*. Là où Descartes considérait que la pensée claire et distincte du chiliogone devait se faire, autant que possible, sans recours à l'imagination, Leibniz réplique que l'utilisation de signes (ou caractères), à commencer par les mots de notre langage, ne fait que prolonger l'imagination visuelle et nous met *ipso facto* dans le même régime de connaissance. Ainsi en va-t-il de toute connaissance « aveugle », dont nous faisons usage « dans l'algèbre et dans l'arithmétique, *et presque en tout domaine* » [3]. Reste que ces positions ne sont pas immédiatement conciliables avec le platonisme affirmé de notre auteur. Comprendre ce nouage de l'imagination à l'idéalité sera l'objet de ce chapitre.

Jusqu'à présent, nous avons vu se mettre en place un certain nombre de traits distinctifs des objets mathématiques dont le plus important est qu'ils répondent à des notions incomplètes, c'est-à-dire qu'ils se ramènent ultimement à des collections d'entités parfaitement semblables (sous un certain point de vue). Ceci s'accorde avec leur nature abstraite, telle que la

1. *Elementa nova matheseos universalis* (A VI, 4, 513). Il très remarquable que Louis Couturat, qui a tant insisté sur le fait que Leibniz était plus « moderne » que Kant en ce qu'il avait déjà une conception des mathématiques comme sciences « formelles », ait donné de cette expression une interprétation très kantienne en la liant à l'intuition sensible : « «Ainsi la Mathématique universelle de Descartes est dépassée et enveloppée par la Mathématique universelle de Leibniz. Voici, en résumé, comment il comprend et divise celle-ci. La Mathématique n'a pas pour matière seulement le nombre et la grandeur, mais tout ce qui, *dans le domaine de l'intuition sensible*, est susceptible de détermination exacte et précise ; c'est, selon son expression, la Logique de l'imagination» (Couturat (1901), p. 290.

2. A VI, 3, 463 ; trad. fr. R. 17. Voir citation complète ci-desssus p. 102 ; note 1.

3. Schrecker, p. 19. Je souligne. Et un peu plus loin également : « d'une notion composée la connaissance n'est, le plus souvent, que symbolique ».

conçoit Leibniz, c'est-à-dire le fait que notre perception ne sait pas détecter certaines différences [1] et a donc affaire à des entités fictives résultant de cette in-distinction. Le lien entre ces deux aspects sera encore mobilisé aux derniers moments de l'œuvre, par exemple lorsque Leibniz explique comment se forme en nous la notion d'espace (qu'il est un des premiers à thématiser comme une entité mathématique à part entière [2]) :

> Voicy comment les hommes viennent à se former la notion de l'espace. Ils considerent que plusieurs choses existent à la fois, et ils y trouvent un certain ordre de coexistence, suivant lequel le rapport des uns et des autres est plus ou moins simple. C'est leur situation ou distance. Lorsqu'il arrive qu'un de ces coexistens change de ce rapport à une multitude d'autres, sans qu'ils en changent entre eux, et qu'un nouveau venu acquiere le rapport tel que le premier avoit eu à d'autres, on dit qu'il est venu à sa place (…). Et supposant ou feignant que, parmy ces coexistens il y ait un nombre suffisant de quelques uns qui n'ayent point eu de changement en eux ; on dira que ceux qui ont un rapport à ces existens fixes, tel que d'autres avoient auparavant à ceux, ont eu la même place que ces derniers avoient eue. Et ce qui comprend toutes ces places, est appelé Espace. Ce qui fait voir que pour avoir l'idée de la place, et par consequent de l'Espace, il suffit de considerer les rapports et les regles de leur changemens, sans avoir besoin de se figurer icy aucune realité absolue hors des choses dont on considere la situation [3].

Dans la lettre à Sophie de 1702 que nous avons déjà citée, il déclare également : « C'est nostre imperfection et le defaut de nos sens, qui nous fait concevoir les choses physiques comme des estres Mathematiques, où il y a de l'indeterminé. » [4]. Dans le cas de l'espace, on voit que notre incapacité à saisir le fait que tout soit en mouvement (puisque tel est, pour Leibniz, le cas) [5] induit la constitution d'un système abstrait de places que

1. En quoi la perception peut être dite « faire abstraction de », mais sous réserve d'entendre cette expression comme renvoyant à une certaine *structure* de la perception.

2. V. De Risi, *Geometry and Monadology*, *op. cit.*

3. Cinquième écrit de Leibniz à Clarke, § 47, 1716, (GP VII, 400).

4. À la princesse Sophie, 1702, A I, 25, 171. Voir p. 156.

5. Voir la lettre à Jacquelot du 22 mars 1703 : « Quand les mathematiciens supposent du repos, c'est comme ils supposent des cercles parfaits, qui ne se trouvent jamais. Le repos est quelque chose d'ideal qui sert au raisonnement comme le cercle. Dans la practique il suffit *ad sensum*. De plus le repos peut estre conçu comparativement, lorsque c'est un mouvement tres petit, comparé à d'autres ; item respectivement par rapport aux corps dont celuy qui est en repos, garde la même distance quoyqu'ils puissent estre en mouvement tous ensemble. » (GP III, 458.

nous nommons Espace, mais qui repose sur une fiction. Car il s'agit en fait d'une structure réglant des possibilités (de déplacements) que nous traitons *comme si* elles étaient parfaitement équivalentes et *comme si* certains éléments étaient en repos (relatif)[1].

Pourtant, d'un autre côté, Leibniz n'admet nullement que les vérités mathématiques soient *créées* par l'esprit humain (il ne pense même pas qu'elles soient créées par Dieu !) et défend une forme de « platonisme » qui survivra également jusqu'aux critiques des *Nouveaux essais* contre la *tabula rasa* lockienne[2]. Ceci est déjà clair à l'époque qui nous occupe où il parle des mathématiques comme d'un réservoir de « veritez qu'on a coustume de nommer eternelles : et on a raison de les nommer ainsi, car il n'y a rien de si eternel que ce qui est necessaire ». Que ceci débouche sur l'existence d'un objet hors de nous et dont les propriétés sont indépendantes de notre accès est rendu parfaitement explicite par la suite de la lettre à Foucher :

> Ainsi la nature du cercle avec ses proprietez est quelque chose d'existent et d'eternel ; c'est à dire il y a quelque cause constante hors de nous qui fait que tous ceux qui y penseront avec soin trouveront la même chose : et que non seulement leur pensées s'accorderont entre elles ; ce qu'on pourroit attribuer à la nature seule de l'esprit humain ; mais qu'encor les phaenomenes ou experiences les confirmeront lors que quelque apparence d'un cercle frappera nos sens. Et ces phenomenes ont necessairement quelque cause hors de nous[3].

Cette lettre est également intéressante pour saisir un autre élément qui caractérise les vérités mathématiques, soit leur nature conditionnelle[4].

1. Sur le fait que temps et espace concernent des *possibilia* : « Je reconnois que le temps, l'étendue, le mouvement, et le continu en general de la maniere qu'on les prend en Mathematiques, ne sont que des choses ideales, c'est à dire, qui expriment les possibilités, tout comme font les nombres. » (« Reponse aux reflexions contenues dans la seconde Édition du Dictionnaire Critique de M. Bayle article Rorarius, sur le systeme de l'Harmonie preétablie » (1702) ; GP IV, 568).

2. Et ce, dès la préface du traité : « D'où il paroit que les vérités nécessaires, telles qu'on les trouve dans les Mathématiques pures et particulièrement dans l'Arithmetique et dans la Geometrie, doivent avoir des principes, dont la preuve ne depende point des exemples, ni par consequent du témoignage des sens ; quoyque sans les sens on ne se seroit jamais avisé d'y penser » (A VI, 6, 50).

3. À Foucher. A II, 1^2, 388.

4. Voir la citation donnée ci-dessus p. 172, dont je rappele juste l'incipit : « Vostre dessein est à ce que je vois d'examiner les veritez qui asseurent, qu'il y a quelque chose hors de nous. En quoy vous paroissez tres equitable ; car ainsi vous nous accorderez toutes les veritez

Ceci s'accorde évidemment avec l'idée que les vérités mathématiques portent sur des *possibilia* et non sur des choses actuelles (même si, comme y insiste souvent Leibniz, les règles du possible s'appliquent évidemment à l'actuel).

Si nous mettons ces différentes déclarations bout à bout, nous obtenons donc une position intrigante. De fait, Leibniz semble défendre des thèses qui pourraient relever à la fois du fictionnalisme (les objets mathématiques sont des fictions et non des êtres réels [1]), du platonisme (il existe des objets mathématiques hors de nous et les vérités mathématiques décrivent leurs propriétés et leurs relations), du formalisme (nous n'avons une connaissance intuitive que des nombres entiers et des opérations élémentaires sur eux [2], le reste étant de l'ordre de la connaissance « aveugle » ou « symbolique »). Si l'on ajoute à cela que Leibniz est considéré comme le père du logicisme et comme un logiciste lui-même [3], qu'il peut à juste titre être tenu pour un défenseur d'une forme de structuralisme (les objets mathématiques sont des systèmes de places, constitués de simples relations ou rapports [4]), du *if-thenism* (toutes les vérités mathématiques sont « conditionnelles » [5]) et à coup sûr pour un tenant d'une interprétation modale des

hypothetiques, et qui asseurent non pas qu'il y a quelque chose hors de nous ; mais seulement ce qui arriveroit s'il y en avoit. Ainsi nous sauvons déja l'Arithmetique, la Geometrie... » (A II, 1^2, 387).

1. Voire, pour autant qu'elles sont imaginaires, n'ont pas d'existence hors de nous : *Notiones imaginarias voco, quae non sunt in rebus extra nos, sed quarum essentia est nobis apparere* A VI, 4, 70.

2. Nous avons déjà vu qu'à proprement parler, Leibniz tient seulement que les notions de nombres sont ce qu'il y a de « plus approchant » d'une connaissance adéquate.

3. Notamment à cause de sa croyance, déjà maintes fois mentionnée, que toutes les mathématiques dépendent du seul principe de non-contradiction.

4. « Ceux qui composent la ligne de points, ont cherché des premiers elemens dans les choses ideales ou rapports tout autrement qu'il ne falloit ; et ceux qui ont trouvé que les rapports comme le nombre ou l'espace (qui comprend l'ordre ou rapport des choses coexistentes possibles) ne sauroient estre formé par l'assemblage des points, ont eu tort pour la pluspart de nier les premiers elemens des realités substantielles, si elles n'avoient point d'unités primitives ou comme s'il n'y avoit point de substances simples » (GP IV, 491).

5. Outre la lettre à Foucher sur laquelle nous reviendrons sous peu, pensons à ce qu'il avance dans les *Nouveaux essais* : « Pour ce qui est des veritez eternelles il faut [considerer], que dans le fonds elles sont toutes conditionnelles ; et disent en effet : telle chose posée, telle autre chose est, par exemple disant : toute figure qui a trois cotez, aura aussi trois angles. Je ne dis autre chose, si non que supposé qu'il y ait une figure à trois côtez, cette même figure aura trois angles ; je dis cette même, et c'est en quoi les propositions Catégoriques qui peuvent être énoncées sans condition, quoique elles soyent conditionelles dans le fonds,

entités mathématiques (qui ne sont que des *possibilia*) [1], on aura un petit échantillon des traditions qui peuvent le reconnaître comme ancêtre. Or ces différentes traditions s'opposent souvent frontalement et constituent même parmi les principales lignes de force dans les controverses sur la nature des objets mathématiques au XXe siècle. Dans ce qui suit, je voudrais non pas montrer auquel des prétendants il faut décerner la palme, mais tout au contraire avancer que Leibniz fut bien un peu de tout cela et qu'étant un peu de tout cela, il dessina une voie autre, où la plupart des débats qui agitent nos contemporains pourraient se dissiper. Son cœur me semble devoir être trouvé dans une position (non-kantienne) du rôle de l'imagination mathématique.

Mathématiques et imagination

L'idée que l'imagination tient une place centrale dans la conception leibnizienne des mathématiques pourra surprendre. Ne sommes-nous pas habitués, depuis Descartes au moins, à opposer fermement ce que nous livre l'imagination et ce que nous livre la connaissance purement conceptuelle, les mathématiques relevant clairement de la seconde ? N'est-ce pas justement à ces arguments que ressortit Leibniz lorsqu'il veut insister sur le fait que l'esprit n'est pas une *tabula rasa*, mais comprend, de manière innée, un certain nombre de vérités qui subsistent (dans l'esprit de Dieu) de toute éternité ? Rappelons à ce propos le passage des *Nouveaux Essais* cité dans l'introduction de cette étude :

> Cet exemple fait voir qu'on confond icy l'idée avec l'image. Si quelqu'un me propose un polygone regulier, la vue et l'imagination ne me sauroient point faire comprendre le millenaire qui y est ; je n'ay qu'une idée confuse

different de celles qu'on appelle hypothetiques, comme seroit cette proposition : Si une figure a trois côtez, ses angles sont egaux à deux droits, où l'on voit, que la proposition antecedente (savoir la figure est de trois côtez) et la consequente (savoir les angles de la figure de trois côtez sont egaux à deux droits) n'ont pas le même sujet ; comme elles l'avoient dans le cas precedent où l'antecedent etoit, cette figure de trois côtez, et le consequent, la dite figure est de trois angles. (...) Les Scholastiques ont fort disputé de constantia subjecti, comme ils l'appeloient, c'est à dire, comment la proposition faite sur un sujet peut avoir une verité réelle, si ce sujet n'existe point. C'est que la verité n'est que conditionnelle, et dit, qu'en cas que le sujet existe jamais, on le trouvera tel » (NEEH IV, 11, § 10, A VI, 6, 446–447).

1. NEEH II, 13, § 17 (A VI, 6, 149) : L'espace « est un rapport, un ordre, non seulement entre les existants, mais encore entre les possibles comme s'ils existaient ». Voir également le texte cité ci-dessous p. 275.

et de la figure et de son nombre, jusqu'à ce que je distingue le nombre en comptant. Mais l'ayant trouvé, je connois très bien la nature et les proprietés du polygone proposé, en tant qu'elles sont celles du chiliogone, et par consequent j'en ay cette idée, mais je ne saurois avoir l'image d'un chiliogone, et il faudroit qu'on eût les sens et l'imagination plus exquis et plus exercés pour le distinguer par là d'un polygone qui eût un costé de moins. Mais les connoissances des figures non plus que celles des nombres ne dependent pas de l'imagination, quoyqu'elle y serve. (NEEH II, 29, § 13; A VI, 6, 261)

Le fait qu'il ne faille pas se fier à l'imagination en mathématiques et qu'il faille, au contraire, s'efforcer de tout ramener à des déductions entièrement dépendantes de la raison est une conception ancienne chez Leibniz. Elle gouverne clairement sa volonté de démontrer les axiomes géométriques (par opposition avec le fait de s'appuyer sur une évidence donnée par l'imagination) : « Apollonius s'était autrefois engagé dans la démonstration des axiomes, d'après ce que nous conte Proclus, et si je comprends bien, c'est ce que s'est efforcé de faire Roberval également. Ils me semblent avoir bien fait : alors seulement, en effet, poura-t-on parvenir à une compréhension des plus parfaites, *lorsque rien ne sera laissé au témoignage des sens ou de l'imagination, et que tout sera rapporté à des raisons* » [1]. On pourrait donc croire que Leibniz défend une approche « purement conceptuelle » des mathématiques (et donc de leurs objets), dans laquelle l'imagination ne doit tenir aucun rôle. Cela justifierait d'ailleurs sa volonté, souvent avancée, de développer des formalismes qui permettent de ne plus s'appuyer sur l'imagination, comme il le rappelle pour vanter les mérites de son calcul différentiel ou de son *analysis situs* [2].

Comme j'ai eu l'occasion de l'exposer dans d'autres études, cette manière de voir repose sur plusieurs malentendus qui dépassent le cas de Leibniz [3]. Tout d'abord, rien n'empêche de défendre une forme de platonisme et

1. *Demonstratio axiomatum Euclidis*, 1679, A VI, 4, 165. Je souligne.

2. « J'ai déjà songé à palier ce défaut en tâchant de faire apparaître dans un calcul tout ce qui concerne la figure et la situation, ce qui est nouveau : les Analystes se contentent d'y faire entrer les grandeurs en supposant les situations connues à partir de la figure, ils ne peuvent donc se dispenser de tracer des lignes et des figures et de mettre à contribution l'imagination » CG 51-53. Voir également l'*Historia et origo* : « Et vraiment, il n'est venu à l'idée de personne, avant Leibniz, de constituer un Algorithme propre au nouveau calcul, qui permet d'affranchir l'imagination d'une attention continuelle aux figures, ce que Viète et Descartes avaient réalisé en géométrie ordinaire » (GM V, 393; trad. fr. A Michel-Pajus).

3. Voir notamment D. Rabouin, « Mathematics and Imagination in Early Modern Times : Descartes and Leibniz' Mathesis Universalis in the Light of Proclus' Commentary of Euclid's

le recours à l'imagination. Telle fut même historiquement la solution que trouva l'école platonicienne, pour répondre aux apories formulées par les aristotéliciens, par la voix d'un des derniers diadoques : Proclus. Au-delà du fait que les mathématiciens n'avaient pas cessé de tracer leurs figures après les critiques de Platon – et même que les géomètres anciens avaient développé une analyse géométrique de plus en plus intriquée dans son appel à des tracés de lignes [1], un des problèmes philosophiques fondamentaux que devaient affronter les platoniciens était celui de l'individuation en mathématiques.

Du moins est-ce ainsi que le formule Proclus qui remarque, contre Platon, que les mathématiciens ne se contentent pas d'énoncer et de prouver des propriétés du cercle en général. Ils recourent régulièrement à des classes d'objets où il est possible – et même souvent nécessaire – de choisir tel ou tel individu représentatif (comme lorsque nous parlons, de l'intersection de *deux* cercles ou de la plus grande commune mesure de *deux* nombres) [2]. En particulier, nombre de démonstrations supposent que je puisse avoir deux ou plusieurs exemplaires tombant sous un même concept mathématique [3] et ceci n'aurait pas de sens si l'objet des mathématiques

Elements », dans *Knowledge and imagination in early modern philosophy*, Dordrecht, Springer, forthcoming ; D. Rabouin, « Logic of imagination. Echoes of Cartesian epistemology in contemporary philosophy of mathematics and beyond », *Synthese*, vol. 95, n° 11, 2018 ; D. Rabouin, « Proclus' conception of geometric space and its actuality », dans *Mathematizing Space*, Basel, Birkhäuser, 2015.

1. Sur le fait qu'il n'est pas possible de suivre la résolution d'un problème géométrique complexe comme on peut en trouver chez Apollonius sans faire appel à une représentation diagrammatique, je renvoie aux premières pages de l'étude de R. Netz, *The Shaping of Deduction in Greek Mathematics. A Study in Cognitive History*, Cambridge, New York, Melbourne, Cambridge University Press, 1999.

2. Proclus *In Eucl.* 54-55 et D. Rabouin, *Mathesis Universalis : L'Idée de « Mathématique Universelle » d'Aristote à Descartes*, Paris, Puf, 2009, page 181. L'édition de référence du commentaire de Proclus est : Proclus, *In primum Euclidis Elementorum librum commentarii*, Ex recognitione G. Friedlein, Lipsiæ, B. G. Teubner, 1873. Pour une traduction, on pourra consulter Proclus, *A Commentary on the First Book of Euclid's Elements*, Translated with Introduction and Notes by G. R. Morrow, Princeton, Princeton University Press, 1970.

3. Ainsi rien n'empêche (et même tout doit autoriser) que mes deux cercles qui s'intersectent soit de même taille et ne diffèrent que de position. Pour les nombres, je pourrais vouloir démontrer que la plus grande commune mesure d'un nombre à lui-même est l'unité : la procédure euclidienne me forcerait alors à exhiber deux exemplaires du même nombre. Plus simplement encore, je peux évidemment vouloir additionner deux fois le même nombre.

était l'idée pure, vue comme pur concept unique, inaltérable et indifférent à ses spécifications. À ces difficultés, Aristote avait proposé une solution dans la ligne de son approche hylémorphiste et abstractionniste : les individus mathématiques se comportent comme les individus naturels, par rencontre d'une forme et d'une matière, à cette différence près que n'étant pas sensibles, ils font intervenir une autre sorte de matière, que le Stagirite nomma « matière intelligible » [1]. C'est cette théorie que reprend Proclus à son compte en la retournant contre les interprétations empiristes qui faisaient de l'abstraction une manière de créer par la pensée des entités séparées (que notre expérience nous donnerait comme attachés à des objets matériels) [2].

Pour Proclus, il est évidemment absurde de maintenir que la perception nous donne accès par elle-même à des objets comme une ligne droite sans épaisseur et il n'est pas donc pas possible d'interpréter l'ab-straction comme séparation d'un trait *existant* dans le sensible. À cette théorie, il en oppose une autre selon laquelle l'esprit *projette* dans la matière ses formes à la manière d'une représentation sur un écran (où les objets peuvent acquérir de nouvelles propriétés liées au *medium* lui-même). Ce support matériel ne pouvant être dit proprement « intelligible », comme le voulait Aristote, c'est ici que l'imagination entre en scène :

> Ce qui projette les images est la connaissance discursive (διάνοια), la source de ce qui est projeté est l'Idée saisie par la connaissance discursive, et ce dans quoi elle se projette est cet intellect appelé passif [3], qui se déplie en rapport avec l'indivisibilité de l'intellect véritable (νοῦς). (P 56)

Ce n'est pas le lieu d'entrer dans les détails de cette théorie « projectionniste » très riche et féconde [4], ni dans les méandres de sa réception.

1. *Métaphysique* Z 10, 1036 a 10. Son interprétation exacte divise jusqu'à nos jours les commentateurs, mais ce point n'est pas important pour nous ici

2. Que cette conception soit celle d'Aristote lui-même est également l'objet de discussion. Elle ne nous importe pas à nouveau puisque Proclus discute avec l'interprétation empiriste issue d'Alexandre d'Aphrodise.

3. Dans ce passage, Proclus reprend à dessein cette définition aristotélicienne de l'imagination, à laquelle il réserve ordinairement le terme φαντασὶα.

4. Sur le projectionnisme procléen, voir D. J. O'Meara, *Pythagoras revived*, Oxford, Clarendon Press, 1989 et I. Mueller, « Mathematics and philosophy in Proclus' commentary on book I of Euclid's elements », dans *Proclus lecteur et interprète des anciens*, Paris, Édition du CNRS, 1987. Sur l'actualité d'une telle approche, D. Rabouin, « Proclus' conception of geometric space and its actuality », *op. cit.*

Mais on pourra remarquer tout d'abord qu'elle permet bien de concilier une théorie des idées innées (ou, à tout le moins, indépendantes de tout accès sensible) et la nécessité d'un recours à l'imagination [1]. Cette approche, par son insistance sur les aspects dynamiques de la connaissance, n'est pas sans évoquer ce que Kant retrouvera au titre de l'imagination *productive* [2].

Cette première précision faite, il apparaît immédiatement qu'un auteur comme Descartes ne s'y oppose nullement. La lecture des passages célèbres des *Méditations* en termes d'une connaissance mathématique « purement conceptuelle », bien que très répandue, manque en effet son objet. Si le passage sur le chiliogone, que Leibniz décalque dans les *Nouveaux essais*, est bien placé sous le signe de « la différence qui est entre l'imagination et la pure intellection ou conception », il ne s'agit nullement d'opposer *en mathématiques* connaissance avec et *sans* imagination, comme on le lit trop souvent. Descartes entend simplement faire une distinction *de jure* entre deux types de connaissance, mais force est de constater que l'exemple du polygone à mille côtés est opposé à celui du polygone à cinq côtés, pour lequel la représentation qui fait défaut pour le premier est présentée comme *légitime* [3]. Il s'agit, ici comme dans toutes les autres mentions cartésiennes, de critiquer l'usage de l'imagination laissée à elle-même et de valoriser le travail de l'imagination *aidée par l'entendement* (ou par la « pure intellection »), c'est-à-dire contenue dans des limites où

1. Pas seulement pour régler les difficultés liées à la question l'individuation en mathématiques, mais pour le dépliement des différentes relations dans lesquelles peuvent entrer les différents individus : « la connaissance discursive contient les raisons, mais, incapable de les voir quand elles sont repliées, les déploie, les expose et les présente dans l'imagination ou, avec son aide, déplie la connaissance qu'elle en a, se réjouissant de les tenir séparées des sensibles et trouvant dans la matière imaginaire un support apte à recevoir leurs formes » (*In Eucl.* 54-55).

2. Il existe néanmoins de grandes différences entre ces conceptions, dont la plus importante est ce que j'ai appelé l'opacité de l'imagination, *cf. ibid.*

3. « Que si je veux penser à un chiliogone, je conçois bien à la vérité que c'est une figure composée de mille côtés, aussi facilement que je conçois qu'un triangle est une figure composée de trois côtés seulement; mais je ne puis pas imaginer les mille côtés d'un chiliogone, comme je fais les trois d'un triangle, ni, pour ainsi dire, les regarder comme présents avec les yeux de mon esprit (...).
Que s'il est question de considérer un pentagone, il est bien vrai que je puis concevoir sa figure, aussi bien que celle d'un chiliogone, sans le secours de l'imagination; *mais je la puis aussi imaginer en appliquant l'attention de mon esprit à chacun de ses cinq côtés, et tout ensemble à l'aire, ou à l'espace qu'ils renferment.* (AT IXa, 57-58, AT VII, 72. Je souligne).

elle reste fiable. C'est bien pourquoi Descartes peut avancer que « la partie de l'esprit qui aide le plus aux mathématiques » est l'imagination [1].

On ferait des remarques similaires en se portant vers d'autres auteurs classiques qui sont trop facilement présentés comme refusant tout rôle à l'imagination, « maîtresse d'erreur et de fausseté », selon l'expression de Pascal [2]. Dans tous ces cas, on constaterait sans peine qu'une critique de l'imagination laissée à elle-même n'empêche pas la valorisation d'un usage contrôlé de celle-ci et que le paradigme d'un tel usage est invariablement donné par les mathématiques. Leibniz est en parfait accord avec ce courant dominant de la philosophie des mathématiques classiques – malheureusement occulté par la lecture téléologique qui voit en Kant celui qui aurait le premier placé l'imagination productrice au cœur des mathématiques. Il va même, on l'a vu, jusqu'à *définir* les mathématiques comme *science des imaginables* [3]. Cet aspect joue d'ailleurs un rôle central dans l'émergence de son nouveau programme où cette discipline ne saurait plus se limiter au seul traitement de la quantité : « à la vérité, il semble que tombe sous la *Mathesis* tout ce qui tombe sous l'imagination en tant que distinctement conçu. Par conséquent, on y traite non seulement de la quantité, mais aussi de la disposition des choses » [4].

1. À Mersenne, 13 novembre 1639, AT II, 622. Et encore dans la lettre à Élisabeth en 1643 (AT III, 692), *cf.* D. Rabouin, « Logic of imagination. Echoes of Cartesian epistemology in contemporary philosophy of mathematics and beyond », *op. cit.* pour une argumentation plus détaillée.

2. Comme l'avance le fragment intitulé *Vanité* (Sel. 78) : « Imagination : C'est cette partie dominante dans l'homme, cette maîtresse d'erreur et de fausseté, et d'autant plus fourbe qu'elle ne l'est pas toujours, car elle serait règle infaillible de vérité si elle l'était infaillible du mensonge. Mais étant le plus souvent fausse, elle ne donne aucune marque de sa qualité, marquant du même caractère le vrai et le faux ». Sur le fait que cette description laisse ouvert la possibilité d'un usage rationnel de l'imagination, voir G. Ferreyrolles, *Les Reines du monde. L'imagination et la coutume chez Pascal*, coll. « Lumière classique », Paris, Champion, 1995, p. 187-231 et D. Descotes, *Blaise Pascal. Littérature et Géométrie*, Presses Universitaires Blaise Pascal, 2001, p. 22. Je me permets également de renvoyer à D. Rabouin, « Spinoza. Quelle norme mathématique ? », dans *Les chemins mathématiques vers le scepticisme*, Paris, Hermann, 2021.

3. « La logique est la science générale. La *mathesis* est la science des choses imaginables. La métaphysique la science des choses intelligibles. La morale la science des affects » (*De artis combinatoriae usu in scientia generali*, 1683 ? ; A VI, 4, A, 511 ; C 556).

4. *De ortu, progressu et natura algebrae* (GM VII, 205 ; trad. fr. MU 228). Pour d'autres citations où Leibniz identifie les objets des sciences mathématiques à « ces idées claires et distinctes qui sont sujettes à l'imagination », voir ci-dessus p. 17, et D. Rabouin, « Les mathématiques comme logique de l'imagination. Une proposition leibnizienne et son actualité »,

Mais la force de Leibniz va être de donner un sens précis à cette caractérisation qui n'a pas d'équivalent chez ses prédécesseurs. Cette élaboration comprend trois aspects liés : 1. tout d'abord, une qualification singulière de l'« idéalité » mathématique; 2. ensuite, une motivation du recours à l'imagination reposant sur sa composante modale et son lien à la question de l'invariance; 3. enfin, un fondement dans une intuition spatio-temporelle concentrée dans la question du *simul* (qui en fait un prolongement des phénomènes perceptifs et en justifie par là même les aspects « caractéristiques »). Une des conséquences les plus importantes de cette thématisation d'ensemble va être d'ouvrir à l'appréhension d'une imagination *symbolique*. Reprenons ces différents traits un à un.

Le geste le plus significatif de Leibniz, que nous avons déjà rencontré au chapitre 3, aura certainement été d'isoler un trait distinctif des objets mathématiques qui ne repose pas sur la question de savoir s'ils sont ou non de l'ordre de l'Idée, selon la dispute inaugurée entre Platon et Aristote. Plus exactement, Leibniz isole un type de notion, qu'il désigne comme « incomplète » et dont le critère de reconnaissance est simple dans le cas des objets mathématiques : est incomplète toute notion qui réfère à plusieurs exemplaires identiques ou « parfaitement semblables » [1]. On se

Bulletin d'analyse phénoménologique, vol. XIII 2, 2017. L'assignation de la « disposition des choses » à une branche des mathématiques dépendant de l'ars combinatoria n'est pas sans évoquer une description de 1679 sur laquelle nous reviendrons ci-dessous p. 296 : *Combinatoria agit quodammodo de Entium configuratione, seu coordinatione, nullo respectu habito loci, est quasi Geometria Metaphysica* (A VI, 4, 332).

1. On remarquera au passage que ceci n'est pas nécessairement vrai des abstraits perceptifs, pourtant eux aussi incomplets : le prédicat rouge peut renvoyer à différentes nuances de rouge qui ne sont pas invisibles dans la catégorie concernée (ce sont bien des nuances de rouge, intrinsèque à ce prédicat), mais ne sont pas toujours exprimables comme telles, ni même cognitivement accessibles (car enveloppant, d'un point de vue leibnizien, une infinité de variations). Pour Leibniz, il semble donc qu'il faille caractériser les entités mathématiques par ce fait singulier qu'elles reconnaissent des exemplaires *absolument* identiques au sens où ils ne peuvent être distingués que par un point de vue *extrinsèque* au prédicat considéré, à la manière des objets différant *solo numero* (*quasi essent coincidentia* disait un de nos textes). Leibniz aborde ses questions dans un des textes consacrés à l'abstrait et au concret que nous avons déjà croisés (A VI, 4, 991 ; trad. fr. R 389). Il y soulève explicitement la question des savoir si deux qualités comme deux degrés de chaleur ou deux formes de sagesse peuvent être parfaitement semblables à la manière de deux cercles ou de deux nombres. Sa réponse, comme nous l'avons vu, est qu'on peut en faire la fiction pour des besoins théoriques, mais qu'une distinction *solo numero* n'en serait pas moins réfutée du fait qu'une qualité d'un individu semblable à celle d'un autre peut disparaître tandis que l'autre subsiste – ce qui ne serait pas possible si elle n'était que numériquement distinctes et obéissaient donc aux mêmes réquisits.

rappelle la formule des *Principia logico-metaphysica* : « la similitude parfaite n'a lieu que dans les notions incomplètes et abstraites, où les choses sont prises en compte non à tous égards, mais selon une manière déterminée de les considérer » [1].

Dans un vocabulaire plus tardif (attesté au moins à l'époque du *Système nouveau de la nature et de la communication des substances* de 1695), ceci permet de donner une caractérisation nouvelle – et originale – de l'*idéalité* comme telle [2] :

> J'avoue que si deux choses parfaitement indiscernables existoient, elles seroient deux. Mais la supposition est fausse, et contraire au grand principe de la raison. Les philosophes vulgaires se sont trompés, lors qu'ils ont crû, qu'il y avoit des choses differentes *solo numero*, ou seulement parce qu'elles sont deux ; et c'est de cette erreur que sont venues leur perplexités sur ce qu'ils appelloient le principe d'individuation. La Metaphysique a eté traitée ordinairement en simple doctrine des termes, comme un

1. *Perfecta igitur similitudo locum habet tantum in notionibus incompletis atque abstractis, ubi res non omnimodo sed secundum certum considerandi modum in rationes veniunt* (A VI, 4, 1645).

2. Dans un premier temps, on l'a vu, Leibniz recourait plutôt, en accord avec le lien à l'imagination, au vocabulaire de l'*imaginaire* (voir, pour des notions qui seront typiquement qualifiées d'« idéales » par la suite, A VI, 4, 629 : *Tempus est Ens imaginarium, quemadmodum, locus, qualitates, aliaque multa* (*Definitiones notionum metaphysicarum atque logicarum*, 1685 ?), ou *Discours de Métaphysique* § 12 : « On peut même demonstrer que la notion de la grandeur de la figure et du mouvement n'est pas si distincte qu'on s'imagine, et qu'elle enferme quelque chose d'imaginaire, et de relatif à nos perceptions ». Cette terminologie ne disparaît pas (*cf.* la lettre à Sophie de 1702 citée p. 156), mais s'estompe significativement au profit de celle de l'idéal dans les années 1690. Il faut dire que le vocabulaire de l'imaginaire, comme celui de la fiction, présentait deux inconvénients qui peuvent expliquer son progressif effacement : tout d'abord, il est utilisé en mathématiques pour désigner un type particulier d'entités ; ensuite, il porte la connotation de quelque chose n'existant pas hors de nous (voir la citation ci-dessus p. 156.). Or cette idée que défend encore Leibniz dans le *Discours de métaphysique* pouvait le gêner en laissant croire que les objets mathématiques n'avaient *rien* de réel. Dans les textes plus tardifs, il insiste au contraire sur le fait qu'il ne faut pas conclure de la fiction à une complète irréalité : « Cependant il ne faut point s'imaginer que la Science de l'infini est degradée par cette explication et reduite à des fictions (...) on peut dire de même, que les infinis et infiniment petits sont tellement fondés que tout se fait dans la Geometrie, et même dans la nature, comme si c'estoient des parfaites realités ; temoins non seulement nostre Analyse Geometrique des Transcendentes, mais encor ma loy de la continuité » (à Varignon, 2 février 1702, A III, 9, 13). Voir également dans la lettre au même du 14 avril : « J'avais écrit il y a déjà quelques années à M. Bernoulli de Groningue que les infinis et infiniment petits pourraient être pris pour des fictions semblables aux racines imaginaires sans que cela dût faire tort à notre calcul, ces fictions étant utiles et *fondées en réalités* » (A III, 9, 51).

> dictionnaire philosophique, sans venir à la discussion des choses. La philosophie superficielle, comme celle des Atomistes et Vacuistes, se forge des choses que les raisons superieures n'admettent point. J'espere que mes demonstrations feront changer de face à la philosophie, malgré les foibles contradictions telles qu'on m'oppose icy.
> Les parties du temps ou du lieu, prises en elles mêmes, sont des *choses ideales*; ainsi elles se ressemblent parfaitement, comme deux unités abstraites [1].

Ici s'ouvre une difficulté particulièrement intéressante qui va fournir un lien avec un vocabulaire que Leibniz a employé dès l'élaboration de cette doctrine, celui de la fiction. De fait, si les deux exemplaires sont absolument identiques, pourquoi les appeler deux ? À quel titre les distinguer ? Nous avons vu que les mathématiques sont précisément l'art de distinguer les identiques *sous un certain point de vue*, mais on peut repousser la question jusqu'aux éléments ultimes et se demander comment on distingue, par exemple, des points ou des instants du temps. Le fait que Leibniz ait qualifié les places d'un espace ou les instants du temps comme parfaitement semblables est troublant ici, car une des manières de distinguer les individus différant *solo numero* était précisément de les rapporter au temps et à l'espace [2]. Comment dès lors distinguer des points ou des instants qu'on a justement caractérisé comme indiscernables et s'en servir, plus généralement, pour distinguer les identiques ?

La réponse de Leibniz à cette question est particulièrement intéressante :

> Je ne dis pas que deux points de l'Espace sont un même point, ny que deux Instans du temps sont un même Instant, comme il semble qu'on m'impute : mais *on peut s'imaginer, faute de connoissance*, qu'il y a deux instans differens, où il n'y en a qu'un, comme j'ay remarqué dans l'article 17. de la precedente reponse, que souvent en Geometrie on suppose deux, pour representer l'erreur d'un contredisant, et on n'en trouve qu'un. Si quelcun supposoit qu'une ligne droite coupe l'autre en deux points, il se trouvera au bout du compte, que ces deux points pretendus doivent coincider, et n'en sauroient faire qu'un. Cela arrive aussi quand une droite

1. Cinquième écrit à Clarke, p. 445. Je souligne. On remarquera au passage que les deux unités et instants abtraits sont opposés à « deux Uns concrets, ou deux temps effectifs, ou deux espaces remplis, c'est à dire, veritablement actuels ».

2. Comme le rappelle Leibniz lui-même dans les *Elementa nova* : « Diffèrent en nombre les choses qui ne peuvent pas même être discernées entre elles par comparaison, mais doivent être rapportées à des choses extérieures, à savoir le lieu et le temps. »

qui coupe la courbe en tout autre cas, devient Tangente (GP VII, 395. Je souligne) [1].

C'est là un thème qui a été assez peu étudié et qui est pourtant absolument central. Comme on l'a vu, la thématique de la fiction a deux aspects liés, mais distincts. D'un côté, elle sert à contraster ce qui existe et ce qui n'existe pas « réellement » – selon un sens que Leibniz peut rendre parfaitement explicite grâce à son critère de complétude (seuls les êtres complets existent réellement) ; d'un autre côté, elle opère *de l'intérieur des mathématiques* du fait qu'on y travaille en faisant certaines suppositions (nature « conditionnelle » des vérités mathématiques) et sur le mode du « comme si ». Le prototype de ce type de raisonnement est fourni, comme il est rappelé dans la citation ci-dessus, par les réductions à l'absurde et, en particulier, dans les raisonnements où l'on peut *s'imaginer* qu'il y a deux entités distinctes pour conclure *per absurdum* qu'elles ne sont en fait qu'une. À l'époque de Leibniz, l'exemple le plus obvie de ce type de raisonnement, hérité d'Euclide et Apollonius, est le traitement des cas de tangence où l'on suppose qu'une droite coupe une courbe en deux points pour, après avoir déduit une impossibilité, conclure que ces deux points doivent coïncider [2]. Cette approche des tangentes par l'indiscernabilité des points d'intersection est d'ailleurs encore centrale dans les méthodes de Descartes, Fermat et de Leibniz lui-même [3].

1. Ainsi la réponse leibnizienne à l'individuation par la position dans l'espace et le temps, évoquée dans la citation de la note précédente, ne fait-elle intervenir aucun espace-temps absolu, mais repose, comme l'espace lui-même, sur la *fiction* de points qu'on distingue (on verra, à la fin de ce chapitre, qu'il y a d'ailleurs des entités mathématiques qui ne diffèrent même pas *solo numero*). C'est la fiction que nous utilisons encore de nos jours en choisissant un repère. On sait d'ailleurs que l'on ne pourra dés lors s'assurer qu'une entité est intrinsèque que lorsqu'on aura montré qu'elle est indépendante du repère choisi, c'est-à-dire qu'elle est préservée par changement de repère. Je reviendrai sur ces questions d'invariance, que croise également Leibniz, dans la section suivante.

2. Le *quasi essent coincidentia* mentionné plus haut pour la définition de la congruence (p. 193) est intéressant à entendre dans cette perspective.

3. Dans tous ces cas, en effet, on se place dans la situation de deux points d'intersection avec une droite ou un cercle (x et $x + e$) et l'on raisonne sur le fait ou bien que ces deux points doivent coïncider en cas de tangence, ou bien que leur différence doit être imperceptible. Remarquons au passage que ce type de raisonnement est encore très courant. Ainsi, pour prendre un cas élémentaire, on démontre l'unicité de l'élément neutre d'un groupe en supposant qu'il y en a deux et en montrant que le second doit être identique au premier. D'une manière plus générale, il est frappant que les démonstrations ou les conditions dites « d'unicité » s'expriment le plus souvent en disant que deux exemplaires distincts sont en fait « les mêmes ».

La remarque, très puissante me semble-t-il, est donc que l'imagination mathématique a ceci de singulier qu'elle donne accès à la possibilité de distinguer (de désigner comme *plusieurs*) des individus « parfaitement semblables ». C'est le principe même d'un traitement rationnel de l'indiscernabilité. Je reviendrai par la suite sur les conditions qui assurent que cette indiscernabilité peut atteindre à des éléments ne différant même pas *solo numero*, car c'est un point à la fois fondamental et en même temps très négligé dans le commentaire. Pour le moment, seul m'intéressera le fait que la réponse de Leibniz à son interlocuteur repose alors non pas simplement sur un jugement philosophique sur la nature des objets mathématiques, mais sur un procédé auxquels les mathématiciens recourent depuis longtemps (et encore aujourd'hui) lorsqu'ils démontrent que deux objets distincts sont le même (ou qu'ils sont *un*). Au passage, nous disposons alors d'un argument bien plus fort pour soutenir l'existence d'individus indiscernables dans les mathématiques que le simple argument *de facto* procuré par l'exemple des deux carrés dans la *Meditatio de principio individui*. Ainsi *il faut* qu'il y ait des individus indiscernables pour que nous puissions conduire certaines preuves et ceci est, plus profondément, le ressort de nombre d'identifications (au sens le plus fort où une telle identification est accompagnée d'une démonstration d'unicité) en mathématiques.

On voit que Leibniz va ici beaucoup plus loin que ses prédécesseurs en détachant le rôle de l'imagination du paradigme de la représentation géométrique (qui prédomine encore chez Proclus et Descartes) et en la rapportant à une modalité de la pensée mathématique en général. Au premier rang se détache le rôle constitutif du « comme si » qui apparaît si clairement dans la *reductio ad absurdum*, mais qui gouverne en fait tout processus d'analyse mathématique [1], reliant irréductiblement le raisonnement mathématique, hier comme aujourd'hui, à un régime de fiction et

1. Et ce, depuis la célèbre caractérisation qu'en a donnée Pappus au chapitre VII de sa *Collection mathématique* : « Il y a deux genres d'analyse : celle qui est propre à la recherche, qu'on appelle théorétique, et celle qui s'applique à trouver ce qui est proposé, qu'on appelle problématique. Dans le genre théorétique, on considère comme établi et vrai ce que l'on cherche, puis, par les conséquences qui en découlent et admises comme vraies et comme répondant à l'hypothèse, on aboutit à une chose qui est déjà accordée ; et si cette chose accordée est vraie, ce que l'on cherche est vrai aussi, et la démonstration sera l'inverse de cette analyse ; tandis que, si l'on aboutit à une chose accordée qui est fausse, ce qui est cherché sera faux aussi. D'autre part, dans le genre problématique, on admet que la proposition est connue ; puis au moyen des conséquences qui en découlent et admises comme vraies, on arrive à quelque chose d'accordé ; et si ce qui est accordé peut être réalisé ou est déjà acquis (ce que les mathématiciens appellent donné), la proposition pourra être réalisée aussi et la démonstration

d'imagination. On s'en rend compte, avance Leibniz, dès lors qu'on prête attention à l'existence de *démonstration* d'unicité. Que l'on puisse montrer que deux choses différentes sont en fait une seule et même chose est l'indication d'un régime singulier de l'identification sur lequel reposent les mathématiques. Je reviendrai sous peu sur la manière dont cette détermination redéfinit du même pas la composante spatio-temporelle de l'intuition mathématique elle-même, en la détachant de son corrélat sensible. Mais dans l'immédiat, on voit que le lien de l'imagination à la question de l'indiscernabilité commande aussi notre second trait distinctif, soit son lien avec la nature *modale* des entités concernées.

Imagination, possible, invariance

Que l'imagination ait à voir avec le possible est un thème ancien qui remonte à Aristote au moins. Imaginer quelque chose, c'est précisément se le représenter en son absence, et donc hors de son actualité [1]. Mais encore faut-il bien saisir ce que produit exactement ce processus de modalisation. Lorsque je perçois une situation quelconque sensible, je « fais abstraction » de certaines distinctions tout simplement parce qu'elles me sont imperceptibles. Mais je n'ai alors aucun contrôle sur la stabilité de ces traits. Si ma vision est altérée (par l'absorption de drogues ou par la fièvre) ou si elle est améliorée (par le fait que la brume se dissipe ou par le port de lunettes correctrices), mon régime de distinction/indistinction lui-même va se trouver modifié. Ceci est vrai plus généralement pour tout régime

sera de nouveau l'inverse de l'analyse ; tandis que si l'on tombe sur quelque chose d'accordé qui est impossible, le problème sera impossible aussi ». Pappus, Collection 7.2 : 24-12 (je suis la traduction donnée dans O. Dubouclez, « L'invention de l'analyse : généalogie d'un concept d'Aristote à Descartes », Thèse de doctorat, Université Paris Sorbonne, sous la dir. de J.-L. Marion, 2008). »

1. Voir notamment *De an.* III, 3, 431 b où l'imagination intervient constitutivement dans l'action par sa puissance de projection dans l'avenir : « Parfois aussi, d'après les images et les pensées qui sont dans l'âme, l'intelligence calcule et dispose l'avenir par rapport au présent, tout comme si elle voyait les choses. En outre, quand elle se dit que la chose actuelle est agréable ou pénible, elle la fuit ou la recherche actuellement ; et, d'une manière générale, elle se met en action.» (je cite la traduction ancienne de Barthemy Saint Hilaire plutôt que celle de Bodéüs qui a choisi de rendre tout le vocabulaire lié à la φαντασία en termes de « représentation ».). Leibniz propose à l'occasion une définition de l'imagination en ce sens. L'imagination est perception des images (Imaginatio *est imaginis perceptio*) qui sont les affections résiduelles en absence des objets (Imago *est continuatio passionis in organo cessante licet actione objecti*) A VI, 4, 1394.

de distinction catégoriale, dont je n'ai aucun moyen de contrôler l'adéquation. L'apprentissage du goût, par exemple, disons l'art d'apprécier le vin, consiste précisément à affiner un certain nombre de critères de distinction qui vont me permettre de faire des différences qui m'échappaient auparavant. Ainsi le « goût du vin » peut s'avérer rapidement une catégorie inopérante et se trouver diffracté en une multitude de composantes entrant dans l'appréciation complexe et nuancée de tel ou tel vin (en association, par exemple, avec tel ou tel mets). Symétriquement, je peux perdre, momentanément ou durablement, telle ou telle de ces composantes d'appréciation. De la même manière, un séjour prolongé chez les Inuits pourrait amener à l'éclatement de ma notion de « blanc » dans la multitude des dénominations distinctes qu'ils sont conduits à mobiliser dans un monde où cette couleur prédomine, le retour au pays pouvant symétriquement rendre ces distinctions inopérantes (ou à tout le moins inutiles). Dans le vocabulaire des *Meditationes* : même si mes jugements peuvent être dits, dans toutes ces situations, *clairs* – au sens où je sais faire un certain nombre de distinctions de manière assurée et stable – ils n'en sont pas moins *confus* au sens où je ne peux pas en expliciter les critères de distinction.

Allons un peu plus avant : je ne pourrai jamais expliciter mes critères de distinction de manière assurée car nombre de découpes catégoriales perceptives sont variables à l'infini (dès lors qu'elles sont soumises à des degrés variant continûment, si bien qu'on peut toujours introduire ou détruire de nouvelles nuances) [1] – un constat auquel Leibniz parvient, on l'a vu, durant son séjour parisien et qui a joué un rôle central dans la mise en cause du fait que les être humains pourraient jamais parvenir à un alphabet fini de « notions simples ». On remarquera au passage – pour mieux y revenir par la suite – que ce problème n'est pas sans affinité avec celui de l'arbitraire des nominations et des définitions, qui préoccupe également Leibniz depuis ses jeunes années.

Ce que fait l'imagination, dès sa composante perceptive, est de stabiliser de tels systèmes de distinctions par simple projection et, par là même, de nous offrir une forme de contrôle sur eux. De fait, je me re-présente tel ou tel aspect d'une situation perçue sur la base de ce que j'ai déjà perçu et donc, pour une part au moins, « à l'identique ». C'est le sens du processus de modalisation qui rend du réel possible en tolérant la variation

1. On peut penser, dans nos cultures, à l'introduction de certaines nuances de couleur comme le magenta (en 1858) ou le bleu Klein (1960) – nuances qui sont évidemment inaccessibles à tous ceux qui n'ont pas appris à les distinguer.

de certains traits. Corrélativement, je bénéficie d'une forme éventuelle de contrôle dans les éléments que je peux faire varier (au niveau perceptif déjà puisque je peux faire attention à tel ou tel détail). Dans la vie ordinaire, ce type de projection n'a évidemment aucune raison de correspondre à la réalité. C'est le problème que posera Hume avec tant de force : de ce que j'ai assisté à telle ou telle situation régulièrement, il peut me sembler naturel de projeter la « même situation » à l'avenir, mais rien ne garantit qu'il en sera ainsi et nos attentes sont souvent déçues [1]. Une des grandes idées de Leibniz va être de s'appuyer précisément sur l'arbitraire de la découpe imaginative pour faire émerger une notion *intrinsèque* de vérité et de répondre ainsi au spectre empiriste (provenant, dans son cas, de Hobbes). C'est dans ce cadre que nous allons pouvoir donner un sens précis à l'idée d'une « logique de l'imagination » et au fait qu'une telle détermination peut permettre de qualifier un usage spécifique provenant des mathématiques. Au passage nous verrons, pour mieux y revenir dans la section suivante, que cette réponse leibnizienne est substantiellement différente de celle qui sera apportée par la philosophie transcendantale.

Commençons par remarquer que le problème posé par le rôle de l'habitude et de la mémoire dans la projection imaginative est explicitement posé par Leibniz. C'est précisément la difficulté qu'il soulève du fait que nous procédons ordinairement en supposant qu'une situation se transporte dans une autre « par analogie » et qu'il désigne, on l'a rappelé, par le terme de connaissance « aveugle » ou « suppositive ». Dans ce cadre, la modalisation opère en projetant comme possible une situation « analogue » (c'est-à-dire, littéralement, dans laquelle un même rapport se retrouve) qui peut très bien se révéler, après analyse, impossible. Mais à la différence des empiristes, Leibniz considère que ce problème se pose également de l'intérieur des mathématiques, comme il le rappelle dans un texte de la période parisienne :

> Lorsque nous procédons par imaginations ou par idées, sans tracés ou sans définition, nous sommes trompés par la mémoire et il nous semble souvent avoir achevé ce qu'en vérité nous n'avons pas fait. Et toute l'erreur consiste en ce que nous procédons par des analogies, souvent sans nous inquiéter de leur application au cas en question. Par exemple quand je dis que $\sqrt{-1}$ est une quantité possible, je procède selon certaines analogies (A VI, 3, 462 ; trad. fr. R 16)

1. Avant Hume, on pensera surtout, parmi les contemporains de Leibniz, aux remarques similaires de Spinoza à propos de l'imagination.

D'où la nécessité de bien distinguer entre deux types d'impossibilité : celle de l'inimaginable parce que directement contradictoire (opérant donc à un niveau qui pourait être dit « essentiel » ou « absolu »), et celle, relative, de ce qui a été projeté comme possible, mais peut ne pas exister parce qu'enveloppant, indirectement, des prédicats incompatibles. Dans ce second cas, remarquons-le, comme dans toute démonstration indirecte, nous sommes laissés avec un choix : ou bien conclure à l'absurdité de la situation décrite (elle ne représentait littéralement « rien »), ou bien revenir sur les traits isolés par la variation imaginative pour mieux délimiter un régime de variation légitime [1].

Le type de contrôle que nous obtenons sur nos représentations par la seule variation imaginative est loin d'être suffisant pour garantir nos raisonnements, car nous n'avons aucun moyen de savoir *a priori* si le trait que nous avons isolé dans l'analogie est un trait structurellement pertinent et s'il ne va pas s'avérer, dans la situation où nous le projetons, générateur de contradictions. Il faut donc suppléer au processus « par simple imaginations » d'autres aides : « Le processus par définition est ainsi au processus par idées comme le processus par tracé l'est au processus par simples imaginations : celles-ci sont par elles-mêmes vagues mais on les fixe de cette manière ».

Comme « la définition est une explication du caractère » [2] et que les images sont un certain type de caractères [3], les deux processus peuvent évoluer en parallèle [4]. L'idée commune est donc que nous augmentons notre puissance de contrôle sur l'imagination en couplant les images soit avec des règles de construction (des tracés ou plus généralement, dans le cas

1. C'est précisément ce qu'explique Leibniz à propos de l'apparition des imaginaires dans la géométrie algébrique : ils ne signalent pas que nous parlions alors de « rien », comme dans le cas du « cercle carré », mais que nous n'avions pas fixé suffisamment précisément un paramètre du problème, *cf.* G. W. Leibniz, *Mathesis Universalis. Écrits sur la mathématique universelle*, *op. cit.*, p. 152.

2. R 15. Même expression en 1679 au commencement du fragment *Calculus ratiocinator* : Definitio *est characteris unius explicatio* A VI, 4, 276.

3. Voir l'ouverture du texte de la fin des années 1680 intitulé *De modis combinandi characteres* : *Omnis Ratiocinatio nostra nihil aliud est quam characterum connexio, et substitutio. Sive illi characteres sint verba, sive notae, sive denique imagines. Omnis autem substitutio nascitur ex aequipollentia quadam* (A VI, 4, 922).

4. Comme nous le rappelle ce passage célèbre : « Il faut reduire toutes les sciences en Figures et en Formules. Car plusieurs choses ne pouvant estre exprimées par figures, (: si non analogiquement, ce qui n'est pas scientifique :) pourront estre au moins assujetties aux formules qui tiennent lieu de figures, et servent à arrester l'imagination » (A VI, 4, 439).

des caractères, des règles de formation et de transformation), soit avec des définitions/stipulations qui en fixent le sens [1]. Mais si ceci permet d'obtenir plus de stabilité, cela ne garantit encore nullement de l'adéquation puisque les définitions sont elles-mêmes arbitraires et que les productions symboliques peuvent fonctionner par analogie. Ici va entrer en ligne de compte un nouvel argument essentiel, que j'appellerai de « convergence ».

Le caractère arbitraire des découpes s'atteste, en effet, par une forme d'in-différence et donc d'équivalence (dont le corrélat est, du côté des systèmes symboliques, un régime d'équivalence par substitution). Nous pouvons donc redoubler, en quelque sorte, la stratégie de réduction aux identiques en demandant à ce que le résultat que nous obtenons soit stable par changement de découpes (ou de système symbolique ou de définition). Telle est la caractérisation du « fondement de la vérité » auquel Leibniz parvient à cette époque et dont le *Dialogus* (1677) a donné la formulation la plus nette et la plus célèbre :

> Bien que les caractères soient arbitraires, cependant leur usage et leur connexion ont quelque chose qui n'est pas arbitraire, à savoir une certaine proportion entre les caractères et les choses, *et les relations entre eux des différents caractères exprimant les mêmes choses*. Et cette proportion ou relation est le fondement de la vérité. Car, il arrive que soit que l'on emploie tels caractères, soit tels autres, on parviendra toujours à un résultat identique ou équivalent (*idem sive aequivalens*), c'est-à-dire répondant en proportion [2].

L'exemple élémentaire que prend Leibniz pour fixer les idées est le suivant. Soit une grandeur a qui se présente comme un carré. Je peux toujours la considérer comme une somme ou une différence de deux autres grandeurs. Prenons le second cas, $a = d - e$, alors a^2 sera égal à $d^2 + e^2 - 2de$. Maintenant, il est tout à fait arbitraire de considérer a comme grandeur de référence et je peux tout aussi bien partir de d, qui se trouve être $a + e$. Dans ce cas d^2 sera égal à $a^2 + e^2 + 2ae$ et $-2de$ sera égal à $-2ae - 2e^2$. En substituant les valeurs de d, d^2 et $-2de$ dans la première

1. On remarquera que la solution leibnizienne se démarque donc, comme il y insiste régulièrement, de celle de Descartes qui se contentait d'en appeler à « une attention particulière de l'esprit ». C'est le ressort de la reprise ironique de l'exemple du chiliogone dans les *Meditationes*, Leibniz indiquant que l'appel à l'imagination est simplement redoublé par l'utilisation des mots dont on croit – à tort – qu'ils fournissent une idée adéquate du simple fait qu'ils tiennent lieu, individuellement, d'idées claires et distinctes. Mais la définition ne suffit pas, à soi seul, à attester de la possibilité de l'objet.

2. A VI, 4, A, 24 ; trad. C. Gaudin in *Philosophie*, n. 39, 1993, p. 106. Je souligne.

formule je retrouve alors le résultat dont j'étais parti (c'est-à-dire *a*). Cette remarque s'applique également au choix d'un procédé de construction symbolique et l'exemple que prend Leibniz est alors celui de l'écriture des nombres dans une base ou de leurs différentes représentations [1]. Le rôle de la substitution et de la comparaison est alors mis explicitement en avant :

> Bien que les vérités supposent nécessairement quelques caractères et que parfois elles énoncent quelque chose des caractères eux-mêmes (comme dans les théorèmes concernant la preuve par neuf), elles ne résident pas dans ce qu'il y a en eux d'arbitraire, mais dans ce qui est invariable (*quod est perpetuum*), c'est-à-dire la relation aux choses ; et il est toujours vrai, sans aucun arbitraire de notre part, que, une fois posés tels caractères, tel raisonnement doit s'ensuivre, et que si on pose d'autres caractères d'autres caractères dont la relation avec les précédents soit connue, il s'ensuivrait un autre raisonnement, mais conservant encore avec les précédents la relation qui résulte de la relation des caractères ; *celle-ci est manifeste soit par substitution, soit par comparaison des uns avec les autres* (*ibid.* p. 107. Je souligne).

On voit immédiatement le lien avec la nouvelle stratégie élaborée à Paris, mais le point qui nous intéresse ici est la manière dont elle spécifie le travail de l'imagination. Ainsi l'imagination fixe certains traits selon une part d'arbitraire et en fait varier d'autres. Ce procédé n'a en soi aucune valeur cognitive. De ce que j'ai vu Pierre venir au marché tous les jours à la même heure, je peux bien m'imaginer qu'il viendra demain à la même heure, mais il est tout aussi possible que la raison de sa venue à cette heure soit tout autre que celle que j'avais imaginée et que mon jugement soit trompé. La stabilité que j'aurais alors projetée dans la situation ne sera pas fondée. L'idée de Leibniz est de voir les mathématiques comme une spécification de cet abord du réel selon deux composantes : d'une part, les mathématiques posent des entités fictives en constituant des classes d'indiscernables perceptifs *comme tels* et en travaillant avec des possibilités de variation ; ensuite, elles peuvent contrôler le caractère arbitraire des choix en faisant varier *systématiquement* d'autres éléments de la situation et en

1. « Car dans les nombres, le résultat arrivera toujours pareillement, que l'on utilise soit la progression décimale, soit, comme d'aucuns l'ont fait, la progression duodécimale, et qu'ensuite, ce que l'on a développé de diverses manières par les calculs, on l'exécute avec des grains ou un autre matériau numérable, car toujours viendra le même résultat » (*ibid.* p. 106-107).

regardant si un même invariant se dégage [1]. Si tel est le cas et si le système peut être caractérisé par une forme de clôture [2], alors on atteint à ce que le *Dialogus* présente comme le « fondement de la vérité ».

On remarquera au passage que l'obtention de l'objectivité n'est pas liée à la seule variation imaginative, mais doit faire entrer en ligne de compte des critères que Leibniz nommera à l'occasion, d'*exactitude* :

> Les caractères sont (en second lieu) d'autant plus utiles qu'ils sont plus exacts, c'est-à-dire qu'ils mettent en évidence davantage de relations entre les objets ; lorsqu'ils les indiquent toutes, comme le font les caractères Arithmétiques que j'ai employés, il n'y aura rien dans l'objet qu'ils ne permettront de saisir. Les caractères Algébriques ont néanmoins autant d'utilité que les caractères Arithmétiques dans la mesure où ils représentent des nombres indéterminés [3].

Ce passage est d'autant plus intéressant à rappeler que la suite insiste sur le fait que ces mêmes caractères qui sont dits « exacts » lorsqu'il s'agit de saisir les relations quantitatives échouent pourtant à saisir certains autres traits (typiquement les aspects qualitatifs) qui devraient être du ressort de la nouvelle « caractéristique géométrique ». On doit donc insister sur le fait que la délimitation du domaine d'objectivité considéré n'est pas indépendante des traits considérés dans la variation. Même un régime

1. De manière très intéressante, l'anthropologue Edwin Hutchins parvient à une hypothèse comparable dans son étude des « ancrages matériels » des raisonnements : « Dans certains cas, il est possible d'effectuer le travail cognitif en imaginant la manipulation d'une structure physique. Dans d'autres cas, comme celui de la règle à calcul, il est nécessaire de manipuler le dispositif physique lui-même parce qu'il n'est pas possible de l'imaginer avec suffisamment de précision pour qu'il soit utile. Le processus culturel qui a conduit à la cristallisation de certains modèles conceptuels dans des structures matérielles et de les conserver à travers le temps a placé l'homme moderne dans un monde où penser dépend de manière significative de la disponibilité d'un ensemble de structures physiques qui peuvent être manipulées de cette façon. Un dernier tournant sur ce chemin se produit quand la structure matérielle devient tellement familière qu'il est possible de l'imaginer quand elle n'est pas présente dans l'environnement. On peut même imaginer alors des transformations systématiques appliquées à de telles représentations. C'est ce qui est arrivé historiquement avec le développement des systèmes de symboles des mathématiques et de la logique dans notre propre tradition culturelle. D'abord représentations externes, incarnées physiquement, sur lesquelles on opérait avec des dispositions manuelles, nous apprenons à les imaginer et à opérer sur les structures imaginées. » (E. Hutchins, « Material anchors for conceptual blends », *Journal of pragmatics*, vol. 37, n° 10, 2005.)

2. C'est-à-dire qu'on peut décrire le système de variations lui-même de sorte qu'on soit assuré d'en avoir exploré, au moins de droit, un ensemble clôt de variantes.

3. G. W. Leibniz, *La Caractéristique Géométrique*, *op. cit.*, p. 145.

symbolique « exact » ne suffit pas encore à garantir le fait que le même objet (disons un triangle) ne puisse pas être saisi par un autre système symbolique d'une autre manière – ce qui veut dire que nous ne disposons pas encore d'une représentation *adéquate* de cet objet. C'est tout le sens de la remarque de Leibniz sur le fait que « les notations de l'Arithmétique, en ce qui concerne la Théorie, ont été jusqu'à présent mal établies » [1]. Tant qu'un certain point de vue (en l'occurrence les problèmes de théorie pure des nombres) résiste à sa capture dans un système symbolique, il ne paraît pas possible de conclure de l'exactitude de la caractéristique à la délimitation d'un objet correspondant à une notion simple parfaitement analysée. Comme nous avons déjà eu l'occasion d'y insister, il est particulièrement remarquable que Leibniz puisse mentionner à ce titre les notions mathématiques où nous possédons pourtant ce qu'il y a de « plus proche » d'une connaissance adéquate, à savoir les nombres entiers.

Un point important à noter est que ce que nous pouvons ainsi expliquer après coup de manière rationnelle et méthodique, au titre de l'exactitude, n'a évidemment aucune raison d'être dès le départ le principe d'une méthode de recherche. On peut tout à fait y voir également une explicitation possible de l'*origine* des entités mathématiques, à la fois par notre capacité à détecter des formes (parce que nous ne savons pas faire certaines distinctions), à les représenter dans des signes, à les contrôler par des constructions et à en repérer un certain nombre d'invariants. Prenons l'exemple du tracé matériel d'un cercle comme représentant le contour d'un astre, une pratique attestée depuis la plus haute antiquité et dans des cultures très différentes. Ce signe (ou « caractère ») ne porte évidemment qu'un certain nombre d'informations sur les astres que je perçois (par exemple, il ne concerne par leur couleur). Nous pouvons exprimer ce fait en disant qu'il « sélectionne » ou « néglige » tel ou tel trait, mais il importe de bien garder à l'esprit que ce vocabulaire anthropomorphique met un choix conscient là où il n'y en a pas nécessairement. Ce tracé se trouve, par ailleurs, être « identique » (en fait « semblable ») à celui que je pourrais utiliser pour représenter le contour d'autres objets, par exemple d'une goutte d'huile sur une surface, ou le plan d'un temple. Je peux, par ailleurs, contrôler son usage par un tracé régulier (typiquement en fixant un point à l'extrémité d'une corde), ou une définition (décrivant une propriété typique que doit satisfaire ma construction), et opérer sur lui certaines transformations

1. GM VII, 61 ; trad. fr. MU 138. Je souligne. Voir ci-dessus p. 61.

systématiques. L'exploration des traits stables par ces transformations systématiques ouvre un domaine d'objectivité, celui des propriétés d'un objet idéal que je nomme « cercle » [1].

Comme ces propriétés ont un pouvoir prédictif par rapport au comportement des objets réels (ainsi, selon un exemple aristotélicien célèbre, du fait que les plaies circulaires sont plus lentes à guérir), il est alors naturel d'y voir la représentation d'une structure du réel lui-même. Dans l'héritage de la réminiscence platonicienne, nous découvrons alors ce qui était *déjà là* et qui constitue la structure profonde du réel. C'est ainsi que le travail de l'imagination et une approche platonicienne des entités mathématiques se secondent naturellement l'un l'autre. Puisque nous pouvons faire varier les éléments *ad libitum* par l'imagination, le fait que nous retrouvions les mêmes résultats par des moyens arbitrairement changés témoigne du fait que ces résultats sont bien indépendants de notre représentation [2]. Ce qui résiste à la variation imaginative est ce que nous n'avons pas le choix d'accepter précisément parce que tous nos choix nous y ramènent, invariablement.

S'ouvre alors une autre question : comment savons-nous que l'invariant n'est pas un effet du fait que nous ne nous autorisons pas, inconsciemment, à tout faire varier ? N'y a-t-il pas des limites de fait imposées à la variation de ce que nous ne voulons pas nous mettre en contradiction avec certaines postulations fondamentales – qui pourraient bien être autant de préjugés ? C'est ici que la remarque sur la démonstrations par l'absurde prend toute son importance. De fait, il n'est justement pas possible de fixer *a priori* les

1. On pourra faire ici plusieurs remarques sur la nature très singulière de l'abstraction engagée dans ce type de procédure. D'une part, il ne s'agit pas, comme le défendirent certains arisotéliciens (sinon Aristote lui-même), d'une opération de l'esprit par lequel il sélectionnerait un trait des objets matériels. C'est la représentation elle-même qui opère la sélection et elle l'opère non pas par un acte préalable, mais à même les inférences, si l'on peut dire (c'est-à-dire du fait de ne se porter qu'à certains aspects propre aux inférences dans lesquelles elle se trouve mobilisée). D'autre part, on remarquera que la représentation elle-même n'a donc pas besoin d'être fondée sur une forme de ressemblance (même si elle peut l'être), puisque c'est sa nature de support inférentiel qui entre ici avant tout en ligne de compte. Ces deux traits ont été mis en avant par Ed Hutchins pour qualifier la stratégie générale de stabilisation des raisonnements qu'il a appelé « ancrage matériel » (voir ci-dessus p. 269). Comme j'ai eu l'occasion d'y revenir dans plusieurs études, cette analyse me semble conforme à l'usage que les auteurs classiques font de l'imagination.

2. C'est le principe de la réponse à ce que Leibniz voit comme l'« ultra-nominalisme » (l'expression et le problème attenant ont été formulés dès la préface à Nizolius, *cf.* A VI, 2, 428-429.

limites de la variation puisque nous ne disposons pas des invariants avant d'avoir fait opérer la variation. C'est tout le problème de la connaissance « aveugle » ou « suppositive » qui est à la fois féconde *et* dangereuse. On se trouve toujours à la merci d'un invariant qui ou bien n'est pas intrinsèque, ou bien se trouve projeté dans une situation où il produit une contradiction (pensons à l'exemple des racines des nombres négatifs).

Or cet inconvénient est contrôlé par deux outils au moins. D'une part, il est possible, comme le rappelle très souvent Leibniz, de faire des tests sur les systèmes symboliques eux-mêmes (son exemple favori étant la preuve par neuf) pour vérifier la cohérence des manipulations opérées et, éventuellement, leur cohérence intrinsèque (comme dans les cas mentionnés dans le *Dialogus*). Dans ce cadre, le critère de convergence se transforme en critère d'exactitude, un système symbolique étant dit exact, nous l'avons vu, quand il est possible de retrouver toutes les relations qu'il décrit dans les relations entre symboles eux-mêmes. Mais nous disposons également d'une autre arme très puissante, celle de la démonstration par l'absurde justement. Si, en effet, je peux montrer que l'invariant que j'obtiens dans telle ou telle variation contredit une vérité établie de manière sûre, alors il ne sera pas un candidat acceptable. Ceci est important à garder en mémoire pour comprendre l'attachement de Leibniz au Principe de non-contradiction (considéré par lui comme équivalent au principe d'identité), sur lequel il revient si souvent. Au-delà de la réduction aux identiques, le principe agit en effet comme *détecteur* de vérités nécessaires [1] (tandis que la réduction aux identiques reste souvent en attente d'une attestation de possibilité).

C'est ce qu'il objecte à Malebranche contre les appels cartésiens au seul critère du « clair » et du « distinct » :

> Mais lors qu'il s'agit de raisonner je ne me fie pas à cette clarté pretendue que plusieurs trouvent en leur pensées. Le moyen de voir la clarté d'un raisonnement, c'est de n'employer que des propositions demonstrées, de les ranger par ordre, et de n'obmettre aucune de celles qui sont de l'essence de ce raisonnement. En un mot je ne sçais point d'autres propositions clairement et distinctement connues que celles dont le contraire enferme contradiction, ou se reduit à des propositions qui l'enferment. Encor cette reduction se doit faire par un raisonnement incontestable,

1. Une des caractérisations favorites du nécessaire est que le contraire implique contradiction : *Necessarium ergo illud vocabo, cuius oppositum implicat contradictionem*, (*Confessio philosophi*, A VI, 3, 126). Voir également A VI, 3, 435.

> c'est à dire qui soit demonstré par la voye des contradictoires. On suppose souvent des axiomes et des notions qu'on appelle communes, qui ne sont pas bien asseurées et quelques fois fausses, et on les reçoit aisément par ce qu'il y a des exemples qui les confirment : mais elles ne sont fondées que sur une induction assez legere, qui ne sçauroit nous faire connoître une verité necessaire. C'est pourquoy le principe de Mons. des Cartes (: quicquid clare et distincte percipio est verum :) ne sert pas beaucoup quand on ne sçait point de marque de ce qui est veritablement clair et distinct, mais le mien qui est celuy de tous les hommes, ne sçauroit tromper. C'est à dire que tout ce qui enferme contradiction est faux, et que tout ce qui est contradictoire à ce qui est faux, est veritable [1].

Le fait que la réduction à l'absurde ait une fonction si importante est corrélé au fait que l'imagination n'a *a priori* pas de limite dans sa puissance de variation. Elle peut aller, et souvent va, jusqu'à la « fiction impossible » [2]. Nous retrouvons ici un des aspects pragmatiques du principe d'identité sur lequel j'ai déjà insisté. Les mathématiques n'obéissent au principe de contradiction qu'en prenant systématiquement le risque d'y contrevenir. C'est là leur force, et leur risque. Elles introduisent régulièrement des entités qui contreviennent aux règles qu'elles ont fixées : grandeur qu'on ne peut pas expliquer par des rapports de nombres ou plus petites que rien, racines de nombres négatifs, quadrature du cercle [3].

Imagination et perception

Un point devrait apparaître dans les développements qui précèdent, que nous ne sommes pas habitués à associer aux conceptions leibniziennes sur les mathématiques et, plus généralement, aux approches « platoniciennes » : pour le philosophe, les objets mathématiques relèvent d'une faculté, l'imagination, qui se trouve clairement dans le *prolongement* de

1. A II, 1^2, 647 (ces remarques sont incluses dans une lettre au duc Jean Frédéric de Hanovre).

2. Voir p. 138.

3. Il est tout à fait remarquable que cette manière de voir l'introduction d'entités nouvelles comme manière de répondre à des problèmes « impossibles » qui gouverne l'approche en termes d'« extension de domaine » naissent à l'époque que nous étudions. Elle est fortement mise en avant dans le chapitre chapitre LXXXIII de J. Wallis, *A Treatise of Algebra, both historical and practical : shewing the original, progress, and advancement thereof, op. cit.*, p. 316. Au même moment, Leibniz la formule également dans des textes comme les *Elementa nova matheseos universalis* (voir G. W. Leibniz, *Mathesis Universalis. Écrits sur la mathématique universelle, op. cit.*, p. 107).

la perception. Dans un des textes que j'étudierai plus en détail dans la section suivante, Leibniz va même jusqu'à déclarer qu'en mathématiques, « il nous suffit que l'on puisse trouver des choses telles qu'elles ne puissent être discernées par l'imagination, *c'est-à-dire* par ce qui apparaît aux sens (*quae imaginatione, sive sensuum apparentia discerni non possint*) »[1]. Ceci est déjà très apparent du fait que la définition de la similitude a été décrite d'une manière phénoménologique[2] et se trouve alors placée au centre de la réforme des mathématiques. Dans le *De artis combinatoriae usu in scientia generali* de 1683, Leibniz avance ainsi que l'accès à la qualité ou forme nécessite l'intervention de la mémoire (permettant les comparaisons), tandis que l'accès à la quantité se fait directement au niveau perceptif – reprenant alors l'exemple de la lettre à Gallois d'un monde où l'on aurait réduit toutes les entités dans une même proportion[3]. Une telle continuité entre sens et imagination mathématique persiste jusqu'à la fin de l'oeuvre, notamment dans la lettre à Sophie, déjà mentionnée, où Leibniz rappelle que « c'est nostre imperfection et le defaut de nos sens, qui nous fait concevoir les choses physiques comme des Estres Mathematiques, où il y a de l'indeterminé »[4].

Dans une lettre célèbre à Sophie-Charlotte, ce lien se trouve explicité à l'aide de la théorie classique des facultés en référant les mathématiques au sens commun (c'est-à-dire la faculté par laquelle nous accédons à ce qui est commun à plusieurs sens, comme le nombre ou la figure)[5]. À cette époque, il insiste d'ailleurs plus particulièrement sur le fait que les mathématiques agissent comme structuration du réel ou encore comme « cadre » du monde phénoménal :

1. A VI, 4, 514. Je souligne

2. Rappelons la formule de la lettre à Gallois, qui se retrouve dans la plupart des textes sur la question : « deux choses sont parfaitement semblables, lors qu'on ne les sçauroit discerner que *per compraesentiam*, par exemple deux cercles inegaux de même matiere ne se sçauroient discerner *qu'en les voyant ensembles* » (A II, 1^2, 568. Je souligne.)

3. *Opus erit explicari differentiam qualitatis et quantitatis, in eo positam, quod quantitas non memoria sed sola perceptione sciri potest, at qualitas rerum semel percepta retineri potest memoria. Possent omnia in mundo proportione diminui, opus est semper me[n]surae saltem actuali perceptione ad quantitatem cognoscendam. Nobiscum ferimus mensuras, usu etiam assuescimus ut rerum magnitudines comparare corporis nostri partibus (hinc augenmaß); sic vires et pondera comparare corporis nostri viribus. Itaque corpus nostrum pro mensura est.* A VI, 4, 512.

4. A I, 25, 171 (voir p. 156).

5. GP VI, 501. Voir citation p. 17.

> L'Espace et le Temps pris ensemble font l'ordre des possibilités de tout un Univers, de sorte que ces ordres (c'est à dire l'Espace et le Temps) quadrent non seulement à ce qui est actuellement, mais encor à ce qui pourroit estre mis à la place, comme les nombres sont indifferens à tout ce qui peut estre *res numerata* [1].

Ceci constitue une approche originale dans la mesure où Leibniz proclame également, on l'a rappelé, une forme insistante de platonisme. En ce sens, on a pu voir Leibniz comme un précurseur de la conciliation entre point de vue idéaliste et point de vue empiriste que formalisera par la suite la perspective transcendantale kantienne. Dans cette section, je voudrais aborder cette question en résistant à cette lecture, aussi séduisante et féconde qu'elle soit. Plus généralement, il me semble essentiel de ne pas céder trop vite à l'interprétation qui voit dans l'assignation des mathématiques au régime de l'imagination une anticipation de la perspective kantienne.

Comme j'ai eu l'occasion d'y insister en d'autres occasions, l'approche de Kant, quels que soit ses mérites par ailleurs, est en effet *en retrait* par rapport à celle de ceux qui, avant lui, ont mis l'imagination au principe de la connaissance mathématique. Un des lieux de cet écart est ce que j'ai proposé de désigner comme celui de l'opacité de la représentation [2]. Pour le dire d'un mot, Kant met clairement l'imagination mathématique sous le signe d'une exigence constructive et de l'attestation d'existence – comme si la première pouvait garantir à soi seule la seconde et, réciproquement, qu'il n'y avait pas d'autres attestation d'existence que les constructions. Or cette orientation est en sens contraire de celle de Leibniz dont on a vu à plusieurs reprises l'insistance sur le caractère *aveugle* de la connaissance imaginative, même en mathématiques. Les positions de l'un et de l'autre sur la démonstration par l'absurde sont caractéristiques de cette opposition : tandis que Leibniz y voit le cœur de la pensée mathématique, Kant pense qu'il est préférable de l'éviter en mathématiques (et nécessaire de

1. « Réponse aux reflexions contenues dans la seconde Edition du Dictionnaire Critique de M. Bayle, article Rorarius, sur le systeme de l'Harmonie preétablie », 1702 ; GP IV, 568.

2. *Cf.* D. Rabouin, « Proclus' conception of geometric space and its actuality », *op. cit.* et D. Rabouin, « Les mathématiques comme logique de l'imagination. Une proposition leibnizienne et son actualité », *op. cit.*

l'éviter en métaphysique) [1]. Cette position d'ensemble rétroagit immédiatement sur la thèse transcendantale. Ainsi Leibniz peut-il recourir à une *genèse* de la notion d'espace, qui n'est pas sans évoquer l'approche proposée par les empiristes et contrevient directement à une approche où l'espace ne serait susceptible d'aucune genèse à partir d'un donné phénoménal. Mais il ne s'en éloigne pas moins des approches empiristes sur un point précis qui est l'intervention de l'imagination comme capacité à produire des « fictions utiles », capacité qui s'enracine dans la *reconnaissance* de certaines structures qui *ne peuvent pas* être matérielles (qui se donnent à concevoir comme ne pouvant pas être réalisées dans notre monde). Là où l'empiriste se trouve toujours embarrassé de pouvoir expliquer comment opère la similitude (ou la ressemblance) sur laquelle se fonde nos jugements catégoriaux, Leibniz répond qu'elle agit comme fiction, mais fiction bien fondée car appuyée sur la structure même de notre perception [2].

Bien plus, il établit un certain nombre de critères qui permettent d'expliciter en quoi réside l'utilité de ces fictions et pourquoi elles nous donnent accès à des résultats « objectifs ». L'empiriste a parfaitement raison que la simple projection de nos expériences habituelles ne saurait constituer une attestation d'objectivité, et encore moins de réalité. Mais l'argument ne tient plus dès lors que nous pouvons également lutter *contre nos habitudes* et imaginer l'inimaginable. C'est exactement ce que ne cessent de faire les mathématiciens dans leur manière de jouer avec l'absurde. On pense ici à la belle formule du mathématicien G.H Hardy : « La *reductio ad absurdum*, qu'Euclide appréciait tant, est une des armes les plus subtiles du mathématicien. C'est un coup bien plus subtil que tous les coups d'échec : un joueur d'échec peut offrir de sacrifier un pion ou même une pièce; le mathématicien, lui, offre le jeu lui-même. » [3]. Ainsi le mathématicien est prêt à sacrifier le jeu lui-même pour en attester l'objectivité : il joue un coup que le jeu interdit en apparence, celui de la contradiction. Il pousse l'arbitraire de la variation à son point ultime pour attester de ce qui lui résiste. C'est là la voie singulière qu'emprunte Leibniz pour retrouver l'intuition platonicienne d'un monde de structures

1. P. Mancosu, *Philosophy of mathematics and mathematical practice in the seventeenth century*, *op. cit.*, chap. 4.5 et Kant, *Kritik der Reinen Vernunft*, KRV, B 817-818.

2. Les deux différences essentielles avec l'approche transcendantale étant d'une part que cette structure est liée, pour Leibniz, à notre incapacité à faire certaines distinctions; d'autre part, qu'elle agit indifféremment au niveau sensible et au niveau symbolique.

3. G. H. Hardy, *A Mathematician's Apology*, Reprinted with foreword by C. P. Snow, Cambridge University Press, 1967, p. 94.

idéales toujours déjà là et fondant rétrospectivement l'invariance que nous détectons dans le travail de l'usage cognitif de l'imagination. Et c'est bien pourquoi la science qui se donne pour objet la découverte de ces invariants peut être qualifiée de « logique de l'imagination » [1].

L'association par Leibniz de la connaissance symbolique et de la connaissance imaginative a une autre conséquence très importante pour apprécier son écart à la philosophie transcendantale. Le fait que nous ayons accès aux objets mathématiques au travers d'une intuition ne se limite nullement, comme dans les exemples favoris de Kant, à l'appréhension des figures géométriques et des nombres (au sens de ce qui structure une *res numerata* comme les cinq doigts de la main). Il s'étend immédiatement à la perception des signes eux-mêmes et de leurs régimes d'identification. Pour « voir » que deux équations sont identiques, un exemple sur lequel nous reviendrons sous peu, nous devons disposer d'un critère de ressemblance qui n'a de sens que si nous savons reconnaître ce qui constitue la « forme » d'une équation. Or cette reconnaissance des formes (symboliques) ne pourrait relever des formes pures de l'intuition kantienne qu'à s'inscrire dans un espace et un temps du symbolique lui-même. C'est une objection que portera d'ailleurs tout de suite – et sans surprise – le mathématicien Lambert. Le système kantien doit, en fait, redoubler l'espace perceptif d'un « simulacre d'espace » où se déroulent toutes les descriptions spatiales qui ne relèvent pas directement de son emprise : « Le monde intellectuel dans sa totalité n'appartient pas à l'espace, mais possède un simulacre d'espace qui se distingue aisément de l'espace physique, et sans doute y ressemble plus étroitement que de manière simplement métaphorique » [2].

Rien de tel chez Leibniz : si l'espace est bien défini comme structure de co-existence, l'insistance mise sur le fait que ce que nous percevons est, en général, de l'ordre du symbolique (des caractères), nous assure que le même mécanisme s'applique à tous les niveaux [3]. Aussi paraît-il crucial de disposer de notions primitives communes à toutes ces appréhensions et qui ne soient pas limitées à la perception spatiale *stricto sensu*. Comme l'indique Leibniz dans un texte sur lequel nous reviendrons : « il faut savoir

1. Ce qui peut s'entendre en deux sens : à la fois logique appuyée sur l'imagination, mais également partie « logique » de l'imagination.

2. Lettre de Lambert à Kant, 13 octobre 1770, trad. fr. E. Kant, *Correspondance*, Paris, Gallimard, 1991, p. 79.

3. Sous ce point de vue, la vraie séparation entre imagination et perception passe plutôt dans le fait que l'imagination opère sur des *possibilia*.

que les notions abstraites de l'agrégat des images sont les plus importantes parmi toutes celles dont la raison s'occupe, et qu'elles contiennent les principes et même les liens des choses imaginables » (A VI, 4, 722; trad. fr. R 151).

L'une de ces notions que le philosophe met régulièrement en avant est celle du *simul*, opérateur de toute co-existence. Cette thématisation est centrale dans la formulation de « commencements métaphysiques des mathématiques ». Mais il importe de remarquer qu'elle est présente dès l'époque qui nous occupe : les semblables peuvent être caractérisés, ainsi que le proposent les *Elementa ad calculum condendum*, comme ceux qui ne peuvent être discernés que s'ils sont présents *simultanément* [1]; c'est alors leur quantité qu'on distingue [2]. On peut donc définir également les entités congruentes de ce qu'elles ne peuvent être discernées lorsqu'elles sont présentes simultanément que par leur situation respective [3]. Mais le *situs* peut être défini, on l'a vu, par la perception simultanée [4], de même que l'espace lui-même [5].

Que ce *simul* agisse comme condition antérieurement à la constitution de l'espace lui-même se manifeste au fait qu'il agit au cœur d'un des principes fondamentaux de la connaissance au titre de la non-contradiction, selon la formulation traditionnelle : *impossibile est idem simul esse et non esse* [6]. Loin de signaler une primauté du temps, il est en fait, dès cette époque, au principe de sa définition :

1. A VI, 4, 155 : *Similia sunt quae per se discerni possunt si simul sint.* Je traduis *simul* par « simultanément », faute de mieux, mais il importe de saisir que ce qualificatif ne suppose pas de dimension temporelle pour Leibniz, mais au contraire permet de la décrire. C'est précisément un des aspects que les *Initia rerum mathematicarum metaphysica* expliciteront : ce qui gouverne le simul est la co-présence et donc la non-contradiction (ou, dans un monde donné, la compossibilité).

2. A VI, 4, 162 : *Hinc apparet duas res caetera similes, quae sola quantitate differant non posse distingui, nisi vel ope alicujus externae notae quam circumgestamus, et ad [quam] rem applicamus, vel saltem per compraesentiam; nam cum simul videmus ambo, tunc non difficulter res distinguimus; altera enim erga alteram velut mensura est.*

3. *Itaque* congrua *sunt quae simul percepta nullo modo quoad situm discerni possunt* (A VI, 4, 168).

4. « Lorsque deux points sont perçus simultanément, c'est leur situation mutuelle qui est par là même perçue (CG 228).

5. A VI, 4, 176 : Extensum *est in quo diversa similia simul percipi possunt.*

6. Ainsi que Leibniz le note dès sa lecture de Stahl en 1663-1664 : *Considerat etiam Metaphysica prima et universalissima cognitionis principia, ut sunt : impossibile est idem simul esse et non esse; quodlibet est, aut non est. Ubi prius etiam sic enunciatur : Duo contradictoria non possunt esse simul vera.* Voir également, dans le cadre des calculs logiques : A

> Si deux incompatibles existent, ils diffèrent temporellement ; l'un d'entre eux sera *antérieur temporellement* (respectivement : *postérieur*) qui est antérieur par nature (respectivement : postérieur). Celui qui est antérieur ou postérieur à l'autre est aussi (les deux étant posés comme existant) ce qui est simultanément avec ce qui est incompossible [1] de l'autre. Ainsi soit A simultané à B, B et C étant incompossibles, et que soit C, alors A sera antérieur ou postérieur à C temporellement. Si deux propositions sont vraies, qui apparaissent comme contradictoires à l'exception d'un critère qui est reconnu à partir des seules choses externes [2], alors elles diffèrent temporellement [3].

Le fondement de l'activité imaginative n'est donc pas lié à la perception de l'espace et du temps, mais à une condition de possibilité qui non seulement leur est antérieure à l'un et à l'autre – celle de ce que l'on appellera par la suite la « synthèse » – mais agit sur toute pensée, qu'elle soit de nature perceptive ou non.

On objectera alors que Leibniz insiste parfois, comme Descartes et Proclus avant lui d'ailleurs, sur le fait que le nombre a néanmoins ceci de singulier qu'il peut être appréhendé au niveau de la pensée pure, par la simple considération de la diversité, tandis que la perception simultanée est typique de l'intervention du *situs* et de l'espace :

> On appelle à ce jour Mathématique seulement cette science qui traite des choses en tant qu'on y considère leur grandeur. Aucune grandeur ne peut être comprise sans quelque variété ou diversité dans les choses à laquelle elle est attribuée, si on ne considère pas leur nature particulière ; si elles sont considérées seulement en tant qu'on les pense, il en naît la multitude des choses ou nombres ; si nous posons qu'elles ne sont

VI, 4, 248 : *Est autem* Oppositio *vel* contradictoria *cum duae propositiones oppositae nec simul verae esse possunt nec simul falsae*.

1. Leibniz utilise ici l'adjectif *incomponibilis* plutôt qu'*incompossibilis*, mais il a traité ces deux termes en synonymie dans les passages précédents et la langue française ne dispose pas d'une manière satisfaisante de marquer cette nuance.

2. Autrement dit, si on ne peut pas, sans circularité, rendre ces deux propositions compatibles sans les paramétrer à l'aide d'un indice externe (qui ne sera jamais qu'un faux-nez du temps comme pure succession ici).

3. *Si duo incompatibilia existant, tempore different, illud eorum* tempore prius (posterius) *erit, quod est natura prius (posterius). Illud quoque prius vel posterius alio est (positis ambobus existentibus) quod simul est cum incomponibili alterius. Ut si A sit simul cum B, sintque B et C incomponibilia, et sit etiam C, erit A prius aut posterius tempore quam C. Si duae propositiones sint verae, quae contradictoriae apparent, excepto uno discrimine, quod ex solis externis agnoscitur, tempore different*. (*Enumeratio terminorum simpliciorum*, entre 1680 et 1685, A VI, 4, 390). Voir également A VI, 4, 566.

> pas seulement pensées, mais perçu ensemble (*simul*), de là émerge la situation et l'étendue. Enfin si la diversité est perçue dans un même temps, il en résulte le changement ou la succession [1].

C'est tout à fait juste, mais nous devons bien prendre conscience du fait que ce constat n'opère justement pas au niveau de la synthèse. Ceci nous explique également un fait que nous avons laissé jusqu'à présent inexpliqué : pourquoi, alors qu'il a tout à fait les moyens de produire une définition purement logique du nombre, Leibniz ne cherche-t-il pas à édifier sur ce fondement sinon l'ensemble des mathématiques, du moins l'arithmétique et l'algèbre ? C'est qu'il nous a rappelé également que dès qu'une notion est *composée*, nous ne la saisissons plus directement, mais par l'intermédiaire de caractères. Or avec les caractères entre en ligne de compte un aspect perceptif irréductible dont nous avons déjà vu plusieurs exemples. Même dans le cas des petits nombres, il ne faut pas confondre deux choses différentes : le fait de les appréhender un par un et le fait d'en penser plusieurs *ensemble* de telle sorte qu'ils en produisent un autre. Dans ce dernier cas, qui est précisément celui qui nous intéresse en mathématiques, le *simul* joue un rôle absolument central. En ce point, Leibniz serait tout à fait d'accord avec Kant sur le fait qu'il n'y a rien dans le pur concept de deux nombres, au sens du pur compte du divers, qui permette d'en faire sortir la synthèse [2].

On peut trouver là une des raisons pour lesquelles il s'éloigne de la définition purement logique du nombre (et s'oriente plus nettement vers

1. *De rebus in scientia mathematica tractandis* (1680-1682 ?) A VI, 4, 381-382 : *Mathematica Scientia ea demum hodie dicitur quae agit de rebus quatenus earum magnitudo consideratur. Nulla intelligi potest magnitudo sine aliqua varietate seu diversitate in rebus quibus tribuitur, et quidem rerum diversitas, si specialis earum natura non consideretur, si spectata tantum prout cogitatur, multitudinem rerum seu numeros parit, si ponatur non cogitari tantum, sed et simul percipi, hinc oritur situs atque extensio. Denique si diversitas percipiatur in eodem diverso tempore, oritur mutatio sive successio*. L'expression *eodem diverso* est troublante puisque les deux ajectifs sont ordinairement opposés par Leibniz. Comme Leibniz a successivement écrit : si (1) *diverso tempore percipi intelligatur*, (2) *ponatur in eodem*, pour mettre finalement *diversitas*, il nous semble que le *diverso* est une rémanence d'une première rédaction que Leibniz a oublié de biffer.

2. On pourra également remarquer que le décompte pur suppose de disposer d'entités qui ne se distinguent pas par la qualité. Or si la qualité ne se distingue elle-même que par la co-présence, cela signifie que le niveau purement conceptuel de la pure *diversitas* suppose déjà, constitutivement, son redoublement dans la perception simultanée. Il opère donc comme réquisit plutôt qu'à même le processus de connaissance, ce qui pourrait expliquer plusieurs formules de Leibniz en ce sens et le fait, sur lequel nous reviendrons par la suite, qu'il confère au concept de grandeur un rôle fondationnel plus fort qu'à celui de nombre.

une dérivation à partir du concept de grandeur). De fait, on peut imaginer des synthèses – c'est typiquement le cas dans les calculs logiques que Leibniz élabore au milieu des années 1680 – dans lesquelles les notions ne se répètent pas (*irrepetibilia*). Or rien dans le concept de nombre issu de l'appréhension du divers pur ne m'assure que le *simul* dans lequel je vais le considérer n'est pas de ce type (de fait, nous savons aujourd'hui qu'un nombre peut être irrépétable, par exemple dans une algèbre de boole où $1 + 1 = 1$)[1]. Cette situation peut évidemment se produire à l'intérieur des mathématiques, par exemple lorsque la synthèse considérée est la somme (l'union) de deux entités dont l'une est incluse dans l'autre[2]. C'est pourquoi Leibniz insiste souvent sur le fait que le nombre intervient dans le calcul ordinaire dans un dispositif de *repetitio* qui n'a de sens que dans le cadre d'une mesure des grandeurs, mais ne vaut pas en général dans le cas de parties qui peuvent se chevaucher en totalité ou en partie[3].

Mais Leibniz est allé bien plus loin que de donner une amplitude sans précédent au rôle de l'imagination dans la connaissance mathématique. Il a surtout montré que l'on pouvait engendrer une grande partie des notions primitives des mathématiques sur cette seule donnée. Sa grande idée, directement issue des réflexions parisiennes, a été alors de considérer les relations fondamentales comme différentes manières de discerner (ou non) des objets.

Notions primitives et imagination

Dans cette section, je voudrais m'attarder sur un texte que j'ai volontairement laissé de côté dans le chapitre précédent alors qu'il est un des

1. *Repetitio alicujus literae in eodem termino inutilis est et sufficit eam retineri semel, exempli causa* aa, *seu homo homo*, A VI, 4, 289, 1679, *ad specimen calculi universalis addenda*.

2. Voir le texte de 1686 significativement intitulé *De casibus in quibus compenendo nihil novi fieri potest* et dont la première phrase est : *Ex duobus* A, B, *si contineantur in uno ex ipsis, ita enim binio coincidit cum continente.* (A VI, 4, 824). L'exemple qu'il prend dans un de ses textes logiques et sur lequel nous reviendrons est celui de quelqu'un qui compterait six oeufs dans un panier de trois en commençant par prélever deux oeufs qu'il ajouterait aux trois de départ, puis le dernier (voir p. 333).

3. *Quantitas est posse totum congruere certo modo secundum aliquem numerum repetitionum et assumtionem rerum partiumque rebus determinatis* (A VI, 4, 169). Comme nous le verrons plus loin, Leibniz a explicitement thématisé ces aspects au titre de la « communication » des parties, *cf.* p. 321.

plus éclatants succès de la nouvelle analyse : les *Elementa nova matheseos universalis*. Leibniz y entreprend en effet, comme l'indique le titre, de repenser complètement le projet d'une mathématique universelle qu'il hérite de Descartes et de ses successeurs [1], mais sous l'égide d'une *logique de l'imagination* [2]. On y trouve un magnifique exemple de classification des relations « identiques ». Mais le point qui va le plus m'intéresser est que Leibniz y rend parfaitement explicite une approche que nous avons déjà vu se dessiner et qui consiste à définir chacune des relations fondamentales en termes d'indiscernabilité. Étant donné l'importance de ce passage pour notre étude, qu'on me permette de le citer à nouveau :

> Sont semblables les choses qui ne peuvent être discernées par elles-mêmes quand elles sont prises isolément ; les qualités ou formes sont ce par quoi les choses sont discernées par elles-mêmes. On discerne toutefois les choses semblables entre elles par comparaison, ce qui s'effectue soit par la coprésence des choses à comparer, soit par la coprésence de chacune à une même troisième [3]. Quand donc les choses ne peuvent se discerner par la forme ou qualité, alors, si elles peuvent se discerner entre elles (c'est-à-dire si elles diffèrent par plus que le nombre), elles peuvent se discerner par la Quantité. En vérité celles qui ne peuvent se discerner ni par la forme ni par la grandeur, peuvent être dites *Hypallèles*, parce que l'une peut être substituée à l'autre. Si la similitude consiste alors en la seule considération des extrémités, elles sont dites *Congruentes*. Certaines peuvent en effet être semblables et convenantes selon quelque forme, mais pas selon une autre. Ainsi un globe d'or et un globe d'argent peuvent être congruents, à savoir convenants en leurs extrémités, c'est-à-dire à la fois égaux et semblables selon les extrémités, au point de convenir selon la corporéité en général, sans être pour autant semblables

1. Sur les modalités de cet héritage, voir G. W. Leibniz, *Mathesis Universalis. Écrits sur la mathématique universelle*, *op. cit.*, introduction.

2. Cette désignation se trouve justifiée ainsi : « L'imagination concerne généralement deux aspects, la Qualité et la Quantité, ou encore la grandeur et la forme, suivant que les choses sont dites semblables ou dissemblables, égales ou inégales. Et de fait, la considération de la similitude appartient à la *Mathesis generalis* non moins que celle de l'égalité. Ceci vient à l'évidence du fait que la *Mathesis specialis*, en ce qu'elle est Géométrie, étudie souvent la similitude des figures. » (A VI, 4, 513 ; trad. fr. MU 99).

3. Outre la lettre à Gallois de septembre 1677, voir le fragment *Characteristica Geometrica* de janvier 1677, fgt II (LH XXXV, 1, 11, fol. 25 ; CG 57) ou celui du 10 août 1679, fgt IX (LH XXXV, 1, 11, fol. 1-16 ; CG 142-233), notamment le § 31. Plus généralement, toute la description des relations fondamentales (§ 22 à 39) présente de nombreuses concordances avec notre passage.

> en tout, puisqu'ils diffèrent par la qualité de la matière. (A VI, 4, 515; trad. fr. MU 100)

Le passage qui suit est celui qui traite de la distinction *solo numero* et que nous avons mentionné parce qu'il indique le lieu où opère la démarcation entre mathématiques et métaphysique, tout en reliant clairement la première à une imagination conçue dans le prolongement des structures perceptives. Mais il peut être utile de le citer également à nouveau pour en donner le contexte d'ensemble et, en particulier, le prolongement dans la question de la coïncidence sur laquelle il nous faudra revenir :

> Diffèrent en nombre les choses qui ne peuvent pas même être discernées entre elles par comparaison, mais doivent être rapportées à des choses extérieures, à savoir le lieu et le temps. Et s'il est possible que dans la nature soient données des choses différant seulement par le nombre, et que de cela seul découle qu'elles sont à la vérité non pas une mais plusieurs, ce n'est pas ici le lieu d'en traiter, mais relève de la Métaphysique ; il nous suffit que l'on puisse trouver des choses telles qu'elles ne puissent être discernées par l'imagination, c'est-à-dire par ce qui apparaît aux sens. Mais quand les choses ne diffèrent pas même par le nombre, et si par hasard il arrive qu'elles ne diffèrent que dans notre expression, c'est-à-dire qu'elles apparaissent différentes selon différents points de vue, elles seront dites *coïncidentes*. Ainsi l'Ellipse, section du cône, coïncide avec une certaine Ellipse, section du cylindre, ce qui apparaît naturellement quand on comprend que le cône et le cylindre s'intersectent obliquement. (A VI, 4, 515-516 : trad. fr. MU 100)

Avant de pénétrer plus avant dans l'analyse de ce texte, revenons sur un dernier aspect important. On pourrait croire, en effet, que les relations fondamentales ici exhibées sont fondamentalement et exclusivement géométriques. Ce que Leibniz aurait à l'esprit en parlant de logique de l'imagination serait donc une structuration logique des relations spatiales. Or il s'agit d'une structuration bien plus large. Tout d'abord, Leibniz insiste dès le début du texte sur le fait que sera exclu de son étude ce qui relève de la *Mathesis specialis* et concerne les nombres, le *situs* et le Mouvement ; de fait, on a déjà vu que l'analyse des situations nécessite de faire intervenir d'autres entités que les simples identiques : l'espace, le point, les lignes ou trajectoires de points, etc. Mais surtout, le texte précise par la suite que les notions de similitude ou de coïncidence portent en fait non seulement sur les formes géométriques, mais sur les formes symboliques elles-mêmes :

> Ce qu'on appelle communément la comparaison des Équations n'est rien d'autre que lorsqu'on suppose deux formules, qui peuvent avoir des expressions diverses, comme devant être en fait coïncidentes ; d'où il résulte que les grandeurs correspondantes que chacune détermine doivent aussi

être coïncidentes entre elles. Ceci a lieu, non seulement dans les équations, mais aussi dans les formules de grandeurs et même, non seulement dans les formules de grandeurs, mais aussi dans les formules de tout ce que l'on voudra d'autre. (A VI, 4, 516 : trad. fr. MU 102)

Nous avons déjà eu de nombreux témoignages de cette orientation dans les pages qui précèdent, mais il est remarquable que Leibniz l'ait thématisée comme telle : la reconnaissance des formes ne se limite nullement en mathématiques à l'appréhension des figures géométriques, mais concerne également tous les autres *caractères*. De même que la question de l'identification engage avec elle immédiatement celle de l'identité des signes au travers de certaines transformations, de même toute structure sera elle-même soumise à cette structuration de second niveau du côté de son expression symbolique.

Au-delà des considérations de similitude, Leibniz enchaîne d'ailleurs sur celles qui concernent la perception et l'usage des symétries dans le calcul. Ceci concerne aussi bien la question de l'ambiguïté des racines d'une équation [1] que les lois de formations et de traitement des équations comme la loi des homogènes ou la loi de justice [2]. Sans surprise c'est le moment où Leibniz fait également intervenir la subordination de la « science de la grandeur » à l'*ars combinatoria* comme « science des formules » [3]. Nous trouvons ici la matrice d'un développement qui se retrouvera jusqu'aux *Initia rerum mathematicarum metaphysica* où la Combinatoire, présentée comme doctrine abstraite des formes, gouverne le principe de justice, lui-même vu comme cas particulier du principe général de détermination ou d'ordre [4].

Mais on notera plus particulièrement que ces considérations permettent de transférer les questions de similitude au niveau des relations elles-mêmes, dans un étagement réflexif dont on voit qu'il est potentiellement ouvert :

1. Il est très remarquable que cette question de la symétrie et de l'ambiguïté ait été reprise sous ce terme par Évariste Galois (dans sa lettre testament à Auguste Chevalier) et qu'elle ait donné lieu à une explicitation en termes d'indiscernabilité des racines qui subsiste jusqu'à nos jours.

2. A VI, 4, 518.

3. *Hoc locum habet non tantum in aequationibus, sed et in formulis magnitudinum, imo non 10 tantum in formulis magnitudinum, sed et in formulis quibusvis aliis, ut si literae designarent non magnitudines sed puncta. Combinatoria enim seu doctrina de formulis generalior est Logistica seu doctrina Magnitudinis* (A VI, 4, 516).

4. Voir p. 14

> Il faut noter que peuvent être semblables des formules par lesquelles est exprimée la relation mutuelle de deux quantités entre elles, sans cependant que ces quantités soient dans la même raison, ni que ce qui est composé à partir d'elles ne soit en conséquence semblable ; par exemple soient trois grandeurs, a, x, y, et trois autres, b, z, v, et soit $aa = xx + yy$; de même $bb = zz + vv$. Vraiment, ce n'est pas pour cela que a, x, y sont proportionnels à b, z, v. Même si le triangle de côtés b, z, v, n'était pas semblable au triangle de côtés a, x, y, il se pourrait que l'équation pour ceux-là soit semblable à l'équation pour ceux-ci. Nous recueillons cependant une certaine convenance à partir de cette similitude des formules, à savoir que les courbes qui sont lieux des x et y et celles qui le sont des z et v sont de même nature, en l'occurrence des cercles [1].

Ainsi Leibniz se trouve-t-il en mesure d'expliciter la capacité des mathématiques à prendre leurs propres formations symboliques comme objets pour la détection de structures de niveau supérieur [2]. Comme il l'a rappelé dans le *Dialogus*, les mathématiques énoncent parfois des vérités « des caractères eux-mêmes (comme dans les théorèmes concernant la preuve par neuf) ». Ceci est directement lié au fait qu'il s'agit bien du même mécanisme qui agit au niveau des objets perçus du monde sensible (dont je peux détecter, par exemple, les « formes ») et des caractères que nous posons pour représenter ces objets (dont je peux également détecter les « formes »). Or rien n'empêche évidemment de poser ensuite des caractères représentant ces relations entre caractères (comme Leibniz le fait pour la similitude), et ainsi de suite autant que de besoin. Chaque niveau pourra alors faire droit à des régimes nouveaux d'identification et de comparaison.

Ces remarques faites, nous pouvons revenir à notre série de relations définies par des types d'indiscernabilité. Le point que nous voudrions mettre en avant ici, au titre de l'organisation des « notions primitives », est le type de hiérarchie auquel Leibniz parvient :

> Il est également évident que les coïncidents sont à forte plus raison Hypallèles et ceux-ci à plus forte raison congruents, et les congruents à plus forte raison semblables. Plus de choses, en effet, sont requises pour démontrer la coïncidence que la congruence, et plus pour démontrer

1. A VI, 4, 518. Cette question est reprise plus clairement encore en ouverture du texte *Matheseos Universalis pars prior* où Leibniz introduit la notion de similitude directement au niveau des relations (GM VII, 57 ; trad. fr. MU 133). Voir p. 213.

2. Un phénomène semblable à ce que Cavaillès désigne comme celui de la « thématisation ».

> la congruence que pour démontrer l'égalité seulement ou la similitude seulement. (A VI, 4, 515; trad. fr. MU 100-101)

Plusieurs traits doivent particulièrement nous arrêter : tout d'abord, la formulation en termes de réquisits nous montre qu'une relation plus forte qu'une autre sera également plus difficile à établir. Du point de vue de l'organisation conceptuelle, la question se pose donc de savoir si nous devons partir des conditions les plus fortes ou de celles qui demandent le moins de réquisits, le problème étant que l'expression la plus simple sera également la plus pauvre en ce qu'elle permettra de faire moins de distinctions [1]. Ensuite, il est frappant que Leibniz introduise ici une relation qui ressemble fortement à celle de l'identité logique (des objets qui ne diffèrent ni par leurs qualités intrinsèques, ni par leur quantité), mais en se gardant bien de la présenter comme telle (par la substitution *salva veritate*). Enfin, non moins remarquable est le fait que Leibniz ouvre un domaine où les objets ne différeraient même pas *solo numero* et qu'il nomme *coïncidence* (un même objet vu de deux points de vue différents).

On pourra objecter qu'il ne s'agit pas ici d'identité logique parce que les mathématiques se limitent, en tout état de cause, à la considération de certains prédicats. Mais ce serait ignorer l'approche phénoménologique que Leibniz a suivie et qui suppose que l'on n'a pas toujours déjà départagé les qualités mathématiques de celles qui ne le sont pas. Notre texte est parfaitement explicite sur ce point non seulement en rappelant que la forme d'une entité est constituée de toutes ses qualités intrinsèques (*qualitates vero seu formae sunt quibus res per se discernuntur*), mais surtout en distinguant hypallélisme et congruence, au motif que la première peut impliquer des qualités comme le fait d'être en or ou en argent, tandis que la congruence ne se préoccupe – selon la définition élaborée à Paris – que de l'identification des extrémités. Nous ne devons donc pas être surpris de ce que la question s'ouvre précisément ici de la détermination métaphysique de l'identité (ou de l'individuation) qui revient à demander si les qualités auxquelles nous avons accès d'un point de vue phénoménologique épuisent toutes les qualités. La réponse de Leibniz est que cette question

1. On peut penser ici à la difficulté semblable qui se pose en logique dans le choix des ressources expressives qu'on se donne. Il arrive qu'un langage très simple s'avère finalement trop pauvre pour être pleinement intéressant (par exemple le langage de l'égalité pure en logique du premier ordre) tandis qu'un langage trop riche peut trivialiser certains problèmes (il suffit de mettre n'importe quel théorème en axiome pour que sa dérivation devienne triviale dans un système).

ne peut pas être tranchée de l'intérieur des mathématiques, précisément parce que les mathématiques traitent de l'imagination et qu'elles doivent donc se situer toujours dans des régimes de choses marqués par leur indiscernabilité *apparente*.

C'est là un aspect crucial à garder en mémoire dans les discussions sur les rapports entre logique, mathématiques et métaphysique. Si, en effet, nous tenons, comme nous y invitent plusieurs textes, que la logique a une portée plus générale que les mathématiques en ce qu'elle ne se limite pas aux imaginables, mais touche à la question de la compatibilité (ou de l'incompatibilité) des notions en général, alors, on voit à nouveau qu'il n'y a aucun moyen de poser l'identité logique comme une identité absolue que l'on mobiliserait ensuite en *spécifiant* certains traits pertinents. Le niveau mathématique est, en effet, distinct du niveau métaphysique qui lui reste radicalement inaccessible. Si, en revanche, on rapproche la logique des mathématiques dans la mesure (et dans la mesure seulement) où l'on sacrifie certains niveaux de distinction et que l'on s'autorise à y traiter « abstraitement » des notions (à termes sous la forme de variables entrant dans des fonctions ou des opérations), alors on pourra certes rapprocher l'identité logique des identiques mathématiques – comme Leibniz le fait lui-même dans ce contexte – mais au prix d'abandonner toute perspective métaphysique sur les entités *réelles* (qui ne seront *pas* directement exprimables dans ce calcul). C'est là tout le problème de la place de la logique comme art général de penser et comme analyse des notions.

On peut néanmoins aller plus loin avec l'intervention de cette étrange relation de coïncidence qui paraît ici *plus forte* que celle agissant au niveau du *solo numero*. Ceci est intéressant à plus d'un titre. Tout d'abord, on voit que la relation la plus forte n'est pas l'identité de deux objets semblables en tous points, mais différents par la position seulement – ce qui autoriserait à les compter pour deux. Mais bien l'identité à soi d'une entité qui non seulement partage bien évidemment, par principe, toutes ses qualités intrinsèques avec elle-même, mais se trouve également *dans la même position* (Leibniz prend l'exemple d'une section conique vue à partir de deux constructions différentes). Il est clair que nous avons besoin de cette notion de coïncidence en mathématiques où l'on peut bien trouver deux entités partageant toutes leurs propriétés sans se trouver en deux situations spatiales distinctes. Pour prendre un exemple différent de celui proposé par Leibniz, pensons simplement ici à l'importance de la coïncidence des points en géométrie (ou, ce qui revient au même, des

« points de coïncidence »)[1]. Cette identification ne peut avoir lieu que dans les abstraits où l'on peut justement détacher certaines relations des qualités intrinsèques des objets, alors que c'est le principe même de la complétude d'une substance que tout ce qui peut en être prédiqué doit être intrinsèque (*i.e.* compris dans la notion elle-même à titre de prédicats). Ceci constituera d'ailleurs une difficulté majeure pour tout calcul logique dès lors qu'il veut s'appuyer sur une forme de coïncidence. Comme on le verra au chapitre 6, Leibniz trouvera une solution en choisissant justement de n'aborder les termes concrets dans ses calculs que par l'intermédiaire d'abstraits « logiques »[2].

Pour revenir aux problèmes que nous évoquions ci-dessus, il est remarquable que cette situation se retrouve précisément en logique dès lors qu'elle traite *abstraitement* des notions. De fait, dans le domaine du langage, nous trouvons une distinction comparable avec la distinction *de re/de dicto* qui fait qu'il n'est jamais possible de raisonner uniquement en termes de prédicats *intrinsèques*. Comme on l'a vu, Leibniz rappelle justement cette précision lorsqu'il introduit les identiques dans les *Nouveaux essais* « on peut tousjours dire dans l'abstrait, que le triangle n'est pas le trilatère, ou que les raisons formelles du triangle et du trilatère ne sont pas les mêmes, comme parlent les Philosophes. Ce sont de différens rapports d'une même chose. » (NEEH IV, 2, § 1 ; A VI, 6, 362). À l'époque qui nous occupe, il ne manque pas de faire déjà cette restriction au type de substitution qu'autorise le fait de passer par les énoncés pour parler des choses :

> SI *A est B* et *B est A*, *A* et *B* sont IDENTIQUES. Ou encore *A* et *B* sont IDENTIQUES s'ils peuvent être substitués partout l'un à l'autre (exception faite toutefois des cas où il s'agit non de l'objet, mais de la manière de le concevoir, où ils diffèrent en tout cas. Ainsi *Pierre* et l'*Apôtre qui renia le Christ* sont identiques, et chaque terme peut être substitué à la place de l'autre, si ce n'est quand je considère la manière de concevoir que certains appellent réflexive, par exemple quand je dis : *Pierre, en tant*

1. Leibniz mentionne cet exemple au titre de la doctrine de la coïncidence au début du *Specimen Geometriae Luciferae* avec l'exemple de la coïncidence des milieux des diamètre d'un cercle (GM VII, 261). Je le mentionne à dessein, car il est au cœur des interrogations que les mathématiciens contemporains peuvent adresser et à la notion de point et à la notion d'identité, *cf.* P. Cartier, « La folle journée, de Grothendieck à Connes et Kontsevich. Évolution des notions d'espace et de symétrie », *Publications Mathématiques de l'IHÉS*, vol. 88, 1998.

2. Voir p. 229.

> *qu'il fut l'Apôtre qui renia le Christ*, a pêché en cela, je ne puis en tout cas substituer *Pierre*, car je ne peux pas dire : *Pierre, en tant qu'il fut Pierre, a pêché.*)[1]

Ceci renforce un point sur lequel nous n'avons cessé d'insister : il ne semble pas qu'on puisse rapprocher, comme s'y est essayé toute une tradition, identité logique et identité métaphysique – du moins sans écraser ce qui, pour Leibniz, fait précisément la singularité du domaine métaphysique comme seul apte à affronter la question des individus *réels*.

Des mathématiques à la métaphysique (et retour)

Nous sommes maintenant en mesure d'aborder une question restée pendante et qui tient au rapport entre imagination et métaphysique. En un sens, on l'a vu, Leibniz tient que la métaphysique commence où le règne de l'imagination s'arrête. Nous avons même un critère clair pour départager ces deux règnes : dès lors que nous avons affaire à des notions complètes, nous échappons à l'emprise d'une imagination qui n'a jamais affaire qu'à des indiscernables. Pourtant dans le passage du *De arte characteristica ad perficiendas scientias ratione nitentes* que nous avons déjà cité à plusieurs reprises[2], Leibniz établit une parfaite continuité au sein de son « analytique générale des pensées humaines » – dont ses analyses mathématiques sont censées être des échantillons – entre l'étude des notions mathématiques et celle de « ce qui arrive par soi et par accident » ou « de la nature générale de la substance, ainsi que de la spontanéité parfaite et de l'impossibilité pour les substances d'être engendrées et corrompues » ; dans la lettre à Gallois où il introduit sa définition nouvelle de la similitude, il précise qu'elle est nécessaire pour établir de « véritables démonstrations en métaphysique »[3] ; dans les *Elementa rationis*, la nouvelle analyse est décrite ainsi : « dans la géométrie elle-même, ou mieux encore dans le calcul spécieux des mathématiciens, on peut, à partir des notions *métaphysiques* relatives au semblable et au déterminé, découvrir, avec une économie admirable, bien des choses que les Géomètres extraient en général à

1. *Notationes Generales*, 1683-1685, A VI, 4, 552 ; trad. fr. R 449.

2. Voir p. 38.

3. Rappelons l'ouverture de la lettre : « Il n'est pas si aisé qu'on pense, de donner des veritables demonstrations en metaphysique. Cependant il y en a et de très belles. On n'en sçauroit avoir avant que d'avoir establi de bonnes definitions qui sont rares. Par exemple il n'y a personne qui ait bien defini ce que c'est que semblables. »

grand-peine » (je souligne). Ces déclarations, qu'on pourrait multiplier à l'envi, sont d'ailleurs cruciales pour comprendre la relance du projet de caractéristique universelle en équivalence à une vision renouvelée de l'*ars combinatoria*, sur laquelle nous reviendrons au chapitre suivant.

De fait, il existe dans certains textes des années 1680 des enchaînements de définitions passant de notions métaphysiques à des notions mathématiques, dans l'esprit de ce que présenteront les *Initia rerum mathematicarum metaphysica* [1]. Il n'en reste pas moins que ces textes, souvent des listes de définitions pour constituer le catalogue des pensées humaines, sont assez différents des textes consacrés aux mathématiques et dans lesquels on trouve effectivement des *démonstrations*. Il nous faut donc expliquer pourquoi Leibniz pense qu'il a donné les moyens de fournir de telles démonstrations en métaphysique. Par ailleurs, le fait que l'on puisse énumérer différentes notions ne nous dit rien sur le type de connaissance qui s'y trouve impliqué et l'on voit mal comment on pourrait dépasser la séparation nette instaurée entre ce qui relève de l'imagination et ce qui n'en relève pas.

Il me semble qu'il faut plutôt suivre ici une autre piste, indiquée dans les *Elementa rationis* et que j'ai déjà eu l'occasion d'évoquer. Juste après avoir mentionné le fait que « si l'usage de la *mathesis* réussit à merveille dans les domaines qui peuvent tomber sous les yeux, dans ceux qui par soi ne sont pas soumis à l'imagination on a jusqu'à présent travaillé avec un moindre succès », voici en effet ce qu'avance Leibniz

> Et pourtant il faut savoir que les notions abstraites de l'agrégat des images sont les plus importantes parmi toutes celles dont la raison s'occupe, et qu'elles contiennent les principes et même les liens des choses imaginables, et pour ainsi dire l'âme de la connaissance humaine. Bien plus, c'est en elles que consiste principalement ce qui est réel dans les choses, comme l'ont excellemment remarqué Platon et Aristote, contrairement à ce que pense l'école des Atomistes. En dernière analyse, il s'avère de façon certaine que la physique ne peut se passer de principes métaphysiques. En effet, bien qu'elle puisse ou doive être reconduite à la mécanique, ce que nous accordons sans réserve aux philosophes des corpuscules, pourtant il y a jusque dans les premières lois de la mécanique, outre la géométrie et les nombres, quelque chose de métaphysique, concernant la cause, l'effet, la puissance et la résistance, le changement et le temps,

1. Voir notamment la *Divisio terminorum ac enumeratio attributorum* (1683-1685, A VI, 4, 558 sq.) ou les *Definitiones notionum metaphysicarum atque logicarum* (mi-1685 (?), A VI, 4, 624 sq.).

> la similitude et la détermination, à travers lesquels on se fraie un passage des choses mathématiques aux substances réelles. (A VI, 4, 722 ; trad. fr. R 151)

Ceci est confirmé par le trajet que nous avons suivi jusqu'à présent. Nous avons vu, en effet, que la question de la similitude parfaite advient précisément à la jonction des questions métaphysiques (sur l'individuation des êtes réels), de la physique (sur l'équipollence de la cause pleine et de l'effet entier) et des mathématiques (sur l'indiscernabilité des formes). Or il est indéniable que la définition de la similitude opère à ces trois niveaux où elle sert de ligne de partage, en conjonction, on l'a également vu, avec celle de détermination. En ce sens, ces notions peuvent être dites « métaphysiques » : les décisions qui fondent leurs domaines d'application (principe des indiscernables, principe de raison, principe d'équipollence de la cause pleine et de l'effet entier) sont bien de ce type. Mais les arguments qui conduisent à ces décisions se font sur la base d'un système axiomatico-déductif *interne aux mathématiques*. En dépliant les différentes formes que peut prendre la discernabilité, nous obtenons des résultats qui retentissent sur la constitution métaphysique du réel lui-même (pensons à l'argument selon lequel il n'est pas possible d'avoir dans le monde deux causes physiques produisant des effets de même grandeur, ou au fait que la matière ne peut pas être homogène, au sens mathématique du terme). Et c'est bien ce que dit Leibniz, qu'on se fraie ainsi un passage (*per quae transitus datur*) « des choses mathématiques aux substances réelles ».

Nous pouvons alors relire avec attention le passage qui fait directement suite à celui-ci et qui porte sur la « science du semblable et du dissemblable en général, ainsi que des formules et des combinaisons de signe ». Leibniz poursuit en effet : « selon toute son ampleur, elle règne non seulement sur la *mathesis* et sur les arts assujettis à l'imagination (...), mais montre aussi la voie par laquelle on peut exprimer sensiblement tout ce qui paraît retranché de la juridiction de l'imagination, comme nous le ferons voir ». On voit qu'il ne s'agit pas ici d'*appliquer* tel quel un formalisme issu des mathématiques à des domaines où il n'a pas de prise. À ma connaissance, une telle application n'a d'ailleurs pas d'exemples dans l'œuvre de Leibniz, y compris dans des textes plus tardifs, même s'il lui arrive à l'occasion (quoique rarement) de dresser des analogies entre les deux domaines. Dans tous ces passages, Leibniz insiste sur le fait que le formalisme « ouvre un passage » (*transitus datur*) ou « montre la voie » (*viam praebet*). Et c'est bien ce que permettront les calculs logiques : de porter un formalisme similaire à celui qui se déploie dans la pratique mathématique (via la « réduction des identiques ») au niveau des concepts eux-mêmes, qu'ils soient mathématiques ou non. Mais il faut alors bien prendre garde au fait que ce mouvement va des mathématiques vers la logique, et non le contraire. L'*ars combinatoria* n'y opère pas lui-même à la manière d'un calcul, mais d'un art plus général dont ces différentes formes de calculs sont des échantillons. C'est sur ce point qu'il nous faut maintenant nous attarder plus en détail pour bien saisir comment Leibniz parvient à la fin des années 1680 à une première synthèse de la « mathématique universelle » et de la « métaphysique de l'indivuation ».

CHAPITRE VI

LA SCIENCE DES FORMES ET DES FORMULES

Maintenant que nous avons isolé et décrit la mise en place d'une nouvelle pratique mathématique, centrée sur la « réductions aux identiques », et son lien à la métaphysique, il est possible de revenir sur le programme d'un *ars combinatoria*, que Leibniz a mis en avant sans discontinuer depuis ses œuvres de jeunesse. Le changement qui affecte le programme inital lors du séjour parisien retentit, en effet, directement sur la conception de l'art combinatoire, désormais pensé comme « science des formes et des formules » [1] et soutien principal du programme d'une « science générale ». De fait, la notion de « forme », appuyée sur un concept renouvelé de similitude, est au cœur de la réorganisation conceptuelle des mathématiques qui s'inaugure alors et touche, comme on l'a vu, à des questions métaphysiques fondamentales. En outre, elle s'étend immédiatement à l'imagination symbolique et donc aux formules.

Par ailleurs, s'il faut résister à la lecture qui ordonne d'emblée les identiques, et les différentes spécifications de la « forme », à la seule identité logique, il reste vrai que Leibniz parvient au milieu des années 1680 à l'élaboration de calculs logiques autrement plus puissants que ce qu'il avait obtenu dans un premier temps. C'est précisément l'époque d'où datent les déclarations les plus enthousiastes à propos de la réalisation de la caractéristique générale comme calcul universel, explicitement présentée dans la

1. Sur l'évolution des usages de l'*ars combinatoria* après le *De arte*, je renvoie à la thèse d'Arilès Remaki (A. Remaki, « l'Ars Combinatoria comme art d'inventer chez G. W. Leibniz sur la période 1672-1680 », *op. cit.*). Lors de son retour en Allemagne, Leibniz envisage le projet d'un nouveau traité d'*ars combinatoria*, dont un témoignage est conservé dans le *De arte combinatoria scribenda* de 1680, A VI, 4, 423-426.

continuité des recherches sur la structure relationnelle des mathématiques. Comme Leibniz l'explique à Arnauld en 1688 :

> Si je trouve un jour assez de loisir, je veux achever mes méditations sur la caractéristique générale ou manière de calcul universel, qui doit servir dans les autres sciences comme dans les mathématiques. J'en ai déjà de beaux essais, j'ai des définitions, axiomes, théorèmes et problèmes fort remarquables de la coïncidence, de la détermination (ou de *de unico*), de la similitude, de la relation en général, de la puissance ou cause, de la substance, et partout je procède par lettres d'une manière précise et rigoureuse, comme dans l'algèbre. (À Arnaud, 14 janvier 1688)

Cette déclaration n'est pas sans évoquer celles que nous avons déjà croisées dans d'autres textes de la même époque, qu'il s'agisse du *De Synthesi* sur l'art combinatoire comme « science (que d'une manière générale on pourrait aussi appeler caractéristique ou spécieuse), qui traite des formes des choses ou des formules dans leur ensemble, c'est-à-dire de la qualité en général (le semblable et le dissemblable) » [1], des *Elementa rationis* sur « la science du semblable et du dissemblable en général, ainsi que des formules et de la combinaison des signes » qui « peut être transmise au moyen de démonstrations, non moins que celle, communément reçue, de l'égal et de l'inégal » [2], ou encore du *De arte characteristica ad perficiendas scientias ratione nitentes* sur les axiomes plus généraux que ceux d'Euclide « qui traitent de ce qui coïncide, de ce qui est congruent, semblable, déterminé, de la cause et de l'effet, c'est-à-dire de la puissance des relations de façon universelle, du contenant et du contenu » [3].

1. A VI, 4, 545 ; trad. fr. R 135 (entre 1683 et 1686), voir p. 71.

2. A VI, 4, 723 ; trad. fr. R 152-153 (1686). Voir p. 184.

3. A VI, 4, 911 ; trad. fr. R 161 (1688), voir p. 38. À ces textes que nous avons déja croisés, on pourra ajouter la lettre à Foucher du 23 mai 1687 sur laquelle je reviens plus bas (p. 326). Une telle description survit au moins jusqu'au début des années 1690 : « L'art des combinaisons (...) signifie chez moi, autant que la science des formes ou formules ou bien des variations en général ; en un mot c'est la Spécieuse universelle ou la Charactérique (sic). De sorte qu'elle traite *de eodem et diverso* ; *de simili et dissimili* ; *de absoluto et relato*. comme la Mathematique ordinaire traite de *uno et multis*, *de magno et parvo*, *de toto et parte*. On peut même dire que la Logistique ou bien l'Algebre luy est sousordonnée en un certain sens. Car lorsqu'on se sert de plusieurs notes indifferentes, ou qui au commencement du calcul pouvoient estre echangées et substituées mutuellement sans faire tort au raisonnement, en quoy les lettres d'Alphabet sont fort propres ; et lorsque ces lettres ou notes signifient des grandeurs, ou des nombres generaux, il en vient l'Algebre ou plus tost la Specieuse de Viete » (G. W. Leibniz, *De l'horizon de la doctrine humaine*, éd. par Michel Fichant, Paris, Vrin, 1991, p. 35-36).

Certes ces textes témoignent de variations terminologiques et d'hésitations qu'il ne faut pas ignorer. Pas plus ne faut-il cacher que la place et la portée de l'art combinatoire au sein du projet d'une *Scientia generalis* varie d'un texte à l'autre et qu'il n'est pas toujours facile de s'y repérer. Reste que toutes ces mentions ont à voir avec la promotion d'un nouveau pan des mathématiques dédié à la « qualité » plutôt qu'à la « quantité », c'est-à-dire à la « forme », soumise au régime « du semblable et du dissemblable ». C'est d'ailleurs l'aspect de l'art combinatoire qui sera encore mis fortement en avant dans les *Initia rerum mathematicarum metaphysica*, où cette « doctrine abstraite des formes, qui est la caractéristique universelle », sera même dite relever de la métaphysique (*ad Metaphysicam pertinet*) [1].

Une première hésitation, un peu troublante au premier abord, provient alors de ce que l'*ars combinatoria* se trouve parfois au même niveau que la science de la quantité, au titre de la « science du semblable et du dissemblable » dévolue au traitement de la qualité [2], parfois en position de surplomb sur l'ensemble des mathématiques [3] – et même au-delà si l'on songe à sa proximité avec certaines notions métaphysiques (comme celle de similitude sur laquelle nous nous sommes déjà penchés). Dans ce dernier cas, il va jusqu'à s'identifier avec la caractéristique générale. Mais cette ambivalence est une conséquence de ce que j'ai essayé d'indiquer dans les chapitres précédents : la relance du projet initié dans le *De arte* opère depuis l'époque parisienne aussi bien de l'intérieur des mathématiques que du point de vue d'une réorganisation profonde de l'unité des savoirs, qui engage immédiatement avec elle la question de sa démarcation d'avec la métaphysique. La difficulté est plutôt de ne pas projeter trop vite la réalisation à laquelle parvient Leibniz au milieu des années 1680

1. GM VII, 24.

2. Un bel exemple en est donné dans le *De Ortu* : « à la vérité, il semble que tombe sous la *Mathesis* tout ce qui tombe sous l'imagination en tant que distinctement conçu. Par conséquent, on y traite non seulement de la quantité, mais aussi de la disposition des choses. Il y a ainsi deux parties, si je ne me trompe, dans la *Mathesis generalis* : *L'Art combinatoire* [qui traite] universellement de la variété des choses et des formes, c'est-à-dire des qualités de façon universelle, en tant qu'elles sont soumises à un raisonnement distinct, et du semblable et du dissemblable, et la *Logistique ou Algèbre* [qui traite] de la quantité de façon universelle. » (MU 228). Voir également le *Plus Ultra* cité ci-dessous p. 297.

3. Leibniz parle très souvent d'une subordination de l'algèbre à l'*ars combinatoria*, depuis la lettre à Tschirnhaus (A II, 1^2, 621-624) jusqu'aux *initia rerum mathematicarum metaphysica* (GM VII, 24) en passant par le *De Synthesi* (A VI, 4, 545) ou la *Matheseos universalis pars prior* (GM VII, 61).

dans les déclarations – souvent incantatoires il faut le dire – des années précédentes.

Dans ce chapitre, je voudrais dessiner les contours du programme auquel parvient alors le philosophe. On verra que Leibniz arrive ainsi au bord de la « synthèse de la mathématique universelle et de la métaphysique de l'individuation »[1]. Mais au bord seulement. Car le nouveau programme se heurte également à des difficultés. De fait, les calculs logiques qu'il parvient à mettre au point au milieu des années 1680 vont paradoxalement amener à la fois une confirmation éclatante de la possibilité de mettre la logique sous un calcul de type mathématique, dans la continuité de la stratégie de réductions aux identiques que nous avons étudiée dans les chapitres précédents, *et* une difficulté nouvelle quant à la possibilité de penser l'une et l'autre sous la forme d'un calcul *universel*. Ce dernier aspect est généralement négligé par le commentaire qui tait le fait que le grand programme des années 1680 n'a pas été poursuivi par son auteur et fait comme s'il s'agissait là du dernier mot de l'entreprise leibnizienne[2].

Pour engager cette enquête, on peut remarquer, comme l'avait fait Couturat, qu'une partie des tensions entre les différentes acceptions de l'*ars combinatoria* se résorbe déjà grandement dès lors qu'on prend soin de séparer avec Leibniz un sens étroit et un sens large[3]. Il arrive au philosophe de distinguer à ce titre l'*art* combinatoire, plus méthodologique, et la *science* des combinaisons, plus mathématique[4]. Une autre manière de

1. Selon la tension que Mahnke, héritant de Husserl, avait livré aux commentateurs à élucider, voir introduction p. 21.

2. Une exception notable, on l'a vu (p. 34), est fournie par Lenzen qui avouait déjà sa surprise de voir que les recherches afférentes aux grands calculs logiques semblent s'estomper après 1690 – mais ce constat était alors limité à la logique et ne portait pas sur les mathématiques.

3. L. Couturat, *La Logique de Leibniz*, *op. cit.*, p. 290-291.

4. Voir le *De arte inveniendi combinatoria* de mai-juin 1679 (A VI, 4, 332), que nous avons déjà croisé (note p. 210) et dans lequel Leibniz fait déjà toucher l'art combinatoire à la métaphysique : *Aliud est ars Combinatoria aliud Scientia combinationum, quae tamen utiliter praemittetur, ut primum appareat natura combinationum in universum, postea modus doceatur utiles combinationes ab inutilibus promte distinguendi. Logica de compatibili et incompatibili sive de connexo et inconnexo. Scientia combinationum ; de eodem et diverso. Analogica ; de simili et dissimili. Logistica ; de aequali et inaequali, sive de Calculo. Hae scientiae se mutuo adjuvant. Combinatoria agit quodammodo de Entium configuratione, seu coordinatione, nullo respectu habito loci, est quasi Geometria Metaphysica.*

l'exprimer, qui apparaît dans le *Plus Ultra*[1] est de distinguer une combinatoire « générale » et une combinatoire « spéciale ».

Voici en effet, une fois passées les considérations habituelles sur le bonheur des hommes qui sert d'horizon à cette entreprise, la classification des sciences inaugurée dans la partie « encyclopédique » du projet :

(7) De l'instauration des sciences, et aussi des Systèmes et Répertoires, et de l'encyclopédie démonstrative à établir.
Des langues et de la Grammaire rationnelle.
(8) Éléments de vérité éternelle, et de l'art de démontrer dans toutes les disciplines comme en Mathématiques.
(9) D'un nouveau Calcul général, au moyen duquel sont réglées toutes les disputes entre ceux qui y consentiraient ; et qui est la Cabale des sages.
(10) De l'art d'inventer.
(11) De la synthèse ou art combinatoire.
(12) De l'analyse.
Des caractères.
(13) De la combinatoire spéciale, ou science des formes et des qualités en général, ou du semblable et du dissemblable.
(14) De l'analyse spéciale, ou science des quantités en général, ou du grand et du petit.
(15) De la mathématique générale composée des deux précédentes.

Cette présentation est typique des projets encyclopédiques des années 1680 et elle sert souvent de soutien à une présentation d'ensemble de la pensée mûre de Leibniz, les commentateurs se tournant alors vers les *Elementa nova matheseos universalis* pour élucider le contenu de la mathématique générale (naturellement interprétée dans ce cadre comme une science générale des relations abstraites)[2]. Dans ce cas, la combinatoire intervient un première fois à l'intérieur de la mathématique universelle, pour y faire droit à un domaine spécifique, celui de la « qualité », et une seconde fois antérieurement à la mathématique, au titre d'une logique générale[3]. Comme nous le verrons dans le chapitre suivant, il s'agit là d'une erreur d'appréciation, car ce modèle ne semble plus mis en avant à partir

1. *Guilielmi Pacidii PLUS ULTRA sive initia et specimina SCIENTIAE GENERALIS*, 1686 ?, A VI, 4, 673-677 ; trad. fr. MU 219-221.

2. C'est notamment le cas dans l'étude, déjà plusieurs fois citée de M. Schneider, « Funktion und Grundlegung der *Mathesis Universalis* im Leibnizschen Wissenschaftssystem », *op. cit.*

3. Voyez notamment le schéma proposé dans Y. Belaval, *Leibniz critique de Descartes*, *op. cit.*, p. 137 et sa discussion en MU 15.

de la seconde moitié des années 1690. Cela se marque notamment du fait que la *mathesis universalis* est alors clairement requalifiée comme science universelle de la quantité seulement [1]. Si la subordination de l'algèbre à l'art combinatoire continue à être mise en avant dans cette période, c'est généralement dans le sens étroit où la structure des équations relève de formes combinatoires qui aident à leur résolution. Mais même à s'en tenir à la description du *Plus Ultra*, le fait que le *Calculus generalis* apparaisse antérieurement et indépendamment de l'*ars combinatoria* rendrait le dispositif plus difficile à expliciter qu'on ne pourrait le penser [2]. De fait, dans ce texte la combinatoire générale est plutôt liée à une composante méthodologique, aux côtés de l'analyse, et correspond, comme Leibniz y insiste dans plusieurs textes de l'époque, à un type d'esprit (au sens de l'*ingenium*, qui se manifeste dans la capacité à résoudre des problèmes) [3]. Cela ne signifie pas que l'*ars combinatoria* n'ait pas aussi, en tant que science des formes et des formules, un lien plus étroit à l'élaboration des calculs, mais ce lien, il ne faut pas préjuger de sa nature et le transformer trop rapidement en équivalence. Un des enjeux de cette section sera de clarifier ces aspects en suivant le fil de la chronologie.

Calculus universalis

Commençons par une remarque importante : l'idée de mettre la connaissance sous l'égide d'un calcul général est bien antérieure à l'époque du *Plus Ultra* et donc à l'élaboration des premières présentations axiomatiques du calcul logique vraiment satisfaisantes (au milieu des années

1. Sur ce point, je me permets de renvoyer à l'introduction de G. W. Leibniz, *Mathesis Universalis. Écrits sur la mathématique universelle*, *op. cit.*

2. Pour Couturat, la combinatoire dans son sens le plus large pouvait être vue à la fois comme décrivant les « lois générales de l'esprit » et comme constituant une « science générale des relations abstraites » : « En définitive, la Mathématique proprement dite, c'est-à-dire la Logistique, est subordonnée à la Combinatoire, et celle-ci à la Logique elle-même. La Combinatoire paraît même faire partie de la Logique. En tout cas, l'une et l'autre réunies composent la science des formes. Et par là il faut entendre non seulement les formules mathématiques et les « formes » algébriques, mais toutes les formes de la pensée, c'est-à-dire les lois générales de l'esprit. La Combinatoire ainsi conçue est la partie générale et formelle des Mathématiques ; elle étudie toutes les relations qui peuvent exister entre des objets quelconques, et leur enchaînement nécessaire et formel. En un mot, c'est la science générale des relations abstraites » (Couturat (1901), p. 299–300).

3. Voir par exemple A VI, 4, 321 ou 425-426.

1680). Ainsi un autre fragment sur la Science générale, rédigé quelques années auparavant, en donne la description suivante :

> S'ensuivront les Éléments mêmes de vérité éternelle, où l'on exposera la manière d'obtenir en toutes choses des démonstrations absolument rigoureuses qui soient comparables à celles des Mathématiques, et même supérieures puisque les Mathématiciens supposent beaucoup de choses qui pourront être ici démontrées. Et c'est ainsi que l'on présente à cet endroit un nouveau calcul prodigieux qui a lieu dans tous nos raisonnements et qui n'est pas moins rigoureux que l'Arithmétique ou l'Algèbre. Grâce à celui-ci, il est toujours possible de mettre un terme aux controverses – du moins en tant qu'elles peuvent être déterminées à partir de données – simplement en portant la main à une plume ; de sorte qu'il suffira que les deux disputants (si on laisse de côté l'accord sur le sens des mots) se disent mutuellement : *calculons !* (*Initia et Specimina Scientiae novae Generalis*, 1682, A VI, 4, 443)

Ceci évoque nombre de déclarations similaires de la période qui fait suite au séjour parisien [1] et, plus généralement, l'équivalence déjà posée à cette époque entre la caractéristique universelle et une sorte d'« algèbre générale » [2]. Nous avons vu, dans les chapitres qui précèdent, que c'est là une conséquence naturelle du développement de la pensée de Leibniz : le philosophe a commencé par penser la caractéristique générale comme transposition des pouvoirs de l'algèbre symbolique cartésienne dans le domaine de la philosophie avant de se rendre compte que cette science était elle-même très limitée dans sa prétention à capturer l'ensemble des relations mathématiques. Ainsi fallait-il généraliser les modalités du calcul en mathématiques et, par voie de conséquence, repenser les modalités de l'extension qui devait l'accompagner en philosophie.

Cette précision n'est pas anodine puisque les déclarations les plus anciennes sont *antérieures* à la relance des projets de calculs logiques eux-mêmes, en 1679. Mais même à s'en tenir aux calculs logiques de 1679,

1. Au premier rang *La vraie méthode* (1677) : « De là il est manifeste, que si l'on pouvoit trouver des caracteres ou signes propres à exprimer toutes nos pensées, aussi nettement et exactement que l'arithmetique exprime les nombres, ou que l'analyse geometrique exprime les lignes, on pourroit faire en toutes les matieres *autant qu' elles sont sujettes au raisonnement* tout ce qu'on peut faire en Arithmetique et en Geometrie.
Car toutes les recherches qui dependent du raisonnement se feroient par la transposition de ces caracteres, et par une espece de calcul ; ce qui rendroit l'invention des belles choses tout a fait aisée. Car il ne faudroit pas se rompre la teste autant qu'on est obligé de faire aujourd'huy, et neantmoins on seroit asseuré de pouvoir faire tout ce qui seroit faisable, *ex datis* (A VI, 4, 6).

2. À Mariotte 1676, A II, 1^2, 424.

nous devons garder en mémoire qu'ils ne sont pas du même type que ceux de la période suivante : autour de 1686, Leibniz développe deux nouvelles formes de calcul logique qu'il présente dans les *Generales Inquisitiones* d'un côté, et dans les différents échantillons d'un calcul de « l'addition réelle » de l'autre. Avant cela, le modèle du calcul logique est bien plus limité [1].

Le calcul prodigieux (*calculus mirificus*) dont il est question dans la citation précédente peut donc être entendu de plusieurs façons : Leibniz peut considérer qu'un calcul opérant au niveau des raisonnements eux-mêmes est de toute façon antérieur à toutes les sciences et en établit les règles fondamentales, même si lui-même n'est pas vraiment en mesure d'en exprimer tous les aspects ; ou bien, il pressent que le codage qu'il a proposé pour les notions en 1679 et la conquête de la compositionnalité peut ouvrir à de nouvelles formalisations, même s'il ne sait pas encore quelles elles peuvent être exactement (c'est le projet d'un *calculus ratiocinator*) ; ou bien encore, ses progrès dans l'analyse des mathématiques lui ont fait comprendre que l'on pouvait développer un calcul apte à capturer le raisonnement mathématique dans des dérivations formelles qui viendraient s'unir à l'analyse conceptuelle au sein d'une science supérieure « des formes et des formules ». On trouverait des témoignages à l'appui de ces trois interprétations dans les textes de l'époque et elles ne sont pas incompatibles, mais le plus important est d'une part de ne pas les confondre, d'autre part de ne pas perdre de vue leur caractère très largement programmatique. Comme je viens de le rappeler, c'est seulement au milieu des années 1680, et au prix de grands efforts conceptuels, que ces trois lignes ont pu finalement converger.

Couturat, moins au fait que nous de la chronologie, avait tendance à identifier ces différents aspects (notamment une science des « lois générales de l'esprit » et une « science générale des relations abstraites ») et ceci fondait la conception de la « mathématique universelle », quasi synonyme à ses yeux de l'*ars combinatoria*, qu'il reconstruisit au chapitre

1. Voir ci-dessus p. 91. Cette limitation est reconnue par Leibniz lui-même qui rappelle dans un des textes que les processus inférentiels non syllogistique seront traités dans le cadre plus large d'une caractéristique grammaticale (clairement distinguée alors de la caractéristique logique) : *Ut characteristica Logica probe constituatur, ita concipi debet, ut ex calculo etiam ostendi possint subsumtiones, conversionesque, item modi et figurae. Consequentiae quae nullis syllogismis aliisque logicis artibus probari possunt, quas Jungius notavit, eae referendae ad characteristicam Grammaticam* (A VI, 4, 120).

VII de son ouvrage [1]. Mais ceci est précisément ce que nous ne pouvons plus faire sans précautions. Dans les développements qui précèdent, nous avons vu l'analyse des notions fondamentales de la logique se développer dans le sillage de l'analyse des notions mathématiques (et en particulier de l'analyse des relations abstraites) plutôt que comme son guide. Certes Leibniz réfléchit abondamment aux « fondements du calcul » (logique) et dans ce cadre, on a vu qu'il cherche à intégrer la thématisation des relations mathématiques comme la similitude et la congruence. Il élabore alors une notion de coïncidence logique amenée à jouer un très grand rôle dans les calculs futurs. Mais ce projet en reste à ses premiers balbutiements et rien ne semble permettre alors de pouvoir unifier ces différentes formalisations qui restent assez nettement séparées dès qu'on quitte le seul domaine des « fondements » (les différentes formes de calculs logiques qui se succèdent à partir de 1679 ne prennent pas pour objet les relations mathématiques).

De manière significative, cette tension entre une science générale des relations abstraites et une science des lois générales de l'esprit apparaissait déjà en filigrane dans le dialogue entre Russell et Couturat. Lorsque le premier fit le compte-rendu (très élogieux) de l'ouvrage du second, il y glissa, en effet, une interrogation significative. Qu'on me permette de la citer dans son long, étant donné son importance pour l'identification d'une difficulté du commentaire :

> Le chapitre VII [scil. de *La Logique de Leibniz*] traite de la Mathématique Universelle – un sujet qui apparaît précisément identique à ce que Mr. Whitehead a appelé l'Algèbre Universelle. Bien que M. Couturat traite de ce sujet dans un chapitre différent de celui qu'il consacre au Calcul Logique, il n'établit pas clairement, pas plus que Leibniz ne le fait, la différence exacte entre les deux. Le fait est que l'Ars Combinatoria, ou Mathématique Universelle, est plus formelle que le Calcul Logique ; ils traitent des déductions sous l'hypothèse de synthèses obéissant à telles ou telles lois, mais laissées pour le reste indéfinies. Nous pouvons dire que,

1. L. Couturat, *La Logique de Leibniz*, *op. cit.*, notamment p. 317–318 : « En somme, Leibniz a eu le mérite d'apercevoir (bien avant les découvertes et les progrès modernes qui ont rendu cette vérité manifeste) qu'il y a une Mathématique universelle dont toutes les sciences mathématiques relèvent pour leurs principes et leurs théorèmes les plus généraux, et que cette Mathématique se confond avec la Logique elle-même, ou du moins en est une partie intégrante. Il n'y a plus seulement entre la Logique et la Mathématique une analogie formelle, mais une identité au moins partielle. C'est que, d'une part, la Mathématique universelle constitue, comme on l'a vu, la science générale des relations (. . .). D'autre part, la logique formelle s'étend jusqu'à coïncidence avec la Mathématique. En effet, c'est le caractère formel des raisonnements qui garantit la valeur universelle et nécessaire de la déduction. »

> sous cet aspect, nos signes d'opération, nos + et x, et quelqu'autre signe de ce type qu'on emploie, sont eux-mêmes variables, sujets simplement à des hypothèses quand à leurs lois formelles ; tandis que dans toute autre branche des mathématiques, et dans le Calcul Logique lui-même, seules les lettres sont variables, les signes des opérations ayant des significations fixes. Il pourrait sembler, d'après cette description, que la Mathématique Universelle est le plus général de tous les sujets mathématiques, et en un sens c'est vrai. Mais nous devons insister sur le fait qu'elle n'est pas le premier des sujets logiques, car elle emploie elle-même les déductions et les synthèses de type logique qui sont explicitement traités par le Calcul Logique (...). En conséquence, cette science est postérieure au Calcul Logique [1].

Je rappelle ce dialogue important pour deux raisons. D'une part, il me semble que si cette tension apparaît dans le commentaire de Couturat, c'est tout simplement, comme le rappelle Russell, parce qu'elle est présente chez Leibniz lui-même. Il arrive, en effet, à Leibniz d'insister sur le fait que le calcul logique est premier puisqu'il gouverne la dérivation des propositions qu'on utilise ensuite dans toute science [2]. Mais il lui arrive également d'insister sur le fait que ce calcul peut et doit être établi sur le modèle de l'algèbre, elle-même subordonnée à une science générale des formations symboliques ou *ars combinatoria* (antérieurement et indépendamment des questions concernant le vrai et la nature des inférences valides). D'autre part, ce dialogue nous rappelle qu'une des difficultés qui divise ici les commentateurs prend ses racines dans deux manières d'approcher la logique au XXe siècle : soit sous la forme d'un langage universel, soit sous la forme d'un calcul universel. Même s'il faut se garder de rigidifier ces deux tendances [3], il n'en reste pas moins que les relations que la logique entretient aux mathématiques apparaissent très différentes dans les deux cas : d'un côté, on considère que les mathématiques sont subordonnées à la logique

1. B. Russell, « Recent Work on The Philosophy of Leibniz », *op. cit.*, p. 186-187.

2. Ceci est très apparent dans un texte sur lequel nous revenons par la suite, le *Specimen Geometriae Luciferae* (GM VII, 260-299). On y voit Leibniz détailler les différents niveaux dont dépendent les raisonnements des géomètres, le premier niveau étant donné par la doctrine de la coïncidence, qui correspond à la théorie syllogistique, le second à la doctrine de l'*inesse*, qui correspond aux *Premiers Analytique*s et à la théorie de l'attribution, avant de passer à la doctrine de la détermination. Voir plus bas, p. 327.

3. Comme cela a parfois été fait à la suite de l'article célèbre de J. Van Heijenoort, « Logic as calculus and logic as language », *Proceedings of the Boston Colloquium for the Philosophy of Science 1964/1966*, Springer, 1967.

au sens où elles doivent, sous leur forme symbolique tout du moins, disposer au préalable de règles d'expression (de formation et de transformation) qui sont données au niveau d'un langage ; de l'autre, on considère que les calculs logiques sont un type parmi d'autres de structures mathématiques et même, plus spécifiquement encore, de structures algébriques (et dans ce cas, la logique apparaît plutôt comme une branche des mathématiques).

Certes, il est alors possible de subsumer l'ensemble des calculs sous une discipline générale qui, dans le vocabulaire de Whitehead et Couturat peut recevoir le nom très leibnizien d'« algèbre universelle » [1]. Comme cette discipline comprend une théorie des raisonnements, elle possède également une forme de surplomb sur l'ensemble des mathématiques. C'est le cœur de l'interprétation de Couturat que Russell peine à accepter. Mais il importe de voir qu'elle ne fonctionne alors ni comme un langage, ni vraiment comme une théorie formelle (elle est plutôt une collection de structures). Le niveau de « l'algèbre universelle » au sens de Whitehead n'est justement pas celui d'une théorie ou d'un calcul [2]. Elle occuperait plutôt un niveau comparable à ce qu'on désignera plus tard comme celui de « l'algèbre abstraite », en moins large, mais pas au point de coïncider avec la théorie de telle ou telle structure (comme celle des anneaux, des groupes, des corps, etc.) [3]. Aussi faut-il bien prendre garde à en rester à ce moment d'incertitude qui caractérise la discussion entre Russell et Couturat [4].

1. Rappelons néanmoins que si la lecture de Couturat peut se soutenir, elle n'en a pas moins un aspect violemment anachronique dans la mesure où l'identification entre caractéristique universelle et algèbre universelle apparaît chez Leibniz à un moment où il n'a pas encore élaboré de calculs logiques.

2. Certes, cette dernière orientation a précisément rejoint la première en étudiant les structures non du point de vue du calcul, mais de leur formalisation dans un langage logique universel (en l'occurrence la logique du premier ordre qui s'est peu à peu imposée comme tel). Mais cette confluence au sein de ce qui fut dénommé « théorie des modèles » suppose en arrière plan d'avoir couché l'ensemble des mathématiques lui-même dans le langage unifié, celui des ensembles, qui permet d'exprimer les termes, les relations et les opérations d'une manière homogène. Or il s'agit d'une ressource dont nous sommes *a priori* dépourvus chez Leibniz, c'est tout le problème.

3. Le terme « algèbre universelle » est lui-même trompeur sous ce point de vue puisque ce n'est que par la suite qu'il s'est mis à référer à une « théorie », elle-même assez différente de ce que Whitehead avait à l'esprit.

4. Il faut être ici d'autant plus prudent que la génération suivante, celle des Gödel et, plus tard, des Robinson revendiqua également Leibniz comme devancier de l'approche en termes de modèles au titre de son analyse des concepts, *cf.* H. Sinaceur, « *Ars inveniendi* aujourd'hui », *op. cit.*

Pour les interprètes de cette époque, moins attachés à la chronologie précise des textes, ces deux lectures se présentaient naturellement car elles s'ancrent dans les deux points d'*aboutissement* du travail logique de Leibniz. Les *Generales Inquisitiones* mettent en effet au point un nouveau langage qui permet une approche formelle de la prédication par l'introduction de variables, tandis que les échantillons du calcul de l'addition réelle offrent la première axiomatisation complète de la structure algébrique sous-jacente (équivalente à une algèbre de Boole) [1]. Mais il y a ici deux points cruciaux à noter : d'une part ces deux réalisations donnent justement deux images *différentes* de la manière dont logique et mathématique se rapportent l'une à l'autre – la question qui se pose étant de savoir si Leibniz a pu défendre l'une ou l'autre, voire les deux (car l'on ne peut pas présupposer que les tensions qui accompagnent ces deux stratégies soient déjà présentes chez lui, ni même que présentes, il les ait perçues comme telles) ; d'autres part elles adviennent toutes les deux au milieu des années 1680, alors que le schéma général de subordination à un calcul universel est présent dès l'arrivée à Hanovre au moins. Il convient donc de reprendre les différentes déterminations séparément, en prêtant une grande attention à leur contexte d'apparition.

Ars combinatoria

Il ne fait aucun doute que l'extension de l'analyse mathématique hors du domaine étroit de la quantité arrive très tôt, bien avant les premières réalisations de calculs logiques. Nous avons vu notamment que Leibniz évoque dès 1674 le projet « d'autres Analyses ou Combinaisons totalement différentes : celles qui portent sur les Ordres de choses, sur les qualités, les actions, et une infinité d'autres choses qui peuvent être exprimées de manière tout à fait différente que les quantités » [2]. Le rapprochement avec le projet d'une caractéristique universelle est également présent dès cette époque, comme il est présent au moment de l'*Accessio* (1672) au titre de l'extension de l'analyse à l'arithmétique des infinis. Dans tous ces cas, la portée générale de l'art combinatoire ne se limite nullement à la science mathématique des combinaisons et est pourtant *totalement indépendante* des calculs logiques (qui ne seront élaborés, rappelons le, qu'en 1679).

1. W. Lenzen, « Leibniz's logic », *op. cit.*, p. 7.
2. *Analysis ad alias res quam quantitates applicata*, A VI, 3, 413.

La lettre à Tschirnhaus de fin mai 1678 a donné à ce programme sa version la plus ambitieuse et la plus développée :

> si tu tiens la combinatoire pour la science dont le but est de trouver les nombres de variations, je t'avoue de bon gré qu'elle est subordonnée à la science des Nombres et par conséquent à l'Algèbre, parce que la science des Nombres est subordonnée à l'Algèbre. En tout cas, en effet, tu ne trouveras pas ces nombres sans ajouter, multiplier, etc. Mais l'art de multiplier provient de la science générale de la quantité, que certains appellent Algèbre, et vraiment pour moi la combinatoire s'en trouve à l'évidence très loin : science des formes, c'est-à-dire du semblable et du dissemblable, de même que l'algèbre est science de la grandeur, c'est-à-dire de l'égal et de l'inégal. Bien plus, la Combinatoire semble peu différer de la science de la Caractéristique générale, grâce à laquelle les Caractères adaptés à l'Algèbre, à la Musique, et même à la Logique ont été ou peuvent être imaginés. La Cryptographie est aussi une portion de cette science, bien que dans celle-là la difficulté ne vienne pas tant de la composition [du message chiffré] que dans la résolution [1].

La proximité entre cette description de la « Caractéristique » et les déclarations que l'on trouve dans les textes consacrés à la « Méthode de l'universalité » de 1674 indique que c'est de l'intérieur des mathématiques et *sans lien aucun avec le projet d'un calcul logique* que Leibniz a été confirmé dans son idée d'une combinatoire supérieure qui donnerait le règlement profond de certains fonctionnements symboliques que l'on voit apparaître dans l'algèbre, mais qui n'en relèvent pas comme tels. Si la logique n'est pas exclue du domaine de l'art combinatoire, c'est alors par simple reprise du modèle directeur de l'analyse des notions que Leibniz ne manque pas de rappeler par la suite : « On ne doit pas douter que cette Combinatoire ou Caractéristique générale contienne beaucoup plus que ce que l'Algèbre a donné ; grâce à elle, en effet, toutes nos pensées peuvent être pour ainsi dire peintes et fixées, ainsi que rassemblées et mises en ordre » (A II, 1^2, 623).

On voit que l'*ars combinatoria* agit bien ici dans le *prolongement* de l'analyse des notions mathématiques et comme soutien de la mise au point

1. A II, 1^2, 621-623. Trad. fr. A. Michel-Pajus, revue par mes soins. De manière très intéressante, le texte se poursuit en mentionnant la question de l'identité des formes dans la comparaison des équations et le problèmes d'enveloppement des racines. Il poursuit en mentionnant son projet d'une caractéristique géométrique : « Ceci a lieu non seulement dans les formules exprimant la grandeur, mais aussi dans toutes les autres. On peut en effet inventer des formules exprimant la situation et le tracé des droites, et cela sans que la grandeur des angles ne soit prise en considération. »

d'un alphabet des notions humaines qui est encore purement programmatique [1] – toutes choses auxquelles nous sommes désormais en mesure de donner un sens précis par rapport à la pratique mathématique de cette époque. Dans son acception la plus générale, il est donc antérieur même à la logique dans la mesure où il permet de décrire les combinaisons soumises à des règles de substitution et d'identification, qui valent *avant* la considération des contraintes portant sur la compatibilité des notions entre elles.

C'est ce qu'avance explicitement le *De arte inveniendi combinatoria* de 1679 : « Une chose est l'art combinatoire, autre chose la science des combinaisons, qui sera pourtant mise en avant de manière utile. Ainsi apparaît en premier la nature universelle des combinaisons, puis on enseigne à distinguer rapidement les combinaisons utiles des inutiles. La logique traite du compatible et de l'incompatible, c'est-à-dire de ce qui est objet ou non de connexion » [2]. En ce sens très général, l'art combinatoire est donc de l'ordre de la méthode et de l'art d'inventer, plutôt que de telle ou telle théorie, fût-elle logique (qui ne portera, par principe, que sur des notions *compatibles*, ce qui est une forme de combinaisons *utiles*) [3]. Cette

1. Voir notamment le texte intitulé : *De usu artis combinatoriae praestantissimo qui est scribere encyclopediam* (1678 ; A VI, 4, 83-86).

2. *Aliud est ars Combinatoria aliud Scientia combinationum, quae tamen utiliter praemittetur, ut primum appareat natura combinationum in universum, postea modus doceatur utiles combinationes ab inutilibus promte distinguendi. Logica de compatibili et incompatibili sive de connexo et inconnexo* (A VI, 4, 332).

3. Sa place dans le système des connaissances se complique néanmoins encore du fait que, même sous sa forme méthodologique générale, il peut intervenir avant la considération de la compatibilité des notions, comme dans notre citation, ou après l'élaboration d'une topique comme *ars inveniendi*, comme dans le *Consilium de encyclopedia nova conscribenda methodo inventoria* de 1679 : *Quinta est* ars formularia *quae agit de eodem et diverso, simili ac dissimili, id est de formis rerum, abstrahendo tamen animum a magnitudine, situ, actione. Huc pertinent formulae formularumque comparationes, et ex hac arte pendent multae regulae quas Algebristae et Geometrae in usum suum transtulerunt, tametsi eae non tantum circa magnitudines sed et circa alias considerationes locum habeant.* Cette art précède alors la *Logistica*, science de la grandeur ou de *toto et parte* (A VI, 4, 346). Sur l'importance de prendre en compte les aspects méthodologiques impliqués dans l'idée de « logique » chez Leibniz, voir F. Duchesneau, *Leibniz et la méthode de la science*, *op. cit.*

méthodologie évolue de concert avec l'élaboration d'une nouvelle *mathesis universalis*, dont nous avons rappelé les contours dans le chapitre précédent [1].

Parce qu'il traite des lois de combinaisons de symboles en général et que ces lois sont gouvernées par des règles de substitution, l'*ars combinatoria* est souvent rapproché par Leibniz de la « caractéristique ». Mais il n'est pas sans affinité non plus avec un calcul. Ce calcul n'est pourtant pas le calcul logique *stricto sensu*. On en a déjà eu un aperçu avec des textes comme les *Elementa ad calculum condendum* ou les *Fundamenta calculi ratiocinatoris* [2]. Le *De Artis combinatoriae usu in scientia generali* (1683) [3] en donne un exemple remarquable avec le développement d'un « calcul alternatif » :

> La Combinatoire traite du calcul en général, c'est-à-dire des notations ou caractères universels (comme sont *a*, *b*, *c* où l'on peut assumer indistinctement l'un pour l'autre) et des différentes lois de leur disposition ainsi que de leurs transformations ou formules en général. Le calcul algébrique n'est qu'une certaine espèce d'un calcul général, muni par exemple de la loi de multiplication suivante : toute partie du multiplicant sera combinée à toute partie du multiplié (...) [4]. Il est n'est pas vrai que toute les formules se rapportent à la quantité, et on peut concevoir une infinité de manière de calculer, par exemple en ce qui concerne le calcul alternatif où si l'on dit que *x* est *abc*, on peut entendre que *x* est ou *a* ou *b* ou *c*. D'où si *x* est la même chose que *abc* et *y* la même chose que *ade*, *xy* sera la même chose que *aabcde*. Mais dans un tel calcul alternatif, a et aa sont équivalent, et il n'y a aucune raison de combiner une lettre avec elle-même [5].

1. Sur les liens entre réélaboration de l'*ars inveniendi*, dont la *combinatoria* est l'une des orientations principales, et la nouvelle mathématique universelle, voir G. W. Leibniz, *Mathesis Universalis. Écrits sur la mathématique universelle*, *op. cit.*, Annexe 1.

2. Dans ce dernier texte, Leibniz avance d'ailleurs clairement que le calcul arithmétique élémentaire est premier par rapport au calcul logique : *res ipsa docebit Arithmeticam elementarem esse Elementis Calculi Logici de figuris modisque agentis priorem simplicioremque* (A VI, 4, 920).

3. A VI, 4, 510.

4. Suit un exemple de traitement combinatoire d'une formule algébrique, en l'occurrence le produit de trois sommes de trois nombres.

5. *Combinatoria agit de calculo in universum, seu de notis sive characteribus universalibus (quales sunt* a, b, c, *ubi promiscue alter pro altero sumi potuisset) deque variis legibus dispositionis ac processus seu de formulis in universum. Calculus algebraicus est species quaedam certa calculi generalis, lex verbi gratia multiplicationis est, ut quaevis pars multiplicantis, cuivis parti multiplicandi combinetur. (...) Non omnes formulae significant*

Il est très frappant que ce qui serait pour nous un exemple typique de calcul logique ne soit pas du tout présenté comme tel par Leibniz. D'une manière générale, un trait bien connu des calculs leibniziens, même sous leur forme la plus développée, est que l'on n'y trouve jamais la dualité des opérateurs logiques. Sous ses formes les plus abstraites, il ne s'agit jamais que d'un calcul « du plus et du moins », non pas du « plus » et du « multiplier » [1]. Pour Leibniz, ce qui doit être mis en regard de l'addition des notions est la soustraction, non la multiplication et il en résulte immédiatement qu'il reste aveugle au rôle qu'on aurait pu faire jouer au « ou » – alors même qu'il a introduit un symbole (que nous avons conservé !) pour cet opérateur [2] et a perçu, comme on vient de le voir, qu'il était soumis à une forme de « calcul ». Il s'agit là d'un exemple remarquable de la nécessité qu'il y a à bien distinguer calcul formel et calcul logique chez Leibniz.

Du passage cité ci-dessus, gardons les deux points suivants : d'un côté, le calcul universel (*calculus in universum*) mobilise un autre sens de l'universalité que celui porté par la logique *stricto sensu*; d'un autre côté, Leibniz n'a pas encore isolé la forme spécifique que doivent prendre les opérations fondamentales du calcul logique. On notera, par ailleurs, que si l'*ars combinatoria* peut être rapproché du calcul, il peut bien être aussi rapproché d'un langage, puisqu'il peut intervenir antérieurement à la logique elle-même (au sens de théorie intéressée à la compatibilité des notions). En ce sens, il concerne les lois de toute formation symbolique. Il n'y a pas de tension entre ces différentes déterminations parce qu'elles restent encore vagues et programmatiques : Leibniz ne sait pas encore comment formuler un calcul universel qui permettrait d'exprimer la composition des

quantitatem, et infiniti modi calculandi excogitari possunt, exempli gratia pro calculo alternativo, si dicatur x *esse* abc, *intelligi potest* x *esse vel* a *vel* b *vel* c. *Hinc si sit* x *idem quod* abc *et* y *idem quod* ade, *erit* xy *idem quod* abcde, *seu calculo alternativo id quod est* x *vel* y *necessario erit vel* a *vel* b *vel* c *vel* d *vel* e. *Cum in multiplicatione alias et secundum leges communis calculi posito* x *valere* abc, *et* y *valere ade debuisset* xy *valere* abcde. *Verum in calculo alternativo tali,* a *et* aa *aequivalet, nec ulla ratio habetur combinationis literae secum ipsa.* (A VI, 4, 512).

1. W. Lenzen, « Leibniz's logic », *op. cit.*

2. Voir MU 133 : « De la même manière que + est une notation conjonctive ou de cumul, et correspond au « et », de sorte que $a + b$ est la même chose que « *a* et *b* » pris ensemble, de même est donnée une notation disjonctive ou alternative qui correspond au « ou », ainsi $a \vee b$ signifie pour moi « *a* ou *b* ». Et de ceci aussi, j'en ai l'usage dans le calcul » (GM VII, 57).

notions. D'un côté, il se contente de simuler cette composition par l'utilisation de nombres fictifs ; de l'autre, il la suppose effectuée et se contente de combiner des lettres représentant des notions déjà analysées. Pas plus ne sait-il encore comment déployer des opérations du calcul comparables à celles qu'on trouve en algèbre. Il importe alors de bien voir que ces deux orientations aboutissent à deux réalisations *différentes* (même si elles sont évidemment liées l'une à l'autre). C'est sur ce point qu'il faut nous arrêter maintenant plus spécifiquement.

Analyse des notions et calcul

Ce n'est pas le lieu d'entrer dans le détail de textes aussi riches que les *Generales inquisitiones* ou le *Non inelegans specimen demonstrandi in abstractis* [1]. Seul nous importe ici de voir comment Leibniz parvient à partir de 1686 à surmonter un certain nombre de difficultés et à ouvrir la voie d'une synthèse effective de la mathématique universelle et de la métaphysique de l'individuation apte à remplir le programme esquissé au titre de l'*ars combinatoria* comme science des formes et des formules.

Comme on l'a vu dans les chapitres qui précèdent, une des difficultés à laquelle se heurte très tôt le projet leibnizien est qu'il lui faut reconnaître deux types de notions qu'il désigne comme « complètes » et « incomplètes ». Les secondes se prêtent particulièrement bien à une analyse par reconduction aux identiques qui permet d'articuler vérités et notions primitives. C'est dans ce domaine que Leibniz obtient, comme je l'ai montré, « les plus beaux abrégés de l'analytique générale des pensées humaines ». Un des ressorts de cette analyse est ce que nous appellerions « définitions par abstraction », un certain nombre de notions fondamentales des mathématiques (typiquement la grandeur, la forme, la situation, la place, l'espace) pouvant être redéfinies à l'aide de relations « identiques ». Les vérités premières sur les entités concernées se trouvent alors *ipso facto* réductibles à une définition fondamentale et un « axiome identique » (du type *a* est semblable/coïncident/égal à lui-même). On peut, sur cette base, définir d'autres notions primitives (notamment en faisant intervenir la *determinatio*) et envisager à l'horizon un calcul général des notions appuyé

1. Outre le très utile panorama proposé par W. Lenzen, on pourra consulter l'étude poussée de M. Malink et A. Vasudevan, « The Logic of Leibniz's Generales Inquisitiones de analysis notionum et veritatum », *The Review of Symbolic Logic*, vol. 9, n° 4, 2016.

sur le fondement de la coïncidence logique (dont les différents « identiques » apparaîtraient alors comme des spécifications). Reste néanmoins à déterminer comment y intégrer également des notions *complètes*, c'est-à-dire qui ne se résorbent pas entièrement (pour nous autres, sujets humains finis) dans un régime d'identification.

Les premières tentatives que Leibniz envisage en ce sens s'attaquent à la structure des raisonnements (d'abord syllogistiques) en supposant les notions déjà analysées et représentées par des nombres. Mais il envisage également tout de suite un *calculus ratiocinator* plus général qui puisse prendre à sa charge les inférences assylogistiques, quoique sans entrer pour autant dans la difficile question de la nature des notions impliquées (elles sont, dans un premier temps, représentées par des lettres et on suppose leur analyse effectuée ou au moins effectuable). Sur cette route, il se heurte à une seconde difficulté liée au fait que la copule logique n'est pas une relation identique et qu'il n'est donc pas possible de construire un calcul par simple transfert de la stratégie opérée dans le cas des mathématiques. On a vu ses hésitations en ce sens au sein des premières tentatives pour élucider les « fondements du calcul ». S'il diagnostique bien l'existence d'une relation de coïncidence logique qui peut être définie par la substitution *salva veritate*, sur le modèle de ce qu'il a entrepris de faire en mathématiques, cette relation est encore en concurrence avec la copule et ne tient pas clairement la première place dans le système (la coïncidence logique pouvant être *définie* à partir de la copule grâce à la propriété que nous appelons d'antisymétrie). Ces différents obstacles vont être surmontés dans les *Generales Inquisitiones* et ouvrent à la constitution d'un authentique « calcul des coïncidents ».

Même si nous avons déjà relevé ce fait, il faut insister sur la forme très spécifique que prend alors la réalisation du projet ancien d'une unification de l'analyse des notions et des vérités. De fait, la première idée mise en avant par les *Generales Inquisitiones* est de poser à la base du système des *entités concrètes* (substances ou phénomènes réels) que l'on vise à travers des *abstraits logiques* (ou notionnels). Une telle approche présente plusieurs avantages dans le traitement des types de notions que nous avons vu se dégager jusqu'à présent. Au premier chef, elle permet, comme l'indique l'exemple cité dès l'ouverture du traité, de ramener toute proposition (du type *A est B*) à un terme (la *Béité de A*) et réciproquement [1]. Ainsi tout

1. Un tel procédé ne fonctionne pas pour les abstraits philosophiques comme l'explique Leibniz dans le *De abstracto et concreto*, « car quoique le sage soit nécessairement juste,

raisonnement hypothétique pourra être ramené à un raisonnement catégorique – ce qui simplifie déjà le traitement des raisonnements [1].

Par ailleurs, cette traduction systématique permet de contourner certaines difficultés liées à l'usage de la copule (en la résorbant, en quelque sorte, dans un prédicat abstrait) et ainsi d'exprimer tous les raisonnements à l'aide de la seule coïncidence [2]. L'articulation de l'analyse des vérités à l'analyse des notions se trouve dès lors comme encapsulée dans le système lui-même – selon le rêve ancien de Leibniz. Il devient enfin possible, au moins en droit, de se ramener à la seule analyse des notions, des complexes aux incomplexes et des incomplexes qui ne sont pas primitifs à ceux qui le sont :

> On voit donc qu'il en va ici des termes complexes comme des incomplexes. Car prouver qu'un terme complexe est vrai, c'est le ramener à d'autres termes complexes vrais, et ceux-ci finalement aux axiomes (aux propositions connues par soi), aux définitions de termes incomplexes dont la vérité a été prouvée et aux données de l'expérience. De même, on prouve que les termes incomplexes sont vrais en les ramenant à d'autres termes incomplexes vrais, et ceux-ci finalement aux premiers termes incomplexes, autrement dit aux termes conçus par soi ou à ceux dont nous avons une expérience, ou bien pour lesquels nous disposons de l'expérience de termes qui leur sont semblables (...). Ainsi toute résolution, qu'il s'agisse des complexes ou des incomplexes, s'achève avec les axiomes, les termes conçus par soi et les données de l'expérience. (A VI, 4, 759; trad. fr. R 241)

Comme Leibniz l'explique juste après ce passage, l'analyse des notions peut alors se séparer en deux cas de figure selon que la preuve peut

on ne dit pas pour autant *la sagesse est la justice* » (R 391). Sur l'intérêt du passage par les abstraits logiques pour assurer une forme provisoire de nominalisme, et les difficultés qui restent néanmoins ouvertes sur l'articulation aux abstraits philosophiques, voir J.-B. Rauzy, « Leibniz et les termes abstraits : un nominalisme par provision », *op. cit.*

1. Expliquant la différence entre abstraits logiques et abstraits philosophiques ou réels, Leibniz commente leur introduction de la façon suivante : « Ces abstraits me seront très utiles pour mes méthodes générales visant à introduire le calcul en philosophie : car, de même que je ramène les propositions catégoriques à des termes simples affectés du *est*, de même je ramène les propositions hypothétiques à des propositions catégoriques dans lesquelles ces abstraits interviennent. Je ramène par exemple la proposition hypothétique : si Pierre est sage, Pierre est juste à la proposition catégorique : 'Pierre est sage' est ' Pierre est juste' ». (*De abstracto et concreto*, A VI, 4, 992; trad. fr. R 390-391).

2. Pour une démonstration de ce point, voir M. Malink et A. Vasudevan, « The Logic of Leibniz's Generales Inquisitiones de analysis notionum et veritatum », *op. cit.*

être reconduite aux identiques en un nombre fini d'étapes ou non. Le premier cas est caractéristique des vérités nécessaires, le second des vérités contingentes. Mais ceci touche également à nos deux régimes de notions puisque le premier cas correspond typiquement aux notions incomplètes, que capture entièrement un certain régime d'identification [1]. Le second cas, en revanche, sera typique des notions complètes qui enveloppent des vérités existentielles et à terme une infinité de conditions exprimant l'état de l'univers tout entier [2]. Le parallèle bien connu qu'introduit alors Leibniz pour penser cette distinction, est celui entre grandeurs commensurables (c'est-à-dire dont la plus grande commune mesure peut être déterminée en un nombre fini d'étapes) et incommensurables (où le processus de détermination de la plus grande commune mesure ne s'arrête jamais).

Un des bénéfices du passage par les abstraits logiques est que ce dernier cas peut alors être *simulé* de l'intérieur du système exactement de la même façon que l'on peut en mathématiques ménager une certaine approche de l'infini de l'intérieur du traitement des grandeurs finies. Il suffit, en effet, de représenter une vérité contingente par une série de conjonctions entre prédicats abstraits aussi longue que nécessaire pour distinguer une notion d'une autre. Ainsi si les prédicats nécessaires à décrire le franchissement du Rubicon par César ne sont pas suffisants pour le distinguer de tout autre soldat qui se trouverait dans la même situation, je peux toujours préciser que ce soldat doit être un général d'armée et si ce prédicat ne suffit pas à son tour (si d'autres généraux ont franchi le Rubicon en d'autres circonstances ou si plusieurs soldats se trouvaient aux côté de César ce jour là

1. On pourra se demander comment ce cas peut s'accorder avec l'exigence de n'avoir comme ontologie de premier niveau que des termes concrets. Mais nous avons déjà vu des passages où Leibniz parle des objets mathématiques comme des « *concrets* incomplets ». Il me semble qu'on peut soulager une partie des tensions liées à ces questions en revenant à l'exemple de la sphère d'Archimède mentionnée dans la correspondance avec Arnauld (A II, 2, 45), *cf.* p. 152. Pour Leibniz, les objets mathématiques sont, au moins au premier niveau (puisqu'il peut y avoir des formes entre formes), à la fois des entités idéales, posées séparément par manière de fiction, et des formes des phénomènes concrets. Un énoncé qui vaut en général pour le *cercle* n'est donc pas différent d'un énoncé qui vaut en général pour l'*homme*, étant entendu que le terme *homme* est instancié par des individus humains de la même façon que le terme *cercle* est instancié par des individus concrets. C'est le cas du cercle qui orne la tombe d'Archimède et pour lesquels je peux proférer des énoncés comme « ce cercle est gris ». Il s'agit alors d'un concret « grammatical » puisqu'une différence fondamentale entre le cercle et l'homme est évidemment que le premier ne peut correspondre à aucune substance réelle.

2. Voir *Generales Inquisitiones* § 65 et l'exemple du reniement de Pierre.

avec le titre de général), je pourrai ajouter un autre prédicat abstrait, et ainsi de suite jusqu'à spécifier parfaitement une notion suffisante à distinguer l'individu concerné [1]. Comme nous y avons insisté précédemment, il faut alors prendre garde au fait que cette caractérisation est indirecte et ne constitue nullement un critère d'identité effective (sans quoi il n'y aurait justement pas de différence de nature entre vérités nécessaires et vérités contingentes). Elle traite l'action de Jules César, par manière de fiction, comme une notion incomplète dans laquelle toutes les circonstances particulières à son action se trouve rassemblée sous un même événement *abstrait* (par exemple : le « franchissement du Rubicon ») [2].

Leibniz est parfaitement conscient de ce que cette approche peut avoir de troublant, notamment en ce qu'elle semble d'abord ramener la contingence dans le giron d'une forme de nécessité :

> 135. Par suite, il y a la même différence entre les vérités nécessaires et les vérités contingentes qu'entre des lignes qui se coupent et des asymptotes ou entre des nombres commensurables et des nombres incommensurables.
> 136. On rencontre pourtant ici une difficulté. Nous pouvons démontrer qu'une ligne, à savoir une asymptote, se rapproche sans cesse d'une autre

1. La chose est moins évidente pour les abstraits philosophiques, notamment du fait qu'ils se particularisent en s'attribuant à des sujets individuels : le fait d'être général pour César (disons : la « généralité » de César) devient alors un abstrait qu'on complète pour qu'il exprime la nature singulière du sujet auquel il s'attribue. Voir les développements semblables sur « la sagesse de Sénèque » et le commentaire dans J.-B. Rauzy, « Leibniz et les termes abstraits : un nominalisme par provision », *op. cit.*, p. 127. On pourra comparer au passage célèbre du *Discours de Métaphysique*, chap. VIII, où Leibniz prend bien soin de recourir à certains prédicats faisant intervenir des noms propres pour particulariser ce que les abstraits logiques manquent : « nous pouvons dire que la nature d'une substance individuelle, ou d'un Estre complet, est d'avoir une notion si accomplie, qu'elle soit suffisante, à comprendre et à en faire deduire tous les predicats du sujet à qui cette notion est attribuée. Au lieu que l'accident est un estre dont la notion n'enferme point tout ce qu'on peut attribuer au sujet à qui on attribue cette notion. Ainsi la qualité de Roy qui appartient à Alexandre le Grand, faisant abstraction du sujet n'est pas assez determinée à un individu, et n'enferme point les autres qualités du même sujet, ny tout ce que la notion de ce Prince comprend ; au lieu que Dieu voyant la notion individuelle ou hecceité d'Alexandre, y voit en même temps le fondement et la raison de tous les predicats qui se peuvent dire de luy veritablement, comme par exemple qu'il vaincroit Darius et Porus, jusqu'à y connoistre a priori (et non par experience) s'il est mort d'une mort naturelle, ou par poison, ce que nous ne pouvons sçavoir que par l'histoire » (A VI, 4, 1549).

2. Sur le fait qu'une telle approche traite les abstraits à la manière d'être mathématique, voir *De abstracto et concreto* (A VI, 4, 991).

> et que deux quantités sont égales entre elles, en montrant, même dans le cas des asymptotes, ce qui se produit quand le développement est poursuivi aussi longtemps qu'on voudra. Donc les hommes auront également accès à la certitude à propos des vérités contingentes. (A VI, 4, 776-777 ; trad. fr. R 277-279)

C'est là une difficulté rarement soulevée dans le commentaire alors qu'elle est pourtant immédiate : si les vérités contingentes sont comparables aux grandeurs incommensurables, alors les vérités qu'on peut obtenir sur les premières devraient être redevables de la même nécessité que celles qu'on obtient sur les secondes. De proche en proche, tout deviendrait ainsi redevable d'une nécessité de type « géométrique ».

Ce paradoxe devrait d'ailleurs être particulièrement sensible à ceux qui considèrent que Leibniz n'avait aucun problème à faire entrer l'infini dans les mathématiques. De fait, il est clair que si le traitement de l'infini appartient *comme tel* au domaine des vérités nécessaires, le fait de référer les vérités contingentes à une analyse infinie comparable à celle qui se trouve en mathématiques les place *ipso facto* sous le même régime de nécessité. Il est remarquable que Leibniz lui-même se soit fait immédiatement cette objection. Non moins remarquable est qu'il y ait répondu :

> Mais il faut répondre qu'il existe en effet une similitude mais non une concordance entière. Et il peut exister des rapports qui ne se découvrent jamais autant qu'il est besoin pour la certitude aussi loin que l'on poursuive leur résolution et qui ne sont parfaitement compris que par celui dont l'intellect est infini. Il est vrai que, comme pour les asymptotes et les nombres incommensurables, nous pouvons avoir beaucoup de connaissances certaines (*certo perspicere*) à propos des vérités contingentes, sur la base du principe selon lequel toute vérité doit pouvoir être prouvée et que par suite si, dans les hypothèses, tous les termes se comportent de la même manière de part et d'autre, il ne peut y avoir de différence dans les conclusions. Et il existe d'autres vérités de ce genre qui valent aussi bien dans l'ordre du nécessaire que dans celui du contingent dans la mesure où elles sont réflexives. Pourtant nous ne pouvons pas plus rendre raison des propositions contingentes que prolonger perpétuellement les asymptotes et parcourir de bout en bout des progressions numériques infinies. (*ibid.*)

Au regard des analyses des chapitres précédents, la raison pour laquelle nous avons affaire à une similitude et non à une concordance entière devrait être claire. De fait, les objets mathématiques ont ceci de singulier qu'ils reposent ultimement sur des différences que nous ne savons plus faire et qui conduisent à la fiction d'identités parfaites (mais néanmoins dépendant de telle ou telle perspective)[1]. Comme le fait remarquer Jean-Baptiste Rauzy, les *Generales Inquisitiones* offrent même pour la première fois, à leur § 72, une caractérisation purement logique des êtres complets ou individus (si tout terme indéfini Y adjoint à B apparaît comme superflu), qui permet en retour de caractériser les êtres incomplets (si A est différent de B et qu'il existe des indéterminés X et Y tels que l'on puisse avoir XA = YB, alors A et B sont incomplets)[2]. Ainsi, dans le cas des notions incomplètes mathématiques, le fait de pouvoir rendre une différence plus petite que toute grandeur perceptible vaut pour égalité. Il n'en va pas de même dans le monde réel où le même processus n'attestera jamais que des limites de notre appréhension (à commencer par les limites de notre perception). C'est pourquoi, pour nous autres êtres humains finis, il n'y a pas de démonstrations des vérités contingentes, même si nous pouvons obtenir des connaissances certaines sur elles[3].

Nous en avons vu un exemple simple avec le cercle parfait : cette entité, visée de l'intérieur des mathématiques comme fiction[4], peut être approchée par des polygones à un nombre aussi grand qu'on veut de côtés de telle sorte qu'on puisse rendre sa différence avec tel ou tel polygone imperceptible (ou si l'on veut éviter la métaphore perceptive : « inassignable ») ; on peut alors utiliser ce fait pour produire des démonstrations certaines sur les propriétés du cercle qui font intervenir des considérations infinitaires sans

1. Comme le rappelle le passage bien connu de la Correspondance avec Clarke sur la genèse de la conception de l'espace (voir ci-dessus p. 249) : « il est bon icy de considerer la difference qu'il y a entre la place et entre le rapport de Situation du corps qui occupe la place. Car la place d'A et de B est la même, au lieu que le rapport d'A aux Corps fixes, n'est pas precisement et individuellement le même que le rapport que B (qui prendra sa place) aura aux mêmes fixes ; et ces rapports conviennent seulement. Car deux sujets differens, comme A et B ne sauroient avoir precisement la même affection individuelle, un même accident individuel ne se pouvant point trouver en deux sujets, ny passer de sujet en sujet. *Mais l'esprit non content de la convenance, cherche une identite, une chose qui soit veritablement la même, et la conçoit comme hors de ces sujets* ; et c'est ce qu'on s'appelle icy 'place' et 'espace' » (Cinquième écrit, GP VII, 400-401. Je souligne).

2. Voir *ibid.*, p. 126.

3. Comme l'avance Leibniz dans le *De natura veritatis, contingentiae et indifferentiae atque de libertate et praedeterminatione* (1685-1686), lorsqu'il mentionne le parallèle entre racines sourdes et vérités contingentes : *Hoc solum interest, quod in rationibus surdis nihilominus demonstrationes instituere possumus, ostendendo errorem esse minorem quovis assignabili, at in Veritatibus contingentibus ne hoc quidem concessum est menti creatae.* (A VI, 4, 1516).

4. Il faut entendre la fiction ici au sens où ne savons pas si l'entité considérée existe ou non dans la réalité.

jamais sortir du maniement des quantités finies [1]. Mais ces procédés ne nous disent rien sur l'existence d'un tel cercle dans la nature. Bien plus, le fait qu'il ne nous soit pas possible de faire cette différence au niveau perceptif nous garantit que nous ne pourrons jamais décider d'une telle question par nous mêmes, de l'intérieur du régime des phénomènes. Seul un principe métaphysique (en l'occurrence le principe des indiscernables qui interdit une parfaite indétermination, et donc une continuité de type mathématique, dans le monde) peut alors nous guider et fonder une réponse négative – et pour les mêmes raisons, seul un esprit divin sera à même de traverser les séries infinies d'un seul regard et de distinguer une identité fictionnelle, qui ne serait que l'effet de nos limites perceptives, et une identité réelle.

La conquête de l'opératoire

Une avancée décisive mise en avant par les *Generales Inquisitiones* est l'introduction de variables permettant d'exprimer la copule *à l'aide de la coïncidence* [2] :

> § 16. Est une PROPOSITION AFFIRMATIVE ; *A est B*, ou *A contient B*, c'est-à-dire comme le dit Aristote : *B est dans A* (directement). Cela signifie que si l'on substitue à *A* sa valeur, il vient *A coïncide avec BY*. Comme *homme est animal*, c'est-à-dire *l'homme est identique à Animal...*, ou encore *l'Homme est identique à Animal rationnel*. Car au moyen de la marque *Y* je désigne quelque chose d'indéterminé, de sorte que *BY* est identique à *quelque B*, par exemple *Animal...* (ou *rationnel* est sous-entendu, si du moins nous savons ce qui doit être sous-entendu), c-à-d. *quelque animal*. Ainsi, *A est B* est identique à *A* est coïncident avec quelque *B*, c-à-d. *A* = *BY*. (A VI, 4, 751 ; trad. fr. R 225 modifiée)

Si les lecteurs modernes ont été frappés par la manière dont l'introduction de variables permet ici d'exprimer la quantification, il faut néanmoins noter que Leibniz estime qu'il s'agit avant tout d'une commodité notationnelle et qu'à terme on devrait pouvoir s'en passer. Il propose donc par la

1. Il suffit pour cela de montrer qu'une certaine différence peut être rendue plus petite que toute grandeur donnée (ce qui suppose la position d'une continuité idéale fondant la division à l'infini des grandeurs).

2. Selon une injonction qu'on voit apparaître dans les Remarques sur Vossius : *A praedicatione imo et ἀπὸ τοῦ inesse, optimum erit propositiones reducere ad coincidentiam* (A VI, 4, 622).

suite d'exprimer la relation d'*inesse* par la formule $A = AB$ (§ 80 à 83). Dans la marge du § 16, il a d'ailleurs indiqué :

> Il faut remarquer que pour $A = BY$, on pourrait dire également $A = AB$, et qu'alors on n'aurait pas besoin d'introduire une nouvelle lettre. Cette notation présuppose toutefois que AA est identique à A, car elle fait intervenir une redondance (A VI, 4, 751 ; trad. fr. R 225).

Comme le soulignent Malink et Vasudevan, le tournant décisif est donc moins dans une approche proto-fonctionnelle (qui, à tout prendre, est plutôt exprimée dans l'approche par les abstraits notionnels) que dans la mise en place d'une structure *opératoire* permettant d'articuler la relation d'ordre portée par la copule (*inesse*) et la relation identique (coïncidence) via la composition et l'idempotence [1]. C'est cette structure que Leibniz axiomatisera dans d'autres textes en la formulant d'abord comme une addition $A = A + B$ puis, pour marquer la différence de comportement avec l'addition ordinaire sous la forme $A = A \oplus B$ [2]. Ainsi devient possible un authentique calcul, semblable au calcul algébrique, appuyé sur des opérations logiques et la relation fondamentale de coïndicence *salva veritate*. Il s'agira là de la première définition (Eadem *sunt quorum unum potest substitui alteri salva veritate*) et du premier axiome (*Si idem secum ipso sumatur, nihil constituitur novum, seu A + A ∞ A*) du *Non inelegans specimen demonstrandi in abstractis* (A VI, 4, 847-848), prototype d'un calcul de l'addition dite « réelle ».

Sous ce point de vue, il est tentant – et nombre de commentateurs ont d'ailleurs succombé à cette tentation – de mettre bout à bout le texte des *Generales Inquisitiones* et les différents calculs « de l'addition réelle ».

1. Tous ces éléments, que ce soit le lien de la copule à des relations tout/partie (qui remonte, bien sûr, à Aristote) ou son caractère antisymétrique (qui établit un lien à la coïncidence) sont présents dès 1679, mais ils sont alors simplement juxtaposés les uns aux autres, entraînant plutôt des difficultés dans la construction.

2. « Leibniz is here appealing to the intuition that if A coincides with some kind of B, then one specific kind of B with which A coincides is the composite term AB. Note that this definition of containment relies on the fact that the terms of Leibniz's calculus are closed under the operation of composition. Thus, by positing this definition, Leibniz manages to decrease the number of primitive relations that obtain between terms by increasing the syntactic complexity of the terms themselves. In thereby shifting the focus from the relational structure of the terms to their compositional or algebraic structure, Leibniz's reduction of containment to coincidence marks a significant advance in the algebraic treatment of logic » M. Malink et A. Vasudevan, « The Logic of Leibniz's Generales Inquisitiones de analysis notionum et veritatum », *op. cit.*, p. p. 692.

Il faut néanmoins prendre garde à une différence très importante entre ces deux approches. De fait, la première porte très explicitement sur les notions et les vérités, tandis que la seconde porte sur des entités laissées indéterminées et qui peuvent être des notions aussi bien que des objets mathématiques :

> Nous disons que la notion du genre EST DANS la notion d'espèce, que les individus de l'espèce sont dans les individus du genre ; que la partie est dans le tout, et même l'indivisible dans le continu, comme le point dans la ligne, bien que le point ne soit pas une partie de la ligne. C'est ainsi que la notion de l'affection, c'est-à-dire du prédicat, est dans la notion du sujet. (R 410)

Bien plus – et en conséquence de ce degré de généralité – un tel calcul est donc apte à traiter de notions *incompatibles*. On le voit remarquablement dans le *Calculus coïncidentium et inexistentium* où Leibniz entreprend de traiter le problème suivant : « Soient A et B deux disparates, trouver C, différent de A et de B et qui compose avec eux les subalternes $A \oplus C$ et $B \oplus C$ » (A VI, 4, 841 ; trad. fr. R 420)[1]. Voici, en effet, le commentaire fait à la solution :

> On peut objecter que la construction prescrite pour ce problème ne réussit pas dans tous les cas. Soient par exemple A *trilatère* et B *quadrilatère*, on ne peut inventer une notion dans laquelle seraient à la fois A et B, on n'a donc pas un $B \oplus C$, dans lequel serait $A \oplus C$, car A et B sont incompatibles. Je réponds que notre construction générale s'appuie sur le second postulat dans lequel est contenu que quoi que ce soit peut être composé avec quoi que ce soit. *Dieu*, *l'âme*, *le corps*, *le point* et *la chaleur* : ils composent tous les cinq un agrégat. On peut donc également composer *quadrilatère* et *trilatère* et résoudre ainsi le problème (...). Mais si l'on veut appliquer ce calcul général (*generalem calculum*) (qui vaut pour toutes les compositions) à un mode de composition particulier, si l'on veut par exemple que *trilatère* et *cercle* (ou *quadrilatère*) ne composent pas seulement un agrégat, mais que les deux notions soient ensemble dans un même sujet, alors il faut vérifier qu'elles sont compatibles. (A VI, 4, 842 ; trad. fr. R. 421 modifiée)

Comme y insiste Massimo Mugnai, c'est à tort que les traducteurs rendent les relations ici convoquées comme portant sur des « termes »

1. Autrement dit, paraphrase Leibniz, « bien que A et B ne soient pas l'un dans l'autre, il faut faire en sorte que $A \oplus C$ et $B \oplus C$ le soient ».

voire des « notions » alors que le latin les fait porter sur des neutres indéterminés [1] – comme il était d'usage dans la formulation des axiomes mathématiques [2]. On le voit remarquablement en se reportant vers des textes comme le *Specimen calculi coincidentium* que je laisse dans l'original latin, au demeurant aisé à lire, pour faire ressortir la proximité avec les axiomatiques mathématiques [3] :

> 1) *Eadem* vel *Coincidentia* sunt quae sibi ubique substitui possunt salva veritate. *Diversa* quae non possunt.
> 2) A ∞ B significat A et B esse eadem.
> 3) A non ∞ B significat A et B esse diversa.
> 4) Si A non ∞ B, etiam B non ∞ A [4].
> 5) Si A ∞ B et B ∞ C, etiam A ∞ C, per 1, facta substitutione.
> 6) Si A ∞ B et B non ∞ C, etiam A non ∞ C, per 5. Hinc per 6 et 4 si A ∞ B et B non ∞ C, erit C non ∞ [A].
> 7, 8) A significat determinatum, Y vel Z, vel alia litera posterior significat indeterminatum, etiam Nihil, si conditiones appositae non obstent.
> 9, 10) A + Y ∞ C significat A inesse C, seu C continere A.
> 11) A + A ∞ A significat A esse aliquod determinatum seu unicum, seu idem sibi ipsi additum nihil novum facit. (A VI, 4, 816-817)

1. Dans la citation précédente, le *quidvis cuivis componi posse* est ainsi rendu dans la traduction française (que j'ai modifiée en conséquence) par « tous les termes peuvent être composés les uns avec les autres ».

2. M. Mugnai, « Leibniz's mereology in the essays on logical calculus of 1686-90 », dans *Leibniz and the Structure of Sciences. Modern Perspectives on the History of Logic, Mathematics, Dynamics*, Berlin, Springer, 2019 . Comme il y insiste, cette confusion est malheureusement entretenue par la présentation dans l'édition de l'Académie : « Es scheint sich um das erste der begriffskombinatorischen Stücke (dieses sowie N. 174, 175 und 177 bis 181) zu handeln, in denen Leibniz, ausgehend von der Grundrelation der Koinzidenz, die Beziehungen zwischen eadem – diversa, continentia – contenta bzw. auch communicantia – incommunicantia in einem Kalkül zu klären versucht. Für die Koinzidenz wird dabei durchweg das Zeichen ∞ verwandt, das Enthaltensein wird mit Hilfe des Zeichens für die Begriffsaddition oder logische Addition (zunächst +, später ⊕.) erklärt. Gleichzeitig wird hier zum erstenmal die dazu konträre Begriffsdetraktion eingeführt, symbolisiert durch zunächst –, später ⊖ » (A VI, 4, 816).

3. Ce texte est considéré par les éditeurs comme le premier de la série des fragments sur l'« addition réelle », voir note précédente.

4. On pourra remarquer que cet axiome qui établit que $non(A \infty B) \rightarrow non(B \infty A)$ (en interprétant *A non ∞ B* comme la négation de $(A \infty B)$) est logiquement équivalent à l'axiome de symétrie de la relation ∞. Dans la première proposition du *Specimen calculi calculi coincidentium et inexistentium*, Leibniz en donnera une démonstration à partir de la substitution (A VI, 4, 831).

C'est donc par abus de langage qu'on désigne ces différents calculs comme des « calculs logiques », car ils relèvent plutôt à proprement parler d'un calcul plus général des « inexistants » (au sens de ce qui « existe dans »), ou *De continente et contento*, et donc de ce que nous appellerions aujourd'hui une « méréologie ». La chose n'est pas sans importance par rapport aux discussions que nous avons évoquées précédemment, car il apparaît, dans sa formulation même, que ce calcul est présenté par Leibniz lui-même comme plus général que les théories logiques qui peuvent y être couchées – conformément à l'une des tâches qu'il a assignées à l'*ars combinatoria*. Il y revient régulièrement dans nos textes :

> Puisque la spécieuse générale n'est rien d'autre que l'art de représenter et de traiter les combinaisons au moyen de marques et puisqu'on peut inventer différentes lois pour ces combinaisons, il en résulte différentes manières de calculer. N'est pas prise en compte ici la variation qui consiste seulement dans le changement d'ordre et nous tenons *AB* et *BA* pour identiques. La répétition n'est pas prise en compte davantage : *AA* est pour nous identique à *A*. (A VI, 4, 834; trad. fr. R 412) [1]

Un autre aspect de ces textes saute aux yeux : Leibniz reproduit clairement l'approche formelle qu'il avait élaborée dans certaines tentatives de démonstrations des axiomes à partir des identiques en mathématiques et les combine d'ailleurs avec la question de la *determinatio* (*cf.* art. 11 et ceux qui suivent dans le *Specimen calculi coincidentium*). La première idée qui lui vient alors, dans la continuation des réflexions des *Generales Inquisitiones* sur l'indétermination, est de caractériser la détermination par le fait que la combinaison ne produit pas de chose nouvelle, ce qui nous garantit que la chose répétée ne porte en elle aucune diversité (et peut donc être dite *déterminée* ou unique).

Du fait que l'égalité définit une identité *de grandeur*, il résulte des considérations précédentes que la composition de deux grandeurs déterminées et égales (donc identiques) ne produit rien de nouveau. Le même raisonnement s'étend alors à l'addition des grandeurs en général, aux nombres et aux rapports touts/parties. Ce seront alors les choses qui se répèteront et non les grandeurs [2]. Cette position sera répétée dans le *Non*

1. Comme on le voit, Leibniz envisage même ici que la commutativité ne soit pas respectée dans certaine forme de calcul. Il y revient à la fin du scolie : « le moment venu, il faudra aussi aborder des différences d'ordre. Mais pour l'instant $RY \oplus YS \oplus SX$ est identique à $YS \oplus RY \oplus SX$ ».

2. *Hinc ut obiter dicam, quia aequalium eadem magnitudo est, ideo si aequalia sibi addantur non dicendum est eorum magnitudines addi, sed ipsas res, fit enim nova magnitudo.*

inelegans specimen demonstrandi in abstractis, où Leibniz insistera sur le fait que c'est le caractère indéterminé des entités mathématiques qui soutient l'additivité de la mesure, car l'on sous-entend alors que la répétition des grandeurs opère sur fond de la non répétition des choses mesurées (l'ajout de deux oeufs à deux autres oeufs supposent que les deux premiers ne sont pas les mêmes que les deux seconds) [1].

Ceci n'est pas sans entraîner des difficultés dans l'usage de lettres représentant des indéterminées, qui avaient été une des grandes innovations des *Generales Inquisitiones*. On se retrouve, en effet, selon que les notions sont déterminées ou indéterminées avec deux lois incompatibles – incompatibilité d'autant plus apparente qu'elle semble interdire les processus d'instanciation/généralisation :

> *12, 13) Hinc si A significet determinatum et Y indeterminatum, axiomata sunt A + A ∞ A et Y + Y non ∞ Y.*

Leibniz va progressivement affiner son système pour produire un calcul méréologique sans indéterminées [2]. Mais avec un prix à payer qu'il perçoit parfaitement : les opérations du calcul logique ne s'appliqueront plus immédiatement au domaine des nombres, des grandeurs et des proportions. Pour entrer dans ce domaine, il faudra nécessairement introduire des contraintes supplémentaires, à commencer par un principe d'extériorité des parties les unes aux autres qui fonde le mécanisme de la répétition (selon la condition bien connue sur les grandeurs mathématiques d'être *partes extra partes*). Leibniz formule cette condition en termes d'incommunicabilité des parties (c'est-à-dire, dans notre vocabulaire, d'intersection vide ou de disjonction).

Il la rencontre une première fois du fait qu'il veut définir une opération inverse de l'addition, désignée par – et qui permet de caractériser une notion de reste (ou, dans notre vocabulaire, de supplémentaire). Leibniz se heurte, en effet, à la difficulté suivante : après avoir introduit un élément nul par la formule *si A + B ∞ A et B non in A, B erit Nihil* [3], il en

Hinc sequitur nec magnitudinem esse Numerum, nec magnitudinem aut rationem unam alterius esse partem, nec posse sibi addi. Nec numerus cum aequali Numero idem est, solent tamen saepe pro ipsis rebus vel saltem numeris ratio aut magnitudo sumi (A VI, 4, 817).

1. A VI, 4, 834 ; trad. fr. R 412. Voir ci-dessous p. 333.

2. Comme on le voit dans le passage du *Non inelegans specimen*, les mêmes lettres *A* et *B* peuvent alors représenter des notions déterminées ou indéterminées.

3. Dans une notation plus familière pour nous : si $A + B = A$ et que $B \not\subseteq A$, alors $B = 0$. Où je note par $\subseteq$ la relation d'in-esse et par $\not\subseteq$ sa négation.

tire immédiatement *A* + *Nih* ∞ *A* (§ 28) ou encore *A* – *A* ∞ *Nihilo*. Mais ces dernières formules ne sauraient valoir hors des conditions enveloppées dans la définition du *Nihil* sans quoi on pourrait, partant d'un A non nul formuler le raisonnement suivant : Si *A* + *A* ∞ *A*, alors *A* ∞ *A* – *A*. Or *A* – *A* ∞ *Nihilo*, d'où se tire, contre l'hypothèse, que A supposé non nul est nul [1].

L'ajout de la propriété de communicabilité/incommunicabilité, qui apparaît dès la définion 4 du *Non inelegans* (après les définitions des relations fondamentales : *idem*, *diversum* et *inesse*) [2], permet de mieux préciser la nature des opérations en séparant ce que l'utilisation d'un même symbole avait d'abord mélangé. À cette occasion, Leibniz fait d'ailleurs évoluer son vocabulaire puisque ce qui avait d'abord été désigné comme *additio* (par exemple A VI, 4, 817) se précise, dans le cas de l'opération méréologique, en *adjectio*, l'une et l'autre étant notée par des signes distincts : *Unde et adjectionem hanc realem designo hic per* ⊕, *ut additio magnitudinum designatur per* + [3].

L'idée de « calcul universel », mentionnée à Arnauld et souvent rapprochée (par Leibniz lui-même) de l'*ars combinatoria*, est donc particulièrement riche et complexe – du moins dès qu'on fait l'effort de la rapporter à des pratiques effectives. Le point que je voulais mettre en avant est le suivant : en 1686-1687, Leibniz est capable d'élaborer un calcul général qui traite des propositions et qui, en ce sens particulier, est antérieur à toutes les sciences où entrent des raisonnements, les mathématiques au premier chef ; par ailleurs, il a perçu les analogies formelles entre opérations logiques et opérations mathématiques si bien qu'il peut intégrer (pour la première fois dans notre corpus) l'étude de certaines relations mathématiques à l'intérieur d'un calcul universel. Mais dans le même temps, ces mêmes relations *se démarquent* d'autres relations, typiquement celles qui gouvernent les grandeurs. Ces dernières peuvent certes être retrouvées au niveau relationnel (elles reposent sur des relations identiques), au niveau méréologique (on peut spécifier le type de parties sur lesquelles elles opèrent) mais pas au niveau opératoire (elles ne satisfont pas les mêmes axiomes). Je reviendrai sur ces différents aspects, qui sont particulièrement apparents dans un

1. A VI, 4, 819.

2. Def. 4 : *Si aliquid M insit ipsi A itemque insit ipsi B, id dicetur ipsis commune, ipsa autem dicentur* communicantia. *Si vero nihil commune habeant, ut A et N (verbi gratia rectae RS et XS) dicentur* incommunicantia (A VI, 4, 846).

3. A VI, 4, 835. Sous ce point de vue, remarquons que la traduction habituelle par « addition réelle » n'est pas très heureuse.

des rares textes où Leibniz ait appliqué ce nouveau calcul aux mathématiques : le *Specimen Geometriae Luciferae* [1]. Dans l'immédiat, je voudrais me concentrer sur la manière dont les différentes avancées techniques que nous venons de croiser retentissent sur la caractérisation de l'*ars combinatoria*.

Le premier aspect que nous pouvons noter à ce propos est que, conformément à la description donnée dans le *De combinatoria et usu serierum* [2], la combinatoire des notions fait intervenir de manière constitutive des séries infinies et ne se limite donc nullement à un calcul logique *stricto sensu*. Certes, nous avons vu comment les *Generales Inquisitiones* offrent un artifice ingénieux pour simuler cette analyse infinie de l'intérieur d'une analyse finie en se limitant à un certain type de prédication (abstraits logiques ou notionnels). Mais il importe de garder à l'esprit que du point de vue des notions elles-mêmes, telles que Dieu les saisit dans leurs rapports d'enveloppement/développement (ou d'inhérence), il s'agira bien de combinaisons infinies [3] – exactement comme le fait qu'il nous faut un infini actuel, que Dieu seul peut traverser *uno intuitu*, pour garantir que la limite d'une suite convergente est atteinte [4]. Le second aspect est que le caractère surplombant de l'art combinatoire prend alors un sens plus précis du fait que des axiomes, comme celui d'idempotence, permettent de départager

1. Pour l'époque qui nous occupe, il existe quelques autres textes dans lesquels Leibniz s'essaye à mettre en œuvre son calcul de l'addition réelle pour formaliser des relations géométriques, comme les textes rassemblés sous le titre de *Fragmenta quinque de contento et continuo* (A VI, 4, 1000-1002), mais ces essais sont peu développés et restent à l'état inchoatif.

2. Voir ci-dessus p. 210.

3. Voir le texte *Methodus synthetica seu ars ordinandi theoremata et problemata* : *Quod ab initio cum paucas adhuc definitiones fecimus, statim sistetur variationesque omnes faciamus possibiles quae ex ultimis terminis irresolutis fieri possunt eos semel vel saepius sumendo, et deinde combinando, et in quavis combinatione rursus ordinem variando et quavis tali Hypothesi facta contrahendo terminos indefinibiles ope definibilium et quia ope repetitionum iri potest in infinitum, alicubi sistendum est, cum scil. quasi ad seriem perventum est, ex qua judicari potest, quid sit futurum, etsi in infinitum continuetur quam in rem excogitandum singulare genus notarum, ut pro serie utcunque continuata generalis sit demonstratio*. (A VI, 4, 789).

4. Voir A VI, 4, 1616 et 1650. Sur la nécessité de disposer en mathématiques d'un infini actuel, voir R. T. W. Arthur, « Leibniz's Syncategorematic Actual Infinite », *op. cit.* Le point crucial est alors que pour les esprits finis, un tel infini actuel n'est accessible qu'au travers de relations entre quantités finies, c'est-à-dire « syncatégorématiquement ».

certaines formes de calculs. Ceci est remarquablement exprimé en ouverture du *De modi combinandi characteres* [1] :

> Chacun de nos raisonnements ne consiste en rien d'autre que la connexion des caractères, et la substitution. Que ces caractères soient des mots, des notations, ou encore des images. Toute substitution naît par ailleurs d'une certaine équivalence (*aequipollentia*).
> De là apparaît, en outre, que tout raisonnement est une certaine combinaison de caractères. La combinaison est ou bien détachée de l'ordre, ou bien relative à l'ordre ; de même, elle est ou bien semblable, ou bien on y trouve la répétition d'un même caractère qui ou bien change quelque chose ou ne change rien, ce qui est une forme spéciale de combinaison, quand $AA \infty A$ [2].

Il est d'ailleurs très remarquable que l'année où Leibniz annonce à Arnauld son désir de poursuivre son projet de caractéristique ou calcul universel, il ait entrepris de rédiger à nouveau des fondements du calcul rationnel [3], vrai *organon* de la science générale [4]. Ce texte frappe par la manière dont il parvient à une définition de tout calcul ou opération en termes de formules réglées par un principe d'équipollence :

> le CALCUL ou OPÉRATION consiste à produire des relations par des transformations de formules, elles-mêmes accomplies selon certaines lois prescrites au préalable. Or, plus les lois et les conditions prescrites au calculateur sont nombreuses, plus le calcul est composé et moins la caractéristique, quant à elle, est simple. Il est donc manifeste que les formules (parmi lesquelles on peut comprendre les caractères eux-mêmes comme les plus simples d'entre elles), les relations et les opérations sont entre elles comme les notions, les énoncés et les syllogismes. (R 169)

Je reviendrai sur la dernière déclaration, car on verra qu'elle est au principe de ce que Leibniz nomme la « logique mathématique », c'est-à-dire le fait que l'on peut établir un parallèle entre la structuration de la logique (en notions, énoncés et raisonnements) et celle des mathématiques (en quantités, relations et opérations). L'important pour nous est de

1. A VI, 4, 922. La date de ce texte n'est pas facile à déterminer, les éditeurs donnant 1688 comme *terminus a quo* et 1699 comme *terminus ad quem* – l'important pour nous étant qu'il soit après 1686.

2. A VI, 4, 922-923. Dans le *De calculo irrepetibilium* de 1687, Leibniz écrit d'ailleurs : *Subalternatur calculo de combinationibus in universum ubi non ingreditur Axioma* $A + A \infty A$ (A VI, 4, 857).

3. *Fundamenta calculi ratiocinatoris* (A VI, 4, 917 ; R 160).

4. A VI, 4, 920 ; trad. fr. R 168.

comprendre maintenant les conditions qui ont amené à une telle analyse et qui ont requis un travail de grande ampleur sur la constitution du calcul – devenu, au bout de ce processus, un pur système de transformation symbolique. L'universalité auquel il parvient est alors maximale [1]. Or la grande surprise est de voir que Leibniz ne semble pas avoir poursuivi ce programme plus avant. Le fragment que nous venons de mentionner, où le *calculus ratiocinator* devait recevoir ses nouveaux fondements, s'arrête abruptement après ses considérations préliminaires et il ne semble pas avoir été suivi par la constitution du calcul de la raison qui s'y trouvait annoncé. Ce sera l'objet du chapitre suivant d'étudier quels événements pourraient nous aider à comprendre une telle évolution.

De continente et contento

De toute évidence, Leibniz parvient donc dans la seconde moitié des années 1680 à une première réalisation de son grand programme. Outre une unification de l'analyse des notions et des vérités enfin effective hors du seul domaine mathématique, il découvre un calcul général abstrait dont peuvent être dérivées et la théorie des raisonnements et la structure relationnelle fondamentale des mathématiques. Dans le même temps, il donne toute son ampleur à l'*ars combinatoria* pour qu'il puisse assumer son rôle de langue universelle en insistant sur la nature symbolique et calculatoire de tout raisonnement. Le cœur de ce dispositif est l'articulation des relations identiques à des régimes opératoires que Leibniz maîtrise depuis quelque temps pour les relations quantitatives, qu'il a ensuite transféré à des relations « qualitatives » (comme la similitude), et qu'il parvient finalement à transférer non seulement à la coïncidence logique (ce dont il a l'intuition dès 1679 au moins), mais à une structure opératoire donnée par la formalisation de l'« addition réelle » (*adjectio realis*).

Dans ce contexte, l'élucidation des relations méréologiques générales conduit à la distinction entre les relations d'inclusion parties/tout au sens

1. On pourrait croire que ce texte confirme donc la priorité du calcul logique sur les mathématiques. Or ce n'est pas du tout ce qu'avance alors Leibniz qui déclare en passant : « Par ce moyen, on verra aussi apparaître l'ordre des sciences, traité de façon caractéristique, et l'on apprendra en pratiquant cet art que l'arithmétique élémentaire est antérieure et plus simple par rapport aux éléments de calcul logique qui portent sur les figures et les modes » (A VI, 4, 920; trad. fr. R 169).

strict, réglées par un principe d'homogénéité [1], et des relations plus générales qui sont qualifiées parfois d'ingrédience, ou d'in-existence, ou d'*in-esse* ou de contenant/contenu selon les textes. D'où la mise au premier plan de la théorie *De continente et contento*, sur laquelle Leibniz insiste dans une lettre à Foucher de 1687 très semblable de ce qu'il déclare à Arnauld quelques mois plus tard en termes de caractéristique et de calcul général :

> Je fis autre fois un essai des demonstrations *de continente et contento*, où je demonstray par caracteres (à peu près de la façon de l'Algebre et des nombres) des propositions, (: dont les regles des syllogismes, et quelques propositions de Mathematique ne sont que des corollaires. :) J'en pourrois donner non seulement sur la grandeur, mais encor sur la qualité, forme, et relation et bien d'autres, qui se demonstrent toutes hypothetiquement sur quelque peu de suppositions, par la simple substitution des characteres [equivalens]. Les plus importantes seroient sur la cause, l'effect, le changement, l'action, le temps, où je trouve que la verité est bien differente de ce qu'on s'imagine [2].

Deux traits frappent dans les différentes déclarations de cette époque : d'une part, Leibniz s'exprime souvent comme s'il pouvait retrouver le calcul des grandeurs de l'intérieur de la théorie *de continente et contento*, même s'il a bien diagnostiqué, on l'a vu, les difficultés liés à l'apparition de l'indempotence et au fait qu'il s'agira au bout du compte de deux opérations distinctes ; d'autre part, il semble alors considérer qu'il a trouvé la voie qui mène des mathématiques à la métaphysique par une saisie formelle des relations gouvernant l'inhérence conceptuelle – dont on sait le rôle qu'elle tient effectivement dans sa métaphysique de l'époque [3].

1. « Mais ici il est besoin d'expliquer néanmoins ce que sont la partie et le tout. Assurément, il est manifeste que la partie est dans le tout, c'est-à-dire que le tout étant posé, par la même est posée immédiatement la partie, ou encore que la partie étant posée avec d'autres parties quelconques, par la même est posé un tout, de sorte que les parties prises chacune avec leur position ne diffèrent du tout que par le nom, et que le nom du tout n'est posé qu'en manière d'abréviation pour ces mêmes [parties] dans leurs rapports. Il y a cependant des choses qui sont dans, sans être des parties, comme les points que nous pouvons prendre dans une droite, le diamètre que nous pouvons prendre dans un cercle ; c'est pourquoi la partie doit être Homogène au tout » *Specimen Geometriae Luciferae* (GM VII, 274).

2. À Foucher, 23 mai 1687, A II, 2, 200-201.

3. La suite de la lettre à Foucher est significative de l'étendue que Leibniz pense alors pouvoir donner à cette conquête du domaine métaphysique : « Car quoyqu'une substance se puisse appeller avec raison cause physique et souvent morale de ce qui se passe dans une autre substance, neantmoins parlant dans la rigueur metaphysique, chaque substance (conjointement avec le concours de Dieu) est la cause reelle immediate de ce qui se passe

Pourtant on ne voit pas que le philosophe se soit lancé activement dans le reste de son œuvre à la réalisation de ce calcul universel et il faut se demander pourquoi. Pour engager cette réflexion, nous pouvons déjà nous tourner vers le seul texte connu un peu développé où Leibniz ait tenté une application de ces calculs en mathématiques : le *Specimen Geometria luciferae*[1].

Il s'agit d'un texte très travaillé dans lequel Leibniz reprend l'ensemble de ses recherches en géométrie. Il nous offre d'ailleurs, dès son ouverture, un remarquable bilan d'étape des avancées dans le domaine et de la manière dont Leibniz perçoit alors la hiérarchie des relations fondamentales :

> Les Géomètres utilisent ou peuvent utiliser diverses notions tirées d'ailleurs, à savoir à propos du même et de l'autre, ou encore du coïncident et du non-coïncident, de ce qui est dans (*inest*) et de ce qui ne l'est pas, du déterminé et de l'indéterminé, du congru et de l'incongru, du semblable et du dissemblable, du tout et de la partie, de l'égal, du plus grand et du plus petit, du continu et du discontinu (*interrupto*), du changement, et enfin ce qui leur est propre et concerne la situation et l'étendue. (GM VII, 260)

On retrouve ici l'idée que les mathématiques comprennent une partie « générale » à laquelle la géométrie emprunte avant de s'intéresser à ce qui lui est spécifique, la situation et l'étendue. Cette partie générale touche

dans elle, de sorte qu'absolument parlant il n'y a rien de violent. Et même on peut dire qu'un corps n'est jamais poussé que par la force qui est en luy même. Ce qui est encor confirmé par les experiences (...). Mais il s'ensuit encor que dans chaque substance, qui l'est veritablement, et qui n'est pas simplement une Machine, ou un aggregé de plusieurs substances, il y a quelque MOY qui repond à ce que nous appellons l'ame en nous, et qui est ingenerable et incorruptible, et ne peut commencer que par la creation. Et si les animaux ne sont pas des simples Machines, il y a lieu de croire que leur generation aussi bien que leur corruption apparente, ne sont que des simples transformations d'un même animal qui est tantost plus tantost moins visible. »

1. GM VII, 260-299 (1690-1695). La date du *Specimen* n'est pas aisée à déterminer en l'absence d'éléments matériels fiables (filigrane, références internes, etc.). Par l'utilisation du calcul de l'addition réelle, nous disposons d'un *terminus a quo* autour de 1686-1687. Le *terminus ad quem* est plus difficile à déterminer et pourrait se situer dans la première moitié des années 1690, à la fois par la terminologie utilisée et par un traitement spécifique de la continuité (voir les arguments rassemblés dans V. De Risi, « Leibniz and the Continuity of Space », dans *Leibniz and the Structure of Sciences. Modern Perspectives on the History of Logic, Mathematics, Dynamics*, Berlin, Springer, 2019.). À ces arguments, on pourra ajouter que le texte identifie la *mathesis universalis* à la seule science de la quantité, ce qui semble un élément typique des descriptions des années 1690 (voir G. W. Leibniz, *Mathesis Universalis. Écrits sur la mathématique universelle*, *op. cit.*).

clairement à la logique par son traitement des relations[1]. Mais l'ordre dans lequel Leibniz présente ces dépendances, qui correspond à celui qu'il suit dans le texte, ne laisse pas de surprendre. En particulier, on voit que la science du semblable et du dissemblable, qui avait dirigé la réforme encyclopédique des années 1680 est ici passée à l'arrière plan. Elle se trouve notamment déconnectée de la science de *eodem et diverso*. Plus surprenant peut-être, la doctrine « du coïncident et du non-coïncident » est elle-même séparée de celle de l'*inesse*. La distinction est explicitée dans le passage qui suit :

> La Doctrine du coïncident ou du non coïncident est la doctrine logique des formes des syllogismes. S'en tire que les choses qui coïncident à une même troisième coïncident entre elles. Ainsi les Géomètres montrent que le point où deux diamètres (c'est-à-dire les droites coupant le cercle en deux parties congruentes) se coupent, coïncide avec le point où deux autres diamètres se coupent. (GM VII, 261)

On voit que la doctrine syllogistique est placée au premier rang, au titre de matrice des raisonnements (une fois réduite au maniement de la coïncidence et à l'utilisation répétée de la transitivité). Pourtant l'exemple que propose alors Leibniz se situe bien au niveau des relations entre les objets (le géomètre démontre la coïncidence d'un point satisfaisant certaines propriétés avec un autre). Ceci peut expliquer pourquoi la théorie de l'*inesse* se trouve alors séparée (alors que dans d'autres textes Leibniz appelle doctrine des coïncidents celle de l'*inesse*). Il ne s'agit pas, en effet, de construire un calcul général autonome, mais de distinguer des relations qui peuvent trouver des applications dans telle ou telle partie des mathématiques :

> De la doctrine de ce qui *est dans* autre chose, Aristote a saisi une partie dans des démonstrations dans les Premiers Analytiques. Il a remarqué, en

1. Leibniz l'évoque dans un texte encyclopédique des années 1690 : « Les choses rationnelles (*Rationalia*) se distinguent en générales et spéciales. Relève des générales, ce qui est logique. Et trouver les choses spéciales n'est rien d'autre que de mettre les logiques en usage. Ainsi la *mathesis universalis*, qui est une certaine espèce des disciplines rationnelles, n'est rien d'autre que la Logique Mathématique. Et si la logique est la doctrine des relations, ne relève-t-elle pas plus de la combinatoire ? Les choses spéciales sont seulement les choses intelligibles – dont [traite] la Métaphysique –, les choses imaginables – dont traitent les Mathématiques –, et ce qui n'est composé que des choses intelligibles et imaginables. (*De ordine cognitionum*, circa 1695 ; A IV, 6, 497 ; trad. fr. MU 212-213). On prendra garde au fait que l'expression « logique mathématique » a ici un sens différent de celui qu'elle a aujourd'hui et se trouve alors étroitement reliée à l'algèbre, cf. A. Michel-Pajus et D. Rabouin, « *Logica Mathematica* : Mathematics as Logic in Leibniz », *op. cit.*

> effet, que le prédicat *est dans* le sujet, c'est-à-dire la notion du prédicat dans la notion du sujet, bien que pourtant les individus correspondant au sujet soient à l'inverse dans les individus correspondant au prédicat. Et plusieurs choses peuvent être encore démontrées alors universellement *de continente et contento*, ou encore à propos des in-existants, qui seront utiles aussi bien aux Logiciens qu'aux Géomètres. Dont j'ai donné également un échantillon, où j'ai démontré : si A est dans B et B dans C, alors A est dans C ; ou encore, si A est dans L et B dans L, alors le composé de A et B sera dans L ; ou encore, si A est dans B et B dans A, alors A et B coïncident. J'ai ainsi résolu des problèmes comme de trouver plusieurs choses, en nombre quelconque, telles que rien de nouveau ne puissent provenir de leur composition, ce qui arrive si ils sont les uns dans les autres de façon continue. (GM VII, 261)

C'est alors qu'est mobilisée l'*adjectio realis* :

> Si nous avons cinq entités A, B, C, D, E, que A ⊕ B coïncide avec C, et que A soit dans D, et ensuite que B ⊕ D coïncide avec E, alors rien de nouveau ne peut provenir de leur composition, de quelque façon qu'on les combine. De là je montre également comment doivent se comporter plusieurs choses en ce qui concerne la coincidence et l'inexistence d'un nombre donné, de sorte que de là puisse être constituées des combinaisons utiles à la composition de quelque chose de nouveau (GM VII, 261)[1].

On voit l'usage très local qui est fait ici de l'« addition réelle », dont il s'agit simplement de noter qu'elle peut servir à formaliser telle ou telle relation mathématique. Le texte ne dépassera jamais ce niveau de description. De fait, L'addition réelle est mentionnée une seconde fois au moment où Leibniz élabore la distinction entre traitement des congruents et traitement des in-existants. Le cas qu'il mentionne alors est celui de deux droites AB et LM qui coïncident et dont les parties AC et LN coïncident également. Il en résulte que BC et MN coïncident. De même, on peut en conclure que les points A et L (respectivement B et M) coïncident.

> Chose que j'ai démontré ailleurs à partir de la nature des droites en tant qu'elles in-existent les unes dans les autres. Ainsi si A est dans L, et B dans M, aussi A ⊕ B est dans L ⊕ M, et si A ⊕ B est dans L ⊕ M et A ⊕ C est dans L ⊕ N, aussi A ⊕ B ⊕ C est dans L ⊕ M ⊕ N, mode d'argumentation qu'il n'est pas permis d'imiter avec les congruences et les similitudes. (GM VII, 264)

1. On trouvera un témoignage de ce type de recherches dans le *De casibus in quibus componendo nihil fieri potest* de 1686, A VI, 4, 823-828.

Il ne s'agit donc nullement, conformément à ce que nous avons déjà remarqué sur la vraie nature du calcul *de continente et contento*, d'appliquer un calcul logique aux mathématiques. Le calcul formalise immédiatement certaines relations qui sont distinguées d'autres relations (ici la congruence), auquel *il ne s'applique pas*. D'où la position de surplomb non pas de la doctrine du contenant et du contenu, mais de l'art combinatoire :

> Vers ces choses se tourne la partie de la Science Combinatoire générale qui traite des formules prises de manière universelle et dont on montre que doit lui être subordonnée non seulement la Géométrie, mais aussi la Logistique ou *Mathesis universalis*, qui traite des Grandeurs et Proportions en général. (*ibid.*)

On remarquera au passage un trait tout à fait spécifique de cette période : la partie générale des mathématiques, qui touche à la logique, n'est pas ici désignée comme mathématique universelle et cette dernière se trouve clairement limitée désormais au seul domaine des grandeurs [1].

Pour le reste, le *Specimen* offre avant tout un remarquable résumé de l'ensemble des recherches que Leibniz a entrepris sur la géométrie jusque là et la vraie suprise est plutôt le peu de place qu'y tient la théorie *de continente et contento* au final. Non moins surprenant apparaît le fait que le texte se resserre très vite sur les questions concernant la mesure (les questions de similitude ayant d'ailleurs elles-mêmes été subordonnées aux questions concernant la congruence), conformément à un resserrement sur le concept de grandeur (plutôt que de forme), que nous avons déjà pointé en ce qui concerne l'idée de *mathesis universalis* et sur lequel nous reviendrons dans le chapitre suivant.

Venons en maintenant à notre second point, soit le lien que Leibniz fait régulièrement dans les textes de la fin des années 1680 entre la doctrine *de continente et de contento* et les questions de métaphysique. Ce n'est pas le lieu d'entrer ici dans les méandres de la théorie leibnizienne de la substance, mais quelques remarques succinctes suffiront à indiquer pourquoi Leibniz pouvait voir dans sa nouvelle théorie le ressort d'une synthèse inespérée.

1. Le texte du *De ordine cognitionum* ne contredit cette évolution qu'en apparence. De fait, Leibniz se contente d'y désigner la mathématique universelle comme une logique mathématique et conclut de là à sa proximité à la logique. Or comme nous le verrons par la suite, l'expression *logica mathematica* est spécifique à cette période et se trouve toujours avancée dans le contexte d'une identification de la *mathesis universalis* à la science universelle des grandeurs, voire à la seule algèbre. Voir plus bas p. 340.

Nous avons déjà vu qu'une des conclusions élaborées dès la *Meditatio de principio individui* d'avril 1676 [1] est que l'étendue homogène des géomètres ne saurait garantir aucun principe d'individuation et qu'il faut donc introduire dans la considération des corps physiques un analogue de l'âme – ce que Leibniz présente par la suite comme une réintroduction de la doctrine des formes substantielles. Cette doctrine consonne remarquablement avec les recherches physiques où Leibniz voit la nécessité d'introduire, en plus de l'extension, la force (qu'il saisit, à partir du *De corporum concursu* de 1678 par la conservation de la puissance plutôt que de la quantité de mouvement). Elle consonne également avec la doctrine de l'inhérence conceptuelle : la substance individuelle comme être complet étant caractérisée par le fait d'avoir une « notion si accomplie qu'elle soit suffisante à comprendre et à en faire deduire tous les predicats du sujet à qui cette notion est attribuée » [2]. Mais une difficulté évidente est alors de parvenir à saisir cet « être dans » sans reconduire une forme de composition tout/partie que les considérations initiales interdisent.

Qu'une telle conception n'aille nullement de soi se marque aux nombreuses hésitations dont fait preuve Leibniz dans sa thématisation des rapports tout/partie lorsqu'il tente de les appliquer en logique. On s'en convaincra aisément en revenant à des textes comme les *Elementa calculi* de 1679 :

> toute proposition catégorique universelle affirmative vraie ne signifie rien d'autre qu'une certaine liaison entre le prédicat et le sujet, à savoir que le prédicat est dans (*inesse*) le sujet ou est contenu (*contineri*) dans le sujet, que celui-ci soit considéré absolument et en soi ou bien d'une manière déterminée, c'est-à-dire dans un exemple. Autrement dit, que le sujet contient le prédicat d'une certaine manière : que la notion du sujet enveloppe la notion du prédicat par elle-même ou bien quand on lui ajoute (*addito*) quelque chose, de telle sorte que le sujet et le prédicat soient l'un avec l'autre comme le tout et la partie ou comme deux touts coïncidants, ou enfin comme la partie et le tout. (A VI, 4, 197 ; trad. fr. R 47)

Tous les ingrédients de la théorie postérieure sont déjà en place, y compris le lien de la coïncidence aux relations contenant/contenu via une

1. A VI, 3, 490-491.

2. Les différents éléments que je viens de rappeler sont ceux qui sont mis en place dans les paragraphes 5 à 12 du *Discours de Métaphysique*, notre dernière citation provenant du paragraphe 8. Leibniz prend alors bien soin de rappeler que l'inhérence conceptuelle est « ce que les Philosophes appellent *in-esse* » (A VI, 4, 1540).

forme d'addition. Mais la grande différence est précisément que Leibniz ne distingue pas alors les rapports tout/partie de ceux d'ingrédience (ce qui entraîne d'ailleurs toutes sortes de difficultés)[1]. La réflexion du milieu des années 1680 et la nette séparation entre les deux types d'opération (*adjectio/additio*), de leurs axiomes caractéristiques (idempotence ou non) marque assurément une étape décisive. On voit le chemin parcouru dans le scolie aux définitions 3 et 4 du *Specimen calculi coincidentium et inexistentium* où Leibniz commente la définition de l'*inesse* que nous avons citée ci-dessus. Les relations tout/partie sont désormais un cas particulier (lorsqu'il y a homogénéité) d'une relation méréologique plus générale qui recouvre aussi bien l'ingrédience conceptuelle que la relation d'un point à une ligne[2]

> Tout inexistant n'est pas une partie, et tout contenant n'est pas un tout. Par exemple, un carré inscrit et le diamètre sont dans le cercle ; or le carré est une partie du cercle, alors que le diamètre n'en est pas une. Il faut donc ajouter quelque chose si l'on veut expliquer précisément les concepts de tout et de partie, ce qui n'a pas à être fait ici. (A VI, 4, 846-847 ; trad. fr. R 425)

Il n'est pas difficile de voir qu'une telle conception rétroagit immédiatement sur la forme de composition impliquée dans la métaphysique, à la fois en ce qu'elle permet de capturer la relation du sujet au prédicat sans y plaquer celles du tout et de la partie, mais aussi en ce qu'elle permet de formaliser la relation de la forme substantielle (ou de la force) au corps physique sans y projeter le modèle inapproprié d'une composition de type spatial semblable à celle qui gouverne les rapports des corps entre eux.

Sous ce point de vue, l'enthousiasme de Leibniz paraît tout à fait justifié : il parvient bien au bord d'une grande synthèse de la métaphysique de l'individuation et de la mathématique universelle. Mais avant de revenir sur les changements qui ont pu affecter ce programme dans les années 1690, nous devons néanmoins insister sur le fait que ce programme n'est pas encore achevé par la seule mise au point des calculs *de continente et contento*. Deux difficultés subsistent, en effet : la première sur le type d'unité de la mathématique (ou de mathématique proprement *universelle*), la seconde sur les notions primitives.

Quant au premier point, on doit garder à l'esprit que Leibniz arrive à une étape où il n'a pu progresser qu'en séparant clairement deux

1. Voir le commentaire de Jean-Baptiste Rauzy en R 41-42.
2. Voir ci-dessus p. 329.

types de régimes opératoires. Certes nous pouvons retrouver les relations tout/partie à partir des relations contenant/contenu en ajoutant des spécifications, mais il faut bien voir que cette dérivation ne fonctionne pas au niveau du calcul lui-même qui reste séparé entre deux structures (gouvernées par des axiomes différents). C'est ce que nous rappelle un passage célèbre du *Specimen calculi coincidentium et inexistentium* :

> Quand on dit que deux choses et deux choses en font quatre, les deux dernières doivent être différentes des deux premières. Si elles étaient identiques il ne viendrait rien de nouveau, et ce serait comme si, par jeu, nous voulions faire six oeufs à partir de trois, en comptant d'abord les trois oeufs, puis, après en avoir ôté un, en ajoutant les deux restants et enfin, après en avoir à nouveau ôté un, en ajoutant le dernier. Au contraire, dans le calcul des nombres et des grandeurs, A ou B ou toute autre marque ne désignent pas des choses déterminées mais un ensemble de choses quelconques ayant le même nombre de parties congruentes. (. . .) C'est pourquoi 2 + 2 produit quelque chose de nouveau (4) et 3 par 3 également (9). Car on suppose toujours qu'on emploie des choses différentes (même si elles sont de même grandeur). (A VI, 4, 834 ; trad. fr. R 412)

La seconde difficulté concerne les notions primitives. Comme nous l'avons vu dans les chapitres précédents, la stratégie de réduction aux identiques, quels que soient ses succès éclatants et sa fécondité, opère à défaut d'une construction (ou d'une définition génétique) des objets. Elle est donc, pour une grande part, en attente d'une attestation de possibilité. Or cette attestation reste encore grandement problématique. Dans le cadre de la géométrie, par exemple, on a vu que Leibniz envisage plusieurs manières d'engendrer les objets (notamment en faisant intervenir le mouvement) et se heurte à des problèmes de circularité. Il voit très bien, notamment, que le fait de définir la ligne droite euclidienne comme *linea minima* entraîne un problème du fait que cela présuppose justement, dans notre vocabulaire, le caractère euclidien de la métrique choisie – problème qu'il rencontre pour sa part en étudiant les lignes minimales sur la sphère ou le cylindre [1].

Or les recherches sur le calcul universel des années 1680 aggravent ce problème plus qu'elles ne le résolvent, et cela de deux façons : d'une

1. Voir le fragment de caractéristique géométrique de 1679 édité en CG 272, ainsi que les annexes 6 et 7 dans V. De Risi, *Geometry and Monadology*, *op. cit.*, p. 592–595. La thématisation du fait qu'il existe plusieurs concepts de distance (que Leibniz désigne comme relative et absolue puisqu'il pense l'espace ambiant comme nécessairement euclidien) se trouve notamment en NEEH II, 13, § 3 (A VI, 6, 146–147).

part, on l'a vu, les *Generales inquisitiones* restent assez floues sur la nature des notions fondamentales en mathématiques du fait qu'elles se sont données comme sous la contrainte de ne traiter que de termes concrets. Ce problème réapparaîtra par la suite du fait que la nature relationnelle de la plupart des objets mathématiques leur donne un statut ambigu dans la logique de Leibniz : ils peuvent être tantôt saisis du côté des notions (les relations elles-mêmes devenant des notions « syncatégorématiques »), tantôt du côté des vérités ; d'autre part, le fait d'isoler un régime opératoire additif (satisfaisant tous les mêmes axiomes que l'addition ordinaire mais avec idempotence) qui ne soit pas le même que celui des nombres rend l'engendrement de ces objets particulièrement problématique. De fait, rien dans le concept d'unité et d'addition, pris pour eux-mêmes, ne semble alors pouvoir permettre de dériver le fait que l'addition de deux unités (ou plus généralement de deux nombres) produise quelque chose de nouveau.

On a vu que ce problème est explicitement posé par Leibniz qui y répond en disant que les mécanismes de répétition (qui fonde les notions de nombres entiers et de mesure) doivent alors être cherchés du côté des choses elles-mêmes. C'est l'exemple des œufs rappelé ci-dessus : lorsque je dis que j'ajoute deux œufs à deux autres œufs, je sous-entends que les deux œufs ajoutés ne sont pas les mêmes que les premiers (que j'aurais pu, par exemple, reprendre du panier pour les y reposer). Or ceci a une conséquence très importante dans la dérivation des notions primitives du fait que cela semble interdire une dérivation purement « analytique » (et non stipulative, et donc circulaire) de l'addition ordinaire à partir du concept de grandeur (Leibniz a même insisté sur le fait que l'ajout de deux grandeurs ne produit rien de nouveau si l'on ne sait pas assurer qu'il s'agissait de mesures de choses différentes). Sous ce point de vue, il est tout à fait remarquable que la période suivante soit marquée par les premières recherches un peu développées tendant à fonder les opérations arithmétiques élémentaires, un problème que Leibniz semble avoir considéré comme de peu d'intérêt jusque là [1].

Ces éléments sont très importants pour lire les passages bien connus des *Nouveaux essais* où Leibniz mentionne son calcul de *continente et contento* dans le cadre de l'idée de « mathématique universelle ». Après avoir effectué un parallèle entre *mathesis universalis* et logique au titre des arguments en forme (NEEH IV, 17, § 4 ; A VI, 6, 478), Théophile avance,

1. Sur ce point, je me permets de renvoyer au texte 4 et à la présentation qui l'accompagne dans G. W. Leibniz, *Mathesis Universalis. Écrits sur la mathématique universelle*, *op. cit.*

en effet, que « toute la doctrine syllogistique pourrait être démontrée par celle *de continente et contento*, du comprenant et du compris, qui est différente de celle du tout et de la partie ». Après quelques explications plus détaillées, Philalèthe finit alors par s'exclamer, vaincu : « Je commence à me former une toute autre idée de la Logique que je n'en avais autrefois. Je la prenais pour un jeu d'Écolier, et je vois maintenant qu'il y a comme une Mathématique Universelle, de la manière que vous l'entendez » (NEEH IV, 17, § 8).

Or on prête trop peu d'attention au fait que ces textes ne décrivent justement pas la mathématique universelle prise pour elle-même, mais repose sur une comparaison entre cette dernière et la logique [1]. On s'en convainc d'ailleurs aisément en constatant que tous les autres textes de cette période (et ils sont nombreux) qui traitent de la *mathesis universalis* l'identifient au contraire à la seule science des grandeurs [2]. C'est bien là que nos développements précédents nous ont conduits : Leibniz est parvenu à développer un calcul général qui joue *le même rôle* que la mathématique universelle (vue ici comme théorie générale de la grandeur) en ce qu'il capture une partie générale des mathématiques. Mais il s'en distingue néanmoins de ne pas parvenir finalement à une réelle unification. C'est ce que va préciser Théophile en parlant de la doctrine « *de continente et contento*, du comprenant et du compris, *qui est différente de celle du tout et de la partie* », car, avance-t-il, « le tout excède toujours la partie, mais le comprenant et le compris sont quelquefois égaux, comme il arrive dans les propositions réciproques ».

Si le système ainsi reconstitué présente encore de nombreuses difficultés à régler, Leibniz aurait très bien pu – comme l'on fait nombre de ses commentateurs ! – les assumer comme tel au titre de l'avancement de son programme. On voit bien qu'il n'est pas difficile d'élaborer sur la base des recherches de la fin des années 1680 une théorie méréologique abstraite cohérente et propre à tenir la place d'un calcul universel [3]. Mais tel ne fut pas le cas et si Leibniz continue à se référer à ce programme jusqu'aux derniers moments de l'œuvre, et s'il répète – à juste titre – y avoir déjà obtenu de beaux succès, il ne semble pas s'y être engagé lui-même plus avant. Au regard des déclarations enthousiastes de la fin des années 1680, telles

1. Sur la place singulière de ce texte dans le corpus et le fait qu'il repose sur une analogie, je me permets de renvoyer à l'introduction de *ibid.*

2. *Ibid.*

3. C'est ce que fait par exemple Massimo Mugnai dans l'article cité p. 319.

qu'en portent témoignage les lettres à Arnauld ou à Foucher déjà mentionnées, on peut difficilement s'expliquer cette évolution sur la base du seul manque de temps (dont se plaint régulièrement notre philosophe) ou du désintérêt. Même si nous avançons alors sur un terrain plus conjectural, étant donné l'état encore imparfaitement édité du corpus, notamment du corpus mathématique, il semble que nous puissions avancer également des raisons *positives* à cette évolution. Dresser quelques pistes en ce sens sera l'objet de notre dernier chapitre. Mais il aura surtout pour but de maintenir ouverte la question de la synthèse de la mathématique universelle et de la métaphysique de l'individuation que trop de commentateurs ont voulu fermer en prenant acte des succès de la fin des années 1680 comme s'ils n'avaient pas une suite.

CHAPITRE VII

LE TOURNANT DES ANNÉES 1690

Leibniz parvient au milieu des années 1680 à une première forme de synthèse tout à fait remarquable : outre l'élaboration des grands calculs logiques et les avancées dans l'élaboration d'une nouvelle *mathesis universalis*, c'est le moment des *Meditationes de cognitione, veritate et ideis* où est présentée sa théorie de la connaissance, et en particulier les rôles duaux de la connaissance symbolique et de l'attestation de possibilité. C'est également l'époque de rédaction du *Discours de Métaphysique* où la notion complète de la substance individuelle tient le centre du dispositif, en parallèle avec l'affinement de la distinction entre vérités nécessaires et vérités contingentes (sur le modèle de la distinction commensurables/incommensurables en mathématiques). Si cette synthèse présente encore quelques difficultés, Leibniz, qui les repère parfaitement, pouvait tout à fait les assumer comme telles pour édifier l'étage suivant de sa construction. Pourtant, si nous jetons un œil à la période qui suit, nous constatons avec surprise que ce ne semble pas être le cas. Les mentions de la « science générale » se font beaucoup plus rares jusqu'à disparaître, la pratique mathématique se recentre nettement sur le calcul différentiel et intégral (et plus tard sur les fondements de l'algèbre), l'*analysis situs* se recentre sur la congruence plutôt que sur la similitude, la « mathématique universelle » sur la quantité plutôt que sur la forme et les calculs logiques sur la syllogistique.

C'est là un changement important survenu dans l'image de Leibniz dans la littérature récente. De fait, rien ne laissait prévoir, à l'étude des seuls textes, une telle évolution. Il était beaucoup plus naturel, en l'absence de datations précises, de voir le grand programme des années 1680 comme l'achèvement de ce que Leibniz ne cessait d'annoncer depuis le *De arte combinatoria*. Il faut dire qu'à première vue cette évolution a tous les airs d'un *retrait*. Pour ceux qui s'en tenaient donc à la seule perspective reconstructive, il paraissait évident que des formulations comme celle des *Elementa Nova Matheseos universalis* ou celle du *Plus Ultra* donnaient l'état le plus accompli de la « synthèse leibnizienne de la mathématique universelle et de la métaphysique de l'individuation ». Or s'il est encore trop tôt pour être totalement assuré du détail des changements survenus au cours de la nouvelle décennie, un certain nombre d'études ont déjà largement confirmé que ce n'était pas le cas [1].

Par ailleurs, de même qu'on prête peu d'attention aux déclarations explicites de Leibniz avançant à Paris qu'il s'est trompé dans son premier programme, de même délaisse-t-on des textes des années 1690 où il explique clairement certains changements. Un texte sur la « mathématique universelle » paraît particulièrement intéressant de ce point de vue. Suite au voyage qu'il effectue dans le Sud de l'Allemagne, puis en Italie, d'octobre 1687 à juin 1690, Leibniz, qui vient d'achever ses *Dynamica*, est renforcé dans l'idée qu'il doit également donner au public, en complément, un grand traité de son calcul différentiel et intégral. Il en mentionne à plusieurs reprises le projet au titre d'un livre *De Scientia infini* [2], partie supérieure de la *Mathesis universalis* [3]. Or voici comment il envisage alors de repenser le projet d'une « mathématique générale » :

> j'avais d'abord résolu, de manière raisonnable, de traiter de la seule Science de l'infini, qui est la partie la plus élevée de la *Mathesis Generalis*

1. Sur l'affaiblissement du programme de « science générale », voir les travaux d'Arnaud Pelletier, A. Pelletier, « L'ordre des choses : catégories et définitions chez Leibniz », Thèse de doctorat, Université Paris IV, sous la dir. de M. Fichant, 2009 et A. Pelletier, « The *Scientia Generalis* and the *Encyclopaedia* », dans *Oxford Handbook of Leibniz*, Oxford, Oxford University Press, 2015). Sur l'évolution des programmes logiques, voir les travaux de Wolfgang Lenzen (en particulier le constat cité ci-dessus 34, tiré de W. Lenzen, « Leibniz's logic », *op. cit.*). Sur l'évolution des travaux sur l'*analysis situs*, voir V. De Risi, *Geometry and Monadology*, *op. cit.* Enfin sur l'évolution des programmes de mathématique universelle : G. W. Leibniz, *Mathesis Universalis. Écrits sur la mathématique universelle*, *op. cit.* Toutes ces études donnent un nouveau soutien à la lecture génétique de la constitution de la métaphysique leibnizienne telle qu'elle a été promue par Michel Fichant et dont les principaux résultats sont consignés dans M. Fichant, *« L'invention métaphysique »*, introduction à *: Leibniz, GW, Discours de métaphysique suivi de Monadologie et d'autres textes*, p. 7-140, Paris, Gallimard, 2004.

2. H.-J. Hess, « Leibniz comme propagandiste d'une science nouvelle nommée "scientia infiniti" », dans *L'Actualité de Leibniz : les deux labyrinthes,* Studia Leibnitiana Supplementa XXXIV, Stuttgart, Steiner, 1999.

3. Sur ce dispositif, voir MU, Annexe 3.

et est utile avant tout pour connaître plus en profondeur la nature des choses. En effet, il n'en existe pas à ce jour d'Élements et j'avais moi-même proposé un nouveau genre de calcul qui doit y être mené, approuvé par des hommes de grande valeur, et d'où résulte aussi que la partie de la géométrie qui transcende l'algèbre est rendue plus analytique. *Mais j'ai considéré plus tard que la Logistique commune, qui vient sous le nom d'Algèbre, n'est pas rapportée à ses sources et qu'on ne connaît pas assez la manière d'estimer en général.* (...) *Ni la nature de la quantité ni celle de la relation entre quantités en général, ni même – ce qui pourrait sembler plus étonnant – la nature de la plus simple espèce des relations, à savoir la raison et la proportion, n'a été suffisamment expliquée.* (GM VII, 49; trad. fr. MU 121)

Le contexte est clairement ici l'usage des proportions dans la physique, en tant qu'elles peuvent soutenir une « estime des forces »[1]. Mais il est important de noter que ce changement d'orientation retentit sur l'algèbre, dont Leibniz nous dit qu'elle n'a pas été suffisamment rapportée à ses sources. Or il est frappant de constater que l'analyse des notions leibniziennes s'est effectivement assez peu portée jusqu'à présent vers l'arithmétique et l'algèbre (sinon par l'intermédiaire des recherches combinatoires), vraisemblablement parce que le philosophe estimait que ces branches des mathématiques étaient mieux comprises[2]. On le voit bien lors d'un échange avec Augustin Vaget en 1696, où celui-ci lui demande conseil pour un manuel d'algèbre :

Pour ce que tu me demandes au sujet de quelque compendium Arithmétique, dont Tu pourrais Te servir pour enseigner, je n'ai rien à te recommander. Et je voudrais bien qu'il en soit rédigé un dans lequel on traiterait parallèlement[3] de l'Algèbre et de l'Arithmétique. Elles sont à la vérité la même science, et ne diffèrent en rien sinon qu'en Arithmétique, il s'agit du nombre déterminé, et en Algèbre, du nombre indéterminé. C'est aussi de là que vient le fait que l'Algèbre ou l'Arithmétique est la *Mathesis Universalis*, c'est-à-dire la science de la quantité en général, parce que la Grandeur n'est rien d'autre que la multitude des parties. (...) Pour moi, j'ai coutume de concevoir la science de la Grandeur, que certains

1. La partie omise du passage cité contient, en effet, l'incise suivante : « Cela a donné souvent lieu à de gravissimes erreurs, comme celle de ceux qui mesurent la nature des forces motrices par le degré des vitesses d'un même corps, ainsi qu'on l'établira en son lieu » (*ibid.*).

2. Il s'agissait plutôt pour lui, on l'a vu, d'étendre un certain modèle de mathématique universelle hors du cadre jugé trop étroit de la quantité.

3. Leibniz utilise le terme grec : παραλλήλως.

nomment Logistique, à l'instar d'une Logique Mathématique. (à Vaget, 5/15 Juin 1696, A III, 6, 781)

Plusieurs traits peuvent ici nous arrêter. Tout d'abord, on voit que Leibniz n'a rien à proposer à quelqu'un qui lui demande une présentation ordonnée de l'arithmétique et de l'algèbre en 1696. Ce n'est pas par crainte de livrer des tentatives inabouties ou trop révolutionnaires : lorsque Johann Andreas Schmidt lui demandera l'année suivante de l'aider à constituer un cursus d'enseignement de mathématiques pour l'Université de Helmstedt, Leibniz se mettra à la tâche et rédigera de telles présentations « parallèle » et « logique » de l'arithmétique et de l'algèbre, qu'il enverra dans un état encore inachevé [1]. C'est dans ce contexte qu'il engage fin 1698 un grand traité de *Mathesis universalis*, ainsi que différents textes sur les « fondements du calcul des grandeurs » qui nous occuperont par la suite.

Ceci nous conduit en droite ligne à une seconde surprise : la mathématique universelle qui avait jusqu'à présent été pensée au titre d'une extension du projet cartésien vers le domaine de la « qualité » et sous l'égide d'un traitement des « formes » est ici présentée comme la science universelle de la quantité seule; qui plus est, elle se trouve alors *identifiée* à l'algèbre [2]. Certes, il existe quelques textes de la période antérieure où la *mathesis universalis* a déjà ce sens, que Leibniz hérite des cartésiens [3], mais ces textes ne laissent alors aucun doute sur le fait que le philosophe recourt alors à une acception traditionnelle qu'il contraste avec son propre projet d'une *nouvelle* mathématique universelle [4].

La nouveauté est donc que Leibniz puisse présenter son propre projet au titre de la seule science de la quantité ou de la grandeur. Ce trait se rencontre dans *tous* les textes aujourd'hui connus que Leibniz entreprend

1. Voir les échanges avec Schmidt en 1698-1699 analysés dans MU 115-116. L'usage dans ces lettres des deux expressions παραλλήλως et *logica mathematica* que l'on retrouve ensuite dans la *Matheseos universalis pars prior* indique clairement qu'il s'agit du même projet.

2. Outre la lettre à Vaget citée ci-dessus, on pourra consulter la lettre d'avril 1700 à Johann Peter Ludewig, où Leibniz écrit : *Algebra revera Logica Mathematica est ; et avidit ut eadem sit etiam mathesis universalis, quid aliud enim sunt Generales scientiae, quam Logicae applicationes quas vocant Logicas utentes* (A I, 18, 611). Après consultation du manuscrit, je corrige la transcription de *mentes* à *utentes*

3. Par exemple dans le texte *De arte characteristica inventoriaque analytica combinatoriave in mathesi universali* (A VI, 4, A, 315- 331 ; trad. fr. MU 73-89).

4. *Mea Mathesis generalis*, comme avancé par les *Initia et Specimina Scientiae novae Generalis* (1682), A VI, 4, 443.

d'écrire sur la *mathesis universalis* à cette époque [1]. Le changement décisif, sur lequel il nous faudra revenir, est l'idée – héritée d'Erhard Weigel – selon laquelle les mathématiques sont une science de l'estime (*aestimatio*) des quantités, si bien que tout un aspect qualitatif – en particulier tout ce qui touche à l'estime des forces et, plus généralement, des grandeurs intensives – peut être réintégré dans le giron de la grandeur, plutôt que présenté à l'extérieur de lui. Comme c'était déjà le cas de l'art combinatoire, dont l'effectivité mathématique apparaissait de manière privilégiée à même l'algèbre et l'arithmétique, et que les projets d'*analysis situs* peuvent également être présentés à partir du concept primitif de congruence, c'est toute l'approche qualitative qui peut alors se trouver reversée sans dommage dans la science de la seule quantité. Il n'en s'agit pas moins d'un changement de grande ampleur dans l'ordonnancement encyclopédique des disciplines [2]. Finalement, le troisième trait significatif de cette description, lui aussi confirmé dans d'autres textes que nous étudierons par la suite est l'idée qu'une présentation *logique* des mathématiques ne consiste nullement à mettre les mathématiques sous l'égide d'un calcul, mais plutôt à concevoir le calcul algébrique *comme une logique*.

Certes Leibniz ne s'est jamais complètement désintéressé d'une analyse conceptuelle de l'algèbre et même, il a entrepris au sortir de ses années parisiennes l'écriture d'un dialogue d'introduction à cette science [3]. Mais la lecture de ce texte frappe par son caractère convenu. La principale innovation, conforme à l'orientation dessinée à Paris, est alors d'insister sur la dépendance de l'algèbre à l'art combinatoire (au sens mathématique du terme), auquel Leibniz consacre de longs développements. Pour le reste, ses travaux en algèbre et en arithmétique à cette époque sont plutôt des travaux de recherche, d'ailleurs souvent très avancés pour leur temps. Il est d'ailleurs frappant que Leibniz ne recommande pas ce texte, pourtant

1. Je renvoie à nouveau aux analyses de G. W. Leibniz, *Mathesis Universalis. Écrits sur la mathématique universelle*, *op. cit.* Il n'existe qu'une exception apparente dans la mention, aussi souvent citée que mal comprise, des *Nouveaux essais* où Leibniz compare la Mathématique universelle à la logique. Comme j'ai déjà eu l'occasion d'y insister dans la partie précédente, il est frappant que les commentateurs gomment alors le fait qu'il s'agisse d'une analogie et non d'une identification.

2. Dans *ibid.*, j'ai proposé de voir cette évolution comme passage d'un système du savoir centré sur la « forme » à un autre centré sur la « force ».

3. Ce texte a été publié par Knobloch sous le titre : G. W. Leibniz, *Ein Dialog zur Einführung in die Arithmetik und Algebra*, *op. cit.* La date aujourd'hui proposée par les éditeurs est plutôt 1679 que 1676, comme le pensait Knobloch

pédagogique et très élémentaire, à ses correspondants des années 1690 qui, comme Vaget ou Schmidt, lui demandent de l'aide dans l'élaboration de leurs cours [1].

Ce que les Dynamica changent

Afin de comprendre l'évolution de la pensée de Leibniz, il me semble important, conformément à l'indication donnée dans le texte sur la mathématique générale que j'ai cité ci-dessus, de se tourner d'abord vers ses recherches physiques, et au premier rang les *Dynamica* que Leibniz écrit en Italie de mars 1689 à mars 1690. Un des traits les plus étonnants de ce traité, surtout au vu de l'impulsion qu'il donne au projet d'un traité *De Scientia infiniti*, est que Leibniz n'y mobilise pas le formalisme différentiel, mais s'exprime sciemment dans le vocabulaire ancien des proportions, et même plus spécifiquement dans celui de l'*intensio formarum* [2]. Ceci n'est évidemment pas lié, comme dans les *Principia* de Newton, à quelque réticence éprouvée à utiliser un calcul mobilisant des quantités infiniment petites et dont le statut serait suspect aux yeux de son créateur. Non seulement Leibniz prévoit immédiatement d'accompagner son traité d'une réédition de la *Nova Methodus pro maximis et minimis* (et plus généralement d'un certain nombre de ses traités scientifiques), mais il consacre un passage important à expliciter *après coup* la traduction systématique des notions qu'il a avancées dans le vocabulaire du calcul différentiel [3]. La raison paraît

1. En revanche, on trouve bien au moins un texte daté par Leibniz du 6 janvier 1694, donc antérieur aux échanges avec Vaget et Schmidt, où il se préoccupe des fondements de la logistique – ce qui confirme la présentation faite dans le texte avec lequel nous avons commencé. Il s'agit d'un manuscrit intitulé *observationes logisticae generales* (LH XXXV 4, 10, fol. 1-2). Leibniz ne s'y occupe néanmoins que d'une question très circonscrite, mais dont on verra l'importance dans la *Matheseos universalis pars prior* : la dualité entre deux voies d'approche de l'algèbre, synthétique et régressive, qui donne lieu à deux types d'opérations et de quantités. On peut également mentionner un autre texte, vraisemblablement du milieu des années 80 déjà, où ce programme est déjà annoncé (*De ortu, pgoressu et natura algebrae* : GM VII, 203-209 ; trad. fr. MU 225-234.)

2. Sur ce point, voir l'article séminal de M. Fichant, « De la puissance à l'action : la singularité stylistique de la Dynamique », *Revue de Métaphysique et de Morale*, 1995 et les travaux de Ranea, notamment A. G. Ranea, « The a priori Method and the actio Concept Revised. Dynamics and Metaphysics in a unpublished controversy between Leibniz and Denis Papin », *Studia leibnitiana*, 1989.

3. Le point notable étant que cette formalisation vienne après coup, puisqu'il s'agit de la conclusion de la première partie (section IV, chap. 4), intitulée : *Specimen calculi analytici pro phorometria dynamica*.

bien plus profonde et touche au fait que le calcul ne pourrait agir ici que comme un outil pour exprimer des relations qui doivent d'abord avoir été éclaircies au niveau conceptuel. Nous retrouvons ici l'exigence d'appuyer tout travail de pensée, à commencer par l'édification d'une théorie scientifique, sur une analyse des notions, dont la possibilité doit être attestée.

Or, à la différence du formalisme newtonien, le formalisme leibnizien ne permet *pas* de coucher immédiatement les notions dynamiques dans le calcul et cela pour deux raisons conjointes : d'une part, les notions fondamentales du calcul différentiel et intégral ne sont pas pensées selon le modèle d'un flux ou d'un écoulement dans le temps ; si Leibniz n'a aucun problème à s'exprimer en termes d'accroissements infinitésimaux, ce vocabulaire reste à ses yeux (comme aux nôtres) métaphorique et n'a de sens que sur un fondement qui puisse être exprimé en termes de grandeurs (finies) et de différences entre grandeurs qu'on rend aussi petites que l'on veut [1] ; d'autre part, mais les deux aspects sont liés, il ne saurait être question de constituer le temps comme un paramètre universel permettant d'indexer le déroulement des phénomènes physiques ; le temps, on le sait, n'est pour Leibniz qu'une relation entre événements, qui, comme tout autre être mathématique, n'a pas de consistance autre que relationnelle.

Ces remarques sont d'une importance capitale pour bien comprendre le dispositif leibnizien. Intégrer le temps au dispositif de l'estime des forces est, en effet, une des grandes conquêtes qui conduit aux *Dynamica*, suite aux querelles avec l'abbé Catelan. Mais cela suppose tout une réflexion préliminaire sur la constitution des « grandeurs » sur lesquelles on travaille en physique, réflexion qui occupe le premier chapitre de la première section du traité intitulé *De rerum aestimatione in universum*. Leibniz y reprend ses réflexions sur la définition de la grandeur issue de ses travaux en *Analysis situs*, mais également de ses réflexions sur les relations contenant/contenu. La toute première définition du traité est, en effet, la suivante : « La Quantité est exprimée par le nombre (de parties)

1. Pour Leibniz, l'idée fondamentale du calcul différentiel est celle de la différence entre deux éléments (pris en ordonnée, en abscisse ou sur la courbe elle-même, peu importe) dans une série ordonnée. Sur ce point, voir la description proposée par H. J. Bos, « Differentials, higher-order differentials and the derivative in the Leibnizian calculus », *op. cit.*, notamment p. 11-13.

congruentes et disjointes qui constituent la chose à laquelle on la rapporte » (QUANTITAS *exprimitur numero (partium) congruentium et incommunicantium, quæ constituunt rem quantitate præditam*)[1]. Ceci confirme pleinement les déclarations que nous avons déjà croisées sur le fait que la physique a conduit Leibniz à revenir à la constitution de la logistique, qu'il mentionne juste après cette définition :

> Comme la quantité d'une chose est identique au nombre indéfini des parties, qui varie selon qu'on suppose la partie mesurante plus grande ou plus petite, c'est de là, pour le dire en passant, qu'il faut tirer la raison pour laquelle la *Logistique* ou l'*Algèbre* au sens le plus large, qui n'est rien d'autre que la science du nombre général ou indéterminé (comme de *C*, *D*, *E*, au lieu de 3, 4, 5), est en même temps la science de la quantité en général (*in universum*), et qu'elle a plus d'étendue qu'elle ne le paraît. À partir de notre définition de la quantité nous apprenons aussi à mesurer des choses qui jusqu'ici ne se prêtaient pas au calcul[2].

Nous avons là une première indication cruciale par rapport à la question qui nous occupe. De fait, on voit que le resserrement sur la seule science universelle de la quantité est concomitant à une *extension* du domaine de la logistique à des « choses qui jusqu'à présent n'ont pas été soumises au calcul », l'exemple que mentionne Leibniz immédiatement étant précisément celui de l'action[3]. Un des ajouts de Leibniz précise d'ailleurs qu'il s'agit de la logistique prise dans son sens le plus large (*latissime accepta*). S'en suivent les définitions attendues de la mesure, de l'homogénéité, de l'égalité, des relations tout/partie, des rapports et proportions.

Toute la difficulté conceptuelle à laquelle se confronte la troisième section est que sous ces définitions préliminaires, qui n'impliquent que des grandeurs homogènes, il ne va nullement de soi que l'on puisse étendre le dispositif à des grandeurs hétérogènes, comme le temps et l'espace, pour « mesurer » des déplacements. Je peux certes mesurer un temps de déplacement et une distance parcourue. De même puis-je mesurer un espace

1. GM VI, 293 ; G. W. Leibniz, *Dynamica de potentia et legibus naturæ corporeæ*, édition critique établie, présentée et annotée par Andrea Costa, Michel Fichant et Enrico Pasini, Hildesheim–Zürich–New-York, Olms-Weidmann, 2023, p. 22.

2. *ibid.*, t. 2, p. 27.

3. « Ainsi l'action du point A, parcourant d'un mouvement uniforme deux lieues en deux heures, est double de celle du point B parcourant une lieue en une heure ; car ce que la première action contient deux fois, la seconde le contient une seule fois, puisque A parcourt une lieue en une heure, et de nouveau parcourt une lieue en une heure ; et cette considération nous a été d'un grand fruit (nobis profuit) pour découvrir la véritable quantité de puissance des mouvements. » (GM VI, 293).

parcouru pendant un certain temps. Mais comparer l'espace parcouru en un certain temps par un mobile à un autre espace parcouru en un autre temps par un autre mobile n'a pas de sens obvie : il me faudrait, pour ce faire, un étalon de mesure, qui me fait précisément défaut dès lors que je refuse que le temps et l'espace me soit donnés de manière absolue, antérieurement au déroulement des phénomènes censés advenir dans ce cadre. Il me manque, en d'autres mots, une forme d'homogénéité de ces entités. La stratégie déployée par Leibniz pour remédier à ce manque est double : d'une part, il propose une démonstration du principe de l'équipollence de la cause pleine et de l'effet entier, d'où se tire le règlement de la mesure de la puissance sur laquelle il va pouvoir s'appuyer [1] ; d'autre part, il construit une modalité singulière de la comparaison appuyée sur le fait que les entités considérées ont deux faces : intensive et extensive.

La dérivation *a priori* de la mesure de la puissance (par le carré de la vitesse) est une des grandes conquêtes des *Dynamica*, mais il importe de noter la démonstration préliminaire qui concerne le principe lui-même de l'équipollence de la cause pleine et de l'effet entier, d'où se tire cette dérivation. On y trouve, en effet, un point d'aboutissement remarquable de la stratégie générale de réduction aux identiques (puisque l'équipollence est une forme d'identité) et de son lien à la réduction à l'absurde. Certes, dans le cas de la physique, il ne saurait être question de montrer que le contraire de ce principe est impossible au sens où il implique contradiction. Mais l'on peut montrer qu'il est contraire à une expérience évidente et admise par tous. C'est ce que Leibniz va entreprendre en proposant une réduction au mouvement perpétuel (donc à un impossible physique) :

> J'ai découvert que la *Puissance* des corps ne consiste pas, comme on le croit ordinairement, dans la *Quantité de mouvement*, c'est-à-dire le produit de la grandeur du poids par la vitesse, et que de ce fait, quand la puissance passe d'un corps dans un autre, il ne se conserve pas la même somme des mouvements, comme Descartes en était si fort persuadé. Mais la *Loi de la Nature* est plutôt que *l'effet entier équivaut à sa cause pleine*, pour éviter que, l'ordre des choses étant violé par un excès de l'effet sur la cause, on n'en vienne au mouvement perpétuel (dont je prends l'absurdité pour certaine, et je montre que la sentence adverse conduit à cette absurdité). (GM VI, 287)

1. Cette démonstration se trouve dans l'*échantillon préliminaire* qui a été reproduit par Gerhardt aux pages 287-292. On prendra garde au fait qu'il ne se trouve pourtant que dans une des copies (LH XXXV, 18 C).

S'en suivent quatre démonstrations établissant, par des voies diverses, que la négation de l'équivalence conduit au mouvement perpétuel et que le principe doit donc être accepté comme loi de la nouvelle science.

Mais le trait le plus remarquable de la démonstration *a priori* est le fait que Leibniz revienne à une thématisation héritée des *calculatores* en terme du couple *intensio/extensio*. Rappelons à ce propos les premières définitions de la troisième section, consacrée à l'action et à la puissance :

> *Définition 1* :
> La quantité est le nombre des parties, quand la mesure correspondante est prise pour l'unité. (...)
> *Définition 2* :
> La quantité d'effet formel dans le mouvement est ce qui a pour mesure le fait pour une masse (*materiam*) d'une certaine quantité d'être mue (d'un mouvement équidistribué) sur une certaine longueur.
> *Définition 3* :
> La quantité d'action formelle dans le mouvement est ce qui a pour mesure le fait qu'une matière d'une quantité déterminée est mue sur une distance déterminée (d'un mouvement équidistribué) en un temps déterminé. (GM, 345-346)

La suite des propositions consistent alors à établir un certain nombre de règles de proportionalité :

> *Proposition 1* :
> Si la même quantité de matière est mue sur diverses longueurs, les effets formels de ces mouvements sont entre eux comme les longueurs. Si de plus les degrés de vitesse sont égaux, les actions formelles des mouvements sont aussi entre elles comme les longueurs. (...)
> *Proposition 2* :
> Si différents mobiles se meuvent sur des longueurs égales, les effets formels des mouvements seront entre eux comme les mobiles [c'est-à-dire comme les quantités de matière]. Si de plus les degrés de vitesse sont aussi égaux, les actions formelles des mouvements seront également entre elles comme les mobiles. (...)
> *Proposition 3* :
> Les effets formels, ainsi que, si l'on suppose des vitesses égales, les actions formelles des mouvements, sont en raison composée des mobiles et des longueurs. (GM VI, 346-348)

C'est pour accomplir le pas suivant que Leibniz doit introduire sa nouvelle définition décisive : « La diffusion de l'action dans le mouvement, ou l'extension de l'action, est la quantité de l'effet formel dans le mouvement. L'intension de la même action est la quantité de la vitesse par laquelle l'effet est produit, c'est-à-dire par laquelle la matière est transférée sur la longueur donnée. » (*Def. 4*, GM VI, 355). Comme on le voit immédiatement, l'action a donc deux faces, intensive et extensive, à partir desquelles il va être possible d'établir une dérivation de l'estime de la puissance (en mv^2) qui fonctionne par simple enchaînement d'identiques [1].

Le point central pour nous est de voir s'édifier ainsi une dimension de la « logistique » tout à fait nouvelle, car liée à l'estime des forces. Jusqu'à présent, le domaine de la quantité et de la mesure était limitée assez étroitement aux seules quantités homogènes. La *Dynamica* ouvre une brèche dans ce dispositif en s'intéressant à des manières de rapporter des grandeurs hétérogènes à des grandeurs homogènes. Que ce dispositif accompagne une redéfinition de la « mathématique universelle » (et par la même de la manière dont peut être pensée sa synthèse avec une métaphysique de l'individuation) est rendu parfaitement clair par l'ouverture d'un des textes que Leibniz engage sur la *scientia mathematica generalis* au tournant du siècle :

> La Science Mathématique Générale s'occupe de la quantité considérée universellement, ou encore de la manière d'estimer, ce qui a lieu non seulement dans les théories que l'on nomme communément *Mathesis* pures ou mixtes, mais aussi partout où il est question de tout et de parties, et où les uns sont dits plus grands ou plus petits que les autres, ou égaux. Ceci arrive dans les nombres, les figures, les mouvements, qu'ils soient considérés pour eux-mêmes ou dans une matière déterminée et dans des qualités (...).
> Bien plus, là où les parties ne sont pas extérieures les unes aux autres, s'il arrive qu'elles ne puissent pas être connues comme distinctes en elles-mêmes, du moins le peuvent-elles être dans leurs effets, à la manière dont on estime également les degrés dans les forces, mais par parties, comme les degrés de chaleur sont connus par l'extension de l'air dans un baromètre [2].

Même si le changement peut paraître insensible, cette redéfinition marque une évolution profonde, qui ne se limite nullement à un repli sur la définition traditionnelle de la science universelle de la quantité. De fait, tandis que le domaine de la qualité était clairement posé dans les années 1680 *en face* de celui de la quantité comme nouveau domaine à conquérir

1. Pour les différentes variantes de ce raisonnement et sa reconstitution, je renvoie à M. Fichant, « De la puissance à l'action : la singularité stylistique de la Dynamique », *op. cit.* Dans les *Dynamica*, cette démonstration formelle est donnée en GM VI, 425-426.

2. G. W. Leibniz, *Mathesis Universalis. Écrits sur la mathématique universelle*, *op. cit.*, p. 189.

par une science « du semblable et du dissemblable » qui donnait à l'*ars combinatoria* son orientation générale [1], nous voyons ici la qualité reversée *à l'intérieur du traitement quantitatif.* Ainsi, explique Leibniz, il est possible de conquérir un domaine d'entités qui ne se comportent pas *partes extra partes* [2] en les mesurant « dans leurs effets » – une claire référence au dispositif engagé dans les *Dynamica* et sur laquelle revient d'ailleurs la fin de notre texte.

Il n'est pas indifférent que Leibniz ait alors réactivé une définition de la *mathesis* comme connaissance estimative qu'il héritait de son maître Weigel [3]. Ce dernier prônait précisément une extension de la quantification à des domaines non directement quantitatifs (comme les notions ou la morale) au titre de cette « science de l'estime » (*aestimatio*). Qu'une telle définition ouvre une nouvelle entente de la synthèse entre mathématique universelle et métaphysique se marque d'ailleurs par la suite immédiate du passage cité ci-dessus qui continue ainsi : « On peut également estimer des choses complètement éloignées de la matière, comme le droit, les degrés des raisons ou des probabilités, *et même les perfections des choses, c'est-à-dire les degrés de réalité* » [4]. De fait, les *Dynamica* ne marquent pas seulement un achèvement du projet physique : elles correspondent également à un changement important du modèle métaphysique qui se déplace alors de celui, plus logique, de la notion complète, à celui, plus dynamique, de l'action [5].

Or si cette évolution est connue du côté de la métaphysique, on prend rarement la mesure de l'effet qu'elle pouvait avoir en retour sur la compréhension des mathématiques. Dans le premier modèle, on l'a vu, la question

1. Qu'on le prenne en son sens étroit, opposé à la logistique comme dans le *De Ortu* (voir ci-dessus p. 295) ou en son sens large de méthodologie générale pour l'élaboration d'une nouvelle *mathesis universalis* traitant de la quantité et de la qualité (voir ci-dessus p. 190).

2. Typiquement ce qu'on appellera plus tard des « grandeurs intensives ».

3. Voir, par exemple, les notes que Leibniz prend en 1683 sur l'*Universum Corpus Pansophicum*, où l'on trouve cette définition : *Mathesis scientia quantitatis seu cognitionis aestimave* (A VI, 4, 1173).

4. G. W. Leibniz, *Mathesis Universalis. Écrits sur la mathématique universelle*, *op. cit.*, p. 189. Je souligne. On pourra rapprocher ce passage de la lettre célèbre envoyée à Papin à la même époque (mai-juin 1699), où Leibniz avance : « La perfection ou le degré de réalité dans les choses, et particulièrement dans le mouvement, se peut estimer suivant deux raisons, savoir par l'extension, qui est ici la grandeur du lieu ou l'espace changé, et par l'intension qui est ici la promptitude ou la vitesse du changement de mouvement » (A III, 8, 129).

5. Voir M. Fichant, « De la puissance à l'action : la singularité stylistique de la Dynamique », *op. cit.* et l'introduction par A-L. Rey de G. W. Leibniz, *Leibniz/De Volder. Correspondance : L'ambivalence de l'action*, *op. cit.*

centrale est celle de la discernabilité et la question de la qualité vient immédiatement au premier plan comme ce qui permet d'identifier les choses de façon intrinsèque (*singulatim*). Le monde phénoménal peut alors se déployer selon les différentes structures relationnelles qui surviennent sur ce fond qualitatif et correspondent à différentes manières de produire des distinctions. C'est un modèle dans lequel, comme l'a bien perçu Mahnke, l'activité de la substance est fortement ancrée dans sa capacité représentative. Or, sans que cette première détermination disparaisse, il est clair qu'elle est rapportée dans le modèle issu des *Dynamica* à sa source, c'est-à-dire la perception *comme action* – vrai ressort des différences qualitatives intrinsèques puisque la substance doit tirer d'elle-même le ressort de son changement.

Logica mathematica

Pour achever ce cheminement et donner une idée de la reconfiguration de la « mathématique universelle » au tournant du siècle, je voudrais me pencher plus spécifiquement sur le traité de *mathesis universalis* que Leibniz entreprend d'écrire à la fin des années 1690 et qui a été publié par Gehardt sous le titre (de l'auteur lui-même) : *Matheseos universalis pars prior* [1]. Ce texte inachevé, mais déjà long d'une trentaine de pages, est très intéressant à comparer à celui des *Elementa nova matheseos universalis*, dont on a vu qu'il pouvait être considéré comme un parfait représentant du projet des années 1680. Il nous servira de témoin du fait que la « synthèse de la mathématique universelle et de la métaphysique de l'individuation » n'est pas la même à ces deux époques. De fait, les deux textes sont assez différents dans leur présentation, ne serait-ce que parce que le second est beaucoup plus désordonné que le premier. Mais il s'en distingue surtout d'avoir complètement abandonné le projet d'une logique générale de l'imagination. Il ne s'agit plus ici d'étendre la mathématique hors du domaine étroit de l'égal et de l'inégal en faisant droit au domaine « qualitatif » du semblable et du dissemblable, ou de la forme. La *mathesis universalis* est limitée d'emblée au seul traitement de la quantité, conformément à ce que nous avons vu se dessiner en ouverture des *Dynamica* :

1. Trad. fr. MU 127-156. Je reprends ici quelques conclusions présentées dans A. Michel-Pajus et D. Rabouin, « *Logica Mathematica* : Mathematics as Logic in Leibniz », *op. cit.*

> La *Mathesis universalis* est la science de la quantité considérée universellement, c'est-à-dire de la manière d'estimer, ou encore de désigner les limites à l'intérieur desquelles quelque chose tombe. Et puisque toutes les créatures ont des limites, on peut dire : de même que la Métaphysique est la science générale des choses, la *Mathesis Universalis* est la science générale des créatures [1]. Elle reconnaît deux parties : la science du fini (qui vient sous le nom d'algèbre et sera exposée en premier), et la science de l'infini (où ce qui est fini est déterminé par l'intervention de l'infini). (GM VII, 53 ; trad. fr. MU 127)

Ceci confirme la déclaration du texte de GM VII, 49 cité ci-dessus [2] : en travaillant sur les rapports et proportions dans le cadre de sa physique et de son projet d'un traité *De Scientia infiniti*, Leibniz a été amené à se pencher plus sérieusement sur les fondements de la logistique et il s'est rendu compte que ces fondements n'étaient pas parfaitement clairs. Nous verrons qu'il l'avance très explicitement dans notre texte. Mais avant d'entrer plus avant dans ces éclaircissements, il importe de bien remarquer que le programme d'une approche des mathématiques via l'analyse des notions et des vérités – celui-là même qui sert de fil directeur à notre étude – non seulement n'est pas éteint, mais reçoit à cette occasion une formulation très explicite :

> Ainsi, de même que beaucoup ont essayé d'illustrer la Logique par similitude avec le calcul, et Aristote lui-même en a parlé dans les Analytiques à la manière des Mathématiciens, de même en retour, et de façon beaucoup plus correcte, la Mathesis authentiquement universalis, et donc l'Arithmétique et l'Algèbre, peuvent être traitées à la manière de

1. Cette précision que l'on retrouve également dans un passage finalement rayé du fragment *Mathesis generalis* (LH XXXV 1, 9, fol. 8 ; trad. fr. MU 165) est tout à fait remarquable pour deux raisons : tout d'abord, on voit que la limitation de la *mathesis universalis* à la seule quantité ne la rend pas moins étendue puisqu'elle concerne ici toutes les créatures ; il est d'ailleurs frappant de voir la coupure entre métaphysique et mathématique passer ici dans la question de la limitation et non dans le type d'objet (comme c'était le cas dans les *Elementa nova matheseos universalis* par exemple) ; ensuite, cette extension très large est clairement liée au fait que cette discipline prend à sa charge une forme de la relation d'inhérence, celle qui advient quand une chose peut être dite à l'intérieur (*intra*) d'une autre. Sur la manière dont ces relations méréologiques tiennent une place de premier plan dans les derniers échantillons de *mathesis universalis*, voir la présentation des textes 4 et 5 dans G. W. Leibniz, *Mathesis Universalis. Écrits sur la mathématique universelle*, *op. cit.*

2. Voir p. 339. Gerhardt le présentait comme une préface au second, mais comme nous l'avons établi par une étude du manuscrit, il s'agit d'une mauvaise lecture de son *incipit* (*ibid.*). Les éléments de contenu que nous venons de rappeler indique une claire antériorité du premier sur le second.

la Logique, comme si elles étaient une Logique Mathématique, de sorte que coïncident ainsi parfaitement la *Mathesis universalis* ou Logistique et la Logique des Mathématiciens. Et c'est pour cela que notre Logistique vient à l'occasion sous le nom d'Analyse Mathématique. (GM VII, 54; trad. fr. MU 129)

On ne saurait trouver meilleure confirmation d'un fait que nous ne cessons d'invoquer : l'approche « logique » que Leibniz défend pour l'analyse des mathématiques ne consiste nullement à mettre cette discipline sous l'égide d'un calcul. Leibniz va même ici plus loin en rappelant que cette première idée est alors partagée par nombre de ses contemporains [1] et qu'il s'en démarque en l'inversant : non pas considérer la mise en calcul de la logique, mais, si l'on peut dire, la mise en logique du calcul lui-même. Quant à la nature de l'analyse qu'il s'agit d'opérer, elle ne laisse aucun doute :

Il y a en Logique des Notions, des Propositions, des Argumentations, des Méthodes. Il en est de même en Analyse Mathématique, où il y a des quantités, des vérités énoncées sur les quantités (équations, majorations, minorations, proportions, etc.), des argumentations (à savoir les opérations du calcul) et enfin des méthodes, c'est-à-dire des processus auxquels nous avons recours pour trouver ce qui est cherché (GM VII, 54).

Il s'agit donc bien ici du fil que nous n'avons cessé de suivre jusqu'à présent pour élucider l'approche « logique » que Leibniz promeut, soit l'analyse des notions et des vérités.

Remarquons également que cette « logique mathématique » ne peut pas être identifiée à l'*ars combinatoria* puisque quelques pages plus loin, Leibniz avance qu'« on a jusqu'à présent ignoré ou négligé la subordination de l'Algèbre à l'art Combinatoire, ou de l'Algèbre Spécieuse à la Spécieuse générale » [2]. Il s'agit alors, sans surprise, de faire valoir le fait que l'approche combinatoire permet de révéler la structure profonde du traitement des équations algébriques, mais aussi qu'elle semble permettre la solution de certains problèmes d'arithmétiques qui résistent au formalisme algébrique existant. C'est l'occasion pour Leibniz de dire à nouveau à quel point l'algèbre est loin d'être bien fondée :

D'où il appert aussi combien l'Algèbre est restée jusqu'à présent dans un état d'imperfection : en effet, aucun moyen d'exprimer ne serait-ce que

1. Sur les auteurs qu'il peut avoir à l'esprit, voir *ibid.*, introduction.
2. GM VII, 61

> les termes simples n'a été bien établi, pour ne rien dire de tant d'autres nombreux défauts dans les Connotations auxquels on a ici remédié, ainsi que ceux auxquels il reste à remédier. De la même manière je montrerai aussi que les notations de l'Arithmétique, en ce qui concerne la Théorie, ont été jusqu'à présent mal établies, de sorte que, naturellement, ni la relation des nombres entre eux ni leur ordre n'apparaissent. C'est d'ailleurs pour cette raison qu'une grande partie de l'Arithmétique reste ignorée jusqu'à présent, ce qui dans une science très facile et très utile pourrait sembler étonnant. (GM VII, 61)

Les développements qui précèdent ce passage dans le texte confirment largement ces dires. Certes les relations identiques, comme la similitude et la coïncidence, tiennent toujours une place importante puisqu'elles sont introduites comme régulant le fonctionnement de la comparaison des équations [1], mais elle ne sont pas présentées en premier, pas plus que la relation d'égalité qui aurait pu permettre de spécifier l'objet propre du calcul, soit le concept de quantité, et les différentes opérations qu'on peut mener sur elle. Leibniz se contente d'énumérer un certain nombre de notations pour des opérations et des relations, en commençant par le plus et le moins et en passant par des signes représentant les racines, les puissances ou les différentielles.

La correspondance de l'époque nous permet de constater que cette stratégie est consciente : Leibniz s'adresse ici à des étudiants censés commencer en mathématiques à l'université et pense important de les familiariser d'abord avec les notations, puis avec le maniement des objets. Son projet était d'accompagner cette approche par un développement plus fondationnel autour de ce qu'il désigne comme les « fondements du calcul » [2]. Le désordre du traité n'en est que plus apparent puisqu'on devrait s'imaginer, surtout s'il s'agit de s'adresser à des débutants, à ce qu'un bon système de notations ne fasse que représenter une ordonnance conceptuelle stable et fondée. Et c'est bien ce qu'avoue Leibniz dans le passage que nous avons cité ci-dessus : une étude approfondie des notations existantes

1. GM VII, 57. Voir le texte cité p. 213.

2. Voir notamment la lettre à Schmidt du 3 (13) mars 1699 où Leibniz, qui vient d'envoyer son manuscrit (celui de la *Matheseos universalis pars prior*), indique qu'il compte le compléter par des « démonstrations des fondements du calcul » : *Dabo operam ut suppleatur utcunque quod pro Introductione in Mathesin Universalem aliquando coepi ; et jam nonnulla in eam rem porro consignavi ; praesertim demonstrationes fundamentorum calculi, quae mihi ad scientiae soliditatem inprimis necessariae videntur* (A I, 16, 633). Pour les détails des textes que Leibniz prépare alors, voir la présentation des textes 4 dans MU.

montre qu'elles ne suffisent pas à aborder des questions de théorie des nombres dont la formulation est élémentaire, mais la difficulté redoutable – signe que les relations fondamentales qui structurent ce domaine n'ont pas encore été bien établies.

Mais il y a plus troublant encore : tandis qu'il a annoncé qu'un traitement « logique » de l'algèbre reposait sur un parallèle entre notions et quantités, relations et vérités (énoncées sur ces quantités), Leibniz ne suit pas cette voie et commence par séparer, *au sein des notions*, celles qui relèvent des relations (notions « syncatégorématiques ») et celles qui relèvent des quantités (notions « catégorématiques »). Ceci est une conséquence de ce que nous avons étudié dans les pages précédentes : les relations, dont on aurait pu penser qu'elles agissaient au niveau des manières de *relier* entre elles des notions simples, données par ailleurs, sont en fait une manière de les *définir* (c'est le mécanisme même des définitions par abstraction). Il n'est donc pas surprenant de voir Leibniz commencer par les notions syncatégorématiques (ce qui correspond à son approche par les relations fondamentales du domaine) – encore que, on l'a rappelé, on ne retrouve pas alors la centralité des « identiques » qui caractérisait les tentatives antérieures. Les notions catégorématiques, quant à elles, correspondent à un régime d'entités fondamentales sur la base desquelles on peut *redéfinir* certaines des relations de manière génétique à partir des quantités. On retrouve là une structure que nous avons déjà croisée en géométrie et qui correspond à la distinction entre définition nominale et définition génétique. S'il est possible de définir les entités mathématiques à partir de relations fondamentales, nous devons bien garder à l'esprit que cette stratégie opère pour Leibniz en attente d'attestation de possibilité. D'où la nécessité de proposer également un processus d'engendrement des différentes quantités mobilisées par l'algèbre.

Or cette approche génétique se heurte d'emblée à une difficulté de taille : les signes pour les nombres entiers peuvent, en effet, être appréhendés comme référant à des quantités ou à des ordres. C'est le passage que nous avons déjà cité à propos des nombres « fictifs » : « Une quantité peut être désignée par une lettre, comme *a*, *b*, de même par un nombre, soit vrai, comme 3 (ternaire), soit fictif, comme si 13 ne signifiait pas pour moi treize, mais plutôt une quantité placée dans une première formule 1, à la place 3, que je désigne par 13 » [1]. C'est bien pourquoi Leibniz se doit

1. GM VII, 59 ; trad. fr. MU 136.

d'ouvrir la partie « génétique » avec les passages que nous avons mentionnées à propos du fait que nous ne possédons *pas* les notions simples de l'arithmétique et de l'algèbre. De fait, il faut choisir d'emblée entre traiter les nombres comme des quantités ou des ordinaux et ce choix ouvre deux rapports complémentaires, mais distincts, à la théorie des équations. C'est pourquoi d'ailleurs, même en suivant l'approche traditionnelle où les nombres sont représentés par des lettres, Leibniz va mettre grand soin à dégager les différentes lois de formation symbolique (comme la loi d'homogénéité et la loi de justice) qui règle secrètement « l'harmonie » profonde de la structure.

Mais il y a plus, car cette approche engendre également des allers et retours intéressants avec le domaine des relations. Ainsi Leibniz doit-il revenir au statut des opérations au sein du traitement des quantités du fait que certaines quantités ne peuvent pas être engendrées synthétiquement par combinaison, mais s'obtiennent comme réponse à des analyses dont la solution est « impossible ». C'est le cas des nombres négatifs, sourds ou imaginaires :

> Nous n'avons jusqu'ici eu recours qu'à l'addition, et à celle de termes égaux, c'est-à-dire la multiplication, et à celle-ci par des termes égaux, c'est-à-dire la puissance, ainsi qu'à leurs combinaisons entre elles ; ceci est le calcul directement progressif, qui assurément réussit toujours. Il est maintenant temps de mentionner qu'il existe un calcul régressif, lequel n'est pas toujours en notre pouvoir, et ce calcul s'applique aux contraires de l'addition, de la multiplication et de l'élévation à la puissance, c'est-à-dire à la soustraction, la division et l'extraction de racine (GM VII, 68 ; trad. fr. MU 146).

Cette idée, déjà présente dans les *Elementa nova matheseos universalis*, conduit à différentes manières de manier les impossibilités en mathématiques par l'introduction de différentes fictions ou « succédanés » de nombres :

> En effet il n'est pas permis de soustraire un plus grand à un plus petit, ni de diviser exactement de nombreux nombres, par exemple les nombres premiers, ni d'extraire exactement les racines, si ce n'est à partir de certains nombres formés par multiplication répétée par eux-mêmes. Il en sort pourtant des succédanés ; en fait, quand la soustraction a échoué, il en sort les nombres *négatifs* ; quand la division a échoué, il en sort les nombres rompus ; quand l'extraction a échoué, il en sort les nombres *sourds*. Et il en est de même pour les quantités que pour les nombres. Ces succédanés sont vraiment satisfaisants et exacts, et l'on peut même les montrer en acte dans la nature. (GM VII, 68 ; trad. fr. MU 147)

Ce texte peut servir comme révélateur d'une difficulté qui se présentait naturellement au grand programme de réduction aux identiques. De fait, un tel programme ne peut fonctionner que si toutes les notions mathématiques peuvent se ramener à des relations, directement (comme l'ont laissé pressentir les nouvelles définitions de la grandeur et de la forme) ou indirectement (comme on peut définir la ligne droite à partir de la coïncidence et de la situation). Or autant cette approche est féconde quand il s'agit de promouvoir une nouvelle science dépassant le cadre étroit de la quantité, autant elle s'avère plus limitée dans le traitement de la quantité elle-même. On peut certes partir de la relation d'égalité et des différentes opérations que nous pouvons construire à partir d'elles en utilisant le mécanisme de la répétition, lui-même analysable en termes de relations méréologiques fondamentales, mais une telle approche, typiquement synthétique-combinatoire, ne nous donnera pas accès à ces « succédanés » que sont les négatifs, les nombres rompus ou sourds. Pour cela, il faudrait pouvoir se donner d'emblée un certain nombre d'opérations « inverses » (comme Leibniz peut tout à fait le faire dans d'autres textes). Mais il s'agira alors d'un saut sur place puisque nous devrons dès lors abandonner le point de vue génétique et revenir aux seules définitions nominales, les différents nombres étant introduis par simple stipulation [1].

Que la question de la possibilité soit ici cruciale est rendue manifeste par les développements que Leibniz consacre alors aux imaginaires :

> Des irrationnels naissent les quantités impossibles ou imaginaires, dont la nature est étrange, mais dont l'utilité ne doit pourtant pas être méprisée. En effet, même si celles-ci signifient en soi quelque chose d'impossible, cependant, non seulement elles montrent la source de l'impossibilité, ainsi que la façon dont la question pourrait être corrigée afin de ne pas être impossible, mais aussi on peut, par leur intervention, exprimer des quantités réelles. (GM VII, 73 ; trad. fr. MU 152)

Le commentaire s'est très largement focalisé sur le dernier cas qui est celui sur lequel Leibniz s'est lui-même étendu en montrant comment des

1. On verra que c'est ce que fait explicitement Leibniz dans le texte *Elemens du calcul* où il introduit une « demande » consistant à accepter comme nombre tout ce qui satisfait les opérations, y compris inverses, qu'il décrit au moyen d'axiomes. Il importe alors de garder à l'esprit qu'un tel postulat opère, comme tous les postulats pour Leibniz, par défaut (les seuls axiomes authentiques étant à ses yeux les axiomes identiques). De même que l'on doit lui attribuer un nominalisme « par provision » (voyez J.-B. Rauzy, « Leibniz et les termes abstraits : un nominalisme par provision », *op. cit.*), de même faudrait-il qualifier ainsi son « structuralisme ».

expressions impliquant des imaginaires pouvaient servir à exprimer des nombres réels [1]. Mais on en a trop souvent conclu que ceci justifiait une approche des différents « succédanés » en termes d'extensions de domaines, corrélative d'une confiance donnée à la connaissance symbolique prise pour elle-même. On commente plus rarement l'autre cas, qui va pourtant en sens quasi contraire : les imaginaires y servent, en effet, à « montrer la source d'une impossibilité, ainsi que la façon dont la question pourrait être corrigée ». Or c'est pourtant ce cas que Leibniz a choisi d'illustrer dans le manuel qu'il entendait donner de « mathématique universelle ». Il en allait déjà ainsi et dans les *Elementa nova matheseos universalis* et dans le *Specimen Geometriae Luciferae*. Encore faut-il, pour bien lire ces passages, être capable de mettre à distance une lecture « formaliste » qui reste très prégnante. De fait, ce que Leibniz a en vue ici est le fait que les solutions imaginaires d'équations servent en géométrie algébrique à indiquer l'impossibilité d'une solution réelle, typiquement dans les problèmes d'intersection. Tandis que l'approche en termes d'extension, devrait conduire à élargir le domaine des intersections à ces cas « imaginaires », comme cela sera fait au XIXe siècle, Leibniz les refuse clairement au motif que ce qu'on y apprend est que la question a été « mal posée ».

L'exemple qu'il propose dans tous les textes mentionnés est celui, élémentaire, de l'intersection d'une droite et d'un cercle. Traçant la tangente à un cercle et la prenant pour axe des abscisses, on peut abaisser en ordonnées une perpendiculaire mobile qui balayera le cercle [2]. La formalisation algébrique du problème conduit à une équation du second degré, dont les deux solutions sont les points d'intersection. Lorsque les deux racines coïncident (racine double), les deux points se rejoignent et la droite abaissée est tangente au cercle. Enfin, lorsqu'elle continue son chemin hors du cercle, les racines sont imaginaires et indiquent donc que la question de l'intersection était « mal posée » (puisqu'il n'y a plus d'intersection). On peut alors corriger le problème en ajoutant une condition dans la données du problème, par exemple en fixant des bornes entre lesquels doit être compris le cheminement de la droite abaissée.

Leibniz parvient alors à la conclusion suivante :

1. Voir, par exemple, la lettre à Malebranche du 4 août 1679 (A II, 1^2, 738-739).

2. Cette manière de choisir les axes est très courante chez Leibniz et gouverne notamment son approche dans la *Quadratura* de 1676. On remarquera que les ordonnées sont alors, comme il était courant à l'époque, dirigées vers le bas.

> Comment apprendrons nous donc l'impossibilité ? Alors que jamais, en effet, n'est supposé ici dans le calcul ou même ne peut se présenter quelque chose qui soit absurde par soi et de sa nature. Il faut donc reconnaître que la nature n'a rien eu d'autre à disposition pour s'opposer à une enquête impossible sinon les quantités imaginaires, c'est-à-dire les racines tirées des négatifs (GM VII, 74 ; trad. fr. 153) [1].

Ces différentes remarques nous permettent de mieux aborder les textes où Leibniz s'approche le plus d'une axiomatique formelle des structures algébriques (qu'il concevait comme des compléments aux descriptions que nous venons de rappeler). Elles permettent surtout de prêter attention à certains détails qui passent trop souvent inaperçus. Il s'agit là des textes les plus développés et les plus aboutis que nous possédions en matière d'axiomatisation de l'algèbre. On les cite souvent à ce titre, mais sans se rendre compte de leur caractère très tardif et circonstancié. On y voit clairement Leibniz reproduire le type d'approche qu'il avait élaborée dans le cadre de ses calculs logiques – tandis que l'interprétation traditionnelle reconstruit un cheminement qui aurait procédé en ordre inverse. Leibniz y parvient, avec une acuité remarquable, à des listes d'axiomes, dont voici l'exemple le plus saisissant [2] :

AXIOMES

(1) chaque grandeur est égale à elle-même
$a = a$

(2) ce qui est égal à un autre peut être mis à sa place dans les estimations des grandeurs

(3) $a + b = b + a$ [3]

(4) $a - a = 0$

(5) $0 + a = a$

(6) $ab = ba$

(7) $0.a = 0$

(8) $1a = a$

(9) $-a = -1 \frown a$

1. Sur ces questions, *cf.* D. Rabouin, « Can one be a fictionalist and a platonist at the same time ? Lessons from Leibniz », *op. cit.*

2. *Elemens du calcul* (LH XXXV 4, 12 fol. 1v). On trouvera une reproduction du manuscrit et un commentaire, dans V. Debuiche et D. Rabouin, (éd.), *Philosophia Scientiae*, 2021, p. 133-154.

3. Leibniz accompagne chacun des axiomes d'un exemple numérique élémentaire . Je les supprime de la transcription pour plus de lisibilité.

(10) $a, b + c = ab + ac$ [1]
(11) $\frac{a}{a} = 1$
(12) $a.\frac{1}{b} = \frac{a}{b}$ ou bien $a : b$

Si nous mettons de côté l'associativité – sur laquelle je vais revenir sous peu – on voit que les axiomes 3 à 5 sont ceux que nous dirions de groupe additif abélien, les axiomes 6, 8 et 11 de groupe multiplicatif (si l'on interprète l'axiome 12 comme une règle qui précise le sens de l'écriture $\frac{a}{a}$ dans l'axiome précédent), tandis que l'axiome 10 assure la distributivité, si bien que la liste 1 à 12, avec quelques redondances inoffensives, fournit une liste d'axiomes de corps commutatif et caractérise remarquablement le domaine des « grandeurs » sur lesquels doit opérer le calcul. Évidemment une telle lecture est anachronique, notamment parce que Leibniz ne s'intéresse pas à une telle structure comme telle [2], mais le simple fait de caractériser le domaine des grandeurs par une liste d'axiomes – approche qui, à ma connaissance, n'a d'équivalent chez aucun autre mathématicien du XVIIe siècle – n'en est pas moins remarquable. Non moins remarquable est le fait que Leibniz fasse suivre dans certains textes [3] de telles présentations de démonstrations purement formelles, comme celle qu'on a rappelé ci-dessus (voir p. 197).

En ce qui concerne, l'associativité, dont Frege faisait déjà reproche à Leibniz de l'avoir manquée dans sa présentation de $2 + 2 = 4$, quelques remarques s'imposent [4] : tout d'abord, notre texte la mentionne très explicitement, mais au titre d'une propriété du parenthésage, non comme axiome (voir Fig. 7.1); ensuite, Leibniz n'éprouve pas le besoin de spécifier les règles d'associativité sur l'addition dans la mesure où il ne la voit pas comme un opérateur binaire, mais comme attachée à la donnée d'entités posées simultanément (*simul poni*) [5].

1. Leibniz utilise ici la virgule pour indiquer le parenthésage.

2. Par exemple en exprimant des théorèmes de structure ou en regardant différents domaines qui pourraient la réaliser, comme il l'a fait pour l'addition réelle.

3. Les *Elemens du calcul* se contentent, comme leur titre l'indique, de lister les « éléments » : définitions, axiomes et demandes. Ils ne comportent pas de propositions et de démonstations, mais des manuscrits de la même liasse en comporte.

4. Ces remarques complètent celles qu'a déjà faites Michel Fichant en insistant sur le fait que Frege avait manqué les signes d'accolade utilisés par Leibniz dans la démonstration des *Nouveaux Essais*, *cf.* M. Fichant, « Les axiomes de l'identité et la démonstration des formules arithmétiques : $2 + 2 = 4$ », *op. cit.*

5. Je renvoie sur ces questions à A. Michel-Pajus et D. Rabouin, « *Logica Mathematica* : Mathematics as Logic in Leibniz », *op. cit.*, ainsi qu'à la présentation des textes 4 dans G. W. Leibniz, *Mathesis Universalis. Écrits sur la mathématique universelle*, *op. cit.*

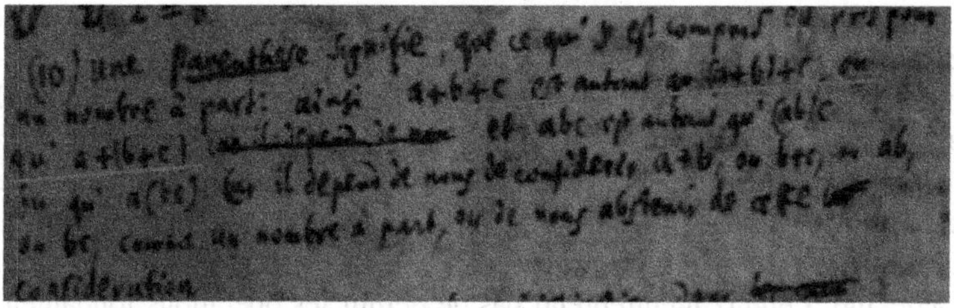

FIGURE 6 – *L'associativité dans les Elemens du calcul* (LH XXXV, 4, 12 fol. 2r)

Dans certains textes de ce groupe dédié aux « Fondements du calcul » et dont une partie est encore inédite, on trouve également, pour la première fois dans notre corpus, des tentatives d'axiomatisation des nombres entiers. Dans le texte LH XXXV I, 9 fol. 7 [1], Leibniz isole ainsi la notion de successeur (*Ubi sequens semper fit ex praecedente adjecto seu 1. Nempe praecedens sit p et sequens sit S, eritque generaliter p +1 idem quod S*) et la fait suivre de la démonstration de $2 + 2 = 4$. Dans le texte LH XXXV, 1, 9, fol. 9-14 [2], il fait suivre la définition des entiers de la caractérisation formelle des opérations que nous avons déjà mentionnée à plusieurs reprises.

Je réserve à une autre étude l'analyse détaillée de ce groupe de textes tout à fait remarquables que Leibniz dédie au tournant du siècle aux « fondements du calcul » [3]. Je voulais néanmoins les mentionner à la fois parce qu'ils forment l'exemple le plus éclatant, et souvent invoqué à ce titre, des succès de la stratégie de « réduction aux identiques », mais aussi parce qu'ils en indiquent les limites précises.

1. On le désigne généralement par son incipit : *integer est totum ex unitatibus collectum*. Une transcription en a été faite par Emily Grosholz en annexe de E. Grosholz et E. Yakira, *Leibniz's Science of the Rational*, *op. cit.*

2. Retranscrit sous le titre *Mathesis universalis* en MU 169-180 (on préfèrera cette transcription à celle de Grosholz à laquelle il manque un feuillet).

3. Le seul texte des *Elemens du calcul*, qui en reste simplement à la liste des axiomes et demandes est à lui seul très riche puisqu'on y trouve des aspects comme l'introduction d'une définition de l'implication et de l'équivalence (« *A*⊃*B* marque que A estant vray, B l'est aussi. *A*⊂⊃*B* que l'un suit réciproquement de l'autre », fol. 2r) ; ainsi qu'une demande spécifiant que tout nombre qui sera décrit par les axiomes précédents sera déclaré existant (fol. 2v).

De fait, on se tromperait à croire – comme Frege l'avait reconstruit et tant d'autres après lui – que Leibniz s'appuie ultimement sur une définition logique du nombre entier sur laquelle s'édifierait ensuite le calcul algébrique. Non seulement, on l'a vu, Leibniz ne mobilise pas sa définition logique du nombre dans ses textes mathématiques, mais surtout le nombre entier ne tient dans nos textes aucun rôle fondationnel. Contrairement à ce qu'on trouvera non seulement chez Frege, mais également chez Peano et Dedekind, Leibniz n'entreprend pas de définir les opérations fondamentales sur les entiers naturels et introduit toujours comme concept fondamental celui de grandeur (*magnitudo*), objet propre de la mathématique universelle. Par ailleurs, il faut voir que ces textes [1] arrivent très tardivement dans l'œuvre de Leibniz et non à son commencement, comme ont pu le laisser croire les approches « fondationalistes ». Surtout, il importe de bien remarquer que leur contenu concorde remarquablement avec deux traits typiques de la seconde moitié des années 1690 : le resserrement autour du concept de grandeur et une interrogation sur les notions simples de l'arithmétique, moins évidentes qu'elles n'avaient parues d'abord. Sous ce second point de vue, il ne fait pas de doute que la notion de nombre entier est pour Leibniz une notion plus complexe que celle de grandeur. Le nombre peut facilement être introduit comme ce qui permet d'exprimer la mesure des grandeurs (comme le font tous les textes que je viens de mentionner), mais si nous le prenons comme objet d'étude propre, il réserve bien plus de mystères.

C'est pourquoi j'avais rappelé en ouverture de cette étude la citation des *Nouveaux Essais* qui me servira ici à la refermer, à titre de pierre d'attente pour des recherches futures :

> C'est la multitude des considérations aussi qui fait que dans la science des nombres même il y a des difficultés très grandes, car on y cherche des abregés et on ne scait pas quelquesfois, si la nature en a dans ses replis pour le cas dont il s'agit. Par exemple, qu'y a t-il de plus simple en apparence que la notion du nombre primitif ? c'est à dire du nombre entier indivisible par tout autre excepté par l'unité et par luy même. Cependant on cherche encor une marque positive et facile pour les reconnoistre certainement sans essayer tous les diviseurs primitifs, moindres que la racine quarrée du primitif donné. Il y a quantité de marques qui font connoistre sans beaucoup de calcul, que tel nombre n'est point primitif, mais on en

1. L'un d'entre eux, les *Prima magnitudinum calculi elementa*, avait été édité par Gerhardt en GM VII, 77-82.

demande une qui soit facile et qui fasse connoistre certainement qu'il est primitif quand il l'est. (*Nouveaux Essais* IV, 17, § 9 ; A VI, 6, 487-488).

En guise de conclusion de ce chapitre, je voudrais insister sur un point qui pourrait passer inaperçu. Même si le resserrement sur le concept de grandeur peut apparaître, de l'extérieur, comme une forme de retrait par rapport à l'ambition des programmes attachés à la « science générale » des années 1680, l'étude interne du développement de la pensée de Leibniz le fait apparaître plutôt comme un progrès. De fait, ce que Leibniz parvient à réaliser pour la première fois, suite à l'accomplissement marqué par les *Dynamica*, est une authentique synthèse de la mathématique universelle (désormais limitée à la seule quantité, sous ses aspects extensifs *et* intensifs) et de la métaphysique de l'individuation, dont le cœur est désormais le concept de force (et plus précisément d'action) et non plus de forme. Les textes qui caractérise la *mathesis universalis* comme « science générale des créatures » mise directement en regard de la métaphysique (qui doit faire intervenir la considération de Dieu et de ce qui en dépend) l'indiquent clairement. De fait, un dispositif dans lequel la mathématique comme « science universelle de l'estime » qui donne à la dynamique comme science de l'action son armature logique, sous la dépendance de la métaphysique – dispositif qui est celui qu'inaugure les *Dynamica* – offre une cohérence au système dont nous n'avons pas trouvé d'équivalent auparavant.

Certes l'unité des mathématiques n'est pas encore complètement acquise et la question reste ouverte de savoir où placer tout ce qui concernait la forme. C'est particulièrement net dans un texte comme la *Matheseos universalis pars prior* où l'on voit l'*ars combinatoria* agir, tout en conservant sa préséance, plus comme perturbateur de l'ordre logique que comme son guide. Sous ce point de vue, il est très intéressant de garder à l'esprit que les *Initia rerum mathematicarum metaphysica* rapportent la doctrine abstraite des formes à la métaphysique plutôt qu'à la mathématique (*Ars Combinatoria, seu doctrina de Formis abstracta animo, quae est Characteristica in universum, et ad Metaphysicam pertinet*). Comme nous y reviendrons dans la conclusion de cette étude, cette emprise de la métaphysique sur les mathématiques semble un trait assez typique des textes des années 1700.

CONCLUSION

En conclusion de cette étude, je voudrais revenir à deux questions soulevées en ouverture : celle des fondements, et tout particulièrement d'éventuels « fondements métaphysiques », et celle d'une philosophie leibnizienne des mathématiques. Dans ce qui précède, j'ai essayé de reconstruire la manière dont philosophie et mathématiques ont réellement interagi chez Leibniz. Pour ce faire, j'ai suivi le fil indiqué dans la lettre à Elisabeth de 1678, soit la constitution d'un *ars inveniendi* fondé sur l'analyse des notions et des vérités. Le coeur de cette démarche est une pratique de « réduction aux identiques », dont j'ai essayé de reconstituer les détails. Sur cette route, le rapport à la métaphysique se constitue d'abord par différence, à travers la question de la similitude parfaite et la distinction entre notions complètes et incomplètes. Au défi lancé par Mahnke d'arriver à concevoir la « synthèse » entre mathématique (universelle) et métaphysique (de l'individuation), la première réponse est donc à chercher du côté d'une synthèse *disjonctive*.

Pourtant, à la fin de son œuvre, Leibniz n'hésite pas à parler de « commencements métaphysiques » (*initia metaphysica*) des mathématiques. Il revient alors à une idée qui n'était apparue qu'en passant auparavant, soit le fait que l'art combinatoire, en tant que doctrine abstraite des formes, relève de la métaphysique ; c'est aussi l'époque où il met en avant que la formule $A = A$ peut se réécrire $A - A = 0$, égalité qui elle-même équivaut à $A - B + B - A = 0$, etc., l'identique formelle apparaissant comme riche de son dépliement en série infinie [1]. À propos de sa solution à la série de Grandi ($1 - 1 + 1 - 1 + 1 - 1 + 1$...), Leibniz écrit à Wolff :

1. *Historia et origo calculi differentialis* (GM V, 396). Techniquement, cette idée est présente dès les premiers travaux de Leibniz puisqu'elle préside à la constitution des séries de différences. Il n'en reste pas moins que nous ne l'avons jamais vu mobilisée hors de ces aspects techniques dans les textes que nous avons croisés.

> J'ajoute que même si ce type d'argumentation semble plus Métaphysique que Mathématique, il ne laisse pas d'être solide. Au reste les Règles *de la Véritable Métaphysique* (celles qui ne se contente pas de dresser des nomenclatures) sont en Mathématiques, en Analyse et même en Géométrie, d'un usage plus étendu qu'on imagine [1].

Au tournant du siècle, Leibniz met également en avant le rôle de la Loi de continuité dans la justification du calcul différentiel et peut écrire à Varignon dans une lettre célèbre : « les règles de l'infini réussissent dans le fini comme s'il y avait des infiniment petits métaphysiques » [2].

Je pense avoir montré que de telles indications ne peuvent pas servir de grille de lecture pour l'appréciation des rapports entre philosophie et mathématiques en général ; elles arrivent au terme d'un cheminement qu'il faut reconstituer. Or ce cheminement n'a pas fait une grande place à des « Règles métaphysiques » jusqu'à l'orée des années 1690. Reste qu'il ne faudrait pas tomber dans l'excès inverse et ignorer totalement que Leibniz parvient à de telles vues. Même si nous entrons alors dans une analyse plus hypothétique, puisque les textes mentionnés appartiennent à une époque où notre appréhension du corpus complet – et en particulier des mathématiques – est encore partielle, force est de constater que le philosophe paraît insister, plus qu'il ne l'avait fait auparavant, sur ces fondements « métaphysiques ». Ceci est d'ailleurs concordant avec l'idée que la fin des années 1690 voit un changement profond de la place des mathématiques dans l'édifice philosophique, désormais recentrées sur l'estime de la quantité et mieux articulées à la physique aussi bien qu'à la métaphysique.

L'autre question laissée en suspens consiste à déterminer si nous pouvons isoler dans ce qui précède des éléments stables de ce que sont pour Leibniz la connaissance mathématique et la nature de ses objets. Comme nous avons collecté plus d'éléments pour y répondre et que cette réponse paraît plus stable que celle qui concerne les principes, c'est par elle que je commencerai dans ce qui suit.

1. GM V, 387 ; trad. fr. G. W. Leibniz, *La naissance du calcul différentiel : 26 articles des Acta Eruditorum*, *op. cit.*, p. 449.

2. À Varignon, 2 février 1702, A III, 9, 14.

Un fictionnalisme platonicien ?

S'il est un trait qui semble persister tout au long de la pensée de Leibniz, au moins à partir du séjour parisien, c'est le fait que les objets mathématiques ne sont pas des entités *réelles* de plein droit [1]. Ceci ne repose pas sur une préconception de la forme de connaissance qui les vise, mais sur une étude fine du fonctionnement qu'y prend la question de l'identification. Les objets mathématiques se donnent, en effet, sous des formes d'indiscernabilité, dont la plus obvie est le fait qu'un même objet mathématique peut être engendré de plusieurs manières. Or c'est là un phénomène qui ne se produit pas pour les objets existant dans la réalité, qui sont parfaitement individués et dont les modes d'engendrement sont donc spécifiques. Seuls les objets abstraits (non pas cette feuille, mais la feuille générique qu'étudie le naturaliste) peuvent être engendrés de multiples façons. Sous ce rapport, les objets mathématiques apparaissent comme des êtres imaginaires ou des fictions [2]. Le nominalisme leibnizien le rapproche ici d'une forme de « fictionnalisme ».

Pourtant, au moment même où il élabore ces thèses, Leibniz insiste sur le fait que « la nature du cercle avec ses proprietez est quelque chose d'existent et d'eternel ; c'est à dire il y a quelque cause constante hors de nous qui fait que tous ceux qui y penseront avec soin trouveront la même chose » [3]. De fait, le philosophe insiste jusqu'à la fin de son œuvre sur le fait que les objets mathématiques, tout imaginaires qu'ils soient, ne sont pas de simples créations de l'esprit humain et que les vérités qui les concernent s'imposent à nous, comme elles s'imposent d'ailleurs, si l'on peut dire, à Dieu (au sens où il n'a pas le pouvoir de les créer : elles sont de toute éternité dans son entendement). Ces thèses seraient aujourd'hui plutôt rattachées – et au temps de Leibniz déjà – à une forme de « platonisme ».

Si la conjonction de ces deux thèses paraît surprenante, c'est parce que le fictionnalisme contemporain semble plutôt attaché à une veine nominaliste ancrée dans un héritage imprégné d'empirisme. Un premier intérêt de

1. Ils peuvent néanmoins être dits « réels » indirectement en tant qu'ils structurent des phénomènes existant. C'est d'ailleurs un des critères pour lesquels des phénomènes peuvent être dits réels eux-mêmes.

2. Pour une étude plus précise de ces questions, notamment sur le plan de l'évolution terminologique de Leibniz, je me permets de renvoyer à D. Rabouin, « Can one be a fictionalist and a platonist at the same time ? Lessons from Leibniz », *op. cit.*

3. À Foucher. A II, 1^2, 388.

la philosophie de Leibniz est de nous rappeler qu'il y a là des présupposés qui demandent à être interrogés. De fait, le nominalisme est une position qui consiste simplement à tenir que n'existe réellement que des entités singulières – ou, ce qui revient au même, que n'existent pas réellement les entités générales ou idéales ou abstraites qui ne sont que de simples noms. Dans notre monde, on ne croise jamais une feuille en général, mais toujours telle ou telle feuille et aucune de ces feuilles n'est strictement identique à une autre, comme en fit l'expérience « feu M. d'Alvenslebe dans le jardin de Herrenhausen ». Mais cette première position, que partagent des auteurs comme Spinoza et Leibniz, ne conduit nullement à la thèse selon laquelle cette singularité nous serait donnée par une forme d'expérience sensible. Un des intérêts des pensées de ces auteurs est précisément de nous fournir les moyens de résister à la capture du nominalisme par l'empirisme en insistant sur le fait que l'expérience sensible ne nous procure justement *jamais* d'accès à des entités singulières [1]. C'est là un héritage de la confusion attachée aux sens depuis Descartes, par différence avec le régime des idées « claires et distinctes », mais que l'un et l'autre reprennent en insistant sur son caractère structurel (court-circuitant notamment la question de la seule attention).

Très tôt, on l'a vu, Leibniz avance que notre perception implique une infinité de nuances qui nous restent imperceptibles. Ce sera le ressort de la théorie des « petites perceptions » : ma perception du bruit de la mer est constituée d'une infinité de petites modulations qu'il n'y a pas moyen de distinguer et sans lesquels le phénomène dont il est question me resterait pourtant inaccessible [2]. Et ceci vaut de *cette* perception d'apparence singulière comme cela vaut de la perception de *telle ou telle* nuance de couleur. Seule la confusion inhérente au sensible nous donne l'illusion d'accéder ainsi à des percepts singuliers quand ils sont en fait déjà riches d'une infinité de variations et ceci, quel que soit le degré de résolution choisi. Ainsi de la perception du repos et du mouvement, à propos desquels Leibniz fait remarquer, en parfaite conformité avec les leçons de la physique actuelle,

1. Sous ce point de vue, l'exemple des feuilles n'est pas particulièrement bien choisi et doit être considéré comme une preuve *a posteriori* en attente d'un fondement *a priori* (que fournit le principe des indiscernables). La preuve *a priori* confirme néanmoins qu'aussi loin qu'on pousse l'investigation, on ne trouvera jamais des individus vraiment identiques, si bien que les feuilles ou les gouttes resteront bien ultimement discernables – quelle que soit l'indistinction attachée à leur saisie perceptive.

2. NEEH préface, A VI, 6, 54.

que des objets qui nous apparaissent en repos sont en fait traversés d'une multitude de mouvements que nous ne parvenons pas à percevoir.

L'argument général est pour Leibniz susceptible de démonstration (métaphysique) : un phénomène parfaitement uniforme supposerait, en effet, un niveau d'analyse où deux entités au moins seraient indiscernables. Or la position de deux entités indiscernables suppose que l'une puisse être mise à la place de l'autre sans faire de différence et que notre monde n'est donc pas le meilleur (il a au moins un jumeau indiscernable, aussi bon que lui, dans lequel on a échangé les indiscernables) [1]. Il en résulte que le régime ordinaire de notre perception, où nous est donné accès à des phénomènes uniformes, opère sur fond d'une singularité qui lui reste inaccessible. À l'objection que cela conforte plutôt l'idée que nos perceptions opèrent sur le principe de particuliers donnés à même l'expérience, Leibniz peut répondre que ce qui paraît indécomposable aux sens n'a aucune raison de l'être en réalité (*cf.* le bruit de la mer) et que la divisibilité infinie de la matière garantit l'existence de niveaux d'analyse toujours plus fins.

Si donc les objets mathématiques ne sont pas réels, parce qu'ils se donnent à nous sous la forme de classes d'indiscernables, ce n'est nullement par différence avec les entités de notre expérience ordinaire, mais au contraire dans le *prolongement* d'une structure perceptive qui est toujours déjà régie par ces phénomènes d'indistinction. C'est la raison pour laquelle Leibniz partage avec la perspective transcendantale l'idée que les formes mathématiques, au premier rang l'espace et le temps, servent de *cadres* de la perception (on a vu que c'est un terme qu'il emploie) – même s'il s'en

1. Cette démonstration est, comme on voit, de nature « théologique ». On remarquera néanmoins qu'elle porte un argument ontologique assez fort et rarement pris en compte : accorder l'uniformité au réel, c'est accepter que notre monde contient une part d'*indétermination* constitutive, ou encore que le réel n'est déterminé qu'à changement indiscernable près (c'est-à-dire n'est pas *complètement* déterminé). Cette variante de l'argument ne conserve de l'usage du principe de raison que sa partie a-théologique et correspond à une position proche de celle que tiendrait Spinoza (mais pour des raisons différentes puisque Spinoza refuse l'idée d'autres mondes possibles). On remarquera au passage que le problème de l'in-détermination n'est pas alors qu'il serait scandaleux que tel ou tel phénomène n'ait pas de raison – comme on l'objecte parfois à ces auteurs en arguant du caractère dogmatique et borné de leur rationalisme –, mais qu'on ne pourra pas se mettre en quête de raisons si n'est pas postulée d'emblée la rationalité des processus que nous décrivons. C'est le problème que Spinoza a désigné comme celui de l'« asile de l'ignorance » : si nous postulons que certaines choses sont sans raison, qu'est-ce qui nous garantira que nous pouvons même commencer notre enquête puisqu'il se peut que ce manque de raison soit valable dès les premiers commencements de notre cheminement ?

démarque sur de nombreux points par ailleurs [1]. Sous cette perspective, il n'y a aucun mystère lié à « l'application » des mathématiques à la réalité puisque les formes mathématiques se donnent à même l'expérience. Parce que nous percevons des ressemblances parfaites, nous percevons aussi de la pure répétition du même (ou *diversitas*), et donc du nombre (au moins sur des petites collections), de même que nous percevons directement des formes géométriques (rappelons-nous l'argument sur l'image « réelle » du cercle qui se forme en notre esprit) [2]. Nous percevons également de l'identité de grandeur quand deux objets se superposent ou de l'identité de forme quand un objet change de grandeur apparente sans changer de forme (par exemple quand quelqu'un s'approche ou s'éloigne de nous en ligne droite).

Ce nouage singulier explique comment Leibniz peut tenir à la fois une position fictionnaliste et platonicienne. De fait, les cadres de la perception ne sont pas des créations d'un sujet, ils sont des structures qui font valoir leurs règles à tout sujet, ni plus ni moins que les autres lois de la nature. Le monde perçu ne se tient pas en extériorité à l'appréhension du sujet percevant, mais se constitue à même l'expérience. À la différence de la conception transcendantale kantienne, cependant, Leibniz n'estime pas pour autant que ces cadres soient fixées une fois pour toutes. Cela se manifeste notamment dans son refus d'accorder à l'espace et au temps le statut de cadres *absolus*. Les perceptions spatiales et temporelles se donnent dans *des* régimes d'expérience qui sont variables et dépendent notamment de notre degré de résolution. Un même phénomène peut ainsi apparaître comme continu à une certaine échelle et discret à une autre [3]. Leibniz lui-même a donné un exemple remarquable d'un abord multiple de la spatialité en rappelant que la manière dont nous observons un phénomène de diffusion (par exemple d'une goutte de lait dans l'eau), qui est de l'ordre de l'*extensio*, nous donne accès perceptivement à une forme très différente de ce que nous observons en nous donnant une structure spatiale globale – qui est de l'ordre de l'*extensum* (par exemple dans l'appréhension

1. Le plus obvie étant, bien entendu, que l'idée de « chose en soi », accessible par des arguments métaphysiques, est centrale dans le dispositif leibnizien et fonde l'écart irréductible de l'expérience sensible à l'appréhension des individus « réels ».

2. Voir ci-dessus p.102

3. Voir les belles remarques de Mark Wilson sur la fécondité du point de vue leibnizien dans l'appréhension de théories comme la mécanique des milieux continus aujourd'hui ; *cf.* M. Wilson, *Physics Avoidance : And Other Essays in Conceptual Strategy*, Oxford, Oxford University Press, 2017.

des rapports de mouvements relatifs entre corps mésoscopiques)[1]. C'est bien pourquoi – j'y reviendrai dans la section suivante – il peut envisager des mondes possibles (donc non-contradictoires) dotés de structures spatiales globales différentes du nôtre : mondes discrets, mondes finis, mondes « globulaires », mondes où seuls vaudrait la géométrie rationnelle, etc. (même si, comme on le verra, il en exclut l'actualité pour des raisons théologiques).

Mais il est un second point, plus crucial encore, où Leibniz s'éloigne de la perspective transcendantale[2]. C'est qu'il ne considère pas que la question du rapport des mathématiques à l'expérience se fasse simplement en termes de structure de la perception *ordinaire* (celle des objets mésoscopiques qui forment notre environnement immédiat et avec lesquels nous interagissons au quotidien). Le plus souvent, rappelle-t-il, nous ne nous rapportons aux formes perceptives – du moins dans le cadre d'une activité de connaissance – qu'en y *substituant* des signes ou caractères. Une chose est donc que je perçoive des formes circulaires, autre chose que je me rapporte à ces formes en traçant sur le papier un signe matériel les représentant (mobilisant, dans ce cas, la ressemblance visuelle des deux formes perçues, mais ceci n'est pas nécessaire du moment que le signe entre dans un système de relations structurellement similaire à ce qu'il représente)[3].

Or à partir du moment où ce sont les caractères eux-mêmes qui deviennent mes objets d'étude (ce que je peux me permettre puisqu'ils sont définis par le fait que les relations que je peux connaître sur eux sont

1. Voyez notamment *Entretien de Philarete et d'Ariste* et le très bel exemple de la diffusion de la blancheur du lait dans l'eau (GP VI, 584).

2. Le premier point est compatible avec différentes tentatives pour « naturaliser » le transcendantal kantien – je pense en particulier à l'orientation dessinée par Jean Petitot.

3. Ce cas est celui qui correspond dans la sémiotique peirceenne à ce qu'on appelle un *diagramme*.

vraies de ce qu'ils représentent)[1], ils deviennent une « réalité » sur laquelle je peux établir des fictions de niveau supérieur[2]. De même que je peux percevoir la similitude de deux formes, je peux la représenter par des équations de similitude et il m'est alors possible de percevoir la similitude entre ces équations (de similitude). Le niveau de l'*ars combinatoria* nous permet même de comparer des systèmes de transformations symboliques (ou « calculs ») comme tels, c'est-à-dire de nous placer à un troisième niveau où l'on peut identifier et distinguer des éléments (en l'occurrence le niveau des axiomes). Et rien n'empêche de continuer ainsi, autant que de besoin.

Si toutes ces expériences sont fondées, en dernière instance, sur des expériences perceptives (elles-mêmes réglées par des cadres normatifs), ce n'est plus du tout au même sens que pour notre expérience sensible ordinaire, dans laquelle reste trop souvent engoncées et la perspective transcendantale et les différentes formes d'empirisme. En ce point, les mathématiques n'ont d'ailleurs plus à se préoccuper de leur accord avec l'expérience commune, même si elles peuvent éventuellement la retrouver : elles s'occupent d'une combinatoire de formes possibles que l'on peut obtenir dans le cadre de variations réglées par la simple non-contradiction. Elles peuvent d'ailleurs aller jusqu'à créer des fictions dont on démontrera par après... l'*impossibilité* – stratégie de preuve peu appréciée par Descartes et Kant (puisque ne construisant pas son objet) et chérie par Leibniz.

1. « Les Caractères sont des objets exprimant les relations entre d'autres objets, plus faciles à manier qu'elles. À toute opération sur les caractères correspond donc une proposition portant sur les objets et avant de considérer ceux-ci nous pouvons souvent attendre d'avoir achevé l'opération. (...)
Les caractères sont (en second lieu) d'autant plus utiles qu'ils sont plus exacts, c'est-à-dire qu'ils mettent en évidence (*exhibent*) davantage de relations entre les objets ; lorsqu'ils les indiquent toutes, comme le font les caractères Arithmétiques que j'ai employés, il n'y aura rien dans l'objet qu'ils ne permettront de saisir. » (CG 143-154).

2. Il faut bien garder à l'esprit que le type de réalité dont nous sommes partis dans ce processus n'est pas celui des individus réels, mais des *phénomènes* réels. Sous ce point de vue, n'importe quelle expérience perceptive, y compris sur les caractères, peut servir de « réalité » pour l'élaboration de fictions de niveau supérieur. Comme le rappelle la citation de la note précédente, les caractères sont des *res* ni plus ni moins que les choses qu'ils représentent. Il s'agira alors de fictions pour deux raisons liées : tout d'abord, elles reposent sur des phénomènes d'indiscernabilité de second niveau qui négligent des différences de premier niveau ; ensuite, nous n'avons pas de moyen, comme on le voit dans le cas des infinitésimales, de savoir si ces entités de second niveau ne sont pas réductibles sans reste à des entités de premier niveau (même situation que pour le cercle « fictif » et les polygones « réels »).

Toutes choses égales par ailleurs, le fictionnalisme de Leibniz se rapprocherait donc de la variante très particulière que Stephen Yablo a baptisée « réflexive » – et qu'il a lui-même défendue pour son compte [1]. Ce n'est pas le lieu d'entrer ici dans une étude de la confrontation avec ces théories contemporaines [2], mais le point que je voudrais mettre en avant est le suivant : à proprement parler une fiction n'est pas quelque chose dont nous savons *a priori* qu'elle n'existe pas dans la réalité. Le rapprochement, très souvent fait dans la littérature moderne, avec les fictions littéraires – rapprochement dont Leibniz est d'ailleurs tout à fait familier – oriente trop souvent les réflexions dans une perspective biaisée. De fait, une entité fictive ou imaginaire est une entité dont on fait *comme si* elle existait, sans nécessairement savoir si c'est le cas. Les fictions littéraires de personnages que nous *savons* ne pas avoir existé sont un cas très particulier de ce procédé. Si l'on voulait dresser un parallèle, on devrait le faire plutôt avec des entités comme celles des différentes religions, dont certains acteurs croient qu'elles existent et d'autres non. Le fictionnalisme « réflexif », qui agit ainsi en surplomb dans le débat entre platonisme et nominalisme empiriste, se pose alors comme permettant de décrire le fait que l'on puisse parler (et parfois même agir) *comme si* certaines entités existaient (en l'occurrence les objets mathématiques), alors que les acteurs ne s'accordent pas nécessairement sur leur existence. Il est ainsi intimement lié à une théorie du discours figuratif.

Le parallèle avec le discours religieux est d'autant plus intéressant que s'y trouvent des entités dont un certain nombre de témoignages rapportés leur donne *a priori* le même degré existence que n'importe quelle entité historique, par exemple le Galiléen probablement né à Nazareth (mais peut-être à Bethlehem), fils de Joseph et de Marie, qu'on appela Jésus. Le fictionnalisme réflexif prend pour tâche de rendre compte du fait que nous pouvons tenir un discours sur des entités de ce type, dont les effets dans notre monde sont très nombreux et très « réels », sans nous engager dans les querelles pour savoir si l'entité a existé – ou, dans l'exemple de « Jésus » si elle a existé sous la forme que nous livre le discours qui le présente comme « fils de Dieu ».

Il est très remarquable que les rares fois où Leibniz se soit prononcé sur le statut des fictions en mathématiques, à savoir dans les querelles sur le

1. S. Yablo, « Go figure : A path through fictionalism », *Midwest studies in philosophy*, vol. 25, n° 1, 2001.

2. Voir notamment, au titre de première tentative, D. Rabouin, « Can one be a fictionalist and a platonist at the same time ? Lessons from Leibniz », *op. cit.*

statut des infinitésimaux, il ait tenu une position de ce type. Même s'il était lui-même persuadé qu'il n'existait aucune entité réelle infiniment petite, il insista sur le fait que cette question ne pouvait pas – et ne devait pas – être réglée de l'intérieur du discours mathématique. Elles devaient à ses yeux rester au niveau qui leur était propre, soit la métaphysique.

Il est un autre point où Leibniz est très proche du fictionnalisme réflexif, c'est dans l'explication du mécanisme qui appuie notre rapport « figuratif » aux entités concernées. De fait, ce qui fonde le recours au « comme si » est le fait que nous n'avons pas d'accès direct aux entités considérées. Or, comme nous l'avons déjà rappelé, à part dans quelques cas très particuliers et finalement très peu intéressants d'un point de vue mathématique [1], l'accès que nous avons aux objets mathématiques se fait *via* ce que Yablo suivant la théorie de la fiction proposée par Walton appelle des supports (*props*) ou encore des « aides représentationnelles » (soit quelque chose de très semblable à ce que Leibniz appelle des « caractères »). Il s'agit d'entités matérielles (signes, images, mots, objets) qui « tiennent lieu » des objets dont nous parle la fiction.

Comme le remarque Yablo (suivant Walton), il est en effet certains cas où nous utilisons de tels supports, pris dans des fictions (valant alors pour métaphores), pour *connaître* quelque chose de la réalité elle-même. L'exemple qu'il mentionne, Leibnizien au plus haut point, est celui d'une carte de l'Italie sur laquelle je perçois une certaine forme, en l'occurrence celle, célèbre, d'une botte. En mobilisant les ressemblances structurelles entre la forme et l'objet, je peux alors formuler des énoncés comme « Crotone est dans le talon de l'Italie », énoncé qui est littéralement faux si je ne vois pas qu'il porte sur l'aide représentationnelle elle-même et que je m'appuie sur cette aide pour dire quelque chose de la géographie de l'Italie [2]. Or de manière très intéressante, cet exemple que Walton et Yablo utilisent pour montrer que la fiction peut nous instruire sur le réel s'avère porter sur une... fiction. De fait, nous n'avons aucun accès perceptif global à un objet comme l'« Italie » et ce que nous comparons à une botte n'est certainement pas l'Italie elle-même (pour autant qu'un objet comme

1. Comme l'accès que nous pouvons avoir à des petits nombres ou la perception directe de forme fondamentale, dont on peut très sincèrement se demander ce qu'ils ont vraiment de « mathématique ».

2. Voir S. Yablo et A. Gallois, « Does Ontology Rest on a Mistake ? », *Proceedings of the Aristotelian Society, Supplementary Volumes(*, vol. 72, 1998 et K. L. Walton, *Mimesis as make-believe : On the foundations of the representational arts*, Cambridge (Mass.), Harvard University Press, 1990.

« l'Italie elle-même » ait un sens), mais ce qui se trouve être déjà une certaine *représentation* par une carte, elle-même dépendante d'un choix de perspective qui a isolé telle ou telle relation pertinente [1]. C'est la représentation planaire sur une carte, non l'Italie, que nous comparons métaphoriquement à une botte et l'exemple est donc un cas typique de fiction de second ordre.

Mais, comme je l'ai déjà indiqué, Leibniz ne s'en tient pas à une position fictionnaliste neutre. Il tranche, par ailleurs, vers une forme affirmée de platonisme, c'est-à-dire qu'il pense, pour sa part, qu'il y a des objets mathématiques existant indépendamment de notre accès à eux et susceptibles de vérités éternelles, sises dans l'entendement divin. Même si le philosophe insiste alors sur le niveau des vérités, il importe de bien voir que ces vérités portent sur des entités. Ceci ne devrait pas nous surprendre étant donné la nature profondément relationnelle que Leibniz a été amené à donner aux objets mathématiques. C'est le propre des entités idéales que les relations d'essence épuisent leur objectivité (tandis que les entités réelles nécessitent des vérités existentielles). Mais il faut surtout rappeler, à nouveau, que l'accès dont il est alors question, et que Leibniz peut à l'occasion qualifier de « causal », n'est pas différent de celui qui nous avons aux entités qui sont dites « réelles ».

De fait, comme je l'ai déjà rappelé, nous n'avons pas d'accès direct à des entités singulières et notre accès aux individus réels ou « substances » est donc médié par une connaissance qui ne peut être, pour Leibniz, que de type métaphysique. En revanche, nous avons accès à des *phénomènes* réels qui sont l'ombre portée des individus réels dans le monde phénoménal. Sous ce point de vue, les discussions contemporaines sur le fait que nous aurions un accès différent au monde phénoménal (de type « causal ») et au monde mathématique n'aurait aucun sens pour Leibniz. Nous n'interagissons jamais, à proprement parler, avec un objet comme « une feuille » dans le Jardin de Herrehausen. Ce à quoi nous avons accès est une certaine image perceptive qui représente une classe de représentations indiscernables : toutes les variations de couleurs, même perceptibles d'ailleurs, mais que je peine à distinguer à l'état normal et qui accompagnent les variations de la lumière un jour où des nuages passent dans le

1. Il suffit, sans même changer la méthode de projection, d'observer une carte inversée du monde pour voir à quel point nos perceptions de formes familières sont alors troublées. C'est encore plus vrai, bien sûr, si le mode de projection est changé (par exemple si l'on prend une carte de l'Italie dans la projection polaire azimutale) ou si l'on décide d'indiquer sur la carte autre chose que de simples données de distance ou d'angles.

ciel à grande vitesse, sont rassemblées sous l'image de *la* couleur de cette feuille. Ceci s'applique évidemment à des modifications plus dramatiques, comme lorsque je vois cette feuille se déchirer en deux entre mes mains sous l'effet du vent (le problème étant alors de savoir si je peux désigner ces deux morceaux comme partie de *la* feuille). Cette variation intrinsèque de la représentation étant actée, la question se pose alors de savoir pourquoi nous pouvons parler d'objets en général (ou, dans le vocabulaire de Leibniz, d'étant réel). Le point central est alors de voir que le problème est le même pour les objets perçus et pour les objets mathématiques. Dans les deux cas, nous n'interagissons qu'avec des représentations (c'est pourquoi, à proprement parler, il n'y a là nulle inter-action, mais une action du sujet percevant) et la vraie question est de savoir ce qui assure l'unité et la consistance d'éventuelles entités à ce niveau.

La réponse de Leibniz à cette question est double : en un sens strict, tout d'abord, il faut admettre que nous n'avons pas d'accès perceptif à des objets individués, mais que nous pouvons établir que ce que nous percevons doit s'édifier sur la donnée d'individus réels ou « substances » (plus tard : « monades »). Mais on peut également tenir que nous avons accès à des « phénomènes réels » en ce que ces phénomènes obéissent à des structures stables et cohérentes [1]. Or nous avons vu qu'un élément avancé par Leibniz pour assurer un « fondement de la vérité » est un argument de convergence : le fait que ce qui apparaît comme un objet unifié sous une perspective puisse apparaître de même sous une autre. Le premier critère est donc un critère d'invariance et c'est ce qu'il rappelle à Foucher : « il y a quelque cause constante hors de nous *qui fait que tous ceux qui y penseront avec soin trouveront la même chose.* »

La vraie différence entre objets phénoménal et objet idéal est ici dans le mode de connaissance qui nous en est donné. De fait, les objets idéaux, précisément parce qu'ils sont des classes d'indiscernables et se résorbent entièrement dans des relations d'essence, peuvent être retrouvés à l'aide de la seule réduction aux identiques et du principe de non-contradiction (qui, comme je l'ai indiqué au chapitre 5, constitue pour Leibniz le vrai garant de l'objectivité). À cela, la lettre à Foucher de 1675 ajoute un second critère qui nous assure que cette invariance n'est pas seulement un phénomène interne à notre esprit : l'accord avec les phénomènes naturels (non pas au

1. C'est l'argument sur la congruence des phénomènes, apporté dans des textes comme les *Notationes Generales* (A VI, 4, 555) ou le *De modo distinguendi phaenomena realia ab imaginariis* (A VI, 4, 1501).

sens où toute vérité mathématique devrait pouvoir être appliquée, puisqu'il s'agit de *possibilia*, mais au sens où *lorsqu'elle peut l'être*, les mêmes propriétés sont vérifiées dans la nature et dans les mathématiques). Ce dernier argument paraît faible pour évacuer totalement le soupçon d'idéalisme, mais c'est une difficulté bien connue de l'exégèse leibnizienne et que seuls des arguments métaphysiques peuvent finalement régler. De fait, répétons qu'au bout du compte, cette discussion ne nous donnera jamais que des phénomènes réels et que la réalité de ces phénomènes appelle elle-même une discussion métaphysique pour en exhiber le fondement ontologique.

Cela dit, la position leibnizienne n'est pas sans poser de difficultés, indépendamment du règlement métaphysique que le philosophe donne par ailleurs à la question de la structuration ultime du réel (en termes d'individus réels et de phénomènes « bien fondés »). La première provient du fait que la stratégie générale en termes de réduction aux identiques opère, on l'a suffisamment répété, à défaut d'une résolution en notions simples assurées et donc aussi en attente d'une attestation de possibilité. Il est bien clair que différents individus discourant sur le décaèdre régulier, vu comme bipyramide, trouveraient les mêmes propriétés : même nombre de faces, d'arrêtes et de sommet, donc même nombre d'Euler, par exemple. De fait, on a vu que c'est ce qui arrive dans le discours actuel en physique des nanoparticules. Reste qu'un tel objet est *stricto sensu* mathématiquement impossible par définition de ce qu'est un polyèdre « régulier » (la régularité ne consistant pas seulement en un nombre de faces identiques). Il s'agit donc d'un cas où la connaissance symbolique d'un objet (au sens purement intentionnel du terme) n'ouvre pas à une entité mathématique de plein droit et le critère d'invariance des représentations ne saurait donc suffire à attester de l'existence d'une entité [1].

Une seconde difficulté, liée à la première, provient du décalage entre connaissance humaine, soumise aux affres de l'invention, et connaissance divine – ou, si l'on veut se passer du recours au divin : connaissance humaine et connaissance mathématique idéale achevée. On a vu, en effet, que si les connaissances humaines et divines sur les mathématiques ne peuvent différer de nature, elles peuvent néanmoins différer en étendue. Or cette différence est de taille dans la mesure où l'étendue des faits qu'une

1. Même si, dans l'exemple spécifique choisi, on peut toujours affirmer qu'il existe une entité, la bipyramide, sur laquelle on entretenait une croyance fausse, cela ne changera pas le fait que la liste des polyèdres réguliers comprend cinq entités et non six. C'est en ce sens que nous avançons que la connaissance aveugle ne conduit pas ici à une entité de plein droit.

représentation symbolique est susceptible de saisir fait souvent varier la nature de l'objet lui-même. On se retrouve alors avec un point de vue qui peut s'avérer plus englobant et délivrer la « vraie » nature des objets [1].

Leibniz lui-même a fourni un exemple remarquable d'un tel problème dans son approche de la géométrie. Il commence par décrire un certain idéal des systèmes symboliques qu'il relie à l'idée d'exactitude et que nous avons déjà croisé :

> Les caractères sont (en second lieu) d'autant plus utiles qu'ils sont plus exacts, c'est-à-dire qu'ils mettent en évidence (*exhibent*) davantage de relations entre les objets ; lorsqu'ils les indiquent toutes, comme le font les caractères Arithmétiques que j'ai employés, il n'y aura rien dans l'objet qu'ils ne permettront de saisir. Les caractères Algébriques ont néanmoins autant d'utilité que les caractères Arithmétiques dans la mesure où ils représentent des nombres indéterminés. Et comment il n'y a rien en Géométrie qui ne puisse être exprimé par des nombres lorsqu'une échelle a permis de définir une égalité entre les parties, il s'ensuit que tout ce qu'on peut étudier Géométriquement peut être également assujetti à un calcul. (CG 145)

Dans le paragraphe qui suit, Leibniz poursuit pourtant en notant qu'il peut y avoir des systèmes symboliques plus ou moins commodes. Il mentionne le fait qu'on préfère représenter les projections sur des surfaces planes plutôt que bosselée, ainsi que le fait que les caractères numériques arabes permettent d'accomplir plus aisément les calculs que les caractères romains. Il poursuit alors :

> Le même phénomène s'est introduit en Géométrie : les Caractères algébriques en effet n'expriment pas tout ce qu'il y a à étudier dans l'espace (ils supposent que certains Eléments ont déjà été découverts et démontrés), ne représentent pas directement et en elle-même la situation des points et ne l'atteignent qu'au terme d'un grand circuit passant par les grandeurs (*ibid.*)

Nous trouvons là, de l'intérieur des mathématiques, un analogue au problème de l'écart possible entre connaissance humaine et connaissance

1. Ce phénomène très courant dans l'histoire des mathématiques est celui que Mark Wilson a désigné comme la découverte/recherche du « bon cadre » (*proper setting*) (M. Wilson, « Frege : The royal road from geometry », *Noûs*, vol. 26, n° 2, 1992). Il y a vu un exemple typique de l'« essentialisme caché » des mathématiciens, puisque la découverte/recherche du « bon cadre » va de pair avec la croyance qu'il existe une « vraie nature » des objets mathématiques.

divine, lié à l'étendu des phénomènes que nous sommes capables de saisir à l'aide des systèmes symboliques. Parce qu'il n'y aucun moyen d'atteindre aux choses en dehors des représentations, il en résulte qu'il n'y a également aucun moyen de savoir si l'entité qu'a capturée le système le plus exact ne reste pas une entité dérivée. C'est ce que Leibniz explique avec l'exemple de l'espace, dont la capture algébrique est exacte, mais relève néanmoins de certaines conditions limitatives (la détermination d'une échelle de mesure). Comme on l'a rappelé au chapitre 7, le même constat peut-être fait pour l'arithmétique et l'algèbre, où le philosophe déplore que nous ne disposions pas encore de systèmes symboliques aptes à dénouer les questions ardues de théorie des nombres. Il concluait alors sur le fait que « l'Algèbre est restée jusqu'à présent dans un état d'imperfection : en effet, aucun moyen d'exprimer ne serait-ce que les termes simples n'a été bien établi » ; puis, à propos de l'arithmétique : « les notations de l'Arithmétique, en ce qui concerne la Théorie, ont été jusqu'à présent mal établies, de sorte que, naturellement, ni la relation des nombres entre eux ni leur ordre n'apparaissent » (GM VII, 61). Dans tous ces cas, nous sommes reconduits à la question des fondements et la difficile question des notions simples mathématiques et, avec elle, de la délimitation propre des objets.

Des fondements métaphysiques ?

Je voudrais, pour finir, revenir sur un aspect souvent mobilisé dans l'étude des rapports entre mathématiques et philosophie chez Leibniz, à savoir l'idée de « fondements métaphysiques » des mathématiques. J'espère avoir montré que l'on fait fausse route à chercher dans la métaphysique un point de départ pour la pratique mathématique de Leibniz [1]. Mais cela ne signifie pas qu'il faille nier que Leibniz *parvient* à des positions de ce type.

Commençons par rappeler que l'idée de s'intéresser aux « fondements » des mathématiques n'est pas une vue anachronique projetée sur Leibniz. Comme on l'a déjà constaté à plusieurs reprises, sa réflexion se porte très tôt sur les éléments nécessaires à la fondation d'un calcul (*elementa ad calculum condendum*), voire à leur *fundamenta* [2]. Se retournant sur ses projets antérieurs de « caractéristique géométrique », le philosophe

1. Comme le fait par exemple, parmi tant d'autres, Gilles Gaston Granger en s'appuyant sur les déclarations tardives à Wolff sur le rôle des « Règles Métaphysiques » (G. G. Granger, « Philosophie et mathématique leibniziennes », *op. cit.*).

2. Par exemple *Fundamenta calculi ratiocinatoris* A VI, 4, 917.

nous disait en 1679 qu'il avait dû prendre les choses « à leurs premiers commencements » (*prima initia*) et qu'il avait longtemps piétiné avant de voir qu'« il fallait commencer par des Eléments faciles en eux-mêmes et bien connus par ailleurs, mais dont la mise en ordre devait être si soigneuse qu'elle en devenait une tâche ingrate. » [1]. Il est vrai, en revanche, qu'on ne trouve pas alors certaines directions de recherche qui nous sembleraient plus directement fondationnelles comme l'axiomatisation des nombres entiers, la manière d'assurer l'unicité de la géométrie d'Euclide ou la question de la nature logique ou non des mathématiques. On objectera que ce serait justement là le vrai anachronisme puisque ces questions ne préoccupent pas les auteurs du XVIIe siècle. Mais Leibniz, oui. Simplement, il s'y occupe *dans un second temps*. Ce constat est un des éléments importants de l'étude historique que nous avons menée.

Ce qui apparaît clairement des développements qui précèdent est le fait suivant : parce que les objets mathématiques sont des types d'indiscernables, il est toujours possible de les définir à partir des relations identiques, soit directement soit de manière dérivée. À un niveau technique, cette stratégie n'est pas sans poser quelques difficultés du fait qu'il faut généralement faire intervenir d'autres aspects que les seules relations d'équivalence, typiquement les dépendances fonctionnelles (ou « déterminations ») et les relations d'ordre. Mais Leibniz ne contourne pas ces difficultés et entreprend de définir des systèmes dans lesquels dépendances fonctionnelles, ordres, opérations et équivalences sont reliés explicitement par des conditions de compatibilité qu'il prend soin d'expliciter. Cette direction de recherche oriente vers un aspect important de la philosophie des mathématiques leibniziennes que l'on peut rapprocher d'une forme de « structuralisme » en ce qu'elle conçoit les objets mathématiques de manière privilégiée au moyen de relations. L'espace, le nombre, la grandeur, nous dit Leibniz à de multiples reprises, ne sont que des rapports [2]. Mais on n'aurait qu'une vision tronquée du leibnizianisme si l'on s'arrêtait là et le philosophe manifeste une conscience aigüe du fait que de telles architectures conceptuelles ne suffisent pas à établir la *possibilité* de leurs objets.

1. CG 151.

2. Qu'il faut bien sûr entendre alors au sens large et non au sens étroit de la seule *ratio* euclidienne : « L'etendue ou l'espace, et les surfaces, lignes et points qu'on y peut concevoir, ne sont que des rapports d'ordre, ou des ordres de coexistence, tant pour l'existent effectif que pour le possible qu'on pourroit y mettre à la place de ce qui est. Ainsi ils n'ont point de principes composans, non plus que le Nombre.», GP IV, 491. *Remarques sur les objections de M. Foucher*, 1695.

C'est là le requisit qui doit accompagner tout maniement de la connaissance « symbolique » ou « aveugle ».

Or sur cette route, Leibniz va se heurter à des difficultés manifestes qui peuvent expliquer pourquoi il donne de plus en plus de place à l'idée que les mathématiques dépendent aussi de fondements métaphysiques. Prenons, pour l'indiquer, l'exemple de la ligne droite sur lequel il a abondamment travaillé. Comme mentionné au chapitre 4, une manière naturelle qu'avance régulièrement Leibniz pour établir une définition génétique de la droite est de la concevoir comme trajectoire d'un point. On peut alors tenter de caractériser cette trajectoire par sa détermination, c'est-à-dire le fait qu'une droite est déterminée par la donnée de deux points. C'est ce qu'il entreprend de faire dans plusieurs essais de caractéristique géométrique, comme celui-ci :

> Bien qu'il existe plusieurs trajectoires reliant deux points, une seule sera la plus simple et ce ne pourra être que celle définie exclusivement par ces deux points, elle sera donc aussi la plus courte, uniforme et unique.
> Voici la meilleure manière d'en exprimer la nature dans le cadre du nouveau Calcul que j'ai inventé : soit un point Y défini par la détermination de sa situation à l'égard des points A et B, le lieu de tous les points Y, noté $\overline{Y}$ ou $AB\overline{Y}$ sera nommée *droite*.
> Supposons, en effet, qu'on choisisse un point C sur une trajectoire passant par A et B ou allant de A à B : ce point possède, en tout état de cause une situation bien définie tant à l'égard du point A que du point B, et si l'on peut trouver un autre D possédant la même situation, notre trajectoire n'a aucune raison de passer par C plutôt que par D, elle n'est donc pas déterminée par le choix des seuls points A et B. (CG 311 ; vers 1684)

La surprise est ici de voir la définition de la droite reposer sur le principe de raison et non sur la réduction aux identiques : le trajet du point n'aurais « aucune raison » de passer par C ou par D (si les deux points ont la même situation à l'égard de A et B)[1]. Leibniz parle ici comme si l'existence et l'unicité de la droite venaient bloquer un phénomène d'indétermination qui contredirait le principe de raison. Ainsi :

> Il est un certain ordre dans la perception quand on passe d'une chose à une autre en passant par d'autres. Et ceci peut être appelé *chemin* (*via*). Mais puisque cet ordre peut varier d'une infinité de manières, il est nécessaire qu'il y en ait un qui soit le plus simple, à savoir celui qui progresse suivant la nature même de la chose par des intermédiaires déterminés, c'est-à-dire par ce qui se rapporte de la façon la plus simple à chacune des deux

1. Même raisonnement dans le Fragment XVIII, CG 323 (vers 1685 ?).

> extrémités. En effet à défaut, il n'y aurait aucun ordre, aucune raison de discerner dans la coexistence des choses, puisqu'on pourrait aller d'une donnée à une autre par n'importe quoi. Et ceci est le chemin le plus court de l'une à l'autre, dont la grandeur est appelée *distance*. (GM VII, 25)

Un texte contemporain de l'essai d'*analysis situs* va encore plus loin en mentionnant explicitement sur cette question la question du choix divin :

> Toute vérité qui n'est pas identique admet une preuve; on prouve une vérité nécessaire en montrant que le contraire implique contradiction, une vérité contingente en montrant qu'il y a davantage de raison en faveur de ce qui arrive qu'en faveur de son opposé. Car, comme le sage, Dieu a aussi pour premier décret ou dessein de tout faire avec suprême raison. C'est pourquoi si par exemple nous imaginions que doit exister un triangle pour un pourtour donné, mais que rien ne figure dans les données d'où l'on puisse tirer l'espèce du triangle, dans ce cas il faudra dire que Dieu produira un triangle équilatéral, librement et pourtant de manière indubitable. Car il n'y a rien dans les données qui empêche l'existence d'un autre triangle quelconque, c'est pourquoi le triangle équilatéral n'est pas nécessaire. Cependant, pour qu'aucun autre triangle ne soit choisi, il suffit qu'il n'y ait en aucun autre une raison d'être préféré. *Il en est de même si la donnée est de mener une ligne d'un point donné à un point donné, et que rien ne soit donné pour déterminer l'espèce ou la grandeur de la ligne : il réalisera à coup sûr, mais librement, une ligne droite, puisque aussi bien il n'y a rien pour empêcher une ligne courbe, mais rien non plus pour y inviter* [1].

On pourrait croire à un hapax malheureux, la thèse défendue dans ce texte semblant aller en directe opposition de celle qui veut que les vérités mathématiques s'imposent à Dieu comme elles s'imposent à nous. Mais, quand on y prend garde, on se rend compte que les textes célèbres autour de la distinction entre principes « architectoniques » et « géométriques » (les premiers n'important qu'une « nécessité de choix ») mobilisent les mêmes exemples mathématiques, comme le choix d'un triangle équilatéral [2] ou celui des géodésiques [3]. Il est d'ailleurs particulièrement intéressant de

1. « Origine des vérités contingentes par un procès à l'infini et à l'exemple des proportions entre quantités incommensurables », circa 1689, R 338–339 (A VI, 4, 1664). Traduction modifiée. Je souligne.

2. *Tentamen Anagogicum* (1695), GP VII, 278.

3. *De rerum originatione radicali* (1697) : « Ainsi, supposé que l'on nous demande de tracer un triangle sans qu'une détermination particulière soit ajoutée, il s'ensuit qu'on produira un triangle équilatéral; et supposé qu'il faille aller d'un point à un autre, sans que le chemin à prendre soit plus particulièrement déterminé, on choisira la voie la plus aisée, c'est-à-dire la plus courte. » (GP VII, 303–304; trad. fr. Schrecker, p. 175) .

constater que la seconde moitié des années 1690 correspond précisément à un moment où Leibniz insiste sur différentes formes de calcul divin ou de *mathesis* métaphysique (*metaphysica quaedam mathesis*) [1], qui ne mobilisent plus seulement la combinatoire, mais un calcul du meilleur appuyé sur des principes d'optimalité et l'estime des forces.

Dans son étude sur le postulat des parallèles, Vincenzo de Risi fait un constat tout à fait semblable [2]. Tandis que Leibniz avait d'abord rêvé de pouvoir donner une démonstration purement analytique de ce postulat, il doit se rendre à l'évidence qu'il n'y parvient pas et fait alors le constat suivant :

> 11. Mais il est nécessaire de montrer que si une droite fait à deux autres des angles égaux, alors n'importe quelle droite fera aussi des angles égaux. Je m'y suis essayé de nombreuses fois, mais je vois maintenant qu'il est loin d'être aisé de démontrer la chose suivante : si de la droite AB, nous tirons deux perpendiculaires égales AC et BD, la droite CD sera égale à AB et les angles en C et D seront droits. (...) La chose revient au fond à démontrer la connexion entre ces deux propriétés : faire un angle égal à une droite donnée et ne pas se rencontrer. Je l'ai démontré un peu avant si l'on pose qu'un angle égal se produit avec n'importe quelle droite. C'est donc cela qu'il restait à démontrer.
> 12. Il me semble que la chose tout entière peut être déduite d'un principe supérieur, à savoir le principe de raison déterminante

Si Leibniz est particulièrement conscient des difficultés liées à la condition d'unicité des géodésiques entre deux points, c'est parce qu'il a très tôt étudié la question des géodésiques sur des surfaces autres que planes [3]. Il sait notamment que les grands cercles forment des géodésiques sur la sphère qui contredisent la propriété invoquée et s'en sert justement pour indiquer dans les *Nouveaux Essais* la pluralité des notions de distance :

> *Philalèthe.* L'espace consideré par rapport à la longueur qui separe deux corps s'appelle distance, par rapport à la longueur à la largeur et à la profondeur, on peut l'appeler capacité.
> *Théophile.* Pour parler plus distinctement, la distance de deux choses situées (soit points ou etendus) est la grandeur de la plus petite ligne

1. À De Volder, 6 septembre 1700, A II, 3, 8405 ; trad. fr. G. W. Leibniz, *Leibniz/De Volder. Correspondance : L'ambivalence de l'action*, *op. cit.*, p. 167.

2. V. De Risi, *Leibniz on the parallel postulate and the foundations of geometry*, *op. cit.*

3. Voir CG 272 (1679) et les annexes 6 et 7 dans V. De Risi, *Geometry and Monadology*, *op. cit.*, p. 592–595.

> possible qu'on puisse tirer de l'un à l'autre. Cette distance se peut considerer absolument, ou dans une certaine figure, qui comprend les deux choses distantes, par exemple, la ligne droite est absolument la distance entre deux points. Mais ces deux points estans dans une meme surface spherique la distance de ces deux points dans cette surface est la longueur du plus petit grand-arc de cercle qu'on y peut tirer d'un point à l'autre. (NEEH II, 13, § 3, A VI, 6, 146–147)

Certes, Leibniz considère clairement l'espace euclidien comme absolu : la métrique euclidienne prévaut sur les métriques relatives, le postulat des parallèles doit être démontrable et il insiste très tôt sur le l'unicité des géodésiques [1]. Mais le point important est que, dans tous ces cas, il se heurte à la difficulté de procurer une démonstration analytique (à partir des seules définitions et des identiques) et s'en remet alors au principe de raison. Il semble qu'on touche bien alors à une fondation métaphysique des mathématiques au sens suivant : c'est la structure choisie par Dieu comme espace et comme temps pour *notre* monde, gouverné par le principe de raison et le principe du meilleur, qui commande ultimement le type de structure que nous rencontrons en géométrie.

Si cette thèse choque d'abord en détachant la nécessité géométrique du fait d'être vrai « dans tous les mondes possibles », elle s'accorde avec un fait rarement mentionné par les tenants de cette interprétation contemporaine, « kripkéenne », de la nécessité : Leibniz mentionne régulièrement des structures spatiales différentes de celle qui règne dans notre monde. Ainsi la correspondance avec Clarke mentionne-t-elle la possibilité qu'aurait eu Dieu de créer un monde d'extension finie [2]; la correspondance avec De Volder envisage un monde discret [3], de même que le *Dialogue effectif sur la liberté de l'homme et l'origine du mal* (1695) [4]. Il existe même un texte où Leibniz fait la fiction d'un monde possible (donc non-contradictoire) entièrement constitué de sphères [5].

1. CG 159 : « dans l'espace considéré absolument il ne peut y avoir plusieurs trajectoires minimales d'un point à un autre (dans le sens où sur une surface sphérique il y en a plusieurs d'un pôle à l'autre) ».

2. « Cinquième écrit de Leibniz », § 30; GP VII, 396.

3. Leibniz à De Volder. 24 mars/3 avril 1699, dans G. W. Leibniz, *Leibniz/De Volder. Correspondance : L'ambivalence de l'action*, *op. cit.*, p. 120; A II 3, 545.

4. A II 3, 16–17. Les spécialistes de métaphysique leibnizienne se demandent parfois si la loi de continuité est une loi nécessaire, mais ils abordent rarement ces textes qui indiquent clairement le contraire.

5. « Si l'on feignait que le monde ait existé de toute éternité et qu'il n'y ait en lui que des éléments de forme globulaire, il faudrait rendre la raison pour laquelle ce sont des globes

Ce constat est parallèle à celui que nous avons fait avec la découverte de l'idempotence. Contrairement à l'image habituelle qui voit dans la thématisation des opérations logiques une généralisation opérée à partir de l'axiomatisation des opérations arithmétiques, nous avons montré que Leibniz a procédé à l'inverse. Il a d'abord cherché à axiomatiser le type particulier d'addition qu'il rencontrait en logique et s'est appuyé sur le type de démonstrations formelles qu'il avait déjà mis au point dans un contexte plutôt géométrique. Dans ce cheminement qui nécessita de sortir d'un premier modèle tout/partie pour isoler le fonctionnement spécifique des relations méréologiques propres à la logique, il se rendit alors compte que l'addition mathématique supposait d'ajouter à la synthèse conceptuelle la répétition *des choses*[1]. Autrement dit, rien dans le concept de nombre lui-même, vu comme pur rapport, et la simple identité de grandeur (ou égalité) ne permet de dériver analytiquement le fait que la synthèse de deux nombres produit quelque chose de nouveau. Deux nombres égaux peuvent être « irrépétables » sans contradiction, exactement comme 1 + 1 peut être pour nous égal à 1 dans certaines algèbres.

Ici il faut bien garder à l'esprit que le modèle privilégié que Leibniz a pour le concept de nombre est la mesure des grandeurs. Même si, comme on l'a vu, il est capable d'exprimer la relation $n+1$ en termes d'une notion de « successeur » (*sequens*), il ne considère pas que ce fait puisse servir à une définition (par induction) de l'addition entre nombres. L'exemple de $2+2 = 4$ est tout à fait singulier de ce point de vue et le plus remarquable est précisément que Leibniz ne s'appuie *pas* dessus, dans les textes que nous avons croisés, pour produire une définition axiomatique de l'addition. De fait, à ses yeux, la structure fondamentale est clairement celle qu'on dirait, en termes modernes, de « groupe » (et non de semi-groupe). Ceci permet d'expliquer et la raison pour laquelle il considère que les fondements de l'algèbre n'ont pas été bien éclaircis – de fait, personne avant lui ne semble s'être mis en quête d'une liste d'axiomes pour le calcul – et le rôle qu'il donne à la question du *simul* – dont on se rappelle qu'elle forme le *premier* concept des *Initia rerum mathematicarum metaphysica*.

plutôt que des cubes » (*Principia logico-métaphysica*, A VI, 4, 1645 ; trad. fr. R 458). Pour une étude de ces textes et, plus généralement de la question de savoir dans quelle mesure Leibniz pouvait accepter l'existence d'autres structures spatiales que celle qui règne dans notre monde, je me permets de renvoyer à V. Debuiche et D. Rabouin, « Unité et pluralité de l'espace chez Leibniz », *Archiv für Geschichte der Philosophie*, vol. 101, n° 3, 2019.

1. Voir le texte cité ci-dessus p. 333.

Comme j'ai essayé de l'indiquer à plusieurs reprises, cette attention à la structure algébrique n'est pas un « manque » par rapport aux stratégies fondationnelles de la fin du XIXe siècle, mais le lieu d'une divergence théorique profonde : pour Leibniz, la structure des nombres entiers est une structure plus riche et plus mystérieuse que celle des entiers relatifs, qui sont eux-mêmes plus mystérieux que les grandeurs. Ceci se manifeste typiquement au fait que nous ne savons pas résoudre certains problèmes diophantiens (et que ceux que nous savons résoudre nécessitent souvent une machinerie mathématique extrêmement complexe), mais également au fait que la distribution des nombres premiers – et donc un critère simple de reconnaissance – nous échappe pour une grande part. Sous ce point de vue, il faudrait d'ailleurs plutôt dire que le développement des mathématiques au XXe siècle a donné pleinement raison à notre philosophe-mathématicien.

Le point crucial est ici que l'additivité ne soit pas une propriété analytique des grandeurs, mais dérive de conditions qu'il faut *stipuler* sur l'incommunicabilité des parties [1]. Pour le dire autrement, on peut parfaitement concevoir un monde possible (donc non contradictoire) où ces conditions ne seraient pas remplies, c'est-à-dire dans lequel il n'y aurait *pas* de « répétition ». Une fois encore, on pourrait trouver de telles mentions chez Leibniz, comme celle, désormais célèbre, où il reprend son exemple favori des deux œufs et imagine, sur cette base, un monde constitué de deux sphères absolument identiques [2]. Personne, argumente-t-il, ni ange, ni même Dieu, ne pourrait alors faire de distinction entre ces deux objets (*a nemine quanticunque sit intellectus, nec ab angelo imo ne a Deo quidem istos duos globos perfecte aequales et similes posse discerni*). Ainsi, de même qu'il peut exister un monde dans lequel il n'y aurait que des quantités discrètes, de même peut on concevoir sans contradiction un monde dans lequel on ne peut même pas compter jusqu'à *deux*.

On prendra garde néanmoins à une difficulté portée par ces différents exemples. Comment Leibniz pourrait-il tenir à la fois que Dieu lui-même ne peux pas ne pas vouloir que 3x3 soit différent de 9 [3], que sa géométrie

1. De manière semblable, toutes choses égales par ailleurs, à la manière dont nous procédons aujourd'hui en stipulant sur les ensembles des règles de passage au complémentaire et d'union dénombrable permettant la constitution d'une mesure (à partir de la structure algébrique de *tribu* ou ς-algèbre), c'est-à-dire la possibilité d'attacher un nombre à des touts et parties.

2. À Ludovico Casati, entre avril et novembre 1689 (A II, 2, 287-289).

3. « Il a esté tousjours vray, que 3 fois 3 fait 9, et le sera tousjours. Pour toute l'eternité ces essences et ces verités éternelles ne dependent point de la volonté de Dieu, mais de son

et son arithmétique sont les mêmes que celles des hommes [1], et qu'il peut néanmoins concevoir des mondes dans lesquelles on ne peut même pas compter jusqu'à 3 ou dans lesquels il n'y a pas de figures continues ? C'est ici qu'il faut faire intervenir le point crucial suivant : les mathématiques portent sur des *possibilia* et leur nature est donc intrinsèquement conditionnelle [2]. Il n'est pas vrai qu'un théorème mathématique soit vrai dans tous les mondes possibles au sens où il s'y trouverait des phénomènes s'y conformant; mais il reste vrai *en tout monde* que *si* trois unités disjointes sont données et trois autres unités disjointes, *alors* six est donné comme leur somme.

Mais le simple fait qu'il puisse exister des mondes non-contradictoires ne réalisant qu'une petite partie des vérités mathématiques est en soi intéressant (par exemple le fait qu'il puisse exister un monde uniquement constitué de sphères, donc dans lequel une « parallèle » à une droite en un point peut couper cette droite). De fait, cela retentit immédiatement sur l'écart qui peut s'instaurer entre mathématiques humaines et mathématiques idéales. Si notre monde est le meilleur, donc le plus riche en phénomènes, on peut s'attendre à ce qu'il réalise le plus de vérités mathématiques possibles (encore que ce point ne soit pas obvie). De fait, tous les mondes possibles que nous venons d'évoquer, en suivant Leibniz, sont conçus par suppression de telle ou telle condition. Reste que, même de l'intérieur de ce meilleur des mondes, le simple fait qu'il existe des mondes possibles ne réalisant qu'une partie – et parfois une toute petite partie – des vérités mathématiques disponibles nous indique que notre mathématique pourrait être très différente de celle que Dieu conçoit (même si, répétons le, les vérités qui leur sont communes doivent être identiques dans les deux cadres).

Ainsi la question des « fondements métaphysiques » s'avèrent-elle riche et complexe. Nous ne prétendons pas avoir fait autre chose que l'effleurer ici pour finir et en guise d'ouverture. De fait, elle ne saurait nous mener, par elle-même, aux notions simples. Même en prenant les principes de raison et du meilleur pour guides, nous ne sommes nullement

entendement.» (*Dialogue effectif sur la liberté de l'homme et l'origine du mal*, 1695, A II, 3, 13.

1. *ibid.*, A II 3, 13. Voir également A II, 2, 341 : « Pour moy je croy que comme l'arithmetique et la geometrie de Dieu est la même que celle des hommes, excepté que celle de Dieu est infiniment plus etendue » (au Landgrave Ernst Von Hessen-Rheinfles, 14 Septembre 1690).

2. Voir la citation des *Nouveaux essais* donnée ci-dessus p. 252.

assurés de pouvoir saisir pour autant des notions primitives telles que Dieu les conçoit et qui pourrait être tout autres que celles auxquelles nous avons eu accès jusqu'à présent. Cette ouverture constante, garante du progrès des connaissances humaines, est une des beautés de la philosophie des mathématiques leibnizienne qui, contrairement à tant d'autres, se refuse toujours à clore le domaine du savoir.

BIBLIOGRAPHIE

ANGELELLI (I.), « On identity and interchangeability in Leibnitz and Frege. » *Notre Dame Journal of Formal Logic*, vol. 8, nº 1-2, 1967, p. 94-100.

ARNAULD (A.) et NICOLE (P.), *La logique ou l'art de penser*, éd. par P. Clair et F. Girbal, Paris, Vrin, 1965.

ARTHUR (R. T. W.), « Leibniz's Syncategorematic Actual Infinite », dans *Studies of the Infinite in Early Modern Philosophy*, éd. par O. Nachtomy et R. Winegar, Cham, Springer, 2018.

– « Leibniz's syncategorematic infinitesimals », *Archive for history of exact sciences*, vol. 67, nº 5, 2013, p. 553-593.

– *Monads, Composition, and Force : Ariadnean Threads Through Leibniz's Labyrinth*, Oxford, Oxford University Press, 2018.

ARTHUR (R. T. W.) et RABOUIN (D.), *Leibniz on the Foundations of the Differential Calculus*, Cham, Birkhaüser, 2025.

BECHER (J. J.), *Character, pro notitia linguarum universali*, Francfort, Johannis Wilh. Ammonii & Wilhelmi Serlini, 1661.

BEELEY (P.), « Leibniz, Philosopher Mathematician and Mathematical Philosopher », dans *G.W. Leibniz, Interrelations Between Mathematics and Philosophy*, éd. par N. B. Goethe, P. Beeley et D. Rabouin, Dordrecht, Springer Verlag, 2015, p. 23-48.

BELAVAL (Y.), *Leibniz critique de Descartes*, Paris, Gallimard, 1960.

BENDEGEM (J.-P. van), « The Impact of the Philosophy of Mathematical Practice on the Philosophy of Mathematics », dans *Science after the practice turn in the philosophy, history, and social studies of science*. Éd. par L. Soler, New-York, Routledge, 2014.

BERNOULLI (J.), *Der Briefwechsel von Johann Bernoulli*, éd. par O. Spiess, Basel, Naturforschende Gesellschaft in Basel, Birkhäuser Verlag, 1955.

BLÅSJÖ (V.), « On what has been called Leibniz's rigorous foundation of infinitesimal geometry by means of Riemannian sums », *Historia Mathematica*, vol. 44, nº 2, 2017, p. 134-149.

BOS (H. J.), « Differentials, higher-order differentials and the derivative in the Leibnizian calculus », *Archive for history of exact sciences*, vol. 14, nº 1, 1974, p. 1-90.

BRANCATO (M.), « Erhard Weigel and His Influence on Leibniz's Philosophy of Mathematics », Thèse de doctorat, Università degli Studi di Milano, sous la dir. de G. Mormino, 2016.

BREGER (H.), « The Art of Mathematical Rationality », dans *Leibniz : What Kind of Rationalist ?*, éd. par M. Dascal, Dordrecht, Springer, 2008, p. 141-152.

BRUNSCHVICG (L.), *Les Étapes de la philosophie mathématique*, Paris, Alcan, 1912.

BULLYNCK (M.), « Factor tables 1657-1817, with notes on the birth of number theory », *Revue d'histoire des mathématiques*, vol. 2, n° 16, 2010, p. 141-224.

CANTÙ (P.), « Sul concetto di eguaglianza : Peano e la sua scuola », *Peano e la sua scuola fra matematica, logica e interlingua. Atti del Congresso Internazionale di Studi (Torino, 6-7 Ottobre 2008)*, éd. par C. Roero, Torino. Università degli Studi di Torino, 2010, p. 545-561.

CARTIER (P.), « La folle journée, de Grothendieck à Connes et Kontsevich. Évolution des notions d'espace et de symétrie », *Publications Mathématiques de l'IHÉS*, vol. 88, 1998, p. 23-42.

CHÂTELET (G.), « L'enchantement du virtuel », *Chimère (Schizoanalyses)*, 1987, p. 64-82.

CHILD (J. M.), *The early mathematical manuscripts of Leibniz; tr. from the Latin texts published by Carl Immanuel Gerhardt with critical and historical notes*, Chicago - London, Open Court, 1920.

CORTESE (J.) et RABOUIN (D.), « Sur les indivisibles chez Pascal », dans *Passions géométriques. Mélanges en l'honneur de Dominique Descotes*, éd. par A. Cousson, Paris, Champion, 2019, p. 425-439.

COUTURAT (L.), *La Logique de Leibniz*, Paris, Alcan, 1901.

– *Les Principes des mathématiques*, Paris, Alcan, 1905.

CRIPPA (D.), « The impossibility of solving the universal quadrature of the circle in Leibniz's *De quadratura arithmetica* (1676) », dans *Leibniz and the Dialogue between Sciences, Philosophy and Engineering, 1646-2016. New Historical and Epistemological Insights*, éd. par R. Pisano, London, The College's Publications, 2017, p. 1646-2016.

DASCAL (M.), *Gottfried Wilhelm Leibniz : the art of controversies*, Dordrecht, Springer, 2007.

DE RISI (V.), *Geometry and Monadology*, Basel, Birkhäuser, 2007.

– « Leibniz and the Continuity of Space », dans *Leibniz and the Structure of Sciences. Modern Perspectives on the History of Logic, Mathematics, Dynamics*, éd. par V. De Risi, Berlin, Springer, 2019, p. 111-169.

– *Leibniz on the parallel postulate and the foundations of geometry*, Basel, Birkhäuser, 2016.

DEBUICHE (V.), « L'expression leibnizienne et ses modèles mathématiques », *Journal of the History of Philosophy*, vol. 51, n° 3, 2013, p. 409-439.

– *Leibniz et l'expression*, Aix-en-Provence, Presses universitaires de Provence, 2021.

DEBUICHE (V.) et RABOUIN (D.), (éd.), *Philosophia Scientiae*, 2021.

– « Unité et pluralité de l'espace chez Leibniz », *Archiv für Geschichte der Philosophie*, vol. 101, n° 3, 2019, p. 345-375.

DESCOTES (D.), *Blaise Pascal. Littérature et Géométrie*, Presses Universitaires Blaise Pascal, 2001.

DUBOUCLEZ (O.), « L'invention de l'analyse : généalogie d'un concept d'Aristote à Descartes », Thèse de doctorat, Université Paris Sorbonne, sous la dir. de J.-L. Marion, 2008.

DUBUCS (J.), « L. J. E. Brouwer : topologie et constructivisme », *Revue d'histoire des sciences*, 1988, p. 133-155.

DUCHESNEAU (F.), *Leibniz et la méthode de la science*, rééd. Vrin, 2022, Paris, Puf, 1993.

FERRARO (G.), « True and fictitious quantities in Leibniz's theory of series », *Studia leibnitiana*, 2000, p. 43-67.

FERREYROLLES (G.), *Les Reines du monde. L'imagination et la coutume chez Pascal*, coll. « Lumière classique », Paris, Champion, 1995.

FICHANT (M.), « *L'invention métaphysique* », introduction à : *Leibniz, GW, Discours de métaphysique suivi de Monadologie et d'autres textes*, p. 7-140, Paris, Gallimard, 2004.

FICHANT (M.), « De la puissance à l'action : la singularité stylistique de la Dynamique », *Revue de Métaphysique et de Morale*, 1995, p. 49-81.

– « Les axiomes de l'identité et la démonstration des formules arithmétiques : 2 + 2 = 4 », *Revue Internationale de Philosophie*, vol. 48, nº 188, 1994, p. 85-119.

FREGE (G.), *Les Fondements de l'Arithmétique*, trad. fr. C. Imbert, Paris, Seuil, 1969.

FRÉMONT (C.), *L'être et la relation, avec trente-cinq lettres de Leibniz au R.P. Des Bosses*, Paris, Vrin, 1981.

GÉRARD (V.), « Mathématique universelle et métaphysique de l'individuation. L'élaboration de l'idée de *mathesis universalis* dans la phénoménologie de Husserl », Thèse de doctorat, Université Paris XII - Créteil, sous la directio de F. Dastur, 2001.

GOETHE (N. B.), BEELEY (P.) et RABOUIN (D.), *G.W. Leibniz, Interrelations Between Mathematics and Philosophy*, Dordrecht, Springer Verlag, 2015.

GRANGER (G. G.), « Philosophie et mathématique leibniziennes », *Revue de Métaphysique et de Morale*, vol. 86, 1981, p. 1-37.

GROSHOLZ (E.), *Representation and Productive Ambiguity in Mathematics and the Sciences*, New-York, Oxford University Press, 2007.

GROSHOLZ (E.) et YAKIRA (E.), *Leibniz's Science of the Rational*, Studia Leibnitiana Sonderheft 26, Stuttgart, Steiner, 1998.

GUÉNARD (F.) et LELIÈVRE. (G.) (éd.), *Penser les mathématiques. Séminaire de philosophie et mathématiques de l'École normale supérieure*, Paris, Seuil, 1982.

HAFFNER (E.), « La "Science des nombres" en action dans les travaux de Richard Dedekind, entre explorations mathématiques et investigations fondationnelles. (The "Science of Numbers" in action in Richard Dedekind's works : between mathematical explorations and foundational investigations.) », Thèse de doctorat, Université Paris Diderot, sous la dir. de K. Chemla et M. Detlefsen, 2014.

HARDY (G. H.), *A Mathematician's Apology*, Reprinted with foreword by C. P. Snow, Cambridge University Press, 1967.

HEINEKAMP (A.), « L'état actuel de la recherche leibnizienne », *Les Études philosophiques*, nº 2, 1989, p. 139-160.

HESS (H.-J.), « Leibniz comme propagandiste d'une science nouvelle nommée "scientia infiniti" », dans *L'Actualité de Leibniz : les deux labyrinthes*, éd. par D. Berlioz et F. Nef, Studia Leibnitiana Supplementa XXXIV, Stuttgart, Steiner, 1999, p. 523-537.

HOFMANN (J. E.), « Leibniz und Ozanams Problem, drei Zahlen so zu bestimmen, daß ihre Summe eine Quadratzahl und ihre Quadratsumme eine Biquadratzahl ergibt », *Studia Leibnitiana*, vol. 1, 1969, p. 103-126.

HOFMANN (J. E.), *Leibniz in Paris. 1672-1676*, Cambridge, Cambridge University Press, 1974.

– « Zur Geschichte des sogenannten Sechsquadrateproblems », *Mathematische Nachrichten*, vol. 18, nº 1-6, 1958, p. 152-167.

HOUG (M.), « Les recherches arithmétiques de Leibniz à Paris », Thèse de doctorat, Universté Paris Diderot, sous la dir. de Justin Smith et David Rabouin, 2015.

HUSSERL (E.), *Recherches Logiques*. trad. H. Elie, Paris, Puf, 1959.

HUTCHINS (E.), « Material anchors for conceptual blends », *Journal of pragmatics*, vol. 37, nº 10, 2005, p. 1555-1577.

JAGODINSKI (I.), *Leibnitiana. Elementa philosophiae arcanae, de summa rerum*, Kazan 1913.

JESSEPH (D.), « Leibniz on the elimination of infinitesimals », dans *G.W. Leibniz, interrelations between mathematics and philosophy*, éd. par N. B. Goethe, P. Beeley et D. Rabouin, Dordrecht, Springer, 2015, p. 189-205.

– *Squaring the Circle. The War between Hobbes and Wallis*, Chicago, The University of Chicago Press, 1999.

KABITZ (W.), *Die Philosophie des Jungen Leibniz. Untersuchungen zur Entwicklungsgeschichte seines Systems*, Heidelberg, C. Winter, 1909.

KANT (E.), *Correspondance*, Paris, Gallimard, 1991.

KNOBLOCH (E.), « Analyticité, équipollence et théorie des courbes chez Leibniz », dans *G.W. Leibniz, Interrelations between Mathematics and Philosophy*, éd. par N. Goethe, P. Beeley et D. Rabouin, Dordrecht, Springer, 2015, p. 89-110.

– « Déterminants et élimination chez Leibniz », *Revue d'histoire des sciences*, vol. 54 (2), 2001, p. 143-164.

– *Die mathematischen Studien von GW Leibniz zur Kombinatorik*, Studia Leibnitiana, Supplementa XI, Wiesbaden, Steiner Verlag, 1973.

– *Die mathematischen Studien von GW Leibniz zur Kombinatorik : auf Grund fast ausschliesslich handschriftlicher Aufzeichnungen*, t. 16, Steiner Verlag, 1976.

– « Galileo and Leibniz : Different approaches to infinity », *Archive for history of exact sciences*, vol. 54, n° 2, 1999, p. 87-99.

– « Leibniz and the use of manuscripts : text as process », dans *History of Science, History of Text*, éd. par K. Chemla, Dordrecht, Springer, 2004, p. 51-79.

– « Leibniz between ars characteristica and ars inveniendi : Unknown news about Cajori's 'master-builder' of mathematical notations », dans *Philosophical Aspects of Symbolic Reasoning in Early Modern Mathematics*, éd. par A. Heeffer et M. van Dyck, London, College Publication, 2010, p. 289-302.

– « Leibniz's rigorous foundation of infinitesimal geometry by means of Riemannian sums », *Synthese*, vol. 133, n° 1-2, 2002, p. 59-73.

KÖHLER (P.), *Der Begriff der Représentation bei Leibniz. Ein Beitrag zur Entstehungsgeschichte seines Systems*, Bern, Rheinische Friedrich-Wilhelms-Universitat zu Bonn, 1913.

L'HOSPITAL (G. F. d.), *L'Analyse des infiniment petits pour l'intelligence des lignes courbes*, Paris, Imprimerie Royale, 1696.

LATOUR (B.), *Changer de société, refaire de la sociologie*, Paris, La Découverte, 2014.

LEIBNIZ (G. W.), *Correspondance Leibniz-Clarke*, éd. Robinet, Puf, 1991.

– *De l'horizon de la doctrine humaine*, éd. par Michel Fichant, Paris, Vrin, 1991.

– « Dialogus de connexione inter res et verba », *Philosophie*, vol. 39, 1993, trad. fr. par C. Gaudin, p. 103-107.

– *Die philosophischen Schriften von Gottfried Wilhelm Leibniz*, ed. Gerhardt, rééd. Hildesheim, New-York, Olms, 1978., Halle 1875-1889.

– *Discours de métaphysique suivi de Monadologie et autres textes*, coll. « Folio », Paris, Gallimard, 2004.

– *Dynamica de potentia et legibus naturæ corporeæ*, édition critique établie, présentée et annotée par Andrea Costa, Michel Fichant et Enrico Pasini, Hildesheim–Zürich–New-York, Olms-Weidmann, 2023.

– *Ein Dialog zur Einführung in die Arithmetik und Algebra*, éd. par E. Knobloch, Stuttgart, Fromman-Holzboog, 1976.

– *La Caractéristique Géométrique*, texte établi, introduit et annoté par Javier Echeverría, traduit, annoté et postfacé par M. Parmentier, Paris, Vrin, 1995.

– *La naissance du calcul différentiel : 26 articles des Acta Eruditorum*, traduit et annoté par M. Parmentier, Paris, Vrin, 1989.

– *Leibniz : Dissertation on Combinatorial Art*, éd. par M. Mugnai, J. A. van Ruler et M. Wilson, Oxford, Oxford University Press, 2020.

– *Leibniz/De Volder. Correspondance : L'ambivalence de l'action*, éd. Anne-Lise Rey, Paris, Vrin, 2016.

– *Leibnizens mathematische schriften, édité par C. I. Gerhardt, 4 vol.* Berlin : A. Asher und Halle : H.W. Schmidt, 1849-1863.

– *Mathesis Universalis. Écrits sur la mathématique universelle*, introduction, traduction et notes sous la direction de David Rabouin, Paris, Vrin, 2018.

– *Oeuvre mathématique autre que le calcul infinitésimal (suivi de la) Dissertation sur l'art combinatoire*, trad. Jean Peyroux, Paris, A. Blanchard, 1986.

– *Opuscules philosophiques choisis*, trad. P. Schrecker, Paris, Vrin, 2001.

– *Quadrature arithmétique du cercle, de l'ellipse et de l'hyperbole*, trad. M. Parmentier, Paris, Vrin, 2004.

– *Recherches générales sur l'analyse des notions et des vérités : 24 thèses métaphysiques et autres textes logiques et métaphysiques*, sous la direction de Jean-Baptiste Rauzy, Paris, Puf, 1998.

– *Sämtliche Schriften und Briefe*, herausgegeben von der Berlin-Brandenburgischen Akademie der Wissenschaften und der Akademie der Wissenschaften zu Göttingen, Darmstadt [puis] Leipzig [puis] Berlin, Akademie Verlag, 1923 -.

LENZEN (W.), « Arithmetical vs. 'Real' Addition – A Case Study of the Relation between Logic, Mathematics, and Metaphysics in Leibniz », dans *Leibnizian Inquiries*, éd. par N. Rescher, Lanham, University Press of America, 1989, p. 149-157.

– « Leibniz's logic », dans, *Handbook of the History of Logic*, éd. par D. M. Gabbay, J. Woods et A. Kanamori, Amsterdam, Elsevier, 2004, p. 1-83.

LEVEY (S.), « Comparability and Infinite Multitude in Galileo and Leibniz », dans *G.W. Leibniz, interrelations between mathematics and philosophy*, éd. par N. B. Goethe, P. Beeley et D. Rabouin, Dordrecht, Springer, 2015, p. 157-187.

LÜTZEN (J.), « 17th century arguments for the impossibility of the indefinite and the definite circle quadrature », *Revue d'Histoire des mathématiques*, vol. 20, 2014, p. 211-251.

MAHNKE (D.), « Leibniz auf der Suche nach einer allgemeinen Primzahlgleichung », *Bibliotheca Mathematica*, vol. 13, 1912, p. 29-61.

– *Leibnizens Synthese von Universalmathematik und Individualmetaphysik*, Jahrbuch für Philosophie und Phänomenologische Forschungen, p. 305-612., Halle, Max Niemeyer, 1925.

MALCOLM (N.) et STEDALL (J.), *John Pell (1611-1685) and his correspondence with Sir Charles Cavendish : the mental world of an early modern mathematician*, Oxford, Oxford University Press, 2005.

MALINK (M.) et VASUDEVAN (A.), « The Logic of Leibniz's Generales Inquisitiones de analysis notionum et veritatum », *The Review of Symbolic Logic*, vol. 9, nº 4, 2016, p. 686-751.

MANCOSU (P.), *Abstraction and infinity*, Oxford, Oxford University Press, 2016.

– *Philosophy of mathematics and mathematical practice in the seventeenth century*, New York, Oxford University Press, 1996.

MICHEL-PAJUS (A.) et RABOUIN (D.), « *Logica Mathematica* : Mathematics as Logic in Leibniz », dans *Leibniz and the Dialogue between Sciences, Philosophy and Engineering, 1646-2016. New Historical and Epistemological Insights*, éd. par P. B. e. A. O. R. Pisano, London, The College's Publications, 2017, p. 309-330.

MORA-CHARLES (M. S. de), « Quelques jeux de hazard selon Leibniz :(Manuscrits inédits) », *Historia Mathematica*, vol. 19, n° 2, 1992, p. 125-157.

MUELLER (I.), « Mathematics and philosophy in Proclus' commentary on book I of Euclid's elements », dans *Proclus lecteur et interprète des anciens*, éd. par J. Pépin et H. D. Saffrey, Paris, Édition du CNRS, 1987, p. 305-318.

MUGNAI (M.), « Leibniz's mereology in the essays on logical calculus of 1686-90 », dans *Leibniz and the Structure of Sciences. Modern Perspectives on the History of Logic, Mathematics, Dynamics*, éd. par V. De Risi, Berlin, Springer, 2019, p. 47-69.

NETZ (R.), *The Shaping of Deduction in Greek Mathematics. A Study in Cognitive History*, Cambridge, New York, Melbourne, Cambridge University Press, 1999.

O'MEARA (D. J.), *Pythagoras revived*, Oxford, Clarendon Press, 1989.

PASCAL (B.), *Oeuvres complètes*, 4 vol., Édition de J. Mesnard, Paris, Desclée de Brouwer, 1992.

PASINI (E.), *La nozione di infinitesimo in Leibniz : tra matematica e metafisica*, Diss. University of Turin, 1985–1986.

– « La philosophie des mathématiques de Leibniz. Lignes d'investigation », dans *Nihil sine ratione. Mensch, Natur und Technik im Wirken von G. W. Leibniz, Akten des VII. Internationaler Leibniz-Kongreß*, éd. par H. Poser, t. 2, Hannover, G.W. Leibniz-Gesellschaft, 2001, p. 954-963.

PECKHAUS (V.), « Leibniz' Pragmatismus », dans *Nihil sine ratione. Mensch, Natur und Technik im Wirken von G. W. Leibniz, Akten des VII. Internationaler Leibniz-Kongreß*, éd. par H. Poser, t. 2, Hannover, G. W. Leibniz-Gesellschaft, 2001, p. 967-972.

PELLETIER (A.), « L'ordre des choses : catégories et définitions chez Leibniz », Thèse de doctorat, Université Paris IV, sous la dir. de M. Fichant, 2009.

– « The *Scientia Generalis* and the *Encyclopaedia* », dans *Oxford Handbook of Leibniz*, éd. par M. R. Antognazza, Oxford, Oxford University Press, 2015.

PICON (M.), « L'expérience de la pensée. Définitions, idées et caractères en 1675 », dans *Leibniz et les puissances du langage*, éd. par D. Berlioz et F. Nef, Paris, Vrin, 2005, p. 179-199.

– « Vers la doctrine de l'entendement en abrégé : éléments pour une généalogie des *Meditationes de cognitione, veritate, et ideis* », *Studia leibnitiana*, n° 35/1, 2003, p. 102-132.

PROBST (S.), « Zur Datierung von Leibniz' Entdeckung der Kreisreihe », dans *Einheit in der Vielheit*, éd. par J. H. Herbert Breger et S. Erdner, Hannover, Vorträge des VIII. Internationalen Leibniz-Kongresses, 2006, p. 813-817.

PROCLUS, *A Commentary on the First Book of Euclid's Elements*, Translated with Introduction and Notes by G. R. Morrow, Princeton, Princeton University Press, 1970.

– *In primum Euclidis Elementorum librum commentarii*, Ex recognitione G. Friedlein, Lipsiæ, B. G. Teubner, 1873.

RABOUIN (D.), « *Analytica Generalissima Humanorum Cognitionum*. Some reflections on the relationship between logical and mathematical analysis in Leibniz », *Studia Leibnitiana*, vol. 45 (1), 2013, p. 109-130.

– « Can one be a fictionalist and a platonist at the same time ? Lessons from Leibniz », *Noesis*, 2022.

– « Idée, représentation et correspondance mathématique chez Leibniz », dans *La voie des idées ? Le statut de la représentation XVII-XIXe siècles*, éd. par K. Ong-Van-Cung, Paris, CNRS-éditions, 2006, p. 111-124.

– « Infini mathématique et infini métaphysique : d'un bon usage de Leibniz pour lire Cues (... et d'autres) », *Revue de Métaphysique et de Morale*, vol. 2, n° 2, 2011, p. 203-220.
– « Interpretations of Leibniz's Mathesis Universalis at the Beginning of the XXth Century », dans *New Essays on Leibniz Reception 1800-2000*, éd. par R. Krömer et Y. Chin-Drian, Basel, Springer, 2012, p. 187-201.
– « Leibniz's Rigorous Foundations of the Method of Indivisibles », dans *Seventeenth-Century Indivisibles Revisited*, éd. par V. Jullien, Dordrecht-Boston-London, Springer, 2015, p. 347-364.
– « Les mathématiques comme logique de l'imagination. Une proposition leibnizienne et son actualité », *Bulletin d'analyse phénoménologique*, vol. XIII 2, 2017, p. 222-251.
– « Logic of imagination. Echoes of Cartesian epistemology in contemporary philosophy of mathematics and beyond », *Synthese*, vol. 95, n° 11, 2018, p. 4751-4783.
– « Mathematics and Imagination in Early Modern Times : Descartes and Leibniz' Mathesis Universalis in the Light of Proclus' Commentary of Euclid's *Elements* », dans *Knowledge and imagination in early modern philosophy*, éd. par K. Vermeir, Dordrecht, Springer, forthcoming.
– *Mathesis Universalis : L'Idée de « Mathématique Universelle » d'Aristote à Descartes*, Paris, Puf, 2009.
– « *Mathesis*, Méthode, Géométrie chez Descartes », dans *Lectures de Descartes*, éd. par F. d. B. Élodie Cassan et D. Kambouchner, Paris, Ellipses, 2015.
– « Proclus' conception of geometric space and its actuality », dans *Mathematizing Space*, éd. par V. De Risi, Basel, Birkhäuser, 2015, p. 105-142.
– « Spinoza. Quelle norme mathématique ? », dans *Les chemins mathématiques vers le scepticisme*, éd. par J.-P. Cléro, Paris, Hermann, 2021, p. 27-50.
– « The Difficulty of Being Simple : On Some Interactions Between Mathematics and Philosophy in Leibniz' Analysis of Notions », dans *G.W. Leibniz, Interrelations Between Mathematics and Philosophy*, éd. par N. B. Goethe, P. Beeley et D. Rabouin, Dordrecht, Springer Verlag, 2015, p. 49-72.
RABOUIN (D.) et ARTHUR (R. T. W.), « Leibniz's syncategorematic infinitesimals II : their existence, their use and their role in the justification of the differential calculus », *Archive for History of Exact Sciences*, vol. 74, n° 5, 2020, p. 401-443.
RANEA (A. G.), « The a priori Method and the actio Concept Revised. Dynamics and Metaphysics in a unpublished controversy between Leibniz and Denis Papin », *Studia leibnitiana*, 1989, p. 42-68.
RAUZY (J.-B.), *La Doctrine leibnizienne de la vérité*, Paris, Vrin, 2001.
– « Leibniz et les termes abstraits : un nominalisme par provision », *Philosophie*, vol. 39, 1993, p. 108-128.
REMAKI (A.), « l'Ars Combinatoria comme art d'inventer chez G. W. Leibniz sur la période 1672-1680 », Thèse de doctorat, Université Paris Cité, sous la directio de David Rabouin, 2021.
RESCHER (N.) et URQUHART (A.), *Temporal Logic*, New York, Spinger, 1971.
RODRIGUEZ-PEREYRA (G.), *Leibniz's Principle of Identity of Indiscernibles*, Oxford, Oxford University Press, 2014.
RUSSELL (B.), *A Critical Exposition of the Philosophy of Leibniz*, London et New-York, Routledge, 1992.
– « Recent Work on The Philosophy of Leibniz », *Mind*, vol. 12 (46), 1903, p. 186-187.
– *The principles of mathematics*, Cambridge, Cambridge University Press, 1903.

SCHNEIDER (M.), « Funktion und Grundlegung der *Mathesis Universalis* im Leibnizschen Wissenschaftssystem », dans *Questions de logique*, éd. par A. Heinekamp, Studia Leibniana Sonderheft 15, Steiner, 1988.

SEREDA (K.), « Was Leibniz the First Spacetime Structuralist ? », *Philosophy of Science Association*, vol. 23rd Biennal Meeting, 2012, San Diego, CA.

SERFATI (M.), « Mathématiques et pensée symbolique chez Leibniz », *Revue d'Histoire des Sciences*, vol. 54 (2), 2001, p. 165-222.

– « Symbolic Inventiveness and "Irrationalist" Practices in Leibniz's Mathematics », dans *Leibniz : What Kind of Rationalist ?*, éd. par M. Dascal, Dordrecht, Springer, 2008, p. 125-139.

SERRES (M.), *Le Système de Leibniz et ses modèles mathématiques*, Paris, Puf, 1968.

SINACEUR (H.), « *Ars inveniendi* aujourd'hui », *Les Études Philosophiques*, vol. 2, 1989, p. 201-214.

TATON (R.), *L'œuvre mathématiques de G. Desargues*, Paris, Alcan, Presses universitaires de France, 1951.

TRUNK (A.), « Sechs Systeme. Leibniz und seine signa ambigua », dans *„Für unser Glück oder das Glück anderer". Vorträge des X. Internationalen Leibniz-Kongresses*, éd. par W. Li, Hildesheim, Olms, 2016, p. 191-207.

VAN HEIJENOORT (J.), « Logic as calculus and logic as language », *Proceedings of the Boston Colloquium for the Philosophy of Science 1964/1966*, Springer, 1967, p. 440-446.

WALLIS (J.), *A Treatise of Algebra, both historical and practical : shewing the original, progress, and advancement thereof*, London, John Playford for Richard Davis, 1685.

– *Arithmetica Infinitorum*, Oxford, L. Lichfield, 1656.

WALTON (K. L.), *Mimesis as make-believe : On the foundations of the representational arts*, Cambridge (Mass.), Harvard University Press, 1990.

WEYL (H.), *Philosophie der Mathematik und Naturwissenschaft. Erster Teil : Mathematik (= Handbuch der Philosophie, 4. Lfg., Teil I)*, München-Berlin, R. Oldenbourg, 1927.

WILSON (M.), « Frege : The royal road from geometry », *Noûs*, vol. 26, n° 2, 1992, p. 149-180.

– *Physics Avoidance : And Other Essays in Conceptual Strategy*, Oxford, Oxford University Press, 2017.

WRIGHT (C.), *Frege's Conception of Numbers as Objects*, Aberdeen University Press, 1983.

YABLO (S.), « Go figure : A path through fictionalism », *Midwest studies in philosophy*, vol. 25, n° 1, 2001, p. 72-102.

YABLO (S.) et GALLOIS (A.), « Does Ontology Rest on a Mistake ? », *Proceedings of the Aristotelian Society, Supplementary Volumes(*, vol. 72, 1998, p. 229-283.

YACAMÁN (M. J.), « Structure shape and stability of nanometric sized particles », *Journal of Vacuum Science & Technology B : Microelectronics and Nanometer Structures Processing, Measurement, and Phenomena*, vol. 19, n° 4, 2001, p. 1091-1103.

TABLE DES MATIÈRES

Achevé d'imprimer en novembre 2025 par *La Manufacture - Imprimeur* – 52200 Langres
Imprimé en France – N° d'imprimeur : 250781 – Dépôt légal : novembre 2025